Wolfgang Fischer | Ingo Lieb

Funktionentheorie

Aufbaukurs Mathematik

Herausgegeben von Martin Aigner, Peter Gritzmann, Volker Mehrmann und Gisbert Wüstholz

Walter Alt
Nichtlineare Optimierung

Martin Aigner
Diskrete Mathematik

Albrecht Beutelspacher und Ute Rosenbaum
Projektive Geometrie

Gerd Fischer
Ebene algebraische Kurven

Wolfgang Fischer / Ingo Lieb
Funktionentheorie

Otto Forster
Analysis 3

Klaus Hulek
Elementare Algebraische Geometrie

Michael Joswig und Thorsten Theobald
Algorithmische Geometrie

Horst Knörrer
Geometrie

Helmut Koch
Zahlentheorie

Ulrich Krengel
Einführung in die Wahrscheinlichkeitstheorie und Statistik

Wolfgang Kühnel
Differentialgeometrie

Ernst Kunz
Einführung in die algebraische Geometrie

Wolfgang Lück
Algebraische Topologie

Werner Lütkebohmert
Codierungstheorie

Reinhold Meise und Dietmar Vogt
Einführung in die Funktionalanalysis

Gisbert Wüstholz
Algebra

Grundkurs Mathematik

Berater: Martin Aigner, Peter Gritzmann, Volker Mehrmann und Gisbert Wüstholz

Gerd Fischer
Lineare Algebra

Gerd Fischer
Analytische Geometrie

Otto Forster und Rüdiger Wessoly
Übungsbuch zur Analysis 1

Gerhard Opfer
Numerische Mathematik für Anfänger

Hannes Stoppel und Birgit Griese
Übungsbuch zur Linearen Algebra

Otto Forster
Analysis 1

Otto Forster
Analysis 2

Otto Forster
Übungsbuch zur Analysis 2

Matthias Bollhöfer und Volker Mehrmann
Numerische Mathematik

www.viewegteubner.de

Wolfgang Fischer | Ingo Lieb

Funktionen-
theorie

Komplexe Analysis in einer Veränderlichen

9., korrigierte Auflage

Mit 51 Abbildungen

STUDIUM

VIEWEG+
TEUBNER

Bibliografische Information der Deutschen Nationalbibliothek
Die Deutsche Nationalbibliothek verzeichnet diese Publikation in der
Deutschen Nationalbibliografie; detaillierte bibliografische Daten sind im Internet über
<http://dnb.d-nb.de> abrufbar.

Prof. Dr. Wolfgang Fischer
Universität Bremen
FB Mathematik und Informatik
Bibliothekstraße 1
28359 Bremen

fischer@math.uni-bremen.de

Prof. Dr. Ingo Lieb
Universität Bonn
Mathematisches Institut
Wegelerstraße 10
53115 Bonn

ilieb@math.uni-bonn.de

Der bisherige Titel der Reihe „Aufbaukurs Mathematik" lautete „vieweg studium – Aufbaukurs
Mathematik".

1. Auflage 1980
2., berichtigte Auflage 1981
3., berichtigte Auflage 1983
4., neu bearbeitete und erweiterte Auflage 1985
5., neu bearbeitete Auflage 1988
6., verbesserte und erweiterte Auflage 1992
7., verbesserte Auflage 1994
8., neu bearbeitete Auflage April 2003
9., korrigierte Auflage Mai 2005
   korrigierter Nachdruck 2008

Alle Rechte vorbehalten
© Springer Fachmedien Wiesbaden 2005
Ursprünglich erschienen bei Vieweg+Teubner | GWV Fachverlage GmbH, Wiesbaden 2005
Lektorat: Ulrike Schmickler-Hirzebruch | Susanne Jahnel

www.viewegteubner.de

Umschlaggestaltung: KünkelLopka Medienentwicklung, Heidelberg
Gedruckt auf säurefreiem und chlorfrei gebleichtem Papier.

ISBN 978-3-8348-0013-8   ISBN 978-3-663-01624-3 (eBook)
DOI 10.1007/978-3-663-01624-3

Inhaltsverzeichnis

Vorwort

Die reelle Analysis stößt bei der Untersuchung der *analytischen*, d.h. durch Potenzreihen definierbaren, Funktionen auf eine Reihe von Schwierigkeiten. Zunächst besteht zwischen dem Verhalten einer solchen Funktion und der Größe der Konvergenzintervalle ihrer Taylorentwicklung kein offensichtlicher Zusammenhang. Weiter lassen sich manche Eigenschaften sogar ganz elementarer Funktionen nur schwer erkennen. So ist etwa der Nachweis, dass reelle Polynome von höherem als zweitem Grad reduzibel sind, mit reellen Methoden nicht einfach. Trigonometrische Funktionen, Hyperbelfunktionen und die Exponentialfunktion haben wesentliche Züge gemeinsam: sie genügen einfachen Additionstheoremen und sind die Umkehrung unbestimmter Integrale $\int P(x)^{-1/2} \, dx$, wobei $P(x)$ ein quadratisches Polynom ist. Trotzdem lässt sich ein klarer Zusammenhang zwischen ihnen in der reellen Analysis nicht herstellen. Schließlich bleibt eine systematische Untersuchung der elliptischen Integrale, etwa des Integrals $\int (1-x^4)^{-1/2} \, dx$, in der reellen Analysis ziemlich in den Anfängen stecken. – Alle diese Schwierigkeiten haben eine gemeinsame Ursache: Die obigen Funktionen zeigen ihre eigentliche Natur erst, wenn man sie als komplex differenzierbare Funktionen einer komplexen Variablen ansieht.

Das vorliegende Buch gibt eine Einführung in die *Funktionentheorie* – die Theorie der komplex differenzierbaren Funktionen –, die für Mathematik- und Physikstudenten etwa vom 3. Semester ab gedacht ist. Es ist aus Vorlesungen der Autoren für diesen Hörerkreis – an den Universitäten Bielefeld, Bonn, Bremen, Münster und Princeton – entstanden. Bei Stoffauswahl und Darstellung haben wir uns von den folgenden Gesichtspunkten leiten lassen:

1. Die Theorie soll möglichst schnell zu einem tieferen Verständnis der elementaren Funktionen verhelfen und weitere Klassen von Funktionen erschließen. Daher untersuchen wir schon im ersten Kapitel die Exponentialfunktion und ihre Verwandten und widmen den Umkehrfunktionen dieser Funktionen ein eigenes Kapitel. Wir geben Partialbruch- und Produktdarstellungen der elementaren Funktionen an und benutzen die dabei entwickelten Methoden sogleich zur Einführung der Γ-Funktion und der elliptischen Funktionen. Die Untersuchung dieser Funktionen wird so weit geführt, dass ein Zusammenhang mit der reellen Analysis sichtbar wird. Die Fragen, die sich aus den ersten Sätzen der Einleitung ergeben, werden im Laufe des Buches alle beantwortet – diejenigen, die sich auf elliptische Integrale beziehen, allerdings nur andeutungsweise.

2. In der Funktionentheorie stößt man mit vergleichsweise geringem Begriffsaufwand schnell zu tiefliegenden Ergebnissen vor. Um diesen Aspekt herauszuarbeiten, haben wir solche Methoden bevorzugt, die das jeweils gewünschte Resultat auf möglichst direktem Wege liefern. Meistens beruhen die Methoden auf Integralformeln und der Konstruktion von Stammfunktionen; das Rechnen mit Potenzreihen tritt demgegenüber in den Hintergrund. Leichte Zugänglichkeit der Ergebnisse war uns wichtiger als methodische Konsequenz.

3. Wiederum um möglichst bald zum Kern der Theorie zu gelangen, folgen wir dem Verfahren mehrerer neuerer Lehrbücher (das aber schon auf Cauchy zurückgeht) und begnügen uns zunächst mit einer lokalen Version der Cauchyschen Sätze, die zur Entwicklung der Theorie der holomorphen Funktionen ausreicht. Erst danach gehen wir mittels des Begriffs der Umlaufszahl zum globalen Cauchyschen Integralsatz über, für

den wir den überraschend einfachen Dixonschen Beweis geben. Systematische Verwendung von Umlaufszahlen erspart zunächst die Einführung des Homotopiebegriffs. Wir verzichten in diesem Buch sogar völlig auf ihn, damit allerdings auch auf eine Diskussion der analytischen Fortsetzung und konkreter Riemannscher Flächen.

4. Neben dem eben beschriebenen möglichst direkten Aufbau der Funktionentheorie bieten wir alternativ einen an, der auf der Lösungstheorie der Cauchy-Riemannschen Differentialgleichungen beruht und in größerem Umfang reelle Methoden (Differentialformen, Satz von Stokes) benutzt. So enthält Kap. III, §3* die Cauchysche Integralformel für reell differenzierbare Funktionen; sie kann (vgl. Leitfaden) die globalen Formeln aus Kapitel IV ersetzen und wird in Kapitel VIII* zur Lösung der inhomogenen Cauchy-Riemannschen Differentialgleichungen benutzt. Die Motivation für diesen Aufbau ergibt sich aus der komplexen Analysis mehrerer Veränderlicher, wie besonders in Kapitel VIII*, das der Funktionentheorie in beliebigen Bereichen gewidmet ist, deutlich wird. Die zu diesem Aufbau gehörigen Paragraphen sind mit * gekennzeichnet.

Die Funktionentheorie ist in ihren wesentlichen Teilen die Schöpfung der großen Mathematiker des 19. Jahrhunderts. Viele ihrer Kapitel haben ihre endgültige Gestalt angenommen und werden daher auch in den meisten Büchern sehr ähnlich dargestellt. Auch wir sind, wenn eine Veränderung bloß eine Verschlechterung bedeutet hätte, vorliegenden Darstellungen gefolgt (z.B. in Kapitel VII) – sicher auch gelegentlich, ohne es überhaupt zu merken. Besonders viel gelernt haben wir aus den Büchern von Ahlfors [1], Cartan [4], Diederich/Remmert [5], Hörmander [15], Hurwitz/Courant [16] und Rudin [17], ferner aus unveröffentlichten Vorlesungen von H. Grauert. Gespräche mit Kollegen über den behandelten Stoff, insbesondere mit K. Diederich, G. Fischer, E. Oeljeklaus und R. Remmert, waren uns nützlich, ebenso die Reaktion der Hörer unserer Vorlesungen. E. Oeljeklaus hat große Teile des Manuskripts gelesen und verbessert. Unterstützt wurde die Arbeit an dem Buch durch die Universitäten Bonn und Bremen, die vorlesungsfreie Semester gewährten, und durch einen Reisekostenzuschuss des Sonderforschungsbereiches 40 der DFG. Frau A. Dietzel und Frau G. Tappert haben viele Versionen des Manuskripts getippt. Wir danken sehr herzlich für all die Hilfe, die wir erfahren haben.

Bonn und Bremen, April 1979   *W. Fischer, I. Lieb*

Zur vierten Auflage

In der Neuauflage haben wir einige Ergänzungen und Korrekturen vorgenommen. Kapitel VII enthält einen neuen Paragraphen über die Stirlingsche Formel.

Bonn und Bremen, im Dezember 1984   *W. Fischer, I. Lieb*

Zur sechsten Auflage

In der Neuauflage haben wir die elliptischen Funktionen etwas ausführlicher besprochen. Insbesondere ist der Zusammenhang des Additionstheorems der $\wp$-Funktion mit der Gruppenstruktur ebener kubischer Kurven dargestellt.

Bonn und Bremen, April 1992   *W. Fischer, I. Lieb*

Zur achten Auflage

In die Neuauflage haben wir einen Paragraphen über die Riemannsche ζ-Funktion aufgenommen sowie einige Ergänzungen, z.B. über die Fourier-Entwicklung periodischer holomorpher Funktionen und über Quadriken in der komplex projektiven Ebene.

Die Erweiterung der Zahlenebene zur Zahlensphäre wird jetzt schon am Ende des ersten Kapitels behandelt, dort werden auch die gebrochen linearen Transformationen besprochen. Bei der Diskussion der isolierten Singularitäten kann dann der Punkt ∞ gleich einbezogen werden, ebenso bei den Residuen von Differentialformen.

Da das Buch in LaTeX neu gesetzt werden musste, haben wir den gesamten Text durchgesehen und an etlichen Stellen verbessert.

Frau U. Schmickler-Hirzebruch vom Vieweg-Verlag hat diese Neuauflage angeregt und ihre Herstellung unterstützt, wir wissen ihr Dank dafür.

Das LaTeX-File wurde mit großer Kompetenz von Frau I. Bergen erstellt. Wir danken ihr herzlich für ihre Arbeit. Herrn D. Fischer danken wir für seine Hilfe beim Korrekturlesen.

Bonn und Bremen, im Februar 2003 *W. Fischer, I. Lieb*

Zur neunten Auflage

In der Neuauflage wurden einige Druckfehler korrigiert.

Bonn und Bremen, im März 2005 *W. Fischer, I. Lieb*

Leitfaden

Die Kapitel I – VI enthalten die Grundlagen der Funktionentheorie bis hin zu den Anwendungen des Residuensatzes. Die Kapitel VII – IX sind voneinander unabhängig und beruhen auf den ersten 6 Kapiteln. Kapitel I – VI können auf zwei Arten benutzt werden.

a) Man kann alle *-Paragraphen auslassen und erhält einen Aufbau der Funktionentheorie, der nur minimale Vorkenntnisse voraussetzt.

b) Die *-Paragraphen werden einbezogen. Dann sind etwas mehr Vorkenntnisse in reeller Analysis notwendig. Zum Ausgleich können Kap. II. §2, Kap. III. §2 überschlagen werden, und dem Kapitel IV muss man nur die Definition des einfachen Zusammenhangs mittels der Umlaufszahl entnehmen.

In jeder der beiden Varianten sollten sich mindestens die ersten 6 Kapitel in einer Vorlesung des Sommersemesters behandeln lassen; in einem Wintersemester lässt sich eins der letzten Kapitel dazunehmen; Kap VIII setzt die Methoden der *-Paragraphen voraus.

Kapitel I

Komplexe Zahlen und Funktionen

Das Studium algebraischer Gleichungen mit reellen Koeffizienten führt zur Erweiterung des reellen Zahlkörpers zum Körper der komplexen Zahlen (§1). Funktionen einer komplexen Veränderlichen werden in §3 eingeführt, in §4 erklären wir den zentralen Begriff der Funktionentheorie: komplexe Differenzierbarkeit (Holomorphie). Jede holomorphe Funktion ist reell differenzierbar; die holomorphen Funktionen sind gerade die Lösungen des Systems der Cauchy-Riemannschen Differentialgleichungen (§5). Der komplexe Differentialkalkül wird durch die Einführung der Wirtinger-Ableitungen besonders übersichtlich, wir verwenden diese daher von Anfang an. – Aus der reellen Analysis bekannte Funktionen wie die Exponentialfunktion, trigonometrische und hyperbolische Funktionen lassen sich zu holomorphen Funktionen ins Komplexe fortsetzen und zeigen erst dann ihre enge Verwandtschaft (§8). Wir bedienen uns dabei komplexer Potenzreihen (§7); der Nachweis der Holomorphie der Summe einer Potenzreihe wird aber erst in Kap. II erbracht. Als weiteres Beispiel studieren wir in §9 gebrochen lineare Funktionen und erweitern die Zahlenebene zur Riemannschen Zahlensphäre.

Historischer Anlass zur Einführung komplexer Zahlen war im 16. Jahrhundert die Lösung von Gleichungen 2. und insbesondere 3. Grades. Bei Cardano (1545) tritt isoliert $5 \pm \sqrt{-15}$ auf. Bombelli (1572) stellt systematisch Rechenregeln für komplexe Zahlen auf und benutzt sie zur Lösung kubischer Gleichungen. Im 18. Jahrhundert werden komplexe Zahlen immer häufiger verwendet, z.B. bei der Integration rationaler Funktionen. Sie treten auch als Argument bei elementaren Funktionen auf, namentlich bei Euler, der 1777 das Symbol i einführt. Es gab jedoch Kontroversen, wieweit es zulässig sei, „imaginäre" (d.h. eingebildete, nicht wirkliche) Zahlen zu benutzen. Um 1800 wird von Gauß, Wessel, Argand die geometrische Deutung der komplexen Zahlen angegeben. Die Cauchy-Riemannschen Differentialgleichungen wurden schon 1752 von d'Alembert bei einem strömungsmechanischen Problem aufgestellt, sie finden sich auch bei Euler. Cauchy (ab 1814) und Riemann (1851) benutzten sie systematisch zum Aufbau der Funktionentheorie.

§ 1.   Die komplexen Zahlen

Quadratische Gleichungen mit reellen Koeffizienten sind im Körper $\mathbb{R}$ der reellen Zahlen nicht immer lösbar; so gibt es z.B. keine reelle Zahl x mit $x^2 + 1 = 0$. Um trotzdem von Lösungen solcher Gleichungen reden und mit ihnen rechnen zu können, benutzte man schon früh eine „symbolische Lösung" i der Gleichung $x^2 + 1 = 0$. Mit ihr bildete man Ausdrücke

$$a + ib \qquad \text{mit } a, b \in \mathbb{R}$$

und rechnete mit diesen „komplexen Zahlen" wie gewohnt, allerdings unter Berücksichtigung von $i^2 = -1$. Für die Addition bedeutet das

$$(a_1 + ib_1) + (a_2 + ib_2) = (a_1 + a_2) + i(b_1 + b_2),$$

für die Multiplikation

$$(a_1 + ib_1)(a_2 + ib_2) = (a_1 a_2 - b_1 b_2) + i(a_1 b_2 + a_2 b_1).$$

Bei diesem Vorgehen erheben sich die Fragen „Was ist eigentlich i?" und „Kann diese Art, mit i zu rechnen, zu Widersprüchen führen?"

Diese Fragen beantworten wir im folgenden dadurch, dass wir ausgehend von den reellen Zahlen den Körper der komplexen Zahlen konstruieren.

Wir betrachten die Menge $\mathbb{R}^2$ der Paare (a, b) reeller Zahlen. Die aus der linearen Algebra bekannte Vektoraddition

$$(a_1, b_1) + (a_2, b_2) = (a_1 + a_2, b_1 + b_2)$$

macht aus $\mathbb{R}^2$ eine kommutative Gruppe. Wir definieren nun, geleitet von der obigen heuristischen Betrachtung, auf $\mathbb{R}^2$ eine Multiplikation durch

$$(a_1, b_1) \cdot (a_2, b_2) = (a_1 a_2 - b_1 b_2, a_1 b_2 + a_2 b_1).$$

Diese Multiplikation ist assoziativ und kommutativ, d.h., man kann beliebig Klammern setzen und Faktoren vertauschen. Weiter hat man

$$(a, b)(1, 0) = (a, b);$$

$(1, 0)$ ist also neutrales Element der Multiplikation. Schließlich erhält man als multiplikatives Inverses von $(a, b) \neq (0, 0)$ aus der Gleichung

$$(a, b)(x, y) = (1, 0)$$

die eindeutige Lösung

$$\left(\frac{a}{a^2 + b^2}, \frac{-b}{a^2 + b^2} \right).$$

Endlich gilt noch das Distributivgesetz, welches die Addition mit der Multiplikation verbindet. Diese Aussagen zusammen bedeuten:

$\mathbb{R}^2$ *mit der oben definierten Addition und Multiplikation ist ein Körper. Er heißt Körper der komplexen Zahlen und wird mit* $\mathbb{C}$ *bezeichnet.*

Die Abbildung $\varphi : \mathbb{R} \to \mathbb{C}$, die durch $\varphi(a) = (a,0)$ definiert ist, ist injektiv. Überdies gilt:

$$\varphi(a_1 + a_2) = (a_1 + a_2, 0) = \varphi(a_1) + \varphi(a_2)$$

und

$$\varphi(a_1 a_2) = (a_1 a_2, 0) = \varphi(a_1) \cdot \varphi(a_2).$$

Die Teilmenge $\varphi(\mathbb{R}) \subset \mathbb{C}$ unterscheidet sich vom Körper $\mathbb{R}$ also nur in den Bezeichnungen; man sagt, dass $\varphi(\mathbb{R})$ ein zu $\mathbb{R}$ isomorpher Unterkörper des Körpers $\mathbb{C}$ ist. Wir können daher die reellen Zahlen mit den komplexen Zahlen der Form $(a,0)$ identifizieren, fassen also $\mathbb{R}$ als Teilmenge von $\mathbb{C}$ auf und schreiben einfach a statt $(a,0)$.

Jede komplexe Zahl (a,b) läßt sich damit als

$$(a,b) = (a,0) + (b,0) \cdot (0,1) = a + b \cdot (0,1)$$

darstellen. Für $(0,1)$ führen wir die abkürzende Bezeichnung i ein und schreiben also

$$(a,b) = a + bi = a + ib.$$

Es gilt $i^2 = (0,1) \cdot (0,1) = (-1,0) = -1$. Damit ist der Anschluss an unsere einführende Betrachtung hergestellt: Wir haben mit $\mathbb{C}$ einen $\mathbb{R}$ enthaltenden Körper konstruiert, in dem die Gleichung $x^2 + 1 = 0$ Lösungen hat – nämlich i und $-i$.

Zur Bezeichnung komplexer Zahlen verwenden wir oft die Buchstaben z oder w. Ist

$$z = x + iy \qquad \text{mit } x, y \in \mathbb{R},$$

so nennen wir x den *Realteil* und y den *Imaginärteil* von z, in Zeichen:

$$x = \operatorname{Re} z, \qquad y = \operatorname{Im} z.$$

Man hat

$$\operatorname{Re}(z + w) = \operatorname{Re} z + \operatorname{Re} w, \qquad \operatorname{Im}(z + w) = \operatorname{Im} z + \operatorname{Im} w$$

sowie

$$\operatorname{Re}(az) = a \operatorname{Re} z, \qquad \operatorname{Im}(az) = a \operatorname{Im} z \qquad \text{für } a \in \mathbb{R}.$$

Ist $z = x + iy \neq 0$, so ist

$$\frac{1}{z} = \frac{x}{x^2 + y^2} - i \frac{y}{x^2 + y^2}.$$

Unsere Konstruktion der komplexen Zahlen liefert eine äußerst nützliche geometrische Veranschaulichung von $\mathbb{C}$ als *komplexe Zahlenebene*, auch *Gaußsche Zahlenebene* genannt. Wir stellen $\mathbb{R}^2$ wie üblich als Ebene mit einem rechtwinkligen Koordinatensystem dar. Der Punkt mit den Koordinaten (x, y) entspricht dann der komplexen Zahl $(x, y) = x + iy$. Wir werden oft einfach von einem „Punkt" z reden, ebenso von Mengen komplexer Zahlen als Punktmengen. Die erste Koordinatenachse repräsentiert den Unterkörper $\mathbb{R}$ von $\mathbb{C}$, wir nennen sie die *reelle Achse*; die zweite Koordinatenachse repräsentiert die Zahlen der Form iy mit $y \in \mathbb{R}$, wir nennen diese Achse die *imaginäre Achse* und die entsprechenden Zahlen *rein imaginär*. Die Addition komplexer Zahlen ist in diesem Bild die Addition der Ortsvektoren nach der Parallelogrammregel. Die geometrische Interpretation der Mulitplikation werden wir weiter unten angeben.

Der Körper $\mathbb{R}$ ist ein angeordneter Körper. Im Gegensatz dazu kann man $\mathbb{C}$ nicht zu einem angeordneten Körper machen; es ist nicht möglich, sinnvoll mit Ungleichungen zwischen (nicht reellen) komplexen Zahlen zu rechnen. Das liegt an folgendem: In einem angeordneten Körper sind von Null verschiedene Quadratzahlen positiv. Wäre $\mathbb{C}$ ein angeordneter Körper, so müßte $0 < 1^2 = 1$ sowie $0 < i^2 = -1$ und damit auch $0 < 1 + (-1) = 0$ gelten; das kann aber nicht sein.

Hingegen läßt sich der Begriff des Betrages von $\mathbb{R}$ auf $\mathbb{C}$ übertragen und erweist sich auch hier als nützliches Werkzeug. Vor der Diskussion des Betrages führen wir noch eine bemerkenswerte Abbildung des Körpers $\mathbb{C}$ auf sich ein, nämlich die Spiegelung an der reellen Achse oder *Konjugation*: Man ordnet jeder komplexen Zahl $z = x + iy$ die Zahl

$$\overline{z} = x - iy$$

zu; $\overline{z}$ heißt die zu z *konjugierte* oder auch *gespiegelte* Zahl. Die Abbildung $z \mapsto \overline{z}$ ist bijektiv und mit Addition und Multiplikation verträglich (ein Automorphismus von $\mathbb{C}$), d.h. es gilt

$$\overline{w + z} = \overline{w} + \overline{z} \qquad \text{und} \qquad \overline{wz} = \overline{w} \cdot \overline{z}.$$

Weiter hat man

$$\overline{(\overline{z})} = z, \qquad z\overline{z} = x^2 + y^2 \qquad \text{für} \qquad z = x + iy$$

sowie

$$\operatorname{Re} z = \frac{1}{2}(z + \overline{z}) \qquad \text{und} \qquad \operatorname{Im} z = \frac{1}{2i}(z - \overline{z}).$$

Insbesondere ist $z = \overline{z}$ gleichbedeutend mit $z \in \mathbb{R}$.

Wir setzen nun für $z = x + iy$

$$|z| = \sqrt{z\overline{z}} = \sqrt{x^2 + y^2}$$

und nennen diese nichtnegative reelle Zahl den *Betrag* (oder *Absolutbetrag*) von z. In der Gaußschen Zahlenebene ist $|z|$ der euklidische Abstand des Punktes z vom Nullpunkt.

Für $z \in \mathbb{R}$ stimmt $|z|$ mit dem in der reellen Analysis definierten Betrag von z überein. Unmittelbar aus der Definition ergeben sich die Beziehungen

$$-|z| \leq \operatorname{Re} z \leq |z| \qquad \text{und} \qquad -|z| \leq \operatorname{Im} z \leq |z|.$$

Der Betrag in $\mathbb{C}$ genügt den schon vom Betrag reeller Zahlen her gewohnten Rechenregeln:

Satz 1.1. *Für komplexe Zahlen z und w gilt:*

  i) Stets ist $|z| \geq 0$; es ist $|z| = 0$ genau für $z = 0$.
  ii) $|w + z| \leq |w| + |z|$ (Dreiecksungleichung).
  iii) $|wz| = |w| \cdot |z|$.

Der Beweis von i) ist trivial; iii) folgt aus

$$|wz|^2 = (wz)\overline{(wz)} = wz\overline{w}\,\overline{z} = w\overline{w}z\overline{z} = |w|^2|z|^2.$$

Aus iii) gewinnt man eine analoge Regel für Quotienten:

$$\left|\frac{w}{z}\right| = \frac{|w|}{|z|} \qquad \text{für } z \neq 0.$$

Die Beziehung ii) ist die Dreiecksungleichung für die euklidische Norm des $\mathbb{R}^n$ im Spezialfall $n = 2$. $\qquad\qquad\square$

Wir geben noch einen Beweis für ii) an, der die Multiplikation in $\mathbb{C}$ und die Ungleichung $\operatorname{Re} u \leq |u|$ benutzt [16]: Für $w + z = 0$ ist ii) richtig wegen i). Für $w + z \neq 0$ ist

$$1 = \frac{w}{w + z} + \frac{z}{w + z}.$$

Wir nehmen auf beiden Seiten dieser Gleichung die Realteile und erhalten

$$1 = \operatorname{Re}\frac{w}{w + z} + \operatorname{Re}\frac{z}{w + z} \leq \left|\frac{w}{w + z}\right| + \left|\frac{z}{w + z}\right| = \frac{|w|}{|w + z|} + \frac{|z|}{|w + z|}.$$

Hieraus folgt ii) unmittelbar. $\qquad\qquad\square$

Aus den Regeln i) - iii) lassen sich wie im Reellen alle weiteren für den Umgang mit dem Betrag nötigen Regeln ableiten. Wir notieren nur

$$\left|\sum_{\nu=1}^{n} z_\nu\right| \leq \sum_{\nu=1}^{n} |z_\nu|, \qquad \left|\prod_{\nu=1}^{n} z_\nu\right| = \prod_{\nu=1}^{n} |z_\nu|$$

und

$$|w - z| \geq ||w| - |z||.$$

Der euklidische Abstand dist (w, z) zweier Punkte w, z der komplexen Zahlenebene lässt sich mit Hilfe des Betrages schreiben als

$$\text{dist}(w, z) = |z - w|.$$

Es ist oft hilfreich, sich Mengen von komplexen Zahlen, die durch Gleichungen oder Ungleichungen beschrieben werden, im geometrischen Bild der komplexen Zahlenebene zu vergegenwärtigen. So ist z.B. für festes $z_0 \in \mathbb{C}$ und festes $r \in \mathbb{R}$ mit $r > 0$ die Menge

$$\{z \in \mathbb{C} : |z - z_0| = r\}$$

die Kreislinie vom Radius r um den Punkt z_0; durch

$$\{z \in \mathbb{C} : |z - z_0| < r\}$$

wird die Kreisscheibe (ohne Rand) vom Radius r um z_0 beschrieben. Wir bezeichnen sie in der Regel mit $D_r(z_0)$. – Die Menge $\{z \in \mathbb{C} : \text{Re}\, z > 0\}$ heißt entsprechend dem geometrischen Bild die *rechte Halbebene*; ebenso nennen wir $\{z \in \mathbb{C} : \text{Im}\, z > 0\}$ die *obere Halbebene*.

In der Ebene kann man bekanntlich Polarkoordinaten einführen, also die Punkte $(x, y) \in \mathbb{R}^2$ in der Form $(x, y) = (r \cos \varphi, r \sin \varphi)$ schreiben, wobei $r = \sqrt{x^2 + y^2}$ ist und φ für $(x, y) \neq (0, 0)$ ein Winkel zwischen der positiven x-Achse und dem Strahl von 0 durch (x, y). Sieht man die Ebene als komplexe Zahlenebene an, so ergibt das eine Darstellung

$$z = |z|(\cos \varphi + i \sin \varphi).$$

Für $z \neq 0$ ist der Winkel φ bis auf Addition von ganzzahligen Vielfachen von 2π bestimmt; wir nennen jeden solchen Winkel ein *Argument* von z und schreiben

$$\varphi = \arg z.$$

Wegen der mangelnden Eindeutigkeit können wir $\arg z$ nicht als Funktion von z ansehen; wir werden das daraus entstehende Problem später genau untersuchen. Oft normiert man das Argument durch die Bedingung $0 \leq \varphi < 2\pi$ oder auch durch $-\pi < \varphi \leq \pi$.

Die Verwendung von Polarkoordinaten führt zur geometrischen Interpretation der Multiplikation: Mit $z \neq 0 \neq w$ und $\arg z = \varphi$, $\arg w = \psi$ wird auf Grund der Additionstheoreme der trigonometrischen Funktionen

$$\begin{aligned} wz &= |w| \cdot |z| \cdot (\cos \psi + i \sin \psi)(\cos \varphi + i \sin \varphi) \\ &= |w| \cdot |z| \cdot (\cos(\psi + \varphi) + i \sin(\psi + \varphi)). \end{aligned}$$

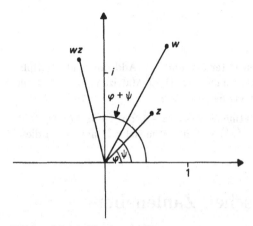

Bild 1 Multiplikation in $\mathbb{C}$

Bei der Multiplikation zweier komplexer Zahlen multiplizieren sich also die Beträge, die Argumente addieren sich. Allerdings ist mit $\varphi, \psi \in [0, 2\pi[$ nicht notwendig $\varphi + \psi \in [0, 2\pi[$; normierte Argumente addieren sich nicht allgemein.

Bei festem $w \neq 0$ ist die Abbildung $z \mapsto wz$ der komplexen Ebene auf sich also, geometrisch gesprochen, eine Drehung um $\arg w$, verbunden mit einer Streckung um den Faktor $|w|$; kurz: eine *Drehstreckung*. Die multiplikative Gruppe $\mathbb{C}^*$ der von Null verschiedenen komplexen Zahlen ist isomorph zur Gruppe der Drehstreckungen des $\mathbb{R}^2$ (vgl. Aufgabe 5). Die Multiplikation mit einer Zahl w vom Betrage 1 ist eine Drehung der Ebene um $\arg w$. Die Menge

$$S^1 = \{z \in \mathbb{C} : |z| = 1\}$$

bildet eine multiplikative Gruppe, die der Gruppe der Drehungen des $\mathbb{R}^2$ isomorph ist.

Aufgaben:

1. Man stelle die folgenden komplexen Zahlen in der Form $x + iy$ mit $x, y \in \mathbb{R}$ dar. Außerdem berechne man ihre Beträge und Argumente.

   a) $i^n (n \in \mathbb{Z})$,   b) $(1 + i)^4$,   c) $\left(\frac{-1 - i\sqrt{3}}{2}\right)^3$,

   d) $\frac{2-i}{2-3i}$,   e) $\frac{1}{(3-i)^2}$,   f) $\frac{(1+i)^5}{(1-i)^3}$.

2. Man skizziere die folgenden Punktmengen in der komplexen Zahlenebene:

   a) $\{z \in \mathbb{C} : |3z - 1 + i| \leq 2\}$,   b) $\{z \in \mathbb{C} : 0 \leq \operatorname{Im} z \leq 2\pi, |\operatorname{Re} z| < 1\}$,
   c) $\{z \in \mathbb{C} : \operatorname{Im}((1-i)z) = 0\}$,   d) $\{z \in \mathbb{C} : |z - z_0| = |z - z_1|\}$,
   e) $\{z \in \mathbb{C} : |z - i| + |z + i| < 4\}$.

3. Man zeige, dass jede quadratische Gleichung $z^2 + az + b = 0$ mit komplexen Koeffizienten a und b Lösungen in $\mathbb{C}$ hat, und bestimme diese.

4. Man verifiziere $\overline{w + z} = \overline{w} + \overline{z}$ sowie $\overline{wz} = \overline{w} \cdot \overline{z}$ und zeige weiter:
   Sind $a_0, a_1, \ldots, a_n \in \mathbb{R}$ und $z_0 \in \mathbb{C}$ mit

   $$a_0 + a_1 z_0 + \ldots + a_n z_0^n = 0,$$

so gilt auch

$$a_0 + a_1\overline{z}_0 + \ldots + a_n\overline{z}_0^n = 0.$$

5. Die reellen Matrizen der Form $\left(\begin{smallmatrix} x & y \\ -y & x \end{smallmatrix}\right)$ bilden unter der üblichen Addition und Multipli- kation einen Körper, der zu $\mathbb{C}$ isomorph ist. (Bemerkung: Diese Matrizen sind neben der Nullmatrix gerade die Matrizen der Drehstreckungen in $\mathbb{R}^2$.)

6. Man zeige, dass für $a, c \in \mathbb{R}$, $b \in \mathbb{C}$, die Punktmenge $M = \{z \in \mathbb{C} : az\overline{z} + bz + \overline{bz} + c = 0\}$ eine Kreislinie oder eine Gerade ist, falls $\det\left(\begin{smallmatrix} a & b \\ \overline{b} & c \end{smallmatrix}\right) < 0$ gilt. Wie sieht M aus, wenn diese Determinante Null oder positiv ist?

§ 2. Topologie in der Gaußschen Zahlenebene

Komplexe Zahlen lassen sich als Punkte der Ebene $\mathbb{R}^2$ ansehen. Wir können also alle aus der Topologie der Ebene bekannten Begriffe – Offenheit, Konvergenz ... für die Menge der komplexen Zahlen übernehmen; das geschieht in diesem und dem nächsten Paragraphen. Neu gegenüber der elementaren Analysis sind nur Aussagen, in denen die Multiplikation auf $\mathbb{C}$ eine Rolle spielt.

Unter der *ε-Umgebung* eines Punktes $z_0 \in \mathbb{C}$ verstehen wir die (im anschaulichen Sinne) offene Kreisscheibe vom Radius $\epsilon > 0$ um z_0:

$$U_\epsilon(z_0) = D_\epsilon(z_0) = \{z \in \mathbb{C} : |z - z_0| < \epsilon\}$$

Eine *Umgebung* von z_0 ist eine Menge U, die eine ϵ-Umgebung von z_0 enthält. Eine Menge $U \subset \mathbb{C}$ heißt *offen*, wenn es zu jedem $z \in U$ ein $\epsilon > 0$ so gibt, dass $U_\epsilon(z) \subset U$ gilt. Offene Mengen nennen wir auch *Bereiche*. Die Vereinigung beliebig vieler und der Durchschnitt endlich vieler offener Mengen ist wieder offen (mit anderen Worten: Die offenen Mengen genügen den Axiomen einer Topologie). Beispiele solcher Mengen sind alle ϵ-Umgebungen, ferner $\mathbb{C}$ selbst und die leere Menge $\emptyset$. Ist das Komplement einer Menge M,

$$\mathbb{C} - M = \{z \in \mathbb{C} : z \notin M\},$$

offen, so nennt man M *abgeschlossen*. Die leere Menge und die gesamte Ebene sind abgeschlossen (und gleichzeitig offen!); jeder Punkt ist eine abgeschlossene Menge. Ist $M \subset \mathbb{C}$ eine beliebige Teilmenge, so heißen die Durchschnitte

$$U' = U \cap M, \qquad U \subset \mathbb{C} \text{ offen},$$

relativ-offen (in M); „*relativ-abgeschlossen*" wird analog erklärt. Offene Intervalle $I \subset \mathbb{R}$ sind in $\mathbb{R}$ relativ-offen, aber keine offenen Mengen in $\mathbb{C}$. Im allgemeinen ist eine Menge M weder offen noch abgeschlossen; man bildet daher

$$\overset{\circ}{M} = \bigcup\{U : U \subset M, U \text{ ist offen}\}$$

und

$$\overline{M} = \bigcap\{A : A \supset M, A \text{ ist abgeschlossen}\},$$

die größte offene Teilmenge von M bzw. die kleinste abgeschlossene Obermenge von M. Wir nennen die Punkte von $\overset{\circ}{M}$ *Innenpunkte* von M, die von $\overline{M}$ *Adhärenzpunkte*. Eine Teilmenge $N \subset M$ heißt *dicht* in M, wenn $\overline{N} \supset M$ gilt, d.h. wenn jede Umgebung eines jeden Punktes von M die Menge N noch trifft. Ist U ein Bereich, so liegt $\mathbb{Q}^2 \cap U$ (die Menge der Punkte $x + iy$ mit rationalen x und y) dicht in U. N heißt *diskret* in M, wenn es zu jedem $z \in M$ eine Umgebung gibt, die mit N endlichen (evtl. leeren) Durchschnitt hat. Wenn $N \subset \overset{\circ}{M}$ gilt, nennen wir M eine Umgebung der Menge N. Der *Rand* einer Menge M wird durch

$$\partial M = \overline{M} - \overset{\circ}{M}$$

erklärt. Für $M = D_r(a) = \{z : |z - a| < r\}$ ist $\overset{\circ}{M} = M$, $\overline{M} = \{z : |z - a| \leq r\}$, $\partial M = \{z : |z - a| = r\}$.

Eine komplexe Zahl z_0 heißt *Limes (Grenzwert)* der Folge $z_1, z_2, z_3, \ldots$, wenn in jeder Umgebung von z_0 alle z_ν mit Ausnahme von höchstens endlich vielen („fast alle" z_ν) liegen. Man sagt dann, die Folge *konvergiert (strebt)* gegen z_0 und schreibt

$$z_\nu \to z_0, \qquad z_0 = \lim_{\nu \to \infty} z_\nu.$$

Von den vielen Umformulierungen des Konvergenzbegriffes erwähnen wir

i) $\lim_{\nu \to \infty} z_\nu = z_0$ *gilt genau dann, wenn* $\lim_{\nu \to \infty} |z_\nu - z_0| = 0$ *ist;*

ii) Cauchysches Konvergenzkriterium: *Eine Folge* (z_ν) *besitzt genau dann einen Limes, wenn es zu jedem* $\epsilon > 0$ *einen Index* ν_0 *so gibt, dass für alle* $\nu, \mu \geq \nu_0$ *die Ungleichung* $|z_\nu - z_\mu| < \epsilon$ *besteht.*

Der Zusammenhang zwischen algebraischen Operationen und Konvergenz wird durch die folgenden Aussagen beschrieben: Gilt $a_\nu \to a$ und $b_\nu \to b$, so hat man

$$\begin{aligned} a_\nu \pm b_\nu &\to a \pm b, \\ a_\nu b_\nu &\to ab, \\ \overline{a_\nu} &\to \overline{a}, \\ |a_\nu| &\to |a|. \end{aligned}$$

Wenn auch noch $a \neq 0$ ist, so sind fast alle $a_\nu \neq 0$, und die durch $c_\nu = a_\nu^{-1}$ für $a_\nu \neq 0$, c_ν beliebig, falls $a_\nu = 0$, erklärte Folge strebt gegen a^{-1}. Kürzer:

$$\frac{1}{a_\nu} \to \frac{1}{a}.$$

Oft wird eine Abschwächung des Limesbegriffes benötigt: Ein Punkt z_0 heißt *Häufungs-punkt* (oder *Häufungswert*) der Folge (z_ν), wenn in jeder Umgebung von z_0 unendlich viele Folgenglieder z_ν liegen. z_0 heißt Häufungspunkt der Menge M, wenn in jeder Umgebung von z_0 noch unendlich viele Punkte von M liegen.

Wichtige Existenzsätze der Topologie gelten für die Klasse der kompakten Mengen, an deren Definition wir nun erinnern:

Definition 2.1. *Eine Teilmenge $K \subset \mathbb{C}$ heißt kompakt, wenn jede offene Überdeckung von K eine endliche Teilüberdeckung enthält.*

Das besagt: Ist $U_\iota, \iota \in I$, eine Familie offener Mengen mit

$$K \subset \bigcup_{\iota \in I} U_\iota,$$

so gibt es eine endlich Teilmenge $J \subset I$, so dass

$$K \subset \bigcup_{\iota \in J} U_\iota$$

gilt. – Kompakte Teilmengen in $\mathbb{C}$ lassen sich auch anders charakterisieren:

Satz 2.1. (Heine-Borel) *Für $K \subset \mathbb{C}$ sind folgende Aussagen gleichwertig:*

  i) K ist kompakt.
  ii) K ist abgeschlossen und beschränkt.
  iii) Jede Folge (z_ν) in K hat Häufungspunkte in K.
  iv) Jede Folge (z_ν) in K hat konvergente Teilfolgen, deren Limites wieder in K liegen.

Dabei heißt K *beschränkt*, wenn es ein $R > 0$ mit $|z| \le R$ für alle $z \in K$ gibt. Zum Beweis vgl. [9] oder [13].

Später werden wir folgende Aussage benötigen:

Satz 2.2. *Ist $K_1 \supset K_2 \supset K_3 \ldots$ eine absteigende Folge nichtleerer kompakter Mengen, so ist*

$$\bigcap_{\nu \in \mathbb{N}} K_\nu \ne \emptyset.$$

Beweis: Es sei aus jedem K_ν ein Punkt z_ν gewählt. Da die Folge z_ν, $\nu = 1, 2, \ldots$, zu K_1 gehört, hat sie mindestens einen Häufungspunkt $z_0 \in K_1$. Ist nun $\mu \ge 1$ beliebig, so ist z_0 auch Häufungspunkt der Folge z_ν, $\nu = \mu, \mu + 1, \ldots$, die zur kompakten Menge K_μ gehört. Damit gilt auch $z_0 \in K_\mu$ und daher

$$z_0 \in \bigcap_{\mu \in \mathbb{N}} K_\mu. \qquad \qquad \square$$

Wir werden noch folgende Redeweise benötigen: Eine Menge M liegt *relativ kompakt* in einem Bereich U, wenn $\overline{M}$ kompakt und in U enthalten ist; wir schreiben $M \subset\subset U$.

Aufgaben:

1. Welche der folgenden Mengen sind offen (abgeschlossen)?

   $M = \{z = x + iy : x \leq 1, y \leq 1\}$, $M = \{z : |z| \leq 1, \operatorname{Im} z > 0\}$, $M = \{z \in \mathbb{R} : a < z < b\}$.

   Bestimme jeweils $\overset{\circ}{M}$, $\overline{M}$, ∂M.

2. Zeige: Der Rand einer beschränkten Menge ist kompakt. Gilt die Umkehrung?

3. Für welche z existieren die folgenden Limites?

   $$\text{a) } \lim_{\nu \to \infty} z^{\nu}, \qquad \text{b) } \lim_{\nu \to \infty} \nu! z^{\nu}, \qquad \text{c) } \lim_{\nu \to \infty} \sum_{\mu=0}^{\nu} z^{\mu}/\mu! \qquad \text{d) } \lim_{\nu \to \infty} z^{\nu^2}.$$

4. Zeige: Jede konvergente Folge ist beschränkt. Ist $z_\nu \to z_0$, so ist die Menge $\{z_\nu : \nu = 1, 2, \ldots\} \cup \{z_0\}$ kompakt.

5. Konstruiere Punktfolgen (z_ν) mit folgenden Eigenschaften a) oder b) oder c):

   a) Jede komplexe Zahl ist Häufungspunkt von (z_ν).

   b) $z_\nu \in D = \{z : |z| < 1\}$. Die Häufungspunkte von (z_ν) sind genau die Punkte von ∂D.

   c) Eine Folge ohne Häufungspunkt.

6. Es sei U ein Bereich. Konstruiere eine abzählbare Punktmenge $M \subset U$ mit $\overline{M} \cap U = M$, $\overline{M} = M \cup \partial U$.

§ 3. Stetige Funktionen

Es seien $M, N, \ldots$ Teilmengen der komplexen Ebene; wir betrachten Abbildungen $f : M \to \mathbb{C}$ und nennen solche Abbildungen immer *Funktionen*. Liegt die Bildmenge $f(M)$ in N, so schreiben wir auch $f : M \to N$. Ebenso verwenden wir die Bezeichnungen

$$z \mapsto f(z) \quad \text{oder} \quad w = f(z).$$

Natürlich ist $M \subset \mathbb{R}$, $N \subset \mathbb{R}$ zugelassen, die in der reellen Analysis betrachteten Funktionen kommen jetzt wieder vor. – Sehen wir uns einige Beispiele an:

1. Es sei $f(z) = c$ für alle $z \in \mathbb{C}$: konstante Funktionen.

2. $f(z) = z$: die identische Abbildung von $\mathbb{C}$ in sich.

3. $f(z) = \overline{z}$: die Spiegelung an der reellen Achse.

4. $f(z) = az, a \neq 0$: Drehstreckung mittels $a \in \mathbb{C}^*$.

5. $f(z) = x = \operatorname{Re} z$: Projektion auf die x-Achse.

6. $f(z) = iy = i \operatorname{Im} z$: Projektion auf die y-Achse.

7. $f(z) = |z|$: Betragsfunktion.

Funktionen werden wie üblich addiert, subtrahiert, multipliziert und dividiert; sind etwa $f, g : M \to \mathbb{C}$ gegeben, so ist

$$(fg)(z) = f(z)g(z).$$

Die *Hintereinanderausführung* (das *Kompositum*) zweier Funktionen

$$f : M \to N, \quad g : N \to \mathbb{C}$$

wird mit $g \circ f$ bezeichnet:

$$(g \circ f)(z) = g(f(z)).$$

Mit diesen Operationen lassen sich aus den obigen einfachen Funktionen viele weitere herstellen:

8. die *Polynome* (genauer: Polynome in z)

$$p(z) = a_n z^n + a_{n-1} z^{n-1} + \ldots + a_1 z + a_0,$$

wobei die a_ν komplexe Zahlen sind;

9. die *rationalen Funktionen*

$$f(z) = \frac{p(z)}{q(z)}$$

wobei p und q Polynome sind. Sie sind überall definiert, wo $q(z) \neq 0$ ist.

Da jede komplexe Zahl sich in Real- und Imaginärteil zerlegen lässt, können wir diese Zerlegung auch bei jeder Funktion vornehmen:

$$f = g + ih$$

mit

$$g(z) = \operatorname{Re} f(z) \quad \text{und} \quad h(z) = \operatorname{Im} f(z);$$

analog bezeichnet $\overline{f}$ die durch

$$\overline{f}(z) = \overline{f(z)}$$

erklärte „gespiegelte" Funktion. Zum Beispiel ist bei dem Polynom $f(z) = z^2 = (x+iy)^2$:

$$\operatorname{Re} f(z) = x^2 - y^2, \quad \operatorname{Im} f(z) = 2xy.$$

Schließlich setzen wir noch $|f|(z) = |f(z)|$.

Die Polynome in z, ebenso ihre Real- und Imaginärteile, sind Beispiele für

10. die Polynome in zwei reellen Veränderlichen mit komplexen Koeffizienten:

$$f(z) = \sum_{\substack{\mu=0.\ m \\ \nu=0\ldots n}} a_{\mu\nu} x^\mu y^\nu$$

(mit $z = x + iy$). Natürlich lässt sich jedes solche Polynom auch als Polynom in z und $\bar{z}$ schreiben:

10'. $f(z) = \sum_{\substack{\kappa=0\ldots k \\ \lambda=0\ldots l}} b_{\kappa\lambda} z^\kappa \bar{z}^\lambda.$

Wie kann man die bisher behandelten Funktionen veranschaulichen? Der Graph einer Funktion $w = f(z)$ ist die Punktmenge

$$\{(z, w) \in \mathbb{C}^2 : w = f(z)\},$$

also eine Teilmenge des $\mathbb{C}^2 = \mathbb{R}^4$; er entzieht sich damit der Anschauung. Eine gute Möglichkeit der Darstellung von f ist aber die Zeichnung der Niveaulinien von $\operatorname{Re} f$ und $\operatorname{Im} f$ sowie der von $|f|$, d.h. der Linien

$$\{z : \operatorname{Re} f(z) = \text{const}\}, \quad \{z : \operatorname{Im} f(z) = \text{const}\}, \quad \{z : |f(z)| = \text{const}\},$$

wobei man die Konstante eine Schar geeigneter Werte durchlaufen lässt. Wir illustrieren das an der Funktion $w = z^2$ (Bild 2a,b).

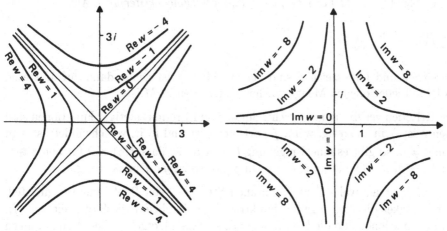

Bild 2a Niveaulinien von $\operatorname{Re} w$, $\operatorname{Im} w$ für $w = f(z) = z^2$

Nachdem uns nun hinreichend viele Funktionen als Beispiele zur Verfügung stehen, wenden wir uns wieder allgemeinen Begriffen zu.

Eine Funktion $f : M \to \mathbb{C}$ heißt in $z_0 \in M$ *stetig*, wenn es zu jeder Umgebung V von $w_0 = f(z_0)$ eine Umgebung U von z_0 gibt, so dass

$$f(U \cap M) \subset V$$

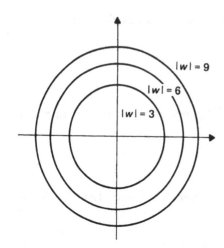

Bild 2b Niveaulinien von $|w|$ für $w = f(z) = z^2$

gilt; ist f in jedem $z_0 \in M$ stetig, so heißt f auf M stetig. Wir erinnern an einige aus der reellen Analysis bekannte äquivalente Formulierungen: f ist in z_0 genau dann stetig, wenn es zu jedem $\epsilon > 0$ ein $\delta > 0$ mit

$$|f(z) - f(z_0)| < \epsilon$$

für alle $z \in M$ mit $|z - z_0| < \delta$ gibt. Das ist genau dann der Fall, wenn für jede gegen z_0 konvergente Folge (z_ν) in M auch $f(z_\nu) \to f(z_0)$ gilt *(Folgenkriterium)*. Also:

$$\lim_{\nu \to \infty} f(z_\nu) = f(\lim_{\nu \to \infty} z_\nu);$$

Funktionszeichen und Limeszeichen sind vertauschbar. f ist genau dann auf M stetig, wenn das Urbild jeder offenen Menge wieder relativ offen in M ist.

Mit diesen Kriterien verifiziert man leicht: Summe und Produkt stetiger Funktionen sind stetig, ebenso ist $\frac{1}{f}$ in z_0 stetig, wenn f dort stetig ist und nicht verschwindet; ist f in z_0 stetig und $\neq 0$, so gibt es eine Umgebung U von z_0, so dass $f(z) \neq 0$ für alle $z \in U$ ist. Ist $f : M \to N$ in z_0 stetig, $g : N \to \mathbb{C}$ in $f(z_0)$, so ist $g \circ f$ in z_0 stetig.

Stetigkeit von f ist äquivalent zur simultanen Stetigkeit von Real- und Imaginärteil, ebenso zur Stetigkeit der gespiegelten Funktion $\overline{f}$; sie impliziert die Stetigkeit von $|f|$. Da konstante Funktionen und die Funktion $w = z$ stetig sind, ergeben diese Bemerkungen die Stetigkeit der Polynome, allgemeiner der Polynome in x und y, und die Stetigkeit der rationalen Funktionen in ihrem jeweiligen Definitionsbereich.

Auf dem Stetigkeitsbegriff beruht der *Limes-Begriff für Funktionen* (vgl. [12], [13]): Es sei f auf der Punktmenge M definiert, z_0 sei ein Häufungspunkt von M; dann heißt eine komplexe Zahl c Limes von f für $z \to z_0$,

$$c = \lim_{z \to z_0} f(z),$$

wenn es eine auf $M \cup \{z_0\}$ stetige Funktion F mit $F(z_0) = c$ und $F\,|(M - \{z_0\}) = f$ gibt. Wir wollen auch die Bezeichnung

$$c = \lim_{z \to \infty} f(z)$$

einführen: Es ist $\lim\limits_{z \to \infty} f(z) = c$, wenn f in einer unbeschränkten Punktmenge M definiert ist und es zu jedem $\epsilon > 0$ ein $R > 0$ so gibt, dass

$$|f(z) - c| < \epsilon$$

für alle $z \in M$ mit $|z| > R$ wird. In §9 führen wir diese Definition auf die vorige zurück. Wir notieren als wesentlichen

Satz 3.1. *Ist f auf der kompakten Menge K stetig, so ist $f(K)$ eine kompakte Menge; die Funktionen $\operatorname{Re} f$, $\operatorname{Im} f$ und $|f|$ nehmen auf K Maximum und Minimum an. Insbesondere sind alle diese Funktionen beschränkt auf K (d.h es gibt ein $R > 0$ mit $|f(z)| \leq R$ für alle $z \in K$).*

Der Beweis findet sich etwa in [9] oder [13]. – Hieraus folgt

Satz 3.2. *Die Funktion f sei auf der kompakten Menge K stetig und ohne Nullstellen. Dann gibt es eine positive Zahl δ, so dass*

$$|f(z)| \geq \delta$$

für alle $z \in K$ gilt.

Denn unter dieser Voraussetzung ist $1/f$ auf K stetig und daher beschränkt.

Weitere Beispiele stetiger Funktionen sind Wege in $\mathbb{C}$:

Definition 3.1. *Ein Weg in $M \subset \mathbb{C}$ ist eine stetige Abbildung γ eines abgeschlossenen Intervalls $[a, b] \subset \mathbb{R}$ nach M. $\gamma(a)$ heißt Anfangspunkt, $\gamma(b)$ Endpunkt von γ.*

Wir sagen auch, γ verbinde $\gamma(a)$ mit $\gamma(b)$ in M. Zwei Punkte $z_1, z_2 \in M$ heißen in M *verbindbar*, wenn es einen Weg in M gibt, der sie verbindet. Verbindbarkeit ist eine Äquivalenzrelation. Ist etwa $\gamma : [0, 1] \to M$ ein Weg mit $\gamma(0) = z_1$, $\gamma(1) = z_2$, so ist $\gamma^{-1} : [0, 1] \to M$, definiert durch $\gamma^{-1}(t) = \gamma(1 - t)$, ein Weg mit z_2 als Anfangspunkt, z_1 als Endpunkt: somit ist die Relation symmetrisch. Zum Beweis der Transitivität benutzt man den aus zwei Wegen zusammengesetzten Weg. – Die Äquivalenzklassen für die Verbindbarkeitsrelation heißen *Wegkomponenten*.

Definition 3.2. *M ist (wegweise) zusammenhängend, wenn je zwei Punkte von M miteinander verbindbar sind. Ein zusammenhängender Bereich heißt Gebiet.*

Offene Kreise z.B. sind Gebiete. Man beweist

Satz 3.3. *Das Bild einer zusammenhängenden Menge unter einer stetigen Abbildung hängt zusammen.*

Satz 3.4. *Für einen Bereich $G \subset \mathbb{C}$ sind folgende Aussagen äquivalent:*

  i) *G ist ein Gebiet.*

 ii) *Ist $G = G_1 \cup G_2$, wobei G_1 und G_2 offen und punktfremd sind, so ist $G_1 = G$ oder $G_2 = G$.*

iii) *Ist $G_1 \subset G$ offen und relativ-abgeschlossen, so ist $G_1 = G$ oder $G_1 = \emptyset$.*

Aufgaben:

1. Berechne Real- und Imaginärteil von $f(z) = z^3$, $f(z) = \frac{1}{z}$, $f(z) = \frac{1}{2}(z + \frac{1}{z})$. Zeichne Niveaulinienbilder!

2. Zeige: Die reellen Polynome mit komplexen Koeffizienten lassen sich wahlweise in der Form 10. oder 10'. ausdrücken. Schreibe das Polynom $5x^3 - 4xy + iy^6$ in der Form
$$f(z) = \sum a_{\kappa\lambda} z^\kappa \bar{z}^\lambda.$$

3. Zeige: In der Form 10. bzw. 10'. sind die Koeffizienten durch f eindeutig bestimmt. Wie erkennt man in der Form 10'. ob ein solches Polynom reellwertig ist? Wie erkennt man, ob es auf $\mathbb{R}$ nur reelle Werte annimmt?

4. Für welche Wahl der Koeffizienten a, b, c ist das Polynom $ax^2 + bxy + cy^2$ Real- bzw. Imaginärteil eines Polynoms in z? Ist $g(z) = x^2$ Realteil eines Polynoms in z?

5. Es sei $L = \{z : az + \bar{a}\bar{z} + b = 0\}$ eine Gerade in $\mathbb{C}$, $f : \mathbb{C} \to \mathbb{C}$ werde als Spiegelung an L definiert. Gib eine Formel (vom Typ 10'.) für f an; wie ist insbesondere die Spiegelung an der imaginären Achse zu beschreiben?

6. Die Menge $S = \{(x,y) : x > 0, y = \sin\frac{1}{x}\} \cup \{(x,y) : x = 0\}$ hängt nicht wegweise zusammen. Beweis!

§ 4.   Holomorphe Funktionen

Die Differenzierbarkeit einer auf einem Intervall I erklärten reellen Funktion f in einem Punkt $x_0 \in I$ lässt sich so formulieren: f ist in x_0 differenzierbar, wenn es eine in x_0 stetige Funktion Δ auf I gibt, so dass die Darstellung

$$f(x) = f(x_0) + (x - x_0)\Delta(x), \quad x \in I$$

besteht; $\Delta(x_0)$ ist dann der Wert der Ableitung von f in x_0. In dieser Definition wird von speziellen Eigenschaften der reellen Zahlen kein Gebrauch gemacht; wir übernehmen sie daher wörtlich für komplexe Funktionen:

Definition 4.1. *Es sei f eine auf dem Bereich $U \subset \mathbb{C}$ erklärte Funktion, z_0 ein Punkt von U. Die Funktion f heißt in z_0 (komplex) differenzierbar, wenn es eine in z_0 stetige Funktion $\Delta : U \to \mathbb{C}$ mit*

$$f(z) = f(z_0) + (z - z_0)\Delta(z) \tag{1}$$

für alle $z \in U$ gibt. $\Delta(z_0)$ *heißt Wert der Ableitung von f in z_0.*

Wir schreiben

$$\Delta(z_0) = f'(z_0) = \frac{df}{dz}(z_0).$$

Ist f auf ganz U (d.h für alle $z \in U$) differenzierbar, so kann man die Funktion

$$z \mapsto f'(z)$$

auf U bilden, die *Ableitung* von f. Ist auch f' wieder komplex differenzierbar, so lässt sich die zweite Ableitung $(f')' = f''$ bilden; allgemeiner ist $f^{(n)} = f^{(n-1)'}$ die n-te Ableitung von f, falls $f^{(n-1)}$ existiert und differenzierbar ist. Man setzt $f^{(0)} = f$.

Definition 4.2. *Eine holomorphe Funktion auf einem Bereich U ist eine auf U komplex differenzierbare Funktion f. Eine Funktion heißt in z_0 holomorph, wenn sie in einer Umgebung von z_0 komplex differenzierbar ist.*

Sehen wir uns einige Beispiele an!

1. Konstante Funktionen sind holomorph auf $\mathbb{C}$. Ist nämlich $f(z) \equiv c$, so gilt für jedes z_0

$$f(z) = f(z_0) + 0 \cdot (z - z_0);$$

es ist also $f'(z) \equiv 0$.

2. Der Zerlegung

$$z = z_0 + 1 \cdot (z - z_0)$$

entnimmt man die Holomorphie von $f(z) = z$ und die Beziehung

$$\frac{df}{dz}(z) = \frac{dz}{dz} \equiv 1.$$

3. Die Funktion $f(z) = \bar{z}$ ist nirgends komplex differenzierbar. Wäre nämlich in einem $z_0 = x_0 + iy_0 \in \mathbb{C}$ die Darstellung (1) möglich, so gälte für die Punkte der Gestalt $z = x + iy_0, x \neq x_0$,

$$x - iy_0 = x_0 - iy_0 + \Delta(z)(x - x_0),$$

also $\Delta(z) \equiv 1$ für $x \neq x_0$ und wegen der Stetigkeit in z_0 auch $\Delta(z_0) = 1$. Für die Punkte der Gestalt $z = x_0 + iy, y \neq y_0$, ergibt sich aber

$$x_0 - iy = x_0 - iy_0 + \Delta(z)i(y - y_0),$$

also $\Delta(z) \equiv -1$ für diese z, also auch $\Delta(z_0) = -1$. Beides, nämlich $\Delta(z_0) = 1$ und $= -1$, geht nicht.

Obwohl also die Definition der komplexen Differenzierbarkeit mit der der reellen Differenzierbarkeit im $\mathbb{R}^1$ formal völlig übereinstimmt, haben wir mühelos eine äußerst harmlose (überall stetige!) nirgends komplex differenzierbare Funktion gefunden; in der reellen Analysis muß man solche Funktionen mühsam konstruieren. – Wir werden sehr bald sehen, wie restriktiv der Holomorphiebegriff ist; abgesehen von ganz oberflächlichen Eigenschaften haben komplex differenzierbare Funktionen mit differenzierbaren Funktionen im $\mathbb{R}^1$ kaum etwas gemein. In diesem Paragraphen besprechen wir aber erst mal die Eigenschaften, die beiden Funktionenklassen zukommen.

Unmittelbar aus der Definition ergibt sich

Satz 4.1. *Eine in einem Punkt komplex differenzierbare Funktion ist dort stetig.*

Die folgenden Sätze beweist man wie in der reellen Analysis.

Satz 4.2. *Die Funktionen $f, g : U \to \mathbb{C}$ seien in $z_0 \in U$ komplex differenzierbar. Dann gilt:*

  i) $f+g$ ist in z_0 komplex differenzierbar mit

$$(f + g)'(z_0) = f'(z_0) + g'(z_0).$$

  ii) fg ist in z_0 komplex differenzierbar mit

$$(fg)'(z_0) = f'(z_0)g(z_0) + f(z_0)g'(z_0)$$

  (Leibnizsche Regel).

Satz 4.3. *Ist $f : U \to \mathbb{C}$ in z_0 komplex differenzierbar und $f(z_0) \neq 0$, so ist $1/f$ in einer Umgebung von z_0 erklärt, in z_0 komplex differenzierbar, und es gilt*

$$\left(\frac{1}{f}\right)'(z_0) = -\frac{f'(z_0)}{f(z_0)^2}.$$

Satz 4.4. (Kettenregel) *Es seien $f : U \to V$, $g : V \to \mathbb{C}$ Funktionen auf den Bereichen U bzw. V; f sei in z_0 und g in $w_0 = f(z_0)$ komplex differenzierbar. Dann ist die zusammengesetzte Funktion $g \circ f$ in z_0 komplex differenzierbar:*

$$(g \circ f)'(z_0) = g'(w_0)f'(z_0).$$

Wir geben für Satz 4.3 einen Beweis an. Da f in z_0 stetig ist, gibt es wegen $f(z_0) \neq 0$ eine offene Umgebung V von z_0, auf der f nicht verschwindet. Für $z \in V$ gilt dann

$$\frac{1}{f(z)} - \frac{1}{f(z_0)} = -\frac{(f(z) - f(z_0))}{f(z)f(z_0)} = -\frac{\Delta(z)}{f(z)f(z_0)}(z - z_0),$$

wenn

$$f(z) = f(z_0) + (z - z_0)\Delta(z)$$

mit einer in z_0 stetigen Funktion Δ ist. Der Quotient

$$-\frac{\Delta(z)}{f(z)f(z_0)} = E(z)$$

ist in z_0 stetig und hat dort den Wert

$$E(z_0) = -\frac{\Delta(z_0)}{f(z_0)^2} = -\frac{f'(z_0)}{f(z_0)^2}.$$ $\square$

Auf die Holomorphie der Umkehrabbildungen gehen wir später ein; hier bringen wir nur die

Definition 4.3. *Eine Abbildung $f : U \to V$ zwischen den Bereichen U und V heißt biholomorph, wenn sie bijektiv ist und sowohl f als auch f^{-1} holomorphe Funktionen sind.*

Wie in der reellen Analysis beweist man

Satz 4.5. *Die Abbildung $f : U \to V$ ist genau dann biholomorph, wenn gilt: f ist holomorph, bijektiv, f^{-1} ist stetig, und auf ganz U ist $f'(z) \neq 0$. Dann ist*

$$(f^{-1})'(w) = \frac{1}{f'(z)} \qquad mit \ w = f(z).$$

Der Satz wird aber noch wesentlich verbessert werden; wir stellen seinen einfachen Beweis daher als Übungsaufgabe. Die Beispiele 1 und 2 zusammen mit den Rechenregeln Satz 4.2 bis 4.4 ergeben nun den

Satz 4.6. *Polynome in z, $p(z) = \sum\limits_{\nu=0}^{n} a_\nu z^\nu$, sind auf ganz $\mathbb{C}$ holomorphe Funktionen; es ist*

$$p'(z) = \sum_{\nu=1}^{n} \nu a_\nu z^{\nu-1}.$$

Rationale Funktionen sind in ihrem Definitionsbereich holomorph; die Ableitung einer rationalen Funktion ist wieder rational.

Aufgaben:

1. Untersuche auf komplexe Differenzierbarkeit bzw. Holomorphie
   a) $f(z) = z \cdot \overline{z}$,   b) $f(z) = z^2 \cdot \overline{z}$,
   c) $f(z) = e^x(\cos y + i \sin y)$,   d) $f(z) = \operatorname{Re} z$.

2. Die Funktion f sei auf ganz $\mathbb{C}$ holomorph und reellwertig. Zeige: f ist konstant.

3. Beweise Satz 4.5.

§ 5. Die Cauchy-Riemannschen Differentialgleichungen

Da komplexe Funktionen Abbildungen von Teilmengen der Ebene in die Ebene sind, steht uns der Differenzierbarkeitsbegriff für solche Abbildungen aus der reellen Analysis zur Verfügung. Wir wollen diesen Begriff mit der im vorigen Paragraphen eingeführten komplexen Differenzierbarkeit vergleichen. Zunächst erinnern wir an die Definitionen.

Eine reelle Funktion $g : U \to \mathbb{R}$ heißt in einem Punkt $z_0 = x_0 + iy_0$ des Bereiches $U \subset \mathbb{C}$ *reell differenzierbar*, wenn es in z_0 stetige reelle Funktionen Δ_1 und Δ_2 auf U so gibt, dass für alle $z = x + iy \in U$ gilt:

$$g(z) = g(z_0) + (x - x_0)\Delta_1(z) + (y - y_0)\Delta_2(z);$$

die Werte $\Delta_1(z_0)$ und $\Delta_2(z_0)$ sind die partiellen Ableitungen von g nach x bzw. y (in z_0):

$$\Delta_1(z_0) = g_x(z_0) = \frac{\partial g}{\partial x}(z_0), \qquad \Delta_2(z_0) = g_y(z_0) = \frac{\partial g}{\partial y}(z_0).$$

Eine komplexwertige Funktion $f = g + ih : U \to \mathbb{C}$ ist (als Abbildung in den $\mathbb{R}^2$ aufgefasst) reell differenzierbar, wenn g und h es sind. Setzt man die Definition der Differenzierbarkeit von g und h ein, so erkennt man leicht die Äquivalenz dieses Begriffs mit folgender

Definition 5.1. *Eine Funktion $f : U \to \mathbb{C}$ ist in z_0 reell differenzierbar, wenn es in z_0 stetige Funktionen $\Delta_1, \Delta_2 : U \to \mathbb{C}$ so gibt, dass für alle $z \in U$ gilt*

$$f(z) = f(z_0) + (x - x_0)\Delta_1(z) + (y - y_0)\Delta_2(z). \tag{1}$$

Die Werte

$$\Delta_1(z_0) = f_x(z_0) = \frac{\partial f}{\partial x}(z_0), \qquad \Delta_2(z_0) = f_y(z_0) = \frac{\partial f}{\partial y}(z_0)$$

heißen *partielle Ableitungen* von f nach x bzw. y.

Ist nämlich $f = g + ih$ und sind g und h in z_0 differenzierbar, so bestehen die Zerlegungen

$$\begin{aligned} g(z) &= g(z_0) + (x - x_0)A_1(z) + (y - y_0)B_1(z) \\ h(z) &= h(z_0) + (x - x_0)A_2(z) + (y - y_0)B_2(z) \end{aligned}$$

mit in z_0 stetigen Funktionen $A_1, A_2, B_1, B_2 : U \to \mathbb{R}$. Dann ist

$$f(z) = f(z_0) + (x - x_0)(A_1(z) + iA_2(z)) + (y - y_0)(B_1(z) + iB_2(z))$$

eine Zerlegung (1).

Ist umgekehrt f im Sinne von Definition 5.1 differenzierbar, so ist

$$\operatorname{Re} f(z) = \operatorname{Re} f(z_0) + (x - x_0) \operatorname{Re} \Delta_1(z) + (y - y_0) \operatorname{Re} \Delta_2(z),$$
$$\operatorname{Im} f(z) = \operatorname{Im} f(z_0) + (x - x_0) \operatorname{Im} \Delta_1(z) + (y - y_0) \operatorname{Im} \Delta_2(z);$$

also sind $\operatorname{Re} f$ und $\operatorname{Im} f$ differenzierbar. – Wir erkennen hieraus die Beziehungen

$$f_x = g_x + ih_x, \qquad f_y = g_y + ih_y$$

und damit

$$\overline{f}_x = \overline{f_x}, \qquad \overline{f}_y = \overline{f_y}.$$

Ferner ist

$$(cf)_x = cf_x, \qquad\qquad (cf)_y = cf_y,$$
$$(f_1 f_2)_x = f_{1x} f_2 + f_1 f_{2x}, \qquad (f_1 f_2)_y = f_{1y} f_2 + f_1 f_{2y}:$$

die partiellen Ableitungen sind reelle (d.h. mit $f \mapsto \overline{f}$ vertauschbare) Operatoren; sie sind $\mathbb{C}$-linear und genügen der Leibnizschen Regel.

Entsprechend zu den bisherigen Ausführungen charakterisieren wir die reelle Differenzierbarkeit $\mathbb{C}$-wertiger Funktionen einer reellen Veränderlichen: Eine Funktion $f : I \to \mathbb{C}$ ist in einem Punkt t_0 des Intervalls I differenzierbar, wenn es eine in t_0 stetige Funktion $\Delta : I \to \mathbb{C}$ mit

$$f(t) = f(t_0) + (t - t_0) \Delta(t)$$

gibt.

$$\Delta(t_0) = f'(t_0) = \frac{df}{dt}(t_0)$$

ist der Wert der Ableitung von f in t_0.

Wieder ist die Differenzierbarkeit von $f = g + ih$ äquivalent zu der von g und h; es ist $f' = g' + ih'$, und d/dt ist ein $\mathbb{C}$-linearer reeller Operator, für den die Leibnizsche Regel gilt, ebenso die folgende Kettenregel: *Sind I und J Intervalle in $\mathbb{R}$ und $\varphi : J \to I$ sowie $f : I \to \mathbb{C}$ differenzierbar, so ist $f \circ \varphi$ differenzierbar, und es gilt*

$$(f \circ \varphi)'(t) = f'(\varphi(t)) \cdot \varphi'(t).$$

Wir wollen uns von den reellen Koordinaten x, y in Definition 5.1 befreien:

Satz 5.1. *Eine Funktion $f : U \to \mathbb{C}$ ist in z_0 genau dann reell differenzierbar, wenn es in z_0 stetige Funktionen A_1 und A_2 gibt, so dass für alle $z \in U$*

$$f(z) = f(z_0) + A_1(z)(z - z_0) + A_2(z)(\overline{z} - \overline{z}_0) \tag{2}$$

gilt. Dann ist

$$A_1(z_0) = \frac{1}{2}(f_x(z_0) - if_y(z_0)),$$

$$A_2(z_0) = \frac{1}{2}(f_x(z_0) + if_y(z_0));$$

insbesondere sind $A_1(z_0)$, $A_2(z_0)$ durch f eindeutig bestimmt.

Definition 5.2. *Die in Satz 5.1 auftretenden Werte $A_1(z_0)$, $A_2(z_0)$ heißen Wirtinger-Ableitungen von f in z_0 und werden mit $f_z(z_0)$ bzw. $f_{\bar{z}}(z_0)$ bezeichnet oder auch mit*

$$\frac{\partial f}{\partial z}(z_0), \quad \frac{\partial f}{\partial \bar{z}}(z_0).$$

Es ist also

$$f_z = \frac{1}{2}(f_x - if_y), \qquad f_{\bar{z}} = \frac{1}{2}(f_x + if_y).$$

Beweis von Satz 5.1. Der Beweis beruht auf evidenten Umformungen. Ist f in z_0 reell differenzierbar, so besteht die Zerlegung (1):

$$f(z) = f(z_0) + (x - x_0)\Delta_1(z) + (y - y_0)\Delta_2(z).$$

Wir setzen

$$x - x_0 = \frac{1}{2}(z - z_0 + \bar{z} - \bar{z}_0), \qquad y - y_0 = -\frac{i}{2}(z - z_0 - \bar{z} + \bar{z}_0)$$

ein und erhalten (2):

$$f(z) = f(z_0) + (z - z_0)\frac{1}{2}(\Delta_1(z) - i\Delta_2(z)) + (\bar{z} - \bar{z}_0)\frac{1}{2}(\Delta_1(z) + i\Delta_2(z)).$$

Gilt umgekehrt

$$f(z) = f(z_0) + A_1(z)(z - z_0) + A_2(z)(\bar{z} - \bar{z}_0),$$

so erhält man mit der Zerlegung

$$z - z_0 = x - x_0 + i(y - y_0) \qquad \bar{z} - \bar{z}_0 = x - x_0 - i(y - y_0)$$

die gewünschte Formel (1):

$$f(z) = f(z_0) + (x - x_0)(A_1(z) + A_2(z)) + (y - y_0)i(A_1(z) - A_2(z)). \qquad \square$$

Jetzt können wir komplexe Differenzierbarkeit charakterisieren:

Satz 5.2. *Für eine Funktion $f : U \to \mathbb{C}$ ist äquivalent:*

i) f ist in z_0 komplex differenzierbar.

ii) f ist in z_0 reell differenzierbar, und es ist

$$\frac{\partial f}{\partial \overline{z}}(z_0) = 0. \tag{3}$$

Beweis: 1. Es sei f in z_0 komplex differenzierbar. Dann ist also

$$f(z) = f(z_0) + (z - z_0)\Delta(z)$$

mit einer in z_0 stetigen Funktion Δ. Setzt man dann $A_1 = \Delta$, $A_2 = 0$, so ist

$$f(z) = f(z_0) + (z - z_0)A_1(z) + (\overline{z} - \overline{z}_0)A_2(z),$$

also f reell differenzierbar und $f_{\overline{z}}(z_0) = 0$.

2. Umgekehrt sei

$$f(z) = f(z_0) + (z - z_0)A_1(z) + (\overline{z} - \overline{z}_0)A_2(z),$$

A_1, A_2 in z_0 stetig,

$$A_2(z_0) = f_{\overline{z}}(z_0) = 0.$$

Wir definieren

$$\hat{\Delta}(z) = \begin{cases} A_2(z)\dfrac{\overline{z} - \overline{z}_0}{z - z_0} & \text{für } z \neq z_0, \\[2mm] 0 & \text{für } z = z_0. \end{cases}$$

Wegen $\left|\dfrac{\overline{z} - \overline{z}_0}{z - z_0}\right| = 1$ und $A_2(z_0) = 0$ ist $\hat{\Delta}$ in z_0 stetig. Setzt man nun $\Delta = A_1 + \hat{\Delta}$, so wird

$$f(z) = f(z_0) + (z - z_0)\Delta(z),$$

und Δ ist in z_0 stetig.

Zusatz. *Ist f in z_0 komplex differenzierbar, so ist*

$$f'(z) = \frac{\partial f}{\partial z}(z_0) = \frac{1}{2}\left(\frac{\partial f}{\partial x}(z_0) - i\frac{\partial f}{\partial y}(z_0)\right).$$

Eine komplex differenzierbare Funktion muss also der Differentialgleichung (3) genügen. Diese heißt *System der Cauchy-Riemannschen Differentialgleichungen*; wir formulieren sie (bis auf den Faktor $\frac{1}{2}$) in den reellen Ableitungen:

$$f_x + if_y = 0;$$

oder, wenn man $f = g + ih$ in Real- und Imaginärteil zerlegt:

$$g_x = h_y,$$
$$g_y = -h_x.$$

Die holomorphen Funktionen auf U sind also die reell differenzierbaren Lösungen der Cauchy-Riemannschen Differentialgleichungen. Damit kann das Studium der holomorphen Funktionen der Theorie der partiellen Differentialgleichungen untergeordnet werden. Solche „reellen" Methoden werden wir in diesem Buch dann verwenden, wenn sie besonders zweckmäßig sind; z.B. werden wir später – Kap. VIII – auch die inhomogenen Cauchy-Riemannschen Differentialgleichungen

$$\frac{\partial f}{\partial \overline{z}} = g,$$

wobei g eine gegebene differenzierbare Funktion ist, studieren. Zunächst aber stehen andere Methoden im Vordergrund: Kurvenintegrale und Potenzreihen.

Als erste Folgerung aus den Cauchy-Riemannschen Differentialgleichungen erhalten wir

Satz 5.3. *Ist f auf dem Gebiet G holomorph und $f' \equiv 0$, so ist f konstant.*

Dann ist nämlich nach Satz 5.2 nebst Zusatz $f_z = f' = 0$ und $f_{\overline{z}} \equiv 0$, also sind die reellen Ableitungen von Real- und Imaginärteil von f alle Null, und damit ist f konstant.   □

Zum Abschluss des Paragraphen notieren wir

Rechenregeln für die Wirtinger-Ableitungen

1. $\dfrac{\partial}{\partial z}, \dfrac{\partial}{\partial \overline{z}}$ sind $\mathbb{C}$ -lineare Operatoren, für die die Leibnizsche Regel gilt.

2. $\dfrac{\partial f}{\partial z} = \overline{\dfrac{\partial \overline{f}}{\partial \overline{z}}}; \dfrac{\partial f}{\partial \overline{z}} = \overline{\dfrac{\partial \overline{f}}{\partial z}}.$

3. Ist f reell, so ist $\dfrac{\partial f}{\partial z} = \overline{\dfrac{\partial f}{\partial \overline{z}}}.$

4. $\dfrac{\partial f}{\partial \overline{z}} = 0$, falls f holomorph, $\dfrac{\partial f}{\partial z} = 0$, falls $\overline{f}$ holomorph ist.

5. $\dfrac{\partial z}{\partial z} = 1, \dfrac{\partial z}{\partial \overline{z}} = 0, \dfrac{\partial \overline{z}}{\partial z} = 0, \dfrac{\partial \overline{z}}{\partial \overline{z}} = 1.$

6. $\dfrac{\partial^2 f}{\partial z \partial \overline{z}} = \dfrac{1}{4}\left(\dfrac{\partial^2 f}{\partial x^2} + \dfrac{\partial^2 f}{\partial y^2}\right).$

7. $\dfrac{\partial(g \circ f)}{\partial z} = \dfrac{\partial g}{\partial w}\dfrac{\partial f}{\partial z} + \dfrac{\partial g}{\partial \overline{w}}\dfrac{\partial \overline{f}}{\partial z}, \qquad \dfrac{\partial(g \circ f)}{\partial \overline{z}} = \dfrac{\partial g}{\partial w}\dfrac{\partial f}{\partial \overline{z}} + \dfrac{\partial g}{\partial \overline{w}}\dfrac{\partial \overline{f}}{\partial \overline{z}} \qquad$ (Kettenregel).

8. $\dfrac{d(f \circ \varphi)}{dt} = \dfrac{\partial f}{\partial z}\dfrac{d\varphi}{dt} + \dfrac{\partial f}{\partial \overline{z}}\dfrac{d\overline{\varphi}}{dt}.$

Dabei sollen f, g (reell) differenzierbare (in Regel 6 zweimal differenzierbare) Funktionen sein, φ eine differenzierbare Funktion der reellen Veränderlichen t.

Alle diese Regeln folgen durch Einsetzen in die Definitionen. Aus ihnen ergibt sich beispielsweise

$$\frac{\partial}{\partial z} \sum_{\substack{\kappa=0\,..k \\ \lambda=0\,..l}} a_{\kappa\lambda} z^{\kappa}\overline{z}^{\lambda} = \sum_{\substack{\kappa=1\,..k \\ \lambda=0\,..l}} \kappa a_{\kappa\lambda} z^{\kappa-1}\overline{z}^{\lambda}.$$

Aufgaben:

1. Es sei $f : U \to \mathbb{C}$ eine reell differenzierbare Abbildung, $f = g + ih$ die Zerlegung in Real- und Imaginärteil. Setze

$$\Im_f^{\mathbb{C}} = \begin{pmatrix} f_z & f_{\overline{z}} \\ \overline{f}_z & \overline{f}_{\overline{z}} \end{pmatrix}; \qquad \Im_f^{\mathbb{R}} = \begin{pmatrix} g_x & g_y \\ h_x & h_y \end{pmatrix}$$

(komplexe bzw. reelle Funktionalmatrix). Zeige: $\det \Im_f^{\mathbb{C}} = \det \Im_f^{\mathbb{R}}$. Folgere: Ist f holomorph, f' stetig und $f'(z_0) \neq 0$, so ist f eine biholomorphe Abbildung einer Umgebung U_1 von z_0 auf eine Umgebung V_1 von $f(z_0)$.

2. Zeige mittels der Cauchy-Riemannschen Differentialgleichungen: Ist f holomorph auf dem Gebiet U und gilt eine der folgenden Bedingungen:

i) Re $f \equiv$ const, ii) Im $f \equiv$ const, iii) $|f| \equiv$ const,

dann ist $f \equiv$ const.

3. Es sei $f = g + ih$ holomorph und zweimal differenzierbar (in Kap. III werden wir sehen, dass diese letzte Voraussetzung redundant ist). Zeige: g und h sind reelle harmonische Funktionen, d.h. $\Delta g = \Delta h = 0$. Untersuche nochmals (vgl. Aufgabe 4 in §3), unter welchen Bedingungen $ax^2 + 2bxy + cy^2$ Realteil eines holomorphen Polynoms (d.h. eines Polynoms in z) ist. – Dabei ist $\Delta = \partial^2/\partial x^2 + \partial^2/\partial y^2$ der Laplace-Operator.

4. $f : U \to V$ sei holomorph (und zweimal differenzierbar); $\varphi : V \to \mathbb{C}$ sei zweimal reell differenzierbar. Zeige:

$$\Delta(\varphi \circ f) = [(\Delta\varphi) \circ f] \cdot |f'|^2.$$

5. Beweise die Rechenregeln für die Wirtinger-Ableitungen.

6. Ist $f : [a, b] \to \mathbb{C}$ differenzierbar mit $f' \equiv 0$, so ist f konstant. Beweis! Benutze dieses zu einem anderen Beweis von Satz 5.3. (*Hinweis:* Betrachte für $a \in G$ und z nahe genug bei a die Hilfsfunktion $F(t) = f(a + t(z - a)), 0 \leq t \leq 1$.)

§ 6*.   Differentialformen

Um die Integralsätze von Gauß, Green und Stokes in der Funktionentheorie anwenden zu können, ziehen wir den Kalkül der alternierenden Differentialformen in $\mathbb{R}^2 = \mathbb{C}$ heran (vgl. etwa [14] oder [10]). Wir formulieren ihn gleich für Formen mit komplexen Koeffizienten, da wir später nicht ständig alle auftretenden Integrale in Real- und Imaginärteil zerlegen wollen. Alternierende Differentialformen können im $\mathbb{R}^2$ die Dimension 0, 1 oder 2 haben. Nullformen sind $\mathbb{C}$-wertige Funktionen. Eine komplexe 1-Form oder Pfaffsche Form auf einer Menge $M \subset \mathbb{C}$ wird durch

$$\alpha(z) = f(z)dx + g(z)dy \tag{1}$$

gegeben, wobei $f, g : M \to \mathbb{C}$ Funktionen sind und $z = x + iy$ ist. Das Produkt zwischen einer Funktion h und α ist die 1-Form

$$h\alpha = hf dx + hg dy;$$

die 1-Formen bilden damit einen von dx und dy erzeugten freien Modul über dem Ring der Funktionen auf M. Das *totale Differential* einer Funktion f wird durch

$$df = f_x dx + f_y dy \tag{2}$$

erklärt; es ist dort definiert, wo f reell differenzierbar ist. Insbesondere gilt:

$$\begin{aligned} dz &= dx + idy, \\ d\bar{z} &= dx - idy; \end{aligned} \tag{3}$$

man stellt sofort fest, dass α sich statt in der Form (1) auch eindeutig in der Form

$$\alpha(z) = F(z)dz + G(z)d\bar{z}$$

schreibt (man berechne F und G aus f und g!). Wie drückt sich df in den dz, $d\bar{z}$ aus? Setzt man (3) in (2) ein, so folgt

$$df = f_z dz + f_{\bar{z}} d\bar{z}, \tag{4}$$

wo $f_z, f_{\bar{z}}$ die schon bekannten Wirtinger-Ableitungen sind, die hier ihre natürliche Heimat haben. Ist f eine holomorphe Funktion, so wird aus (4)

$$df = f'(z)dz.$$

Betrachten wir als nächstes komplexe 2-Formen

$$\omega(z) = f(z)dx \wedge dy, \tag{5}$$

wobei $f : M \to \mathbb{C}$ eine komplexe Funktion ist. Sie lassen sich durch

$$h\omega = hf\,dx \wedge dy$$

mit $\mathbb{C}$-wertigen Funktionen multiplizieren. Das *äußere Produkt* $\wedge$ von 1-Formen führt auf eine 2-Form:

$$(f\,dx + g\,dy) \wedge (f_1\,dx + g_1\,dy) = (fg_1 - gf_1)\,dx \wedge dy; \tag{6}$$

man hat die Rechenregeln

$$\alpha \wedge \beta = -\beta \wedge \alpha, \qquad \alpha \wedge \alpha = 0;$$

außerdem ist das äußere Produkt linear (über dem Ring der komplexen Funktionen). Aus (6) folgt insbesondere

$$dz \wedge d\bar{z} = -2i\,dx \wedge dy;$$

demnach können wir 2-Formen statt in der Gestalt (5) auch in der Gestalt

$$\omega = F\,dz \wedge d\bar{z}$$

schreiben. Schließlich erklären wir das totale Differential $d\alpha$ einer differenzierbaren 1-Form (d.h einer 1-Form mit differenzierbaren Koeffizienten)

$$\alpha = f\,dx + g\,dy$$

durch

$$d\alpha = df \wedge dx + dg \wedge dy = (g_x - f_y)\,dx \wedge dy.$$

Es gilt

$$d(h\alpha) = dh \wedge \alpha + h\,d\alpha,$$

und damit auch

$$d(F\,dz + G\,d\bar{z}) = F_{\bar{z}}\,d\bar{z} \wedge dz + G_z\,dz \wedge d\bar{z} = (G_z - F_{\bar{z}})\,dz \wedge d\bar{z}. \tag{7}$$

Ist f eine holomorphe Funktion, so folgt aus (7)

$$d(f\,dz) = f_{\bar{z}}\,d\bar{z} \wedge dz = 0$$

wegen $f_{\bar{z}} = 0$.

Schließlich notieren wir die wichtige Formel

$$ddf = 0,$$

die für zweimal differenzierbare Funktionen auf einem Bereich (oder auf einem achsenparallelen nicht entarteten abgeschlossenen Rechteck) gilt.

Manchmal ist es zweckmäßig, Formen höheren Grades auf $\mathbb{R}^2$ einzuführen: Sie sollen alle $\equiv 0$ sein. Damit wird auch das totale Differential einer 2-Form erklärbar: Es ist Null. – Der Leser möge sich nun selbst an Pfaffsche Formen in $\mathbb{R}^1$ erinnern (2-Formen sind dort immer Null).

§ 7. Gleichmäßige Konvergenz und Potenzreihen

Bisher kennen wir als Beipiele für holomorphe Funktionen nur Polynome und rationale Funktionen. In der reellen Analysis spielen die Exponentialfunktion und die trigonometrischen Funktionen eine wichtige Rolle. Sie werden dort durch Potenzreihen gegeben. Wir führen nun Potenzreihen im Komplexen ein und werden damit die genannten Funktionen zu holomorphen Funktionen in der komplexen Ebene fortsetzen können.

Zuvor stellen wir Begriffe und Aussagen über Folgen und Reihen von komplexen Funktionen zusammen. Wir können dabei analog zur reellen Analysis vorgehen und verzichten deshalb auf die Reproduktion der Beweise.

Eine *unendliche Reihe* $\sum\limits_{\nu=0}^{\infty} a_\nu$ von komplexen Zahlen heißt *konvergent* gegen die komplexe Zahl a, wenn die Folge der Partialsummen $\sum\limits_{\nu=0}^{n} a_\nu$ gegen a konvergiert. Man schreibt dann

$$\sum_{\nu=0}^{\infty} a_\nu = a.$$

Rechenregeln und Konvergenzkriterien für Folgen lassen sich für Reihen umformulieren. Eine Reihe $\sum\limits_{\nu=0}^{\infty} a_\nu$ heißt *absolut konvergent*, wenn die Reihe $\sum\limits_{\nu=0}^{\infty} |a_\nu|$ konvergiert.

Absolute Konvergenz zieht Konvergenz nach sich. In einer absolut konvergenten Reihe kann man die Summanden umordnen, ohne dass sich der Wert der Reihe ändert – das beweist man wörtlich wie in der reellen Analysis.

Da $\sum\limits_{\nu=0}^{\infty} |a_\nu|$ eine Reihe nichtnegativer reeller Zahlen ist, hat man als Tests für absolute Konvergenz die üblichen Tests für reelle Reihen, z.B. das Quotientenkriterium und das Wurzelkriterium.

Wir betrachten nun Folgen und Reihen von Funktionen. Für eine Folge (f_ν) auf $M \subset \mathbb{C}$ definierter komplexwertiger Funktionen hat man den naheliegenden Begriff der *punktweisen Konvergenz*: $\lim\limits_{\nu \to \infty} f_\nu = f$ bedeutet, dass $\lim\limits_{\nu \to \infty} f_\nu(z) = f(z)$ für jedes $z \in M$ gilt.

Weiterreichend ist jedoch der Begriff der gleichmäßigen Konvergenz: So garantiert die gleichmäßige Konvergenz einer Folge stetiger Funktionen (im Gegensatz zur punktweisen Konvergenz!), dass die Grenzfunktion wieder stetig ist und dass man Integration und Limesbildung vertauschen darf. In der Funktionentheorie leistet (lokal) gleichmäßige Konvergenz noch mehr als in der reellen Analysis: Die Grenzfunktion f einer lokal gleichmäßig konvergenten Folge (f_ν) von holomorphen Funktionen ist nämlich wieder holomorph, und die f_ν' konvergieren automatisch lokal gleichmäßig gegen f' (siehe Kap.III.§6). – Wir präzisieren die Begriffe:

Definition 7.1. *Eine Folge (f_ν) von Funktionen heißt auf M gleichmäßig konvergent gegen f, wenn es zu jedem $\epsilon > 0$ einen Index ν_0 gibt, so dass für alle $\nu \geq \nu_0$ und alle $z \in M$ gilt*

$$|f_\nu(z) - f(z)| < \epsilon.$$

(f_ν) *heißt auf einem Bereich U lokal gleichmäßig konvergent gegen f, wenn jeder Punkt* $z_0 \in U$ *eine Umgebung* $V(z_0) \subset U$ *hat, auf der* (f_ν) *gleichmäßig gegen f konvergiert.*

Die Folge (f_ν) konvergiert genau dann lokal gleichmäßig auf dem Bereich U, wenn sie auf jeder kompakten Teilmenge K von U gleichmäßig konvergiert – vgl. etwa [13].

Wir notieren den aus der reellen Analysis bekannten

Satz 7.1. *Konvergiert eine Folge stetiger Funktionen* f_ν *auf dem Bereich U lokal gleichmäßig gegen f, so ist f stetig auf U.*

Diese Begriffsbildungen und Aussagen lassen sich in der üblichen Weise auf unendliche Reihen $\sum_{\nu=0}^{\infty} f_\nu$ von Funktionen (mit gemeinsamem Definitionsbereich $M \subset \mathbb{C}$) übertragen. Wir formulieren das *Cauchy-Kriterium* für Reihen: $\sum_{\nu=0}^{\infty} f_\nu$ *konvergiert genau dann gleichmäßig auf M, wenn es zu jedem* $\epsilon > 0$ *einen Index* ν_0 *gibt, so dass für alle* $m \geq n \geq \nu_0$ *und alle* $z \in M$ *gilt*

$$\left| \sum_{\nu=n}^{m} f_\nu(z) \right| < \epsilon.$$

Absolute Konvergenz von $\sum_{\nu=0}^{\infty} f_\nu$ bedeutet Konvergenz von $\sum_{\nu=0}^{\infty} |f_\nu|$. Es gilt der folgende wichtige Satz, der sich wie in der reellen Analysis beweist:

Satz 7.2. (Majorantenkriterium) *Es sei* $\sum_{\nu=0}^{\infty} f_\nu$ *eine Reihe von Funktionen* $f_\nu : M \to \mathbb{C}$. *Weiter sei* $\sum_{\nu=0}^{\infty} a_\nu$ *eine konvergente Reihe nichtnegativer reeller Zahlen* a_ν. *Gilt*

$$|f_\nu(z)| \leq a_\nu \qquad \text{für alle } z \in M \text{ und alle } \nu,$$

so konvergiert $\sum_{\nu=0}^{\infty} f_\nu$ *auf M absolut und gleichmäßig.*

Eine *Potenzreihe* ist eine unendliche Reihe der Form

$$\sum_{\nu=0}^{\infty} a_\nu (z - z_0)^\nu. \tag{1}$$

Die Koeffizienten a_ν sind komplexe Zahlen. Der Punkt z_0 heißt *Entwicklungspunkt*. Wir interessieren uns natürlich für die Menge M derjenigen $z \in \mathbb{C}$, für die (1) konvergiert, und für die Eigenschaften der auf M definierten Summenfunktion.

Beispiel: Die *geometrische Reihe* $\sum_{\nu=0}^{\infty} z^\nu$. Für ihre Partialsummen gilt

$$\sum_{\nu=0}^{n} z^\nu = \frac{1 - z^{n+1}}{1 - z}, \qquad \text{falls } z \neq 1.$$

Für $|z| < 1$ ist $\lim\limits_{n \to \infty} z^{n+1} = 0$, also hat man

$$\sum_{\nu=0}^{\infty} z^{\nu} = \frac{1}{1-z} \qquad \text{für } |z| < 1.$$

Für $|z| \geq 1$ ist (z^{ν}) keine Nullfolge, die geometrische Reihe divergiert dann. Die Konvergenzmenge ist also die offene Kreisscheibe $D_1(0)$, die Summe ist dort eine holomorphe Funktion. – Die allgemeine Situation ist nicht wesentlich komplizierter:

Satz 7.3. *Eine Potenzreihe*

$$P(z) = \sum_{\nu=0}^{\infty} a_{\nu}(z - z_0)^{\nu}$$

konvergiert entweder absolut und lokal gleichmäßig auf ganz $\mathbb{C}$ oder es gibt eine reelle Zahl $r \in [0, +\infty[$, so dass $P(z)$ auf $\{z : |z - z_0| < r\}$ absolut und lokal gleichmäßig konvergiert, auf $\{z : |z - z_0| > r\}$ aber divergiert.

Die Zahl r heißt *Konvergenzradius* von P. Wenn P in der ganzen Ebene konvergiert, setzen wir $r = +\infty$. Im Fall $r \neq 0$ redet man von einer konvergenten Potenzreihe; wenn $r = 0$ gilt, so sagt man, die Reihe sei nirgends konvergent (obwohl sie dann genau für $z = z_0$ konvergiert). Im Fall $0 < r < +\infty$ heißt $D_r(z_0)$ der *Konvergenzkreis* der Reihe. Über Konvergenz oder Divergenz von $P(z)$ auf dem Rande des Konvergenzkreises lassen sich keine allgemeinen Aussagen machen.

Der Konvergenzradius $r \in [0, +\infty[$ von $\sum\limits_{\nu=0}^{\infty} a_{\nu}(z - z_0)^{\nu}$ genügt der *Formel von Cauchy-Hadamard*:

$$\frac{1}{r} = \limsup \sqrt[n]{|a_n|}.$$

Dabei ist $r = 0$ gesetzt, falls $\limsup \sqrt[n]{|a_n|} = +\infty$, und $r = +\infty$ für $\limsup \sqrt[n]{|a_n|} = 0$. – Diese Formel ist allerdings zur konkreten Berechnung von r nur selten geeignet.

Beweis von Satz 7.3 und der Formel von Cauchy-Hadamard:

(a) Zunächst zeigen wir das „*Abelsche Lemma*":

Ist $z_1 \neq z_0$ ein Punkt, für den die Folge $a_n(z_1 - z_0)^n$ beschränkt ist, so konvergiert $P(z)$ absolut und lokal gleichmäßig in $D_{r_1}(z_0)$ mit $r_1 = |z_1 - z_0|$.

Dazu genügt es, die absolute und gleichmäßige Konvergenz auf $\overline{D_{r_2}(z_0)}$ für jedes $r_2 < r_1$ zu zeigen. Mit $|a_n(z_1 - z_0)^n| \leq M$ für alle n hat man aber für $z \in \overline{D_{r_2}(z_0)}$

$$|a_n(z - z_0)^n| = |a_n(z_1 - z_0)^n| \cdot \left| \frac{z - z_0}{z_1 - z_0} \right|^n \leq M \left(\frac{r_2}{r_1} \right)^n.$$

Aus dem Majorantenkriterium folgt die Behauptung wegen $r_2/r_1 < 1$ durch Vergleich mit der geometrischen Reihe.

(b) Es sei nun r durch die Formel von Cauchy-Hadamard gegeben, es gelte $0 < r \le +\infty$. Ist dann $0 < r_1 < r$, so folgt aus

$$\limsup \sqrt[n]{|a_n|} = \frac{1}{r} < \frac{1}{r_1}$$

die Ungleichung

$$|a_n| < r_1^{-n} \qquad \text{für fast alle } n.$$

Also ist die Folge $(a_n r_1^n)$ beschränkt, nach (a) konvergiert $P(z)$ in $D_{r_1}(z_0)$ absolut und lokal gleichmäßig. Da $r_1 \in{]}0,r[$ beliebig war, gilt dies auch für $D_r(z_0)$.

(c) Es sei wieder r durch die Formel von Cauchy-Hadamard gegeben. Wir wollen die Divergenz außerhalb $\overline{D_r(z_0)}$ zeigen und können dazu $0 \le r < +\infty$ annehmen. Ist nun $|z - z_0| > r$, also

$$|z - z_0|^{-1} < \frac{1}{r} = \limsup \sqrt[n]{|a_n|},$$

so muss für unendlich viele n

$$|z - z_0|^{-n} < |a_n|$$

gelten; die Reihenglieder $a_n(z - z_0)^n$ bilden also keine Nullfolge. $\qquad\qquad\square$

Eine konvergente Potenzreihe definiert auf ihrem Konvergenzkreis eine stetige Funktion. Für die Funktionentheorie von Interesse ist nun

Satz 7.4. *Es sei $\sum\limits_{\nu=0}^{\infty} a_\nu (z - z_0)^\nu$ eine Potenzreihe mit Konvergenzradius $r > 0$. Die Reihensumme ist eine auf $D_r(z_0)$ holomorphe Funktion f; ihre Ableitung berechnet sich durch gliedweise Differentiation:*

$$f'(z) = \sum_{\nu=0}^{\infty} (\nu + 1) a_{\nu+1} (z - z_0)^\nu.$$

Im Fall $r = +\infty$ ist $D_r(z_0)$ als $\mathbb{C}$ zu verstehen. – Dieser Satz lässt sich durch elementares Rechnen mit Potenzreihen beweisen. Da wir den Beweis aber mit den Methoden von Kapitel II noch einfacher führen können, verschieben wir ihn.

Aufgaben:

1. Es sei $f_\nu(z) = \dfrac{1}{1 + az^\nu}$ mit $a \ne 0$. Man zeige, dass die Folge (f_ν) auf $D_1(0)$ lokal gleichmäßig gegen 1 konvergiert und auf $\mathbb{C} - D_r(0)$ gleichmäßig gegen 0, falls $r > 1$.

2. Wo konvergiert die Reihe $\sum\limits_{\nu=1}^{\infty} \dfrac{z^\nu}{1 - z^\nu}$, wo konvergiert sie gleichmäßig?

3. Es seien r_1 und r_2 die Konvergenzradien von $\sum\limits_0^\infty a_\nu z^\nu$ und $\sum\limits_0^\infty b_\nu z^\nu$. Zeige:

    (a) Ist $|a_\nu| \leq |b_\nu|$ für fast alle ν, so ist $r_1 \geq r_2$.

    (b) Der Konvergenzradius von $\sum\limits_0^\infty (a_\nu + b_\nu)z^\nu$ ist $\geq \min(r_1, r_2)$, der von $\sum\limits_0^\infty a_\nu b_\nu z^\nu$ ist

    $\geq r_1 r_2$.

4. Existiert $\lim \left| \dfrac{a_\nu}{a_{\nu+1}} \right|$, so ist der Konvergenzradius von $\sum\limits_0^\infty a_\nu (z - z_0)^\nu$ gleich diesem Grenzwert.

5. Man bestimme die Konvergenzradien der folgenden Potenzreihen (das Ergebnis von 4. kann benutzt werden):

$$\sum_0^\infty \nu^k z^\nu; \qquad \sum_1^\infty (\log \nu) z^\nu; \qquad \sum_0^\infty \frac{(2n)!}{2^n (n!)^2}\, z^n;$$

$$\sum_0^\infty \frac{z^\nu}{(\nu!)^p}; \qquad \sum_2^\infty \tau(n) z^n, \text{ wobei } \tau(n) \text{ die Anzahl der Teiler von } n \text{ bedeutet.}$$

6. Es sei (a_ν) eine monoton fallende reelle Zahlenfolge mit dem Grenzwert 0. Dann ist der Konvergenzradius r von $\sum\limits_0^\infty a_\nu z^\nu$ mindestens 1. Man zeige: Im Falle $r = 1$ konvergiert die Reihe noch für jedes z mit $|z| = 1$ und $z \neq 1$. (*Hinweis:* Schätze $(1 - z) \sum\limits_n^m a_\nu z^\nu$ ab.)

§ 8.   Elementare Funktionen

Wir benutzen die Ergebnisse des letzten Paragraphen, um die Exponentialfunktion und die trigonometrischen Funktionen auch für komplexes Argument zu definieren und zu untersuchen.

Die Potenzreihe $\sum\limits_{\nu=0}^\infty \dfrac{1}{\nu!} z^\nu$ konvergiert bekanntlich für jedes reelle z. Ihr Konvergenzkreis enthält also $\mathbb{R}$, muß daher mit der ganzen Ebene $\mathbb{C}$ übereinstimmen. Wir können daher für ein beliebiges $z \in \mathbb{C}$ definieren

$$\exp z = \sum_{\nu=0}^\infty \frac{1}{\nu!} z^\nu \tag{1}$$

und erhalten nach Satz 7.4 eine auf $\mathbb{C}$ holomorphe Funktion, die auf $\mathbb{R}$ mit der reellen Exponentialfunktion übereinstimmt. Wir schreiben auch e^z für $\exp z$, interpretieren dieses Symbol für $z \notin \mathbb{R}$ aber vorläufig nicht als Potenz.

Durch gliedweise Differentiation von (1) erhalten wir

$$(e^z)' = e^z. \tag{2}$$

Das Additionstheorem der Exponentialfunktion gilt auch im Komplexen: Für festes $w \in \mathbb{C}$ betrachten wir die Funktion

$$f(z) = \exp(-z) \cdot \exp(w + z).$$

Differenzieren wir, so erhalten wir $f' \equiv 0$ wegen (2), also ist f konstant auf $\mathbb{C}$:

$$\exp(-z) \cdot \exp(w + z) = f(0) = \exp(w).$$

Für $w = 0$ erhalten wir

$$\exp(-z) \cdot \exp(z) = 1,$$

also ist e^z auch für komplexes z stets von Null verschieden. – Kombinieren wir die beiden letzten Gleichungen, so ergibt sich wie gewünscht

$$e^{w+z} = e^w \cdot e^z \quad \text{für } w, z \in \mathbb{C}. \tag{3}$$

Die Reihen

$$\sin z = \sum_{\nu=0}^{\infty} \frac{(-1)^{\nu}}{(2\nu + 1)!} z^{2\nu+1}, \tag{4}$$

$$\cos z = \sum_{\nu=0}^{\infty} \frac{(-1)^{\nu}}{(2\nu)!} z^{2\nu} \tag{5}$$

konvergieren aus dem gleichen Grund wie die Exponentialreihe auf ganz $\mathbb{C}$, stellen dort also holomorphe Funktionen dar, die die reelle Sinus- bzw. Cosinus-Funktion fortsetzen.

Im Komplexen besteht ein enger Zusammenhang zwischen der Exponentialfunktion und den trigonometrischen Funktionen. Setzen wir nämlich in den Reihen (4) und (5) $-1 = i^2$ ein, so erhalten wir durch die Addition der Reihen:

$$\cos z + i \sin z = e^{iz}. \tag{6}$$

Die Exponentialfunktion lässt sich also durch Sinus und Cosinus ausdrücken. Auch das Umgekehrte ist möglich: Ersetzt man nämlich in (6) z durch $-z$, so erhält man auf Grund der Beziehungen $\cos(-z) = \cos z$, $\sin(-z) = -\sin z$, die unmittelbar aus den Definitionen folgen, die Gleichung

$$\cos z - i \sin z = e^{-iz}$$

und damit die *Eulerschen Formeln*

$$\cos z = \frac{1}{2}(e^{iz} + e^{-iz}), \qquad \sin z = \frac{1}{2i}(e^{iz} - e^{-iz}). \tag{7}$$

Damit lässt sich die Untersuchung der trigonometrischen Funktionen im Komplexen weitgehend auf die der Exponentialfunktion zurückführen und umgekehrt. So gewinnt man z.B. die Formeln

$$(\sin z)' = \cos z, \qquad (\cos z)' = -\sin z$$

durch Differentiation aus (7); die Additionsformeln

$$\begin{aligned}
\cos(w + z) &= \cos w \cos z - \sin w \sin z, \\
\sin(w + z) &= \sin w \cos z + \cos w \sin z
\end{aligned}$$

folgen durch leichte Rechnung aus (7) und (3).

Wir benutzen zunächst (6), um die komplexe Exponentialfunktion genauer zu studieren. Für $z = x + iy$ erhalten wir damit nämlich

$$e^z = e^x e^{iy} = e^x(\cos y + i \sin y) \tag{8}$$

als Polarkoordinatendarstellung von e^z. Daraus folgen die wichtigen Beziehungen

$$|e^z| = e^{\operatorname{Re} z}, \quad \arg e^z = \operatorname{Im} z. \tag{9}$$

Insbesondere wird durch

$$t \mapsto e^{it} = \cos t + i \sin t$$

die reelle Achse in die multiplikative Gruppe S^1 der komplexen Zahlen vom Betrag 1 abgebildet. Die reelle Analysis lehrt, dass diese Abbildung surjektiv ist; auf Grund des Additionstheorems (3) ist

$$\mathbb{R} \to S^1, t \mapsto e^{it}$$

ein Homomorphismus der additiven Gruppe des Körpers $\mathbb{R}$ auf S^1. Ebenso ist wegen (3)

$$\mathbb{C} \to \mathbb{C}^*, z \mapsto e^z \tag{10}$$

ein Homomorphismus der additiven Gruppe des Körpers $\mathbb{C}$ in die multiplikative Gruppe $\mathbb{C}^*$ der von Null verschiedenen komplexen Zahlen; auf Grund von (9) ist auch dieser surjektiv: Für $w \in \mathbb{C}^*$ ist $z = x + iy$ ein Urbild von w, wenn $x = \log|w|$ ist und y irgendein Argument von w.

Aus (8) folgt weiter die bemerkenswerte Beziehung

$$e^{2\pi i} = 1$$

und damit für beliebiges $z \in \mathbb{C}$ und $k \in \mathbb{Z}$

$$e^{z + 2k\pi i} = e^z \cdot \left(e^{2\pi i}\right)^k = e^z;$$

die komplexe Exponentialfunktion hat also die Periode $2\pi i$. Ist $e^{z_1} = e^{z_2}$, so folgt mit $z_1 - z_2 = z = x + iy$

$$1 = e^z = e^x(\cos y + i \sin y)$$

und damit $x = 0$, $\cos y = 1, \sin y = 0$, also $z = 2k\pi i$ mit $k \in \mathbb{Z}$. Die ganzzahligen Vielfachen von $2\pi i$ sind also die einzigen Perioden der Exponentialfunktion, in anderen Worten: Der Kern des Homomorphismus (10) ist die Gruppe $2\pi i\mathbb{Z}$. Überdies haben wir erhalten: Jeder Streifen der Form

$$\{z \in \mathbb{C} : a \leq \operatorname{Im} z < a + 2\pi\},$$

wobei $a \in \mathbb{R}$ beliebig ist, wird durch die Exponentialfunktion bijektiv auf $\mathbb{C}^*$ abgebildet.

Mit Hilfe der Eulerschen Formeln (7) erhalten wir weitere Informationen über die ins Komplexe fortgesetzten trigonometrischen Funktionen. Wir bestimmen zunächst die Nullstellen. Nach (7) ist $\sin z = 0$ gleichbedeutend mit $e^{2iz} = 1$, und das ist genau für $z = k\pi$ mit $k \in \mathbb{Z}$ der Fall. Der komplexe Sinus besitzt also außer den bekannten Nullstellen auf der reellen Achse keine weiteren. Das gleiche gilt für den Cosinus wegen

$$\sin\left(z + \frac{\pi}{2}\right) = \sin z \cos\frac{\pi}{2} + \cos z \sin\frac{\pi}{2} = \cos z.$$

Wir untersuchen nun auf Periodizität. Da die Exponentialfunktion die Perioden $2k\pi i$, $k \in \mathbb{Z}$, besitzt, haben aufgrund der Eulerschen Formeln Sinus und Cosinus auch auf $\mathbb{C}$ die Perioden $2k\pi$ mit $k \in \mathbb{Z}$. Sie haben keine weiteren Perioden: Ist nämlich etwa w eine Periode von $\sin$, so folgt aus $\sin w = \sin 0 = 0$, dass $w = m\pi$ mit $m \in \mathbb{Z}$ sein muss. Dabei muss m gerade sein, denn ungeradzahlige Vielfache von π sind nicht einmal Perioden der reellen Sinusfunktion.

Weiter ergibt sich aus den Eulerschen Formeln

$$\operatorname{Re}\cos(x + iy) = \cos x \cosh y, \qquad \operatorname{Im}\cos(x + iy) = -\sin x \sinh y,$$
$$\operatorname{Re}\sin(x + iy) = \sin x \cosh y, \qquad \operatorname{Im}\sin(x + iy) = \cos x \sinh y.$$

Hieran erkennt an, dass $\sin$ und $\cos$ in jedem Vertikalstreifen $\{z : a \leq \operatorname{Re} z \leq b\}$ unbeschränkt sind.

Die reellen Funktionen Tangens und Cotangens lassen sich zu holomorphen Funktionen fortsetzen durch die Definition

$$\tan z = \frac{\sin z}{\cos z} \qquad \text{für } z \neq \left(k + \frac{1}{2}\right)\pi,\ k \in \mathbb{Z},$$

$$\cot z = \frac{\cos z}{\sin z} \qquad \text{für } z \neq k\pi,\ k \in \mathbb{Z}.$$

Verwendet man die Exponentialfunktion, so kann man schreiben

$$\tan z = \frac{1}{i}\frac{e^{2iz} - 1}{e^{2iz} + 1}, \qquad \cot z = i\frac{e^{2iz} + 1}{e^{2iz} - 1}.$$

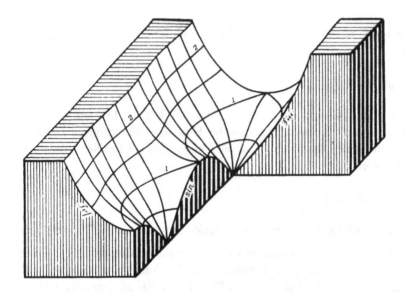

Bild 3 Graph von $|\sin z|$

Für die Ableitung erhält man

$$\frac{d}{dz}\tan z = \frac{1}{\cos^2 z} = 1 + \tan^2 z; \qquad \frac{d}{dz}\cot z = \frac{-1}{\sin^2 z} = -(1 + \cot^2 z).$$

Auch die komplexen Funktionen tan und cot haben die ganzzahligen Vielfachen von π als Perioden; das folgt aus den obigen Darstellungen. Es gibt keine weiteren: Ist etwa w eine Periode von tan, so folgt $\tan w = \tan 0 = 0$, also $w = k\pi$ mit $k \in \mathbb{Z}$.

Schließlich lassen sich auch die Hyperbelfunktionen aus der reellen Analysis in natürlicher Weise zu holomorphen Funktionen in der komplexen Ebene fortsetzen durch

$$\sinh z = \frac{1}{2}\left(e^z - e^{-z}\right), \qquad \cosh z = \frac{1}{2}\left(e^z + e^{-z}\right).$$

Vergleich mit den Eulerschen Formeln liefert sofort die Beziehungen

$$\sinh z = \frac{1}{i}\sin iz, \qquad \cosh z = \cos iz,$$

$$\sin z = \frac{1}{i}\sinh iz, \qquad \cos z = \cosh iz.$$

Im Komplexen besteht also kein wesentlicher Unterschied zwischen trigonometrischen und Hyperbelfunktionen. Die Graphen der reellen Funktionen $\cos : \mathbb{R} \to \mathbb{R}$ und $\cosh : \mathbb{R} \to \mathbb{R}$ entpuppen sich geradezu als zwei verschiedenen Schnitte des Graphen $\{(z,w) \in \mathbb{C}^2 : w = \cos z\}$ von $\cos : \mathbb{C} \to \mathbb{C}$, nämlich einmal mit der Ebene $\operatorname{Im} z = 0$, $\operatorname{Im} w = 0$, zum anderen mit der Ebene $\operatorname{Re} z = 0$, $\operatorname{Im} w = 0$. Ähnliches gilt für sin und sinh.

Aufgaben:

1. Man zeige mit Hilfe der Cauchy-Riemannschen Differentialgleichungen, dass
   $f(x + iy) = e^x(\cos y + i \sin y)$ holomorph ist und $f_z = f$ erfüllt.

2. Zeige: Die Potenzreihe $f(z) = \sum_0^\infty z^{n!}$ hat den Konvergenzradius 1; für jedes feste $\alpha \in \mathbb{Q}$
   ist $f(re^{2\pi i\alpha})$ unbeschränkt bei $r \to 1$.

3. Mit Hilfe der Eulerschen Formeln leite man
   $$\sum_{\nu=0}^n \cos \nu z = \frac{1}{2} + \frac{1}{2}\frac{\sin(n + \frac{1}{2})z}{\sin \frac{1}{2}z}, \qquad (z \neq 2k\pi)$$
   und eine ähnliche Formel für $\sum_{\nu=0}^n \sin \nu z$ her.

4. Man stelle $\cos^n z$ und $\sin^n z$ als Linearkombination der Funktionen $\cos \nu z$ und $\sin \nu z$ mit
   $\nu = 0, \ldots, n$ dar.

5. Bestimme Real- und Imaginärteil von $\tan z$ und $\cot z$.

6. Man zeige, dass in $D_r(0)$ gilt
   $$|\sin z| \le \sinh r \quad \text{und} \quad |\cos z| \le \cosh r$$
   und dass in $\mathbb{C} - \bigcup_{k \in \mathbb{Z}} D_r(k\pi)$ für $0 < r < \pi/2$ gilt
   $$|\cot z| \le \frac{\cosh r}{\sinh r}.$$

§ 9. Lineare Transformationen und die Riemannsche Zahlensphäre

Wir wollen rationale Funktionen der speziellen Form

$$f(z) = \frac{az + b}{cz + d} \tag{1}$$

mit $a, b, c, d \in \mathbb{C}$ und $ad - bc \neq 0$ untersuchen. Die Bedingung $ad - bc \neq 0$ garantiert, dass
der Nenner nicht identisch veschwindet und dass der Zähler kein konstantes Vielfaches
des Nenners ist.

Falls in (1) $c = 0$ gilt, ist f auf der ganzen Ebene holomorph und bildet sie biholomorph
auf sich ab. Im folgenden setzen wir $c \neq 0$ voraus und bezeichnen f als *gebrochen lineare
Funktion*. In diesem Fall ist f auf $\mathbb{C} - \{-d/c\}$ definiert. Für $w \neq a/c$ kann man $w = f(z)$
nach z auflösen und erhält die Umkehrfunktion

$$f^{-1} : \mathbb{C} - \{a/c\} \to \mathbb{C} - \{-d/c\}, \quad f^{-1}(w) = \frac{dw - b}{-cw + a},$$

f bildet also $U = \mathbb{C} - \{-d/c\}$ biholomorph auf $V = \mathbb{C} - \{a/c\}$ ab.

Ist nun z_ν eine Folge in U mit $z_\nu \to -d/c$, so strebt $az_\nu + b$ gegen $-(ad - bc)/c \neq 0$ und $cz_\nu + d$ gegen Null, also wächst $|f(z_\nu)|$ über alle Grenzen: $\lim |f(z_\nu)| = +\infty$. Ist andererseits z_ν eine Folge in U mit $\lim |z_\nu| = +\infty$, so hat man, sofern $z_\nu \neq 0$,

$$f(z_\nu) = \frac{a + b/z_\nu}{c + d/z_\nu} \to \frac{a}{c}.$$

Diese Beobachtungen lassen sich schöner formulieren, wenn wir die komplexe Zahlenebene $\mathbb{C}$ durch Hinzunahme eines neuen Punktes, der mit dem Symbol ∞ bezeichnet sei, ergänzen und die Konvergenz $z_\nu \to \infty$ durch $\lim |z_\nu| = +\infty$ erklären. Dann wird nämlich durch

$$f(-d/c) = \infty, \qquad f(\infty) = a/c$$

unsere Funktion f zu einer bijektiven, umkehrbar stetigen Abbildung von $\mathbb{C} \cup \{\infty\}$ auf sich fortgesetzt.

Im einzelnen: Wir setzen $\hat{\mathbb{C}} = \mathbb{C} \cup \{\infty\}$ und nennen ∞ den „unendlich fernen Punkt" oder einfach „unendlich".[1] Zunächst setzen wir die Topologie von $\mathbb{C}$ auf $\hat{\mathbb{C}}$ fort durch die

Definition 9.1. *Eine Teilmenge $M \subset \hat{\mathbb{C}}$ heißt Umgebung von ∞, wenn es eine kompakte Teilmenge K von $\mathbb{C}$ gibt, so dass $\mathbb{C} - K \subset M$. $M \subset \hat{\mathbb{C}}$ heißt Umgebung von $z \in \mathbb{C}$, wenn es $\epsilon > 0$ mit $U_\epsilon(z) \subset M$ gibt.*

Eine Umgebung von ∞ enthält also stets das Komplement einer (hinreichend großen) Kreisscheibe um 0.

Ausgehend von den Umgebungen haben wir nun den ganzen topologischen Begriffsapparat für $\hat{\mathbb{C}}$ zur Verfügung. Insbesondere: Eine Teilmenge $U \subset \hat{\mathbb{C}}$ heißt *offen*, wenn zu jedem $p \in U$ eine Umgebung von p in U enthalten ist. Man hat die folgende Charakterisierung: *Die offenen Teilmengen von $\hat{\mathbb{C}}$ sind genau die offenen Mengen von $\mathbb{C}$ und die Mengen der Form $\hat{\mathbb{C}} - K$ mit kompaktem $K \subset \hat{\mathbb{C}}$.*

Konvergenz von Punktfolgen in $\hat{\mathbb{C}}$ ist wie üblich mit Hilfe des Umgebungsbegriffs definiert. Insbesondere konvergiert die Folge (p_n) in $\hat{\mathbb{C}}$ genau dann gegen ∞, wenn es zu jedem $\epsilon > 0$ ein n_0 gibt, so dass für $n \geq n_0$ gilt

$$p_n = \infty \quad \text{oder} \quad |p_n| > 1/\epsilon.$$

Eine Folge (z_n) komplexer Zahlen konvergiert also genau dann gegen ∞, wenn $\lim\limits_{n \to \infty} |z_n| = +\infty$ gilt.

Man nennt $\hat{\mathbb{C}}$ die *abgeschlossene Ebene* oder die *Riemannsche Zahlensphäre*. Die zweite Bezeichnung ist durch das folgende sehr anschauliche Modell begründet: Wir betrachten den $\mathbb{R}^3$ mit den Koordinaten x_1, x_2, x_3 und identifizieren $\mathbb{C}$ mit der (x_1, x_2)-Ebene: $z = x_1 + ix_2$. Die zweidimensionale Einheitssphäre

$$S^2 = \{(x_1, x_2, x_3) \in \mathbb{R}^3 : x_1^2 + x_2^2 + x_3^2 = 1\}$$

---

[1] ∞ ist zu unterscheiden von den Punkten $+\infty$ und $-\infty$, mit denen man die Zahlengerade $\mathbb{R}$ zu $\overline{\mathbb{R}}$ erweitert.

projizieren wir, wie in Bild 4 angedeutet, vom „Nordpol" $N = (0, 0, 1)$ aus stereographisch auf $\mathbb{C}$: Jedem $\xi \in S^2 - \{N\}$ wird der Schnittpunkt $\varphi(\xi)$ der Verbindungsgeraden von N und ξ mit $\mathbb{C}$ zugeordnet. Dadurch erhalten wir eine bijektive stetige Abbildung

$$\varphi : S^2 - N \to \mathbb{C}, \quad \varphi(x_1, x_2, x_3) = \frac{1}{1 - x_3}(x_1 + ix_2).$$

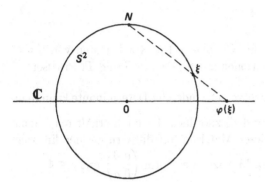

Bild 4 Stereographische Projektion

Die Umkehrabbildung

$$\varphi^{-1} : \mathbb{C} \to S^2 - N, \quad \varphi^{-1}(x + iy) = \frac{1}{x^2 + y^2 + 1}(2x, 2y, x^2 + y^2 - 1)$$

ist ebenfalls stetig. Setzen wir φ fort zu der Bijektion

$$\hat{\varphi} : S^2 \to \hat{\mathbb{C}} \quad \text{mit } \hat{\varphi}(\xi) = \varphi(\xi) \text{ für } \xi \neq N, \quad \hat{\varphi}(N) = \infty,$$

so ist $\hat{\varphi}$ samt der Umkehrung $\hat{\varphi}^{-1} : \hat{\mathbb{C}} \to S^2$ stetig. Wir können daher $\hat{\mathbb{C}}$ als topologischen Raum mit der Sphäre S^2 identifizieren.

Dies vermittelt eine gute Vorstellung von der Geometrie „in der Nähe von ∞" . Allerdings erlauben Addition und Multiplikation komplexer Zahlen keine einfache geometrische Interpretation auf der Zahlensphäre.

Satz 9.1. $\hat{\mathbb{C}}$ *ist ein kompakter topologischer Raum.*

Dies folgt sofort aus der Kompaktheit von $S^2 \subset \mathbb{R}^3$. Ein direkter Beweis ist als Aufgabe gestellt.

Es ist nun klar, dass

$$f(z) = \frac{az + b}{cz + d} \text{ mit } ad - bc \neq 0$$

bei $c \neq 0$ durch

$$f(-d/c) = \infty, \quad f(\infty) = a/c$$

eine umkehrbar stetige Bijektion von $\hat{\mathbb{C}}$ auf sich liefert. Im Fall von $c = 0$ können wir $d = 1$ annehmen; $f(z) = az + b$ liefert auch eine umkehrbar stetige Bijektion von $\hat{\mathbb{C}}$ auf sich, wenn man $f(\infty) = \infty$ setzt. Wir nennen diese Abbildungen von $\hat{\mathbb{C}}$ auf sich *lineare Transformationen* oder *Möbius-Transformationen* und schreiben oft Tz für $f(z)$.

Sind $Tz = (az + b)/(cz + d)$ und $Sz = (\alpha z + \beta)/(\gamma z + \delta)$ lineare Transformationen, so auch T^{-1} und das Kompositum

$$S \circ Tz = \frac{(\alpha a + \beta c)z + (\alpha b + \beta d)}{(\gamma a + \delta c)z + (\gamma b + \delta d)}. \tag{2}$$

Die linearen Transformationen bilden also eine Gruppe. – Die Koeffizienten von $S \circ T$ entstehen nach (2) durch Matrizenmultiplikationen aus denen von S und T. Präziser:

Jeder komplexen (2×2)-Matrix $\begin{pmatrix} a & b \\ c & d \end{pmatrix}$ mit nichtverschwindender Determinante kann man die lineare Transformation $Tz = (az + b)/(cz + d)$ zuordnen. Dadurch erhält man einen Homomorphismus der Gruppe $GL(2, \mathbb{C})$ dieser Matrizen auf die Gruppe der linearen Transformationen; sein Kern besteht aus den Matrizen der Form $\begin{pmatrix} a & 0 \\ 0 & a \end{pmatrix}$ mit $a \in \mathbb{C}^*$.

Besonders einfache lineare Transformationen sind die *Translationen* $z \mapsto z + b$, die *Drehstreckungen* $z \mapsto az$ mit $a \in \mathbb{C}^*$ und die *Inversion* $z \mapsto 1/z$. Jede lineare Transformation $Tz = (az + b)/(cz + d)$ lässt sich aus ihnen zusammensetzen: Für $c = 0$ ist das klar, für $c \neq 0$ geht das etwa folgendermaßen:

$$z \mapsto z + \frac{d}{c} \mapsto \left(z + \frac{d}{c}\right)^{-1} \mapsto \frac{bc - ad}{c^2}\left(z + \frac{d}{c}\right)^{-1} \mapsto \frac{bc - ad}{c^2}\left(z + \frac{d}{c}\right)^{-1} + \frac{a}{c} = Tz$$

Wir fragen nun nach den *Fixpunkten* einer linearen Transformation T, d.h. nach den Punkten $z_0 \in \hat{\mathbb{C}}$ mit $Tz_0 = z_0$. Ist $Tz = az + b$ ganz und nicht die identische Abbildung, so sind ∞ und, falls $a \neq 1$, $z_0 = b/(1 - a)$ die einzigen Fixpunkte. Für $Tz = (az + b)/(cz + d)$ mit $c \neq 0$ sind die Fixpunkte gerade die Lösungen der quadratischen Gleichung $cz^2 + (d - a)z = b$. In jedem Fall hat $T \neq id$ also genau einen oder zwei Fixpunkte. Daher ist eine lineare Transformation durch Angabe der Bilder dreier verschiedener Punkte $z_1, z_2, z_3 \in \hat{\mathbb{C}}$ eindeutig festgelegt: Gilt $T_1 z_\nu = T_2 z_\nu$ für $\nu = 1, 2, 3$, so hat $T_2^{-1} \circ T_1$ drei Fixpunkte, ist also die Identität.

Wir wollen jetzt zeigen, dass man andererseits die Bilder dreier Punkte unter einer linearen Transformation beliebig vorschreiben kann. Zunächst verschaffen wir uns eine Transformation, die voneinander und von ∞ verschiedene Punkte z_1, z_2, z_3 auf $0, 1, \infty$ abbildet, indem wir setzen

$$Tz = \frac{z - z_1}{z - z_3} : \frac{z_2 - z_1}{z_2 - z_3}; \tag{3}$$

dabei ist natürlich $T\infty = (z_2 - z_3)(z_2 - z_1)$ zu verstehen. Der rechts in (3) stehende Ausdruck heißt das *Doppelverhältnis* der vier Punkte z, z_1, z_2, z_3; wir schreiben dafür auch

$$DV(z, z_1, z_2, z_3) = \frac{z - z_1}{z - z_3} : \frac{z_2 - z_1}{z_2 - z_3}.$$

Falls ein Punkt z_ν auf ∞ fällt, können wir ein T mit $T : (z_1, z_2, z_3) \mapsto (0, 1, \infty)$ finden, indem wir in (3) den Grenzübergang $z_\nu \to \infty$ vollziehen (in anderen Worten: Wir setzen $z_\nu = 1/w_\nu$ in (3) ein und bilden den Grenzwert für $w_\nu \to 0$). Auch die dabei entstehenden Ausdrücke wollen wir Doppelverhältnisse nennen. Im einzelnen ergibt sich

$$DV(z, \infty, z_2, z_3) = \frac{z_2 - z_3}{z - z_3}, \qquad DV(z, z_1, \infty, z_3) = \frac{z - z_1}{z - z_3},$$

$$DV(z, z_1, z_2, \infty) = \frac{z - z_1}{z_2 - z_1}.$$

In jedem Fall ist $z \mapsto DV(z, z_1, z_2, z_3)$ also diejenige lineare Transformation, die z_1, z_2, z_3 auf $0, 1, \infty$ abbildet. Wir bekommen nun den

Satz 9.2. *Sind (z_1, z_2, z_3) und (w_1, w_2, w_3) zwei Tripel verschiedener Punkte von $\hat{\mathbb{C}}$, so gibt es genau eine lineare Transformation T mit $Tz_\nu = w_\nu$ für $\nu = 1, 2, 3$.*

Beweis: $T_1 z = DV(z, z_1, z_2, z_3)$ und $T_2 z = DV(z, w_1, w_2, w_3)$ bilden (z_1, z_2, z_3) bzw. (w_1, w_2, w_3) auf $0, 1, \infty$ ab, $T = T_2^{-1} \circ T_1$ leistet das Verlangte. $\quad\square$

Mit $w = Tz = T_2^{-1} \circ T_1 z$ folgt übrigens $T_2 w = T_1 z$, also

$$DV(w, w_1, w_2, w_3) = DV(z, z_1, z_2, z_3), \tag{4}$$

und man bekommt die Formel für $w = Tz$ durch Auflösen von (4) nach w.

Das Doppelverhältnis ist eine Invariante bei linearen Transformationen:

Satz 9.3. *Es seien z, z_1, z_2, z_3 Punkte in $\hat{\mathbb{C}}$, von denen die letzten drei paarweise verschieden sind. Dann gilt für jede lineare Transformation T*

$$DV(z, z_1, z_2, z_3) = DV(Tz, Tz_1, Tz_2, Tz_3).$$

Beweis: Die Abbildung $S : z \mapsto DV(Tz, Tz_1, Tz_2, Tz_3)$ ist als Kompositum von T und $w \mapsto DV(w, Tz_1, Tz_2, Tz_3)$ eine lineare Transformation. Es gilt

$$Sz_1 = DV(Tz_1, Tz_1, Tz_2, Tz_3) = 0, \quad Sz_2 = 1, \quad Sz_3 = \infty,$$

also ist S die Abbildung $z \mapsto DV(z, z_1, z_2, z_3)$. $\quad\square$

Eine weitere geometrische Eigenschaft der linearen Transformationen ist

Satz 9.4. *Lineare Transformationen führen Geraden und Kreislinien in Geraden oder Kreislinien über.*

Wir vereinbaren dabei, dass eine Gerade stets den Punkt ∞ enthalten soll. Geraden und Kreislinien sind gerade die Bilder der auf der Sphäre $S^2 \subset \mathbb{R}^3$ gelegenen Kreislinien unter der stereographischen Projektion $S^2 \to \hat{\mathbb{C}}$. – In der Zahlenebene werden im allgemeinen einige Geraden in Kreislinien und einige Kreislinien in Geraden abgebildet.

Beweis: Da jede lineare Transformation Kompositum von Translationen, Drehstreckungen und evtl. der Inversion $w = 1/z$ ist, genügt es, die Bilder von Kreisen und Geraden unter diesen speziellen Abbildungen zu betrachten. Für die ersten beiden Typen ist Satz 9.4 klar, für die Inversion folgt er so: Geraden und Kreislinien sind genau die Punktmengen, die durch Gleichungen der Form

$$\alpha z \bar{z} + c z + \bar{c} \bar{z} + \delta = 0 \quad \text{mit} \quad \alpha, \delta \in \mathbb{R}, \ c \in \mathbb{C}, \ c\bar{c} > \alpha\delta \tag{5}$$

beschrieben werden. Setzt man hier $w = 1/z$ ein und multipliziert mit $w\bar{w}$, so geht (5) in eine Gleichung derselben Form über. $\qquad\qquad\square$

Durch drei verschiedene Punkte $z_1, z_2, z_3 \in \hat{\mathbb{C}}$ geht genau eine Kreislinie oder Gerade. Es gilt

Satz 9.5. *Ein Punkt $z \in \hat{\mathbb{C}}$ liegt genau dann auf der durch z_1, z_2, z_3 bestimmten Kreislinie bzw. Geraden K, wenn $DV(z, z_1, z_2, z_3) \in \mathbb{R} \cup \{\infty\}$ gilt.*

Beweis: Es sei T die lineare Transformation mit $(z_1, z_2, z_3) \mapsto (0, 1, \infty)$. Nach Satz 9.4 ist $z \in K$ genau dann, wenn $Tz \in \mathbb{R} \cup \{\infty\}$. Wegen $DV(Tz, 0, 1, \infty) = Tz$ folgt die Behauptung aus Satz 9.3. $\qquad\qquad\square$

Eine Kreislinie oder Gerade K zerlegt $\hat{\mathbb{C}} - K$ in zwei Gebiete: $\hat{\mathbb{C}} = G_1 \cup K \cup G_2$. So zerlegt z.B. die reelle Achse $\mathbb{C} - \mathbb{R}$ in die obere Halbebene $H = \{z : \operatorname{Im} z > 0\}$ und die untere Halbebene $H_- = \{z : \operatorname{Im} z < 0\}$. Ist T eine lineare Transformation mit $TK = \mathbb{R} \cup \{\infty\}$, so muss $TG_1 = H, TG_2 = H_-$ oder $TG_1 = H_-, TG_2 = H$ gelten. Durch eventuelle Komposition mit $z \mapsto -z$ kann man erreichen, dass G_1 auf H abgebildet wird:

Satz 9.6. *Das Gebiet $G \subset \hat{\mathbb{C}}$ werde von einer Kreislinie oder einer Geraden (mit Einschluss von ∞) berandet. Dann gibt es eine lineare Transformation, die G auf die obere Halbebene abbildet.*

Zum Beispiel können wir den Einheitskreis D mittels

$$T : z \mapsto DV(z, 1, i, -1) = i\,\frac{1-z}{1+z}$$

auf die obere Halbebene abbilden: ∂D geht hierbei in $\mathbb{R} \cup \{\infty\}$ über, wegen $T0 = i$ ist $TD = H_-$ nicht möglich.

Aufgaben:

1. Man zeige, dass bei der stereographischen Projektion Kreislinien in S^2 auf Kreise oder Geraden in $\mathbb{C}$ abgebildet werden und umgekehrt.

2. Mit der Bijektion $\hat{\varphi} : S^2 \to \hat{\mathbb{C}}$ erklären wir als sphärische Distanz $d(p_1, p_2)$ zweier Punkte $p_1, p_2 \in \hat{\mathbb{C}}$ den euklidischen Abstand von $\hat{\varphi}^{-1}(p_1)$ und $\hat{\varphi}^{-1}(p_2)$ in $S^2 \subset \mathbb{R}^3$. Man zeige für $z, w \in \mathbb{C}$:

$$d(z, w) = \frac{2|z - w|}{\sqrt{(|z|^2 + 1)(|w|^2 + 1)}}, \qquad d(z, \infty) = \frac{2}{\sqrt{|z|^2 + 1}}.$$

3. (a) Man bestimme die Abbildungen von S^2 auf sich, die unter der stereographischen Projektion der Multipliktion mit e^{it}, der Inversenbildung und dem Übergang zum Konjugierten entsprechen.

   (b) Man beweise $d(\frac{1}{z}, \frac{1}{w}) = d(z, w)$ für $z, w \in \mathbb{C}^*$.

   (c) Man zeige, dass zwei Punkte $\xi, \eta \in S^2 - \{N\}$ genau dann symmetrisch zum Nullpunkt liegen, wenn für die Bildpunkte z, w gilt $z\overline{w} = -1$.

4. Man beweise mit Definition 9.1, dass $\hat{\mathbb{C}}$ kompakt ist.

5. Stelle $Tz = (az + b)/(cz + d)$ in der Form $Tz = DV(z, z_1, z_2, z_3)$ dar.

6. Es sei T eine lineare Transformation mit zwei (bzw. mit nur einem) Fixpunkten. Zeige: Es gibt eine lineare Transformation S mit $STS^{-1}(z) = az$ (bzw. $STS^{-1}(z) = z + b$) für geeignetes $a \in \mathbb{C}^*$ bzw. $b \in \mathbb{C}$.

7. Zeige, dass es zu je vier verschiedenen Punkten z_0, z_1, z_2, z_3 eine lineare Transformation gibt, die diese in $1, -1, w_0, -w_0$ (mit geeignetem $w_0 \in \mathbb{C}^*$) überführt.

8. Man zeige: $Tz = (\alpha z + \beta)/(\gamma z + \delta)$ führt genau dann $\mathbb{R} \cup \{\infty\}$ in sich über, wenn die Koeffizienten $\alpha, \beta, \gamma, \delta$ bis auf einen gemeinsamen Faktor reell sind. Zeige dann, dass alle linearen Transformationen, die die Einheitskreislinie in sich überführen, in der Form $Sz = (az + b)/(\overline{b}z + \overline{a})$ mit $a, b \in \mathbb{C}, |a| \neq |b|$, geschrieben werden können.

9. Für lineare Transformationen S, T mit $S \neq id, T \neq id$ ist $ST = TS$ genau dann, wenn entweder S und T die gleichen Fixpunkte haben oder aber $S \circ S = T \circ T = id$ und die Fixpunkte w_1, w_2 von S, z_1, z_2 von T der Bedingung $DV(w_1, z_1, w_2, z_2) = -1$ genügen. Zeige weiter: Für T mit $T \circ T \neq id$ ist die Gruppe $\{S \in \text{Aut}\,\hat{\mathbb{C}} : ST = TS\}$ abelsch, für $T \circ T = id$ nicht.

Kapitel II

Kurvenintegrale

Die Methoden des ersten Kapitels (komplexe Differenzierbarkeit, Potenzreihen) reichen für ein eingehendes Studium holomorpher Funktionen nicht aus. Das wesentliche Werkzeug der Funktionentheorie ist der Kalkül der Kurvenintegrale, d.h. der Integrale Pfaffscher Formen über geeignete Wege in der Ebene. Wir präzisieren in §1, was wir unter einem Integrationsweg verstehen, und führen Integrale von Funktionen über solche Wege ein. Dabei handelt es sich natürlich um einen Spezialfall des Integralbegriffs für Pfaffsche Formen (§3*). Wesentliche Ergebnisse des Kapitels sind die Sätze über die Existenz von Stammfunktionen (§§2,3*) und über die Vertauschung von Grenzprozessen (§4). Insbesondere liefert §4 die Holomorphie der Summe einer Potenzreihe. – In diesem Kapitel betrachten wir nur in der Zahlenebene $\mathbb{C}$ gelegene Bereiche.

§ 1. Integrationswege und Integration von Funktionen

Bevor wir Kurvenintegrale erklären, stellen wir einige Tatsachen über die Integration komplexwertiger Funktionen auf reellen Intervallen zusammen.

Es sei $I = [a,b] \subset \mathbb{R}$ ein kompaktes Intervall. Eine Funktion $f : I \to \mathbb{C}$ heißt stückweise stetig, wenn es eine Zerlegung $a = t_0 < t_1 < \ldots < t_n = b$ von I gibt, so dass die Beschränkung von f auf jedes offene Teilintervall $]t_{k-1}, t_k[$ stetig ist und auf das abgeschlossene Intervall $[t_{k-1}, t_k]$ stetig fortgesetzt werden kann. Entsprechend nennen wir $f : [a,b] \to \mathbb{C}$ stückweise stetig differenzierbar, wenn f stetig ist und es eine Zerlegung $a = t_0 < t_1 < \ldots < t_n = b$ gibt, so dass f auf jedem abgeschlossenen Teilintervall $[t_{k-1}, t_k]$ stetig differenzierbar ist. Es wird also insbesondere die Existenz der einseitigen Ableitungen von f in den t_k gefordert, für $k = 1, \ldots, n-1$ brauchen die beiden einseitigen Ableitungen in t_k aber nicht übereinzustimmen.

Wir erklären das Integral einer auf $[a,b]$ stückweise stetigen komplexwertigen Funktion f durch

$$\int\limits_a^b f(t)\,dt = \int\limits_a^b \operatorname{Re} f(t)\,dt + i \int\limits_a^b \operatorname{Im} f(t)\,dt$$

Das Integral ist ein reeller $\mathbb{C}$-linearer Operator: Für $c_1, c_2 \in \mathbb{C}$ und stückweise stetige Funktionen $f, f_1, f_2 : [a,b] \to \mathbb{C}$ gilt

$$\int_a^b (c_1 f_1(t) + c_2 f_2(t))\, dt = c_1 \int_a^b f_1(t)\, dt + c_2 \int_a^b f_2(t)\, dt, \tag{1}$$

$$\int_a^b \overline{f(t)}\, dt = \overline{\int_a^b f(t)\, dt}. \tag{2}$$

Der Hauptsatz der Differentialrechnung bleibt gültig:

Ist $f : [a,b] \to \mathbb{C}$ stetig und $F : [a,b] \to \mathbb{C}$ eine differenzierbare Funktion mit $F' = f$, so gilt

$$\int_a^b f(t)\, dt = F(b) - F(a).$$

Man bestätigt diese Aussage leicht durch getrennte Betrachtung von Real- und Imaginärteil. Die folgende Version der Substitutionsregel läßt sich ebenso aus der reellen Substitutionsregel herleiten:

Ist φ eine reelle, monotone, stetige und stückweise stetig differenzierbare Funktion, die das Intervall $[a,b]$ auf das Intervall $[c,d]$ abbildet, und ist $g : [c,d] \to \mathbb{C}$ stückweise stetig, so gilt

$$\int_a^b g(\varphi(s))\varphi'(s)\, ds = \int_c^d g(t)\, dt.$$

Der linke Integrand ist evtl. an endlich vielen Stellen nicht definiert; das ist unerheblich.

Wir beweisen schließlich noch eine wichtige Abschätzung:

Hilfssatz. *Es sei $f : [a,b] \to \mathbb{C}$ stückweise stetig. Dann ist*

$$\left| \int_a^b f(t)\, dt \right| \leq \int_a^b |f(t)|\, dt.$$

Beweis: Für $s \in \mathbb{R}$ gilt $e^{is} \int_a^b f(t)\, dt = \int_a^b e^{is} f(t)\, dt$ und daher

$$\mathrm{Re}\left(e^{is} \int_a^b f(t)\, dt \right) = \int_a^b \mathrm{Re}\,(e^{is} f(t))\, dt \leq \int_a^b |e^{is} f(t)|\, dt = \int_a^b |f(t)|\, dt.$$

Für $\displaystyle\int_a^b f(t)\,dt = 0$ ist nichts zu beweisen. Für $\displaystyle\int_a^b f(t)\,dt \neq 0$ setzen wir

$$s = -\arg \int_a^b f(t)\,dt.$$

Dann ist das mit e^{is} multiplizierte Integral reell und positiv:

$$e^{is} \int_a^b f(t)\,dt = \left| \int_a^b f(t)\,dt \right|.$$

Daraus folgt die Behauptung. □

Wir erklären nun den Begriff des Integrationsweges.

Definition 1.1. *Ein Integrationsweg in $U \subset \mathbb{C}$ ist ein stückweise stetig differenzierbarer Weg $\gamma : [a, b] \to U$.*

Ist γ auf dem ganzen Intervall $[a, b]$ stetig differenzierbar, so reden wir von einem *stetig differenzierbaren Weg*. Gilt zusätzlich $\gamma'(t) \neq 0$ für alle $t \in [a, b]$, so heißt γ *glatt*. Man nennt γ *geschlossen*, wenn Anfangspunkt $\gamma(a)$ und Endpunkt $\gamma(b)$ übereinstimmen. Ist γ geschlossen und auf dem halboffenen Intervall $[a, b[$ injektiv, so sagt man, γ sei *einfach geschlossen*. Die Bildmenge $\gamma([a, b])$ heißt die *Spur* von γ, wir schreiben $\gamma([a, b]) = \operatorname{Sp}\gamma$. Tritt eine Teilmenge $M \subset \mathbb{C}$ als Spur eines Integrationsweges γ auf, so sagen wir auch, γ *parametrisiere* M. Wir werden oft, wenn keine Missverständnisse zu befürchten sind, einen Weg und seine Spur mit demselben Symbol bezeichnen.

Beispiele:

1. Es sei $z_0 \in \mathbb{C}$ und $r > 0$. Die Abbildung

$$\kappa : [0, 2\pi] \to \mathbb{C}, \quad t \mapsto z_0 + re^{it}$$

ist stetig differenzierbar: $\kappa'(t) = ire^{it}$. Sie ist ein einfach geschlossener Weg, dessen Spur die Kreislinie $\partial D_r(z_0) = \{z : |z - z_0| = r\}$ ist. Wir bezeichnen diesen Weg im folgenden oft mit $\kappa(r, z_0)$ und nennen ihn auch die *positiv orientierte Kreislinie*.

2. Für $z_0, z_1 \in \mathbb{C}$ parametrisiert $\gamma : [0, 1] \to \mathbb{C}, t \mapsto z_0 + t(z_1 - z_0)$ die Verbindungsstrecke von z_0 nach z_1. Wir bezeichnen diesen Weg mit $[z_0, z_1]$.

3. Allgemeiner: Sind Punkte $z_0, z_1, \ldots, z_n \in \mathbb{C}$ gegeben, so definieren wir einen Integrationsweg $\gamma : [0, n] \to \mathbb{C}$ durch

$$\gamma(t) = z_k + (t - k)(z_{k+1} - z_k), \quad \text{falls } t \in [k, k+1].$$

Die Spur von γ ist ein „Streckenzug" , wir schreiben $\gamma = [z_0, z_1, \ldots, z_n]$. Hat man speziell ein Dreieck Δ mit den Ecken z_0, z_1, z_2, so parametrisiert $[z_0, z_1, z_2, z_0]$ den Rand $\partial\Delta$.

Das letzte Beispiel legt es nahe, das Zusammensetzen und Unterteilen von Integrationswegen einzuführen. Hat man zwei Integrationswege $\gamma_1 : [a, b] \to \mathbb{C}$ und $\gamma_2 : [c, d] \to \mathbb{C}$ derart, dass der Endpunkt $\gamma_1(b)$ von γ_1 mit dem Anfangspunkt $\gamma_2(c)$ von γ_2 übereinstimmt, so erklärt man den aus γ_1 und γ_2 *zusammengesetzten Weg* $\gamma_1\gamma_2$ durch

$$\gamma_1\gamma_2 : [a, b + (d - c)] \to \mathbb{C}, t \mapsto \begin{cases} \gamma_1(t) & \text{für } t \in [a, b] \\ \gamma_2(t + c - b) & \text{für } t \in [b, b + d - c]. \end{cases}$$

Analog kann man n Wege $\gamma_1, \gamma_2, \ldots, \gamma_n$ zusammensetzen, sofern für $k = 1, \ldots, n-1$ der Endpunkt von γ_k mit dem Anfangspunkt von γ_{k+1} zusammenfällt. Zum Beispiel ist der Streckenzug $[a_0, a_1, \ldots, a_n]$ aus den Wegen $[a_0, a_1], [a_1, a_2], \ldots, [a_{n-1}, a_n]$ zusammengesetzt.

Ist $\gamma : [a, b] \to \mathbb{C}$ ein Integrationsweg und $a = t_0 < t_1 < \ldots < t_n = b$ eine Zerlegung von $[a, b]$, so ist die Einschränkung $\gamma_k = \gamma\,|[t_{k-1}, t_k]$ von γ auf das Teilintervall $[t_{k-1}, t_k]$ wieder ein Integrationsweg. Wir nennen die γ_k Teilwege von γ und sagen, dass γ in die Teilwege $\gamma_1, \ldots, \gamma_n$ unterteilt ist. Der aus den Teilwegen $\gamma_1, \ldots, \gamma_n$ zusammengesetzte Weg ist wieder γ. Gibt es eine Unterteilung von γ in glatte Teilwege, so nennen wir γ *stückweise glatt* .

Weiter erklären wir zu jedem Weg $\gamma : [a, b] \to \mathbb{C}$ den *entgegengesetzten Weg* $\gamma^{-1} : [a, b] \to \mathbb{C}$ durch $\gamma^{-1}(t) = \gamma(a + b - t)$. Es hat γ^{-1} die gleiche Spur wie γ; Anfangs- und Endpunkt werden vertauscht. Ist $\gamma = [a_0, a_1, \ldots, a_n]$, so ist $\gamma^{-1} = [a_n, a_{n-1}, \ldots, a_0]$. Im Falle $\gamma = \kappa(r, z_0)$ wird $\kappa^{-1}(r, z_0)$ die „im Uhrzeigersinn durchlaufene" Kreislinie. Sie wird durch $t \mapsto z_0 + re^{-it}$ gegeben.

Die Anordnung des Parameterintervalls prägt der Spur eines Weges einen „Durchlaufungssinn" vom Anfangspunkt hin zum Endpunkt auf. In geometrischen Skizzen markieren wir ihn oft durch einen Pfeil. Beim Übergang von γ zu γ^{-1} kehrt sich die Richtung des Pfeils um.

Integrationswege sind rektifizierbar, und zwar wird die *Länge* des Weges $\gamma : [a, b] \to \mathbb{C}$ nach einem Satz der reellen Analysis durch

$$L(\gamma) = \int_a^b \sqrt{(\operatorname{Re}\gamma'(t))^2 + (\operatorname{Im}\gamma'(t))^2}\, dt$$

gegeben (vgl. etwa [9] oder [13]). Der Integrand ist gerade $|\gamma'(t)|$, so dass wir die folgende kürzere Formel erhalten:

$$L(\gamma) = \int_a^b |\gamma'(t)|\, dt.$$

Wir sind nun in der Lage, Kurvenintegrale zu definieren und ihre wichtigsten Eigenschaften herzuleiten.

Definition 1.2. *Es sei* $\gamma : [a, b] \to \mathbb{C}$ *ein Integrationsweg und* $f : \mathrm{Sp}\,\gamma \to \mathbb{C}$ *eine stetige Funktion. Man setzt*

$$\int_\gamma f(z)\,dz = \int_a^b f(\gamma(t)) \cdot \gamma'(t)\,dt.$$

Der Integrand des rechten Integrals ist eine stückweise stetige Funktion auf $[a, b]$, da γ stückweise stetig differenzierbar ist. Das rechte Integral ist also wohldefiniert.

Beispiele:

1. Es sei $z_0 \in \mathbb{C}$. Wir integrieren die Funktion $f(z) = \dfrac{1}{z - z_0}$ über die positiv orientierte Kreislinie $\kappa(r, z_0)$:

$$\int_{\kappa(r, z_0)} \frac{dz}{z - z_0} = \int_0^{2\pi} \frac{1}{re^{it}}\, ire^{it}\, dt = 2\pi i.$$

Es ist bemerkenswert, dass das Ergebnis nicht vom Radius r abhängt. – Wir schreiben oft (mit $D = D_r(z_0)$)

$$\int_{|z - z_0| = r} f(z)\,dz \qquad \text{oder} \qquad \int_{\partial D} f(z)\,dz \qquad \text{statt} \qquad \int_{\kappa(r, z_0)} f(z)\,dz.$$

2. Ist $[a, b]$ ein reelles Intervall, γ die parametrisierte Strecke von a nach b, so ist

$$\int_\gamma f(z)\,dz = \int_a^b f(z)\,dz.$$

Unsere Bezeichnungen sind also miteinander verträglich.

3. Ist $\mathrm{Sp}\,\gamma$ ein Punkt, so gilt stets

$$\int_\gamma f(z)\,dz = 0.$$

4. Wir integrieren die Funktion $f(z) = |z|$ über den Weg $\gamma : [0, \pi] \to \mathbb{C}, t \mapsto e^{i(\pi - t)}$, der den oberen Halbkreis von -1 nach 1 beschreibt. Wegen $|z| = 1$ auf $\mathrm{Sp}\,\gamma$ bekommen wir

$$\int_\gamma |z|\,dz = \int_0^\pi 1 \cdot \gamma'(t)\,dt = \gamma(\pi) - \gamma(0) = 2.$$

Integration der gleichen Funktion über die Strecke $[-1, 1]$ liefert

$$\int_{[-1,1]} |z|\, dz = \int_{-1}^{1} |t|\, dt = 1.$$

Dieses Beispiel zeigt, dass Kurvenintegrale im allgemeinen nicht nur von Anfangs- und Endpunkt des Integrationsweges abhängen.

Es sei angemerkt, dass sich auch Kurvenintegrale in der komplexen Ebene als Grenzwerte Riemannscher Summen auffassen lassen (siehe etwa [2]).

Wir stellen nun Eigenschaften des Kurvenintegrals zusammen. Aus der Linearität (1) des gewöhnlichen Integrals ergibt sich die Linearität des Kurvenintegrals

$$\int_{\gamma} (c_1 f_1(z) + c_2 f_2(z))\, dz = c_1 \int_{\gamma} f_1(z)\, dz + c_2 \int_{\gamma} f_2(z)\, dz.$$

Aus dem Hilfssatz erhalten wir die folgende fundamentale *Standardabschätzung*:

Satz 1.1. *Es sei γ ein Integrationsweg und f eine auf $\operatorname{Sp}\gamma$ stetige Funktion. Dann gilt*

$$\left| \int_{\gamma} f(z)\, dz \right| \le L(\gamma) \cdot \max_{z \in \operatorname{Sp}\gamma} |f(z)|.$$

Beweis: Nach dem Hilfssatz haben wir

$$\left| \int_{\gamma} f(z)\, dz \right| = \left| \int_{a}^{b} f(\gamma(t))\gamma'(t)\, dt \right| \le \int_{a}^{b} |f(\gamma(t))\gamma'(t)|\, dt$$

dabei ist $[a, b]$ das Definitionsintervall von γ. Ist M das Maximum von $|f|$ auf $\operatorname{Sp}\gamma$, so gilt $|f(\gamma(t))\gamma'(t)| \le M|\gamma'(t)|$, und wir bekommen weiter

$$\int_{a}^{b} |f(\gamma(t))\gamma'(t)|\, dt \le M \int_{a}^{b} |\gamma'(t)|\, dt = M \cdot L(\gamma).$$

$\square$

Die nächsten Sätze sind Folgerungen aus der Substitutionsregel. Wir müssen zunächst den Begriff der Parametertransformation präzisieren.

Definition 1.3. *Es seien I und J kompakte reelle Intervalle. Unter einer Parametertransformation von J auf I verstehen wir eine surjektive stückweise stetig differenzierbare Abbildung $\varphi: J \to I$, für die stets $\varphi'(t) > 0$ gilt (in den Unstetigkeitsstellen von φ' soll das bedeuten, dass die einseitigen Ableitungen von φ positiv sind).*

Sind φ und ψ Parametertransformationen, so auch $\varphi \circ \psi$ und die Umkehrabbildung φ^{-1}. Ist $\gamma : I \to \mathbb{C}$ ein Integrationsweg und $\varphi : J \to I$ eine Parametertransformation, so ist auch $\gamma \circ \varphi : J \to \mathbb{C}$ ein Integrationsweg. Wir sagen, dass $\gamma \circ \varphi$ aus γ durch *Umparametrisierung* hervorgeht. Anfangspunkt, Endpunkt und Spur ändern sich bei Umparametrisierung nicht. Auch Kurvenintegrale sind invariant gegenüber Parametertransformationen:

Satz 1.2. *Es seien γ_1 und γ_2 Integrationswege in $\mathbb{C}$, γ_2 gehe aus γ_1 durch Umparametrisierung hervor. Dann gilt für jede auf $\mathrm{Sp}\,\gamma_1$ stetige Funktion f*

$$\int_{\gamma_1} f(z)\,dz = \int_{\gamma_2} f(z)\,dz.$$

Beweis: Die Definitionsintervalle von γ_1 und γ_2 seien mit $[a,b]$ bzw. $[c,d]$ bezeichnet; es gelte $\gamma_2 = \gamma_1 \circ \varphi$ mit einer Parametertransformation φ. Dann hat man nach der Substitutionsregel

$$\int_{\gamma_1} f(z)\,dz \;=\; \int_a^b f(\gamma_1(t)) \cdot \gamma_1'(t)\,dt = \int_c^d f(\gamma_1 \circ \varphi(s)) \cdot \gamma_1'(\varphi(s)) \cdot \varphi'(s)\,ds$$

$$=\; \int_c^d f(\gamma_2(s)) \cdot \gamma_2'(s)\,ds = \int_{\gamma_2} f(z)\,dz. \qquad \square$$

Satz 1.3. *Es sei γ ein Integrationsweg und γ^{-1} der entgegengesetzte Weg. Dann gilt für jede auf $\mathrm{Sp}\,\gamma$ stetige Funktion f*

$$\int_{\gamma^{-1}} f(z)\,dz = - \int_{\gamma} f(z)\,dz.$$

Beweis: Es sei $[a,b]$ das Definitionsintervall von γ und γ^{-1}. Wegen $\gamma^{-1}(t) = \gamma(a+b-t)$ ist $(\gamma^{-1})'(t) = -\gamma'(a+b-t)$. Mit der Substitution $s = a+b-t$ rechnet man:

$$\int_{\gamma^{-1}} f(z)\,dz \;=\; -\int_a^b f(\gamma(a+b-t))\gamma'(a+b-t)\,dt$$

$$=\; \int_b^a f(\gamma(s))\gamma'(s)\,ds = - \int_{\gamma} f(z)\,dz. \qquad \square$$

Satz 1.4. *Es seien $\gamma_1, \ldots, \gamma_n$ Integrationswege, die sich zu einem Weg γ zusammensetzen. Dann gilt für jede auf $\mathrm{Sp}\,\gamma$ stetige Funktion f*

$$\int_{\gamma} f(z)\,dz = \int_{\gamma_1} f(z)\,dz + \ldots + \int_{\gamma_n} f(z)\,dz.$$

Die gleiche Formel gilt, wenn ein Integrationsweg γ in Teilwege $\gamma_1, \ldots, \gamma_n$ unterteilt ist.
– Den (einfachen) Beweis lassen wir weg.

Wir schließen den Paragraphen mit der Einführung eines Begriffs, den wir in §3* und Kapitel IV benötigen. Es wird sich nämlich als zweckmäßig erweisen, Funktionen nicht nur über einzelne Wege, sondern auch über Systeme von Wegen, wie sie etwa als Rand von Gebieten wie dem in Bild 5 auftreten, zu integrieren. Weiter werden wir auch das Integral einer Funktion über einen „mehrfach durchlaufenen" Weg benutzen. Wir führen daher Systeme von Wegen $\gamma_1, \ldots, \gamma_m$ ein, wobei jeder Weg γ_μ mit einer ganzzahligen „Vielfachheit" $n(\gamma_\mu)$ versehen ist. Solche Systeme nennen wir Ketten. Wir wollen präzise definieren:

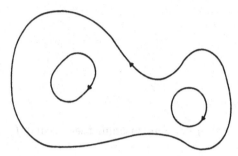

Bild 5 Kette

Definition 1.4. *Eine Kette (in $U \subset \mathbb{C}$) ist eine Abbildung Γ der Menge aller Integrationswege (in U) in die Menge $\mathbb{Z}$ der ganzen Zahlen, die nur endlich vielen Wegen eine von Null verschiedene Zahl zuordnet.*

Die Ketten in U bilden mit der üblichen Addition $\mathbb{Z}$-wertiger Funktionen eine abelsche Gruppe. – Identifiziert man einen Integrationsweg γ mit der Kette, die auf γ den Wert 1 und sonst den Wert 0 annimmt, und bezeichnet auch diese Kette mit γ, so ist jede Kette eine endliche Linearkombination von Integrationswegen

$$\Gamma = \sum_{\kappa=1}^{k} n_\kappa \gamma_\kappa$$

mit ganzzahligen Koeffizienten n_κ. Man addiert die Ketten koeffizientenweise: Ist etwa

$$\Gamma_1 = \gamma_1 - 2\gamma_2 + 3\gamma_3 \quad \text{und} \quad \Gamma_2 = 2\gamma_2 - \gamma_3 + 5\gamma_4,$$

so ist

$$\Gamma_1 = \gamma_1 + 2\gamma_3 + 5\gamma_4.$$

Wir definieren die Spur $\operatorname{Sp}\Gamma$ von $\Gamma = \sum n_\kappa \gamma_\kappa$ als Vereinigung der Spuren der γ_κ mit $n_\kappa \neq 0$. Für jede auf der Spur von $\Gamma = \sum n_\kappa \gamma_\kappa$ stetige Funktion f setzen wir

$$\int_\Gamma f(z)\,dz = \sum_{\kappa=1}^{k} n_\kappa \int_{\gamma_\kappa} f(z)\,dz.$$

Die oben bewiesenen Integrationsregeln gelten auch für die Integration über Ketten: $\int_\Gamma f(z)\,dz$ ist $\mathbb{C}$ -linear in f; die Standardabschätzung bekommt die Form

$$\left| \int_\Gamma f(z)\,dz \right| \le \max\{|f(z)| : z \in \operatorname{Sp}\Gamma\} \cdot \sum |n_\kappa| L(\gamma_\kappa).$$

Überdies gilt

$$\int_{\Gamma_1 + \Gamma_2} f(z)\,dz = \int_{\Gamma_1} f(z)\,dz + \int_{\Gamma_2} f(z)\,dz$$

für auf $\operatorname{Sp}\Gamma_1 \cup \operatorname{Sp}\Gamma_2$ stetiges f und

$$\int_{\sum \gamma_\kappa} f(z)\,dz = \int_\gamma f(z)\,dz,$$

wenn $\gamma_1, \ldots, \gamma_k$ sich zu einem Integrationsweg $\gamma = \gamma_1 \cdot \ldots \cdot \gamma_k$ zusammensetzen und f auf $\operatorname{Sp}\gamma$ stetig ist.

Aufgaben:

1. Man beweise die Produktregel für die Differentiation komplexwertiger Funktionen auf einem reellen Intervall.

2. Es sei $\gamma : I \to \mathbb{C}$ ein glatter Weg und $t_0 \in I$. Man zeige, dass die Geraden $s \mapsto \gamma(t_0) + s\gamma'(t_0)$ und $s \mapsto \gamma(t_0) + is\gamma'(t_0)$ Tangente und Normale an γ in $\gamma(t_0)$ sind. Man zeige weiter: Falls γ zweimal stetig differenzierbar ist, gilt für die Krümmung $\rho(t_0)$

$$\rho(t_0) = \frac{1}{|\gamma'(t_0)|} \cdot \left| \operatorname{Im} \frac{\gamma''(t_0)}{\gamma'(t_0)} \right|.$$

3. Es sei $[a, b] \subset \mathbb{R}$ und $f : I \to \mathbb{C}$ stetig. Man zeige $\left| \int_a^b \operatorname{Re} f(t)\,dt \right| \le \left| \int_a^b f(t)\,dt \right|$;

$\left| \int_a^b \operatorname{Im} f(t)\,dt \right| \le \left| \int_a^b f(t)\,dt \right|$ und $\left| \int_a^b \operatorname{Re}\left(e^{is} f(t)\right) dt \right| \le \left| \int_a^b f(t)\,dt \right|$ für alle $s \in \mathbb{R}$.

4. Es sei $\gamma : [0, 2\pi] \to \mathbb{C}$, $t \mapsto ae^{it} + be^{-it}$ mit $a > b > 0$. Man bestimme Anfangs- und Endpunkt sowie die Spur von γ und berechne

$$\int_\gamma z\,dz \quad \text{sowie} \quad \int_\gamma z^2\,dz.$$

5. a) Man berechne $\int_{[-i,i]} z \cos z\,dz$.

  b) Man berechne $\int_\gamma \operatorname{Im} z\,dz$ für $\gamma = [a, b]$ mit $a, b \in \mathbb{C}$ und für $\gamma = \kappa(r, z_0)$.

§ 2. Stammfunktionen

In diesem Paragraphen geben wir eine Verallgemeinerung des Haupsatzes der Differential-
und Integralrechnung auf Kurvenintegrale in der komplexen Ebene an. Der Begriff der
Stammfunktion wird im nächsten Kapitel ein wesentliches Werkzeug sein.

Definition 2.1. *Es sei $U \subset \mathbb{C}$ offen und $f : U \to \mathbb{C}$ eine stetige Funktion. Eine
Funktion $F : U \to \mathbb{C}$ heißt Stammfunktion von f, wenn F holomorph ist und $F' = f$ gilt.
Wir sagen, f habe lokale Stammfunktionen auf U, wenn es zu jedem Punkt von U eine
Umgebung $V \subset U$ gibt, so dass $f|V$ eine Stammfunktion hat.*

Kennt man eine Stammfunktion von f, so kann man Kurvenintegrale über f leicht berechnen:

Satz 2.1. *Es sei $f : U \to \mathbb{C}$ eine stetige Funktion, die eine Stammfunktion F besitzt. γ
sei ein Integrationsweg in U von z_0 nach z_1. Dann ist*

$$\int_{\gamma} f(z)\,dz = F(z_1) - F(z_0).$$

Das Kurvenintegral über f hängt also in diesem Fall nur von Anfangs- und Endpunkt
des Integrationsweges ab, nicht von seinem sonstigen Verlauf.

Beweis: Es sei $\gamma : [a, b] \to U$, und $a = t_0 < t_1 < \ldots < t_n = b$ sei eine Zerlegung von
$[a, b]$ derart, dass $\gamma|[t_{\nu-1}, t_\nu]$ stetig differenzierbar ist $(\nu = 1, \ldots, n)$. Dann haben wir

$$
\begin{aligned}
\int_{\gamma} f(z)\,dz &= \int_{a}^{b} f(\gamma(t)) \cdot \gamma'(t)\,dt \\[2mm]
&= \sum_{\nu=1}^{n} \int_{t_{\nu-1}}^{t_\nu} f(\gamma(t)) \cdot \gamma'(t)\,dt \\[2mm]
&= \sum_{\nu=1}^{n} \int_{t_{\nu-1}}^{t_\nu} F'(\gamma(t)) \cdot \gamma'(t)\,dt \\[2mm]
&= \sum_{\nu=1}^{n} \int_{t_{\nu-1}}^{t_\nu} (F \circ \gamma)'(t)\,dt \\[2mm]
&= \sum_{\nu=1}^{n} (F \circ \gamma(t_\nu) - F \circ \gamma(t_{\nu-1})) = F(z_1) - F(z_0).
\end{aligned}
$$

Beim Übergang von der vorletzten zur letzten Zeile haben wir die Version des Hauptsatzes
aus §1 benutzt; das ist erlaubt, da $(F \circ \gamma)'$ auf jedem Teilintervall $[t_{\nu-1}, t_\nu]$ stetig ist. $\square$

Folgerung. *Es sei $f : U \to \mathbb{C}$ eine stetige Funktion, die eine Stammfunktion besitzt. Dann gilt für jeden geschlossenen Integrationsweg γ in U*

$$\int_{\gamma} f(z)\, dz = 0.$$

Beispiele:

1. Die Funktion $f(z) = z^n$ hat für $n \neq -1$ die Stammfunktion $F(z) = \dfrac{1}{n+1} z^{n+1}$ auf $\mathbb{C}$ bzw. auf $\mathbb{C} - \{0\}$ (für $n < 0$). Also gilt für einen beliebigen Integrationsweg γ in $\mathbb{C}$ bzw. $\mathbb{C} - \{0\}$ mit Anfangspunkt z_0 und Endpunkt z_1

$$\int_{\gamma} z^n\, dz = \frac{1}{n+1}(z_1^{n+1} - z_0^{n+1}).$$

Wir können nun auch Polynome integrieren: $\sum_{\nu=0}^{n} a_\nu z^\nu$ hat die Stammfunktion

$$\sum_{\nu=0}^{n} \frac{1}{\nu+1} a_\nu z^{\nu+1}.$$

2. In §1 haben wir gesehen, dass das Kurvenintegral von $f(z) = |z|$ nicht nur von Anfangs- und Endpunkt des Integrationsweges abhängt. Es kann also nicht jede stetige Funktion eine Stammfunktion haben.

3. In §1 haben wir $\displaystyle\int_{\kappa(r,0)} \frac{dz}{z} = 2\pi i$ ausgerechnet. Wegen der Folgerung kann die auf $\mathbb{C} - \{0\}$ holomorphe Funktion $1/z$ dort also keine Stammfunktion haben. Wir werden aber in III.1 sehen, dass eine holomorphe Funktion jedenfalls lokale Stammfunktionen besitzt.

In Umkehrung der Folgerung haben wir

Satz 2.2. *Es sei f auf dem Gebiet G stetig. Für jeden geschlossenen Integrationsweg γ in G gelte $\displaystyle\int_{\gamma} f(z)\, dz = 0$. Dann hat f auf G eine Stammfunktion.*

Beweis: Es sei a ein fester Punkt von G. Zu jedem $z \in G$ wählen wir einen Integrationsweg γ_z in G von a nach z und setzen

$$F(z) = \int_{\gamma_z} f(\zeta)\, d\zeta.$$

Wir zeigen, dass F eine Stammfunktion von f ist, dass also $F'(z_0) = f(z_0)$ für beliebiges $z_0 \in G$ gilt. Ist z ein hinreichend nahe bei z_0 gelegener Punkt, so gilt $[z_0, z] \subset G$, und

$\gamma = \gamma_{z_0}[z_0, z]\gamma_z^{-1}$ ist ein geschlossener Weg in G. Aus der Voraussetzung $\displaystyle\int_\gamma f(\zeta)\,d\zeta = 0$

folgt

$$\int_{\gamma_{z_0}} f(\zeta)\,d\zeta + \int_{[z_0,z]} f(\zeta)\,d\zeta - \int_{\gamma_z} f(\zeta)\,d\zeta = 0.$$

Daher ist

$$F(z) - F(z_0) \;=\; \int_{\gamma_z} f(\zeta)\,d\zeta - \int_{\gamma_{z_0}} f(\zeta)\,d\zeta = \int_{[z_0,z]} f(\zeta)\,d\zeta$$

$$= \int_0^1 f(z_0 + t(z - z_0))(z - z_0)\,dt = (z - z_0)A(z)$$

mit $A(z) = \displaystyle\int_0^1 f(z_0 + t(z - z_0))\,dt$. Es ist $A(z_0) = f(z_0)$. Wir haben noch die Stetigkeit von A in z_0 zu zeigen. Sie folgt aus

$$|A(z) - A(z_0)| \leq \max_{0 \leq t \leq 1} |f(z_0 + t(z - z_0)) - f(z_0)|$$

und der Stetigkeit von f. – Wir bemerken noch, dass die Stammfunktion F nicht von der Wahl der γ_z abhängt. Ist nämlich $\tilde\gamma_z$ ein anderer Weg von a nach z, so ist $\gamma_z\tilde\gamma_z^{-1}$ geschlossen, also

$$\int_{\gamma_z} f(\zeta)\,d\zeta - \int_{\tilde\gamma_z} f(\zeta)\,d\zeta = \int_{\gamma_z\tilde\gamma_z^{-1}} f(\zeta)\,d\zeta = 0.$$

$\square$

Betrachtet man speziell konvexe Gebiete G, so folgt die Existenz einer Stammfunktion von f schon, wenn $\int_{\partial\Delta} f(z)\,dz = 0$ für alle Dreiecke $\Delta \subset G$ gilt (dabei bedeutet Integration über $\partial\Delta$ natürlich Integration über den Streckenzug $[z_0, z_1, z_2, z_0]$, wenn Δ die Ecken z_0, z_1, z_2 hat). Diese Aussage wird im nächsten Kapitel eine für den Aufbau der Funktionentheorie wesentliche Rolle spielen:

Satz 2.3. *Es sei G ein konvexes Gebiet und $f : G \to \mathbb{C}$ stetig. Gilt für jedes in G gelegene abgeschlossene Dreieck Δ*

$$\int_{\partial\Delta} f(z)\,dz = 0,$$

so hat f eine Stammfunktion.

Beweis: Wir wählen einen Punkt $a \in G$ und setzen $\gamma_z = [a, z]$ für jedes $z \in G$. Wir definieren dann

$$F(z) = \int_{\gamma_z} f(\zeta) \, d\zeta.$$

Für $z, z_0 \in G$ liegt wegen der Konvexität das Dreieck Δ mit den Ecken a, z_0, z ganz in G, daher gilt

$$\int_{\gamma_{z_0}} f(\zeta) \, d\zeta + \int_{[z_0, z]} f(\zeta) \, d\zeta - \int_{\gamma_z} f(\zeta) \, d\zeta = \int_{\partial \Delta} f(\zeta) \, d\zeta = 0.$$

Aus dieser Gleichung folgt wörtlich wie im Beweis von Satz 2.2, dass F Stammfunktion von f ist. $\square$

Ist G nicht konvex, so hat doch jeder Punkt von G konvexe in G enthaltene Umgebungen. Daher kann man in diesem Fall aus

$$\int_{\partial \Delta} f(\zeta) \, d\zeta = 0$$

(für alle $\Delta \subset G$) noch auf die Existenz lokaler Stammfunktionen von f schließen.

Aufgaben:

1. Es sei γ ein Integrationsweg von $i + 1$ nach $2i$. Man berechne die Integrale der folgenden Funktionen über γ:

   a) $\cos(1 + i)z$,   b) $iz^2 + 1 - 2iz^{-2}$,   c) $(z + 1)^3$,   d) $z \cdot e^{iz^2}$.

2. Man zeige, dass $z \mapsto \operatorname{Re} z$ in $\mathbb{C}$ keine Stammfunktion besitzt.

3. Man beweise: Hat die stetige Funktion $f : G \to \mathbb{C}$ lokale Stammfunktionen, so gilt für jedes in G gelegene abgeschlossene Dreieck Δ

   $$\int_{\partial \Delta} f(\zeta) \, d\zeta = 0.$$

§ 3*.   Integration von Differentialformen

Wir werden zeigen, dass die im ersten Paragraphen dargestellte Theorie der Kurvenintegrale sich der allgemeineren Theorie der Integration von Differentialformen unterordnet.

Es sei $F : U \to V$ eine differenzierbare Abbildung, wobei V eine offene Menge im $\mathbb{R}^n$ ist, U eine offene Menge oder ein achsenparalleler abgeschlossener Quader in $\mathbb{R}^m$. Für die Funktionentheorie von Belang sind dabei nur die Fälle $m, n = 1, 2$. Durch die folgenden Vorschriften wird eine lineare Abbildung

$$\alpha \mapsto \alpha \circ F$$

der r-dimensionalen Differentialformen auf V in die r-Formen auf U erklärt:

i) Ist f eine Funktion, so ist $(f \circ F)(x) = f(F(x))$.

ii) Ist f eine Funktion, α eine r-Form, so ist $(f\alpha) \circ F = (f \circ F)(\alpha \circ F)$.

iii) $\alpha \mapsto \alpha \circ F$ ist $\mathbb{C}$-linear.

iv) $(\alpha \wedge \beta) \circ F = (\alpha \circ F) \wedge (\beta \circ F)$.

v) $d(\alpha \circ F) = d\alpha \circ F$.

Ist nun α eine stetige Pfaffsche Form in einem Bereich $V \subset \mathbb{C}$, $\gamma : [a, b] \to V$ ein Integrationsweg (d.h ein stückweise stetig differenzierbarer Weg) in V, so ist

$$\alpha \circ \gamma = f(t)\,dt$$

eine stückweise stetige 1-Form auf $[a, b]$; man setzt

$$\int_\gamma \alpha = \int_a^b \alpha \circ \gamma = \int_a^b f(t)\,dt. \tag{1}$$

Das Integral der komplexwertigen Funktion $f = g + ih$ wird natürlich wieder durch

$$\int_a^b f(t)\,dt = \int_a^b g(t)\,dt + i\int_a^b h(t)\,dt$$

auf reelle Integrale zurückgeführt. Wir schreiben Formel (1) ausführlich: Mit

$$\begin{aligned}
\alpha(z) &= p\,dz + q\,d\bar{z} = P\,dx + Q\,dy \\
\gamma(t) &= \gamma_1(t) + i\gamma_2(t)
\end{aligned}$$

wird

$$\begin{aligned}
\alpha \circ \gamma(t) &= (p \circ \gamma)\,d(z \circ \gamma) + (q \circ \gamma)\,d(\bar{z} \circ \gamma) \\
&= [p(\gamma(t))\gamma'(t) + q(\gamma(t))\overline{\gamma'(t)}]\,dt
\end{aligned}$$

oder, in P und Q ausgedrückt,

$$\alpha \circ \gamma(t) = [(P \circ \gamma)\gamma_1' + (Q \circ \gamma)\gamma_2']\,dt.$$

Damit wird (1):

$$\int_\gamma p\,dz + q\,d\bar{z} = \int_a^b [(p \circ \gamma)\gamma' + (q \circ \gamma)\overline{\gamma'}]\,dt.$$

Wir sehen, dass das Integral einer Funktion f über γ, so wie es im ersten Paragraphen erklärt wurde, einfach das Integral der speziellen 1-Form $f(z)\,dz$ über γ ist. Auf Ketten $\Gamma = \sum n_\kappa \gamma_\kappa$ wird (1) übertragen durch

$$\int_\Gamma \alpha = \sum n_\kappa \int_{\gamma_\kappa} \alpha.$$

2-Formen werden über Teilmengen von $\mathbb{C}$ integriert: Das Integral einer 2-Form

$$\omega = F(z)\,dz \wedge d\bar{z} = P(z)\,dx \wedge dy$$

über die meßbare Menge $M \subset \mathbb{C}$ ist

$$\int_M \omega = \int_M P(z)\,dx\,dy = \int_M P_1(z)\,dx\,dy + i \int_M P_2(z)\,dx\,dy \tag{2}$$

(mit $P = P_1 + iP_2, P_1, P_2$ reellwertig).

Wir sagen auch, die Funktion P sei integrierbar, wenn das Integral (2) existiert.

Zum Beispiel sind stetige beschränkte Funktionen über beschränkte messbare Mengen integrierbar – etwa über kompakte Mengen oder über offene beschränkte Mengen. Ein besonders wichtiges Beispiel für einen unstetigen Integranden liefert das Integral

$$\int_G \frac{dz \wedge d\bar{z}}{z} = -2i \int_G \frac{1}{z}\,dx\,dy; \tag{3}$$

G ist ein beliebiges beschränktes Gebiet, das auch den Nullpunkt enthalten darf. Die Existenz von (3) folgt aus [11], §9 oder [14], Kap. I. §12.

Wir wenden uns nun Verallgemeinerungen des Fundamentalsatzes der Differential- und Integralrechnung zu.

Definition 3.1. *Eine differenzierbare r-Form α heißt geschlossen , wenn $d\alpha = 0$ ist; eine r-Form α der Gestalt $\alpha = d\beta$, wobei β eine differenzierbare $(r-1)$-Form ist, heißt exakt.*

Jede differenzierbare exakte Form ist geschlossen (wegen $d \circ d = 0$); umgekehrt gilt

Satz 3.1. (Poincarésches Lemma) *Auf einem konvexen Gebiet ist jede stetig differenzierbare geschlossene r-Form $(r \geq 1)$ exakt.*

Zum Beweis vgl. [14] oder [10]. Das folgende Exaktheitskriterium verallgemeinert Satz 2.2; da der Beweis dem von Satz 2.2 ganz ähnlich ist, geben wir ihn nicht extra an:

Satz 3.2. *Eine auf einem Bereich U stetige 1-Form α ist genau dann exakt, wenn für jeden geschlossenen Integrationsweg γ in U gilt*

$$\int_\gamma \alpha = 0.$$

Als einziges tiefliegendes Ergebnis wollen wir nun den Stokesschen Satz formulieren – den Beweis findet man etwa in [10] oder [14]. Wir brauchen einige geometrische Vorbereitungen.

Es sei $\gamma : [a, b] \to \mathbb{C}$ ein entweder injektiver oder einfach geschlossener glatter Weg. In $z_0 = \gamma(t_0)$ ist die Tangente an γ durch

$$z(t) = z_0 + t\gamma'(t_0), \qquad t \in \mathbb{R},$$

gegeben, die Normale durch

$$z(t) = z_0 + ti\gamma'(t_0).$$

Wir nennen die in z_0 abgetragenen Normalenvektoren

$$\mathfrak{n} = ti\gamma'(t_0)$$

rechts von γ gelegen, wenn $t < 0$ ist; für $t > 0$ liegen sie links von γ. Da sich bei glatten Parametertransformationen γ' mit einer positiven Funktion multipliziert, ändert sich an der Lage eines Normalenvektors (links oder rechts von γ) durch solche Umparametrisierungen nichts. – Die Richtung der Tangente $\gamma'(t_0)$ werden wir in Skizzen durch einen Pfeil auf Sp γ markieren und damit die Begriffe links und rechts festlegen.

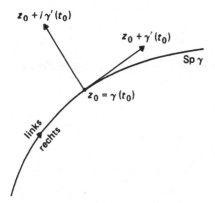

Bild 6 „links" und „rechts"

Nun sei $G \subset\subset \mathbb{C}$ ein Gebiet, das von den Spuren endlich vieler stückweise glatter einfach geschlossener punktfremder Wege $\gamma_1, \ldots, \gamma_r$ berandet wird. Wir sagen, G liegt *links* von der Kette

$$\Gamma = \sum_{\rho=1}^{r} \gamma_\rho,$$

wenn folgendes gilt: Ist $z_0 = \gamma_\rho(t_0) \in \mathrm{Sp}\,\gamma_\rho$ mit $\gamma_\rho'(t_0) \neq 0$, ist ferner $\mathfrak{n}(z_0)$ ein Normalenvektor links von γ_ρ in z_0, so gibt es ein $\delta > 0$ derart, dass alle Punkte

$$z = z_0 + t\mathfrak{n}(z_0), \qquad 0 < t \leq \delta,$$

in G liegen, dass aber alle Punkte

$$z = z_0 - t\mathfrak{n}(z_0), \qquad 0 \leq t \leq \delta,$$

nicht zu G gehören.

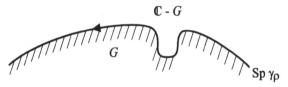

Bild 7 G links von Γ

Definition 3.2. *Liegt in der obigen Situation G links von Γ, so heißt Γ der positiv orientierte (oder einfach: der positive) Rand von G und wird auch einfacher mit ∂G bezeichnet. (G,Γ) (oder einfach: G) heißt positiv berandetes Gebiet, ∂G heißt durch Γ positiv orientiert.*

Jede Kette Γ', die aus Γ durch Umparametrisieren hervorgeht, ist ebenfalls ein positiver Rand von G; da für stetige 1-Formen α auf $\partial G = \mathrm{Sp}\,\Gamma = \mathrm{Sp}\,\Gamma'$ immer

$$\int_{\Gamma} \alpha = \int_{\Gamma'} \alpha$$

ist, schreiben wir kürzer $\displaystyle\int_{\partial G} \alpha$ und nennen dies das Integral über den (positiv orientierten) Rand von G.

Beispiele:

1. Die Kreisscheibe $D_r(a)$ mit Rand κ:

$$\kappa(t) = a + re^{it}, \qquad 0 \leq t \leq 2\pi,$$

ist positiv berandet, die Randkette $\kappa^{-1}(t) = a + re^{-it}, 0 \leq t \leq 2\pi$, ist kein positiver Rand für $D_r(a)$.

2. Differenzen von Kreisscheiben:

$$G = D_r(a) - \bigcup_{\nu=1}^{n} \overline{D_{r_\nu}(a_\nu)}.$$

Die $\overline{D_{r_\nu}(a_\nu)}$ sollen dabei paarweise disjunkt und in $D_r(a)$ enthalten sein. Als Randkette wählt man $\kappa + \kappa_1 + \ldots + \kappa_n$ mit

$$\kappa = \kappa(r,a), \qquad \kappa_\nu = \kappa^{-1}(r_\nu, a_\nu).$$

3. Bilder positiv berandeter Gebiete (G, Γ) unter umkehrbar differenzierbaren Abbildungen F von $\overline{G}$ mit positiver Funktionaldeterminante sind wieder positiv berandet, wenn man den Rand von $F(G)$ durch die Kette

$$F \circ \Gamma = \sum_{\rho=1}^{r} F \circ \gamma_\rho \qquad \left(\text{mit } \Gamma = \sum_{\rho=1}^{r} \gamma_\rho \right)$$

orientiert.

4. Der Rand eines punktierten Kreises $D - \{a\}, a \in D$, lässt sich nicht positiv orientieren, ebensowenig der Rand eines „geschlitzen" Kreises, weil G in dem Fall „auf beiden Seiten des Randes liegt" .

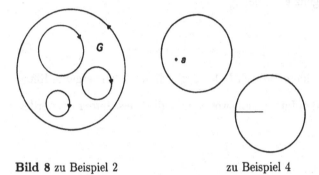

Bild 8 zu Beispiel 2   zu Beispiel 4

Wir kommen nun zur Formulierung des Satzes von Stokes.

Satz 3.3. (Stokes) *Es sei G ein positiv berandetes Gebiet und α eine in einer Umgebung von $\overline{G}$ stetig differenzierbare Pfaffsche Form. Dann ist*

$$\int_{\partial G} \alpha = \int_{G} d\alpha.$$

Der Satz wird für reelle Formen in der reellen Analysis bewiesen (vgl. [10] oder [14]); für komplexe Formen folgt er durch Zerlegen in Real- und Imaginärteil.

§ 4. Vertauschung von Grenzprozessen

Wir haben schon bemerkt (Kap. I, §7), dass die Grenzfunktion einer gleichmäßig konvergenten Reihe stetiger Funktionen wieder stetig ist. In diesem Paragraphen stellen wir die Sätze über gliedweise Integration von Reihen sowie über Differentiation und Integration parameterabhängiger Integrale zusammen, die wir in der Folge benötigen. Die gliedweise Differentiation von Reihen holomorpher Funktionen lässt sich an späterer Stelle (Kap. III, §6) schöner behandeln. – Aus der Aussage über gliedweise Integration von Reihen ergibt sich, dass Potenzreihen in ihrem Konvergenzkreis holomorphe Funktionen sind.

Satz 4.1. *Es sei γ ein Integrationsweg, (f_ν) sei eine Folge von auf $\mathrm{Sp}\,\gamma$ stetigen Funktionen, die dort gleichmäßig gegen eine Funktion f konvergiert. Dann gilt*

$$\lim_{\nu \to \infty} \int_\gamma f_\nu(z)\,dz = \int_\gamma f(z)\,dz.$$

Beweis: Es ist

$$\left| \int_\gamma f_\nu(z)\,dz - \int_\gamma f(z)\,dz \right| = \left| \int_\gamma (f_\nu(z) - f(z))\,dz \right| \leq L(\gamma) \cdot \max_{z \in \mathrm{Sp}\,\gamma} |f_\nu(z) - f(z)|.$$

Wegen der gleichmäßigen Konvergenz gilt aber

$$\lim_{\nu \to \infty} \left(\max_{\mathrm{Sp}\,\gamma} |f_\nu(z) - f(z)| \right) = 0. \qquad \square$$

Aus dem Satz folgt, dass eine in einem Bereich U lokal gleichmäßig konvergente Reihe $\sum_0^\infty f_\nu$ stetiger Funktionen über jeden Integrationsweg γ in U gliedweise integriert werden kann:

$$\int_\gamma \left(\sum_0^\infty f_\nu(z) \right) dz = \sum_0^\infty \int_\gamma f_\nu(z)\,dz.$$

Das trifft insbesondere für Potenzreihen zu. Wir sind damit in der Lage zu beweisen, dass eine Potenzreihe in ihrem Konvergenzkreis holomorph ist und dort gliedweise differenziert werden darf. Wir hatten dies schon beim Studium der Exponentialfunktion (Kap. I, §8) ohne Beweis benutzt.

Satz 4.2. *Die Potenzreihe $P(z) = \sum_{\nu=0}^\infty a_\nu (z - z_0)^\nu$ habe den Konvergenzkreis $D_R(z_0)$. Dann ist $P(z)$ in $D_R(z_0)$ holomorph; es gilt*

$$P'(z) = \sum_{\nu=1}^\infty \nu a_\nu (z - z_0)^{\nu-1}.$$

Zum Beweis benötigen wir den

Hilfssatz: *Die aus $P(z) = \sum_0^\infty a_\nu (z - z_0)^\nu$ durch gliedweise Differentiation entstehende Reihe $Q(z) = \sum_1^\infty \nu a_\nu (z - z_0)^{\nu-1}$ konvergiert (mindestens) in dem Konvergenzkreis $D_R(z_0)$ von $P(z)$.*

Beweis des Satzes 4.2: $Q(z) = \sum_{1}^{\infty} \nu a_\nu (z - z_0)^{\nu-1}$ hat nach dem Hilfssatz einen Konvergenzradius $R' \geq R$. Ist γ ein geschlossener Integrationsweg in $D = D_{R'}(z_0)$, so ergibt sich nach Satz 4.1 aus $\int_\gamma (z - z_0)^\nu \, dz = 0$

$$\int_\gamma Q(z) \, dz = \sum_{1}^{\infty} \nu a_\nu \int_\gamma (z - z_0)^{\nu-1} \, dz = 0.$$

Nach Satz 2.2 hat Q also Stammfunktionen auf D, eine solche ist

$$\int_{[z_0, z]} Q(\zeta) \, d\zeta = \sum_{1}^{\infty} \nu a_\nu \int_{[z_0, z]} (\zeta - z_0)^{\nu-1} \, d\zeta = \sum_{1}^{\infty} a_\nu (z - z_0)^\nu.$$

Damit ist auch $P(z) = a_0 + \int_{[z_0, z]} Q(\zeta) \, d\zeta$ auf ganz D Stammfunktion von Q: $P'(z) = Q(z)$.
– Der Beweis zeigt überdies, dass P auf D konvergiert, es gilt also $R = R'$.

Beweis des Hilfssatzes: Die Reihe $\sum_{1}^{\infty} \nu z^\nu$ hat nach dem Quotientenkriterium den Konvergenzradius 1. Für jedes $\rho \in [0, 1[$ ist daher die Folge $(\nu \rho^\nu)$ beschränkt. – Es sei nun $z_1 \in D = D_R(z_0)$ und $0 < |z_2| < |z_1|$ (wir nehmen $z_0 = 0$ an). Dann ist $|a_\nu z_1^\nu| \leq M$ für alle ν mit einer Konstanten M. Somit gilt

$$|\nu a_\nu z_2^{\nu-1}| = \frac{\nu}{|z_2|} \cdot \left| \frac{z_2}{z_1} \right|^\nu \cdot |a_\nu z_1^\nu| \leq \frac{M}{|z_2|} \cdot \nu \left| \frac{z_2}{z_1} \right|^\nu \leq M^*$$

mit einer Konstanten M^*. Nach dem Abelschen Lemma (siehe Kap. I, Beweis von Satz 7.3) folgt die lokal gleichmäßige Konvergenz von $Q(z)$ für $|z| < |z_2|$. Da $z_1 \in D_R(z_0)$ beliebig war, folgt die Behauptung. $\qquad\square$

Wir beschäftigen uns jetzt mit Integralen, die von Parametern abhängen. Es gilt

Satz 4.3. *Es sei γ ein Integrationsweg, $M \subset \mathbb{R}^n$ und $f : \operatorname{Sp}\gamma \times M \to \mathbb{C}$ eine stetige Funktion.*

i) *Dann ist $F(\mathfrak{x}) = \int_\gamma f(\zeta, \mathfrak{x}) \, d\zeta$ stetig auf M.*

ii) *Ist M offen und hat f eine auf $\operatorname{Sp}\gamma \times M$ stetige partielle Ableitung $\dfrac{\partial f}{\partial x_\nu}(\zeta, \mathfrak{x})$, so ist auch $F(\mathfrak{x})$ stetig partiell nach x_ν differenzierbar, es gilt*

$$\frac{\partial F}{\partial x_\nu}(\mathfrak{x}) = \int_\gamma \frac{\partial f}{\partial x_\nu}(\zeta, \mathfrak{x}) \, d\zeta.$$

iii) Ist $M \subset \mathbb{C}$ offen und ist $f(\zeta, z)$ für jedes $\zeta \in \operatorname{Sp} \gamma$ nach z komplex differenzierbar mit auf $\operatorname{Sp} \gamma \times M$ stetiger Ableitung $f_z(\zeta, z)$, so ist $F(z)$ holomorph auf M; es gilt

$$F'(z) = \int_\gamma f_z(\zeta, z)\, d\zeta.$$

Wir werden sehen, dass die in iii) gemachte Voraussetzung der Stetigkeit von $f_z(\zeta, z)$ automatisch erfüllt ist (Kap. III, §2, Aufgabe 4).

Beweis: Er lässt sich ähnlich wie der von Satz von 4.1 direkt führen, wenn man den Begriff der gleichmäßigen Stetigkeit benutzt. Jedoch sind i) und ii) Spezialfälle der allgemeinen Vertauschungssätze der Integrationstheorie (vgl. etwa [9], Kap. I, §9 oder [14], Kap. I, §13) und sollen hier nicht noch einmal bewiesen werden. Aussage iii) ergibt sich so:

Aus ii) folgen die Differenzierbarkeit von F nach z und $\bar{z}$ sowie die Formeln

$$F_z(z) = \int_\gamma f_z(\zeta, z)\, d\zeta, \qquad F_{\bar{z}}(z) = \int_\gamma f_{\bar{z}}(\zeta, z)\, d\zeta.$$

Wegen $f_{\bar{z}} \equiv 0$ ist auch $F_{\bar{z}} \equiv 0$, also ist F holomorph und $F' = F_z$. $\square$

Eine typische Anwendung von Satz 4.3 iii) ist die folgende Situation: Hat man einen Integrationsweg γ und eine auf $\operatorname{Sp} \gamma$ stetige Funktion g, so wird durch

$$G(z) = \int_\gamma \frac{g(\zeta)\, d\zeta}{\zeta - z}$$

eine auf $\mathbb{C} - \operatorname{Sp} \gamma$ holomorphe Funktionen gegeben.

Gelegentlich werden wir zwei Integrationen miteinander zu vertauschen haben. Dies wird durch den folgenden Satz legitimiert:

Satz 4.4. *Es seien α und β zwei Integrationswege, $f : \operatorname{Sp} \alpha \times \operatorname{Sp} \beta \to \mathbb{C}$ sei stetig. Dann ist*

$$\int_\alpha \left(\int_\beta f(z, w)\, dw \right) dz = \int_\beta \left(\int_\alpha f(z, w)\, dz \right) dw.$$

Zum Beweis setzt man die Definitionen der Kurvenintegrale ein und benutzt den Satz von Fubini für ein Produkt von Intervallen (vgl. [9], Kap. I, §9 oder [14], Kap. I, §12).

Natürlich bleiben die Sätze 4.1, 4.3 und 4.4 richtig, wenn die Integrale über Ketten α, β, γ statt einfach über Integrationswege erstreckt werden.

In Kap. VII benötigen wir die folgende Aussage über Umordnung von unendlichen Summen:

Satz 4.5. *Es seien $a_{\mu\nu}$ für $(\mu, \nu) \in \mathbb{N} \times \mathbb{N}$ komplexe Zahlen. Wenn es eine Schranke $K \geq 0$ gibt mit $\sum\limits_{\mu=0}^{m} \sum\limits_{\nu=0}^{n} |a_{\mu\nu}| \leq K$ für alle m, n, so konvergieren $\sum\limits_{\mu=0}^{\infty} \left(\sum\limits_{\nu=0}^{\infty} a_{\mu\nu} \right)$ und $\sum\limits_{\nu=0}^{\infty} \left(\sum\limits_{\mu=0}^{\infty} a_{\mu\nu} \right)$, die Grenzwerte sind gleich.*

Dies ist eine Konsequenz der allgemeinen Sätze über Summierbarkeit abzählbarer Familien in endlich-dimensionalen $\mathbb{R}$ -Vektorräumen (vgl. z.B. [13], Kap. III, §5).

Kapitel III

Holomorphe Funktionen

Die Theorie holomorpher Funktionen unterscheidet sich fundamental von der Theorie reell differenzierbarer Funktionen: holomorphe Funktionen sind in Potenzreihen (der komplexen Variablen z) entwickelbar (§5). Die Möglichkeit hierzu liefert die Cauchysche Integraldarstellung

$$f(z) = \frac{1}{2\pi i} \int\limits_{\partial G} \frac{f(\zeta)}{\zeta - z} \, d\zeta, \qquad z \in G,$$

die für holomorphe Funktionen auf geeigneten Gebieten G gilt (§2, 3*) und die ihrerseits auf dem Cauchyschen Integralsatz (§1) beruht: für eine in einem konvexen Gebiet G holomorphe Funktion f ist $\int\limits_{\gamma} f(z) \, dz = 0$, wenn γ ein beliebiger geschlossener Integrationsweg in G ist. Die Paragraphen 4 bis 7 enthalten die wesentlichen Sätze über das lokale Verhalten holomorpher Funktionen: Hebbarkeit isolierter Singularitäten bei beschränkten Funktionen, Maximumprinzip, Gebietstreue, Identitätssatz. Zur Aufstellung dieser Sätze kommt man mit der Cauchyschen Integralformel für Kreise aus; die Verallgemeinerung der Formel in §3* ist erst für spätere Abschnitte des Buches wichtig. – Mit der so entwickelten Theorie lassen sich die Eigenschaften der in ganz $\mathbb{C}$ holomorphen Funktionen und der reell analytischen Funktionen auf $\mathbb{R}$ gut verstehen (§8, 9); insbesondere ergeben sich einfache Beweise des Fundamentalsatzes der Algebra. Das Kapitel endet mit einer Einführung in die Theorie der harmonischen Funktionen; dabei stützen wir uns so weit wie möglich auf die vorher bewiesenen Sätze über holomorphe Funktionen. – In diesem Kapitel werden nur Bereiche bzw. Gebiete in $\mathbb{C}$ betrachtet, die also den unendlich fernen Punkt nicht enthalten.

Der Cauchysche Integralsatz war Gauß schon bekannt (1811), unabhängig von Gauß bewiesen ihn Cauchy (1825) und Weierstraß (1842). Diese Beweise setzten stillschweigend die Stetigkeit der Ableitung voraus; der von uns gegebene Beweis, der ohne diese Voraussetzung auskommt, stammt von Goursat (1900). – Die Cauchyschen Integralformeln wurde 1831 von Cauchy für Kreise aufgestellt und ähnlich wie im Text zum systematischen Aufbau der Funktionentheorie verwandt. Die Integralformeln für reell differenzierbare Funktionen aus §3* treten anscheinend erstmals bei Pompeiu (1911) auf. Sonst sind sie in der Funktionentheorie selten benutzt worden; erst nach 1950 aktivierten Dolbeault und Grothendieck sie für die Funktionentheorie mehrerer Veränderlicher. – Der Rest des Kapitels enthält klassische Resultate, die zum Teil ins 18. Jahrhundert zurückreichen.

§ 1. Der Cauchysche Integralsatz für konvexe Gebiete

Der folgende Satz mit seinen Konsequenzen beherrscht die gesamte Funktionentheorie.

Satz 1.1. (Goursat) *Es sei Δ ein abgeschlossenes Dreieck in $\mathbb{C}$. Dann gilt für jede in einer Umgebung von Δ holomorphe Funktion f*

$$\int_{\partial\Delta} f(z)\,dz = 0.$$

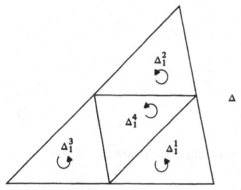

Bild 9 Normalunterteilung eines Dreiecks Δ. Die Pfeile markieren den Durchlaufungssinn der Ränder $\partial\Delta_1^k$.

Beweis: Es sei f auf einer Umgebung von Δ holomorph. Wir zerlegen Δ in vier Teildreiecke $\Delta_1^1,\ldots,\Delta_1^4$, indem wir die Seitenmitten von Δ miteinander verbinden. Ist $[z_1,z_2]$ eine Verbindungsstrecke zweier Seitenmitten, so ist $[z_1,z_2]$ Teilweg eines $\partial\Delta_1^k$ und $[z_2,z_1]$ ist Teilweg eines anderen $\partial\Delta_1^l$. Bildet man $\displaystyle\sum_{k=1}^{4}\int_{\partial\Delta_1^k} f(z)\,dz$, so heben sich die Integrationen über die besagten Verbindungsstrecken weg, man hat daher

$$\left|\int_{\partial\Delta} f(z)\,dz\right| = \left|\int_{\partial\Delta_1^1} f(z)\,dz + \int_{\partial\Delta_1^2} f(z)\,dz + \int_{\partial\Delta_1^3} f(z)\,dz + \int_{\partial\Delta_1^4} f(z)\,dz\right|$$

$$\leq 4\max_k\left|\int_{\partial\Delta_1^k} f(z)\,dz\right|.$$

Unter den Dreiecken Δ_1^k wählen wir eines, für das das Randintegral maximalen Betrag hat, wir nennen es Δ_1. Wir haben dann

$$\left|\int_{\partial\Delta} f(z)\,dz\right| \leq 4\left|\int_{\partial\Delta_1} f(z)\,dz\right|.$$

Auf Δ_1 wenden wir nun die gleiche Konstruktion an; wir erhalten ein Teildreieck Δ_2 mit

$$\left| \int_{\partial\Delta_1} f(z)\,dz \right| \leq 4 \left| \int_{\partial\Delta_2} f(z)\,dz \right|.$$

In dieser Weise fortfahrend erhalten wir eine Folge

$$\Delta = \Delta_0 \supset \Delta_1 \supset \Delta_2 \supset \Delta_3 \supset \dots$$

von Dreiecken mit den Eigenschaften

$$\left| \int_{\partial\Delta} f(z)\,dz \right| \leq 4^n \left| \int_{\partial\Delta_n} f(z)\,dz \right|, \tag{1}$$

$$L(\partial\Delta_n) = \frac{1}{2}L(\partial\Delta_{n-1}) = \dots = 2^{-n}L(\partial\Delta) \tag{2}$$

Da alle Δ_n kompakt sind, gibt es (vgl. Kap. I, Satz 2.2) einen Punkt $z_0 \in \Delta$ mit

$$\bigcap_{n\geq 0} \Delta_n = \{z_0\}.$$

Wir benutzen nun die komplexe Differenzierbarkeit von f in z_0, um $\int_{\partial\Delta_n} f(z)\,dz$ abzuschätzen. Wir können

$$f(z) = f(z_0) + (z - z_0)(f'(z_0) + A(z))$$

mit einer stetigen, in z_0 verschwindenden Funktion A schreiben. Die lineare Funktion $f(z_0) + (z - z_0)f'(z_0)$ hat eine Stammfunktion, es ist also

$$\int_{\partial\Delta_n} (f(z_0) + (z - z_0)f'(z_0))\,dz = 0,$$

und wir erhalten

$$\left| \int_{\partial\Delta_n} f(z)\,dz \right| = \left| \int_{\partial\Delta_n} (z - z_0)A(z)\,dz \right| \leq L(\partial\Delta_n) \cdot \max_{z\in\partial\Delta_n}\left(|z - z_0| \cdot |A(z)|\right)$$

$$\leq (L(\partial\Delta_n))^2 \cdot \max_{z\in\Delta_n} |A(z)|.$$

Kombinieren wir dieses Resultat mit (1) und (2), so folgt

$$\left| \int_{\partial \Delta} f(z)\, dz \right| \le (L(\partial \Delta))^2 \cdot \max_{z \in \Delta_n} |A(z)|.$$

Da die stetige Funktion A in z_0 verschwindet, wird die rechte Seite beliebig klein, wenn man n groß genug wählt. $\qquad \square$

Es erweist sich im nächsten Paragraphen als sehr nützlich, dass man die Voraussetzung in Satz 1.1 etwas abschwächen und auf die Holomorphie in einem Punkt (oder in endlich vielen Punkten) verzichten kann.

Satz 1.2. *Es sei Δ ein abgeschlossenes Dreieck in $\mathbb{C}$ und z_0 ein Punkt von Δ. Ist f in einer Umgebung von Δ mit eventueller Ausnahme von z_0 holomorph und in z_0 noch stetig, so gilt*

$$\int_{\partial \Delta} f(z)\, dz = 0.$$

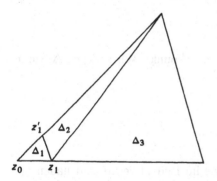

Bild 10 Zum Beweis von Satz 1.2.

Beweis: a) Wir betrachten zunächst den Fall, dass z_0 ein Eckpunkt von Δ ist. Wir zerlegen Δ wie in Bild 10 gezeigt in drei Teildreiecke $\Delta_1, \Delta_2, \Delta_3$, so dass die z_0 gegenüberliegende Seite von Δ_1 parallel zur entsprechenden Seite von Δ ist. Nach Satz 1.1 ist

$$\int_{\partial \Delta_2} f(z)\, dz = \int_{\partial \Delta_3} f(z)\, dz = 0,$$

also

$$\int_{\partial \Delta} f(z)\, dz = \int_{\partial \Delta_1} f(z)\, dz.$$

Insbesondere ist das rechte Integral unabhängig von der Lage des Punktes z_1. Da f als stetige Funktion auf der kompakten Menge Δ beschränkt ist, hat man andererseits wegen

$$\left| \int_{\partial\Delta_1} f(z)\,dz \right| \leq L(\partial\Delta_1) \cdot \max_{z\in\Delta} |f(z)|$$

die Beziehung

$$\lim_{z_1\to z_0} \int_{\partial\Delta_1} f(z)\,dz = 0.$$

Daraus folgt die Behauptung.

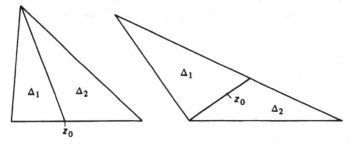

Bild 11 Zum Beweis von Satz 1.2.

b) Es liege nun z_0 auf einer Seite von Δ, sei aber kein Eckpunkt. Wir zerlegen Δ wie in Bild 11 links und haben wegen des Ergebnisses in a)

$$\int_{\partial\Delta} f(z)\,dz = \int_{\partial\Delta_1} f(z)\,dz + \int_{\partial\Delta_2} f(z)\,dz = 0.$$

c) Liegt z_0 im Inneren von Δ, so zerlegen wir Δ wie im Bild 11 rechts und haben auf Grund von b) wieder

$$\int_{\partial\Delta} f(z)\,dz = \int_{\partial\Delta_1} f(z)\,dz + \int_{\partial\Delta_2} f(z)\,dz = 0. \qquad \Box$$

Satz 1.2 liefert im Verein mit dem in Kap. II, Satz 2.3, angegebenen Kriterium für die Existenz von Stammfunktionen direkt den

Satz 1.3. *Es sei G ein konvexes Gebiet und $f : G \to \mathbb{C}$ eine Funktion, die stetig und mit eventueller Ausnahme eines Punktes holomorph ist. Dann hat f eine Stammfunktion auf G.*

Verzichtet man auf die Voraussetzung der Konvexität von G, so hat f jedenfalls noch lokale Stammfunktionen. Hingegen braucht f in diesem Fall nicht eine auf ganz G erklärte

Stammfunktion zu haben. Ein Gegenbeispiel ist $f(z) = 1/z$ auf $G = \mathbb{C} - \{0\}$: Wegen

$$\int\limits_{\kappa(1,0)} \frac{dz}{z} = 2\pi i \neq 0$$ kann auf G keine Stammfunktion existieren.

Unmittelbar aus Satz 1.3 erhalten wir den in der Einleitung angekündigten

Satz 1.4. (Cauchyscher Integralsatz für konvexe Gebiete) *Es sei $G \subset \mathbb{C}$ ein konvexes Gebiet und $f : G \to \mathbb{C}$ eine stetige Funktion, die mit eventueller Ausnahme eines Punktes holomorph ist. Dann gilt für jeden in G verlaufenden geschlossenen Integrationsweg γ*

$$\int\limits_{\gamma} f(z)\, dz = 0.$$

f hat nämlich auf G eine Stammfunktion (Satz 1.3), daher verschwinden die Integrale von f über geschlossene Integrationswege (Kap. II, Folgerung von Satz 2.1 bzw. Satz 3.2).

§ 2. Die Cauchyschen Integralformeln

Aus dem Cauchyschen Integralsatz für konvexe Gebiete erhalten wir eine für den weiteren Aufbau der Funktionentheorie fundamentale Aussage, nämlich eine Integraldarstellung für die Funktionswerte holomorpher Funktionen.

Satz 2.1. (Cauchysche Integralformel) *Es sei $G \subset \mathbb{C}$ ein Gebiet und $f : G \to \mathbb{C}$ eine holomorphe Funktion. Weiter sei $D = D_r(z_0)$ eine relativ kompakte offene Kreisscheibe in G. Dann gilt für jedes $z \in D$*

$$f(z) = \frac{1}{2\pi i} \int\limits_{\partial D} \frac{f(\zeta)\, d\zeta}{\zeta - z}.$$

Dabei bedeutet die Integration über ∂D Integration über die positiv orientierte Kreislinie $\kappa(r, z_0)$.

Beweis: $U = D_{r+\epsilon}(z_0)$ ist eine konvexe Umgebung von $\overline{D}$, die für hinreichend kleines ϵ in G enthalten ist. Es sei nun z ein fester Punkt von D. Wir betrachten auf U die Funktion

$$g : \zeta \mapsto \begin{cases} \dfrac{f(\zeta) - f(z)}{\zeta - z} & \text{für } \zeta \neq z \\[2mm] f'(z) & \text{für } \zeta = z. \end{cases}$$

Diese Funktion ist stetig auf U: Außerhalb von z ist das klar, im Punkte z folgt es aus der komplexen Differenzierbarkeit von f. Überdies ist $g(\zeta)$ auf $U - \{z\}$ holomorph. Wir können also den Cauchyschen Integralsatz (Satz 1.4) anwenden und erhalten

$$0 = \int_{\partial D} g(\zeta)\, d\zeta = \int_{\partial D} \frac{f(\zeta) - f(z)}{\zeta - z}\, d\zeta = \int_{\partial D} \frac{f(\zeta)\, d\zeta}{\zeta - z} - f(z) \int_{\partial D} \frac{d\zeta}{\zeta - z}.$$

Der Beweis ist also fertig, wenn wir noch $\displaystyle\int_{\partial D} \frac{d\zeta}{\zeta - z} = 2\pi i$ zeigen können. Dazu schreiben wir für $z \in D$

$$h(z) = \int_{\partial D} \frac{d\zeta}{\zeta - z}.$$

Nach Kap. II, Satz 4.3, ist h holomorph in D, und wir haben

$$h'(z) = \int_{\partial D} \frac{d\zeta}{(\zeta - z)^2}.$$

Dieses Integral ist Null, da der Integrand die Stammfunktion $\zeta \mapsto -(\zeta - z)^{-1}$ besitzt. Also ist $h(z)$ auf D konstant, es ist

$$h(z) \equiv h(z_0) = \int_{\partial D} \frac{d\zeta}{\zeta - z_0} = 2\pi i.$$

$\square$

In der Cauchyschen Integralformel

$$f(z) = \frac{1}{2\pi i} \int_{\partial D} \frac{f(\zeta)}{\zeta - z}\, d\zeta \tag{1}$$

ist der Integrand nach dem Parameter z stetig differenzierbar. Wir dürfen Integration und Differentiation vertauschen (Kap. II, §4) und erhalten für $z \in D$

$$f'(z) = \frac{1}{2\pi i} \int_{\partial D} \frac{f(\zeta)}{(\zeta - z)^2}\, d\zeta. \tag{2}$$

Das rechts stehende Integral ist wieder eine holomorphe Funktion von $z \in D$, weil der Integrand holomorph in z ist. Da jedes $z \in G$ in einer Kreisscheibe $D \subset\subset G$ liegt, können wir f' überall in G durch eine Formel (2) darstellen. Wir haben damit das überraschende Ergebnis

Satz 2.2. *Jede holomorphe Funktion ist beliebig oft komplex differenzierbar. Jede ihrer Ableitungen ist wieder holomorph.*

In der Tat haben wir gerade die Holomorphie von f' nachgewiesen; auf f' können wir dasselbe Argument anwenden und erhalten, dass f'' holomorph ist etc. – Dieser Satz zeigt, wie stark sich reelle und komplexe Differenzierbarkeit unterscheiden: In der reellen Analysis braucht die Ableitung einer differenzierbaren Funktion nicht einmal stetig zu sein.

Schließlich ergibt sich aus (1) noch durch n-malige Differentiation nach z die Cauchysche Integralformel für die n-te Ableitung:

Satz 2.3. *Ist f auf G holomorph und $D \subset\subset G$ eine Kreisscheibe, so gilt für jedes $z \in D$ und $n \in \mathbb{N}$*

$$f^{(n)}(z) = \frac{n!}{2\pi i} \int\limits_{\partial D} \frac{f(\zeta)}{(\zeta - z)^{n+1}}\, d\zeta.$$

Aufgaben:

1. Mit Hilfe der Cauchyschen Integralformel berechne man folgende Integrale:

   a) $\displaystyle\int\limits_{|z+1|=1} \frac{dz}{(z+1)(z-1)^3}$

   b) $\displaystyle\int\limits_{|z|=2} \frac{\sin z}{z+i}\, dz$ c) $\displaystyle\int\limits_{|z+2i|=3} \frac{dz}{z^2 + \pi^2}$

   d) $\displaystyle\int\limits_{|z|=\frac{1}{2}} \frac{e^{1-z}\, dz}{z^3(1-z)}$ e) $\displaystyle\int\limits_{|z-1|=1} \left(\frac{z}{z-1}\right)^n dz$

   f) $\displaystyle\int\limits_{|z|=r} \frac{dz}{(z-a)^n(z-b)^m}$ für $|a| < r < |b|$ und $n, m \geq 1$

2. Es sei f holomorph in einer Umgebung der abgeschlossenen Kreisscheibe $\overline{D}$. Dann stellt $z \mapsto \displaystyle\int\limits_{\partial D} \frac{f(\zeta)\, d\zeta}{\zeta - z}$ eine auf $\mathbb{C} - \overline{D}$ holomorphe Funktion dar. Welche?

3. Es sei $\kappa = \kappa(1,0)$. Durch $z \mapsto \dfrac{1}{2\pi i} \displaystyle\int\limits_{\kappa} \frac{d\zeta}{\zeta(\zeta - z)}$ wird auf $D = D_1(0)$ eine holomorphe

   Funktion f_1 und auf $G = \mathbb{C} - \overline{D}$ eine holomorphe Funktion f_2 definiert. Man bestimme f_1 und f_2. In welchen Punkten $\zeta \in \partial D$ gilt $\lim\limits_{z \to \zeta} f_1(z) = 1/\zeta$ oder $\lim\limits_{z \to \zeta} f_2(z) = 1/\zeta$?

4. (Verschärfung von Satz 4.3, iii) aus Kap. II) Es sei γ ein Integrationsweg und U ein Bereich. $f(\zeta, z)$ sei auf $\mathrm{Sp}\,\gamma \times U$ stetig und für jedes feste ζ holomorph auf U. Man zeige: Dann ist $f_z(\zeta, z)$ auch stetig auf $\mathrm{Sp}\,\gamma \times U$ und holomorph in z für jedes feste ζ. Auch $F(z) = \displaystyle\int\limits_{\gamma} f(\zeta, z)\, d\zeta$ ist holomorph, und es gilt $F'(z) = \displaystyle\int\limits_{\gamma} f_z(\zeta, z)\, d\zeta$. (*Hinweis:* Cauchysche Integralformeln für f und f_z sowie Satz von Fubini.)

§ 3*. Die inhomogene Cauchysche Integralformel

Im vorigen Paragraphen haben wir Integraldarstellungen von in Kreisen holomorphen Funktionen kennengelernt. Verwendet man den Stokesschen Satz, so kann man leicht zu allgemeineren Gebieten übergehen. Zunächst betrachten wir reell stetig differenzierbare Funktionen.

Es sei G immer ein beschränktes Gebiet in der Ebene mit stückweise glattem positiv orientiertem Rand ∂G (d.h. G liegt links von ∂G).

Satz 3.1. (Inhomogene Cauchysche Integralformel) *Ist f eine in einer Umgebung von $\overline{G}$ stetig differenzierbare Funktion, so gilt für jedes z in G*

$$f(z) = \frac{1}{2\pi i} \int_{\partial G} \frac{f(\zeta)}{\zeta - z} \, d\zeta + \frac{1}{2\pi i} \int_{G} \frac{\partial f / \partial \overline{\zeta}}{\zeta - z} \, d\zeta \wedge d\overline{\zeta}. \tag{1}$$

Beweis: Wir fixieren einen Punkt $z \in G$ und wählen einen Kreis $D_r(z)$ vom Radius r um z mit $D_r(z) \subset\subset G$. Den Kreisrand κ_r orientieren wir negativ: $D_r(z)$ liegt also rechts von κ_r. Es sei $G_r = G - \overline{D_r(z)}$. Der positiv orientierte Rand von G_r besteht aus ∂G und κ_r. Da die Differentialform

$$\omega(\zeta) = \frac{1}{2\pi i} \frac{f(\zeta)}{\zeta - z} \, d\zeta$$

in einer Umgebung von $\overline{G}_r$ stetig differenzierbar ist, können wir den Stokesschen Satz anwenden:

$$\int_{\partial G_r} \omega(\zeta) = \int_{G_r} d\omega(\zeta).$$

Wir setzen die Definitionen von ω und G_r ein:

$$\frac{1}{2\pi i} \int_{\partial G} \frac{f(\zeta)}{\zeta - z} \, d\zeta = -\frac{1}{2\pi i} \int_{\kappa_r} \frac{f(\zeta)}{\zeta - z} \, d\zeta - \frac{1}{2\pi i} \int_{G_r} \frac{\partial f / \partial \overline{\zeta}}{\zeta - z} \, d\zeta \wedge d\overline{\zeta}.$$

Lassen wir r gegen Null streben, so konvergiert das Flächenintegral wegen der Integrierbarkeit der Funktion $\dfrac{\partial f / \partial \overline{\zeta}}{\zeta - z}$ gegen

$$\frac{1}{2\pi i} \int_{G} \frac{\partial f / \partial \overline{\zeta}}{\zeta - z} \, d\zeta \wedge d\overline{\zeta}.$$

Für das Integral über κ_r können wir zunächst

$$-\frac{1}{2\pi i}\int\limits_{\kappa_r}\frac{f(z)}{\zeta - z}\,d\zeta - \frac{1}{2\pi i}\int\limits_{\kappa_r}\frac{f(\zeta) - f(z)}{\zeta - z}\,d\zeta$$

schreiben. Das erste Integral ist (beachte die Orientierung von κ_r!)

$$-\frac{f(z)}{2\pi i}\int\limits_{\kappa_r}\frac{1}{\zeta - z}\,d\zeta = f(z).$$

Für das zweite Integral gilt wegen $|\zeta - z| = r$

$$\left|\frac{1}{2\pi i}\int\limits_{\kappa_r}\frac{f(\zeta) - f(z)}{\zeta - z}\,d\zeta\right| \leq \max_{\zeta\in\kappa_r}|f(\zeta) - f(z)|.$$

Für $r \to 0$ hat man

$$\max_{\zeta\in\kappa_r}|f(\zeta) - f(z)| \to 0,$$

da f stetig ist. Damit erhält man insgesamt

$$\frac{1}{2\pi i}\int\limits_{\partial G}\frac{f(\zeta)}{\zeta - z}\,d\zeta = f(z) - \frac{1}{2\pi i}\int\limits_{G}\frac{\partial f/\partial\bar\zeta}{\zeta - z}\,d\zeta \wedge d\bar\zeta,$$

also gerade die Behauptung. $\qquad\qquad\qquad\qquad\qquad\qquad\qquad\qquad\square$

Wir folgern jetzt aus (1) und Satz 1.3 erneut die stetige Differenzierbarkeit holomorpher Funktionen und leiten daraus die Resultate von §2 aufs neue her. Dazu sei U eine beliebige offene Menge und f auf U holomorph. Ist $D \subset\subset U$ ein Kreis, so liefert Satz 1.3 eine Stammfunktion F von f in einer Umgebung von $\overline{D}$. F ist holomorph, also $F_{\bar z} = 0$, die Ableitung $F_z = F' = f$ ist stetig, und daher kann Satz 3.1 auf F (zunächst noch nicht auf f) angewandt werden: für $z \in D$ ist

$$F(z) = \frac{1}{2\pi i}\int\limits_{\partial D}\frac{F(\zeta)}{\zeta - z}\,d\zeta. \qquad\qquad\qquad (2)$$

Der Integrand des Flächenintegrals in (1) verschwindet nämlich wegen der Cauchy-Riemannschen Differentialgleichungen. – Nun steht rechts in (2) eine in D beliebig oft komplex differenzierbare Funktion von z; insbesondere ist $f(z) = F'(z)$ in D beliebig oft komplex differenzierbar, und wir haben, da jeder Punkt von U in einem geeigneten Kreis $D \subset\subset U$ liegt:

Satz 3.2.   *Jede holomorphe Funktion f ist beliebig oft komplex differenzierbar; alle Ableitungen sind wieder holomorph (insbesondere stetig).*

Nehmen wir nun an, dass G den Voraussetzungen von Satz 3.1 genügt und f in einer Umgebung von $\overline{G}$ holomorph ist, so erhalten wir eine allgemeinere Form der Cauchyschen Integralformel:

Satz 3.3.   *Für jedes $z \in G$ gilt*

$$f(z) = \frac{1}{2\pi i} \int\limits_{\partial G} \frac{f(\zeta)}{\zeta - z}\, d\zeta. \tag{3}$$

Nach Satz 3.2 ist f nämlich stetig differenzierbar, die Voraussetzungen von Satz 3.1 sind damit erfüllt. Der Integrand des Flächenintegrals ist wieder Null. – Durch Differentiation unter dem Integralzeichen in (3) erhält man die zugehörigen Formeln für die Ableitungen:

Satz 3.4.   *Es sei f holomorph in einer Umgebung des positiv berandeten Gebietes $G \subset\subset \mathbb{C}$. Dann ist für jedes $z \in G$ und $n \geq 0$*

$$f^{(n)}(z) = \frac{n!}{2\pi i} \int\limits_{\partial G} \frac{f(\zeta)}{(\zeta - z)^{n+1}}\, d\zeta.$$

Analog zur Cauchyschen Integralformel können wir auch eine oft sehr brauchbare neue Version des Cauchyschen Integralsatzes angeben:

Satz 3.5.   *Es sei $G \subset\subset \mathbb{C}$ ein positiv berandetes Gebiet und f eine in einer Umgebung von $\overline{G}$ holomorphe Funktion. Dann ist*

$$\int\limits_{\partial G} f(z)\, dz = 0.$$

Beweis: Da f nach Satz 3.2 stetig differenzierbar ist, erhält man mit der Stokesschen Formel

$$\int\limits_{\partial G} f(z)\, dz = \int\limits_{G} d(f(z)\, dz) = \int\limits_{G} f'(z)\, dz \wedge dz = 0. \qquad \square$$

Dieser Satz liefert in vielen Fällen die Unabhängigkeit eines Integrals vom Integrationsweg. Als Beispiel berechnen wir nochmals

$$\int\limits_{\kappa} \frac{dz}{z - a}.$$

Dabei sei κ der positiv orientierte Rand eines Kreises D mit $a \in D$. – Wir wählen r so klein, dass $D_r(a) \subset\subset D$ gilt, und wenden Satz 3.5 auf $\overline{D} - D_r(a)$ an:

$$\int_{\partial(\overline{D}-D_r(a))} \frac{dz}{z-a} = 0,$$

d.h.

$$\int_{\kappa} \frac{dz}{z-a} = \int_{\kappa(r,a)} \frac{dz}{z-a} = 2\pi i.$$

Dem Begriff der holomorphen Funktion können wir nun den der holomorphen Differentialform an die Seite stellen. Zunächst beweisen wir

Satz 3.6. *Folgende Aussagen sind für eine Pfaffsche Form α auf einem Bereich U äquivalent:*

  i) Es ist $\alpha(z) = f(z)\,dz$, α ist differenzierbar und geschlossen.
  ii) Es ist $\alpha(z) = f(z)\,dz$ mit einer holomorphen Funktion f.
  iii) Zu jedem Punkt $z_0 \in U$ gibt es eine Umgebung $V(z_0)$ und eine auf V holomorphe Funktion F mit $dF = \alpha$.

Beweis: Aus i) folgt ii). Ist $\alpha = f\,dz$, so erhält man

$$0 = d\alpha = f_z\,dz \wedge dz + f_{\bar{z}}\,d\bar{z} \wedge dz = f_{\bar{z}}\,d\bar{z} \wedge dz,$$

also $f_{\bar{z}} = 0$ und damit die Holomorphie von f.

Aus ii) folgt iii). Die holomorphe Funktion f hat lokale Stammfunktionen F, d.h. $F' = f$ und damit $dF = f\,dz = \alpha$.

Aus iii) folgt i). Das ist trivial. $\qquad\square$

Definition 3.1. *Eine Pfaffsche Form heißt holomorph, wenn sie eine der drei Eigenschaften von Satz 3.6 hat.*

Holomorphe Formen sind also automatisch beliebig oft differenzierbar und lokal exakt.

Aufgaben:

1. Es sei f über den beschränkten Bereich G integrierbar und beschränkt. Zeige:

$$\left| \frac{1}{2\pi i} \int_G \frac{f(\zeta)}{\zeta - z}\,d\zeta \wedge d\bar{\zeta} \right| \leq C \sup_{\zeta \in G} |f(\zeta)|,$$

wobei C eine nicht von f abhängige Konstante ist.

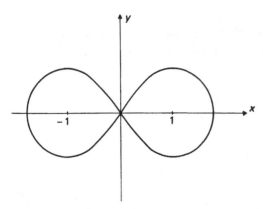

Bild 12 Zu Aufgabe 2

2. Es sei γ ein Integrationsweg, der in der in Bild 12 angegebenen Weise die Punkte $+1$ und -1 umläuft. Man gebe Beispiele solcher Wege an und berechne $\displaystyle\int_\gamma \frac{dz}{1-z^2}$.

3. Der Weg γ setze sich aus Strecken in der in Bild 13 angegebenen Weise zusammen. Berechne $\displaystyle\int_\gamma g(z)\,dz$ für $g(z) = \dfrac{1}{f(z)}$ mit $f(z) = (z-1)(z-2)(z-3)^3$.

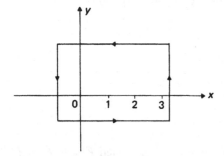

Bild 13 Zu Aufgabe 3

4. Es sei $f(z) = 1/(1+z^2)$, γ ein Halbkreis: $\gamma = \gamma_1 + \gamma_2$ mit $\gamma_1 = [-R, R]$, $\gamma_2(t) = Re^{it}$, $0 \le t \le \pi$. Berechne für $R > 1$:

$$\int_\gamma f(z)\,dz.$$

Zeige: $\displaystyle\lim_{R\to\infty} \int_{\gamma_2} f(z)\,dz = 0$ und folgere $\displaystyle\int_{-\infty}^{\infty} \frac{dx}{1+x^2} = \pi$.

Bemerkung: Diese Aufgabe wird im Rahmen der Residuentheorie systematisch eingeordnet.

5. Leite eine Satz 3.1 entsprechende Integralformel her, in der die Ableitung f_z auftritt.
   Hinweis: Betrachte die Pfaffsche Form $[(f(\zeta))/(\overline{\zeta} - \overline{z})]\,d\overline{\zeta}$.

§ 4. Holomorphiekriterien

Wir geben einige Sätze an, die oft benutzt werden, um Funktionen auf Holomorphie zu testen. Diese Sätze beruhen auf folgendem Sachverhalt: Hat eine Funktion f eine (lokale) Stammfunktion F, so ist F nach Definition holomorph und damit nach Satz 2.2 (oder Satz 3.2) beliebig oft komplex differenzierbar. Dann ist aber auch $f = F'$ holomorph.

Satz 4.1. (Morera)   *Die Funktion f sei auf dem Gebiet G stetig. Gilt für jedes abgeschlossene Dreieck $\Delta \subset G$*

$$\int_{\partial \Delta} f(z)\,dz = 0,$$

so is f holomorph auf G.

Beweis: In Kap. II, §2, haben wir hinter Satz 2.3 bemerkt, dass unter den obigen Voraussetzungen f lokale Stammfunktionen hat. $\qquad\square$

Satz 4.2.   *Ist f auf dem Gebiet G stetig und holomorph auf $G - M$ mit einer in G diskreten Menge M, so ist f auf ganz G holomorph.*

Beweis: Es sei $z_0 \in M$ und $U = U_\epsilon(z_0) \subset G$ eine Umgebung von z_0, die keine weiteren Punkte von M enthält. Nach Satz 1.3 hat f auf U eine Stammfunktion; es folgt die Holomorphie von f in z_0. $\qquad\square$

Dieser Satz zeigt, dass der in den Sätzen 1.2 bis 1.4 benutzte Begriff der „stetigen Funktion, die mit eventueller Ausnahme eines Punktes holomorph ist" in Wirklichkeit nicht allgemeiner als der der holomorphen Funktion ist. Wir benötigen den scheinbar allgemeineren Begriff jedoch wesentlich im Beweis der Cauchyschen Integralformel. Die beliebig häufige Differenzierbarkeit holomorpher Funktionen und damit unser Satz 4.2 beruhen aber auf der Cauchyschen Integralformel.

In Satz 4.2 kann man die Voraussetzung der Stetigkeit von f abschwächen: Man braucht nur zu fordern, dass f bei Annäherung an die Punkte von M beschränkt bleibt. Wir formulieren diese Aussage nur für $M = \{z_0\}$:

Satz 4.3. (Riemannscher Hebbarkeitssatz)   *Es sei z_0 ein Punkt des Gebietes G, f sei eine auf $G - \{z_0\}$ holomorphe Funktion. Ist f auf einer „punktierten Umgebung" $U_\epsilon(z_0) - \{z_0\} \subset G$ von z_0 beschränkt, so gibt es eine auf ganz G holomorphe Funktion $\hat{f}$ mit*

$$\hat{f}\Big|(G - \{z_0\}) = f.$$

Man kann dann also f in den Punkt z_0 hinein holomorph fortsetzen und damit die „Lücke" im Definitionsgebiet von f „aufheben" .

Beweis: Wir setzen

$$F(z) = \begin{cases} (z - z_0)f(z) & \text{für } z \in G - \{z_0\} \\ 0 & \text{für } z = z_0. \end{cases}$$

F ist holomorph in $G - \{z_0\}$ und, da f in der Nähe von z_0 beschränkt bleibt, stetig in z_0. Nach Satz 4.2 ist F auch in z_0 komplex differenzierbar, es gibt also eine Darstellung

$$F(z) = F(z_0) + (z - z_0)A(z)$$

mit einer in z_0 stetigen Funktion A. Auf $G - \{z_0\}$ ist $A = f$ nach Konstruktion von F. Anwendung von Satz 4.2 auf A ergibt die Holomorphie von A auf ganz G, also ist A die gesuchte holomorphe Fortsetzung von f. $\square$

Aufgaben:

1. (a) Es sei $U \subset \mathbb{C}$ offen und L eine Gerade, $f : U \to \mathbb{C}$ sei stetig und auf $U - L$ holomorph. Man zeige mit Hilfe des Satzes von Morera, dass f auf ganz U holomorph ist.

    (b) Es sei G ein zur reellen Achse symmetrisch gelegenes Gebiet (d.h. mit $z \in G$ ist $\bar{z} \in G$). Es sei $f : \{z \in G : \operatorname{Im} z \geq 0\} \to \mathbb{C}$ stetig, auf $\{z \in G : \operatorname{Im} z > 0\}$ holomorph, auf $\{z \in G : \operatorname{Im} z = 0\}$ reellwertig. Man zeige, dass durch

$$\hat{f} : z \mapsto \begin{cases} f(z) & \text{für } \operatorname{Im} z \geq 0 \\ \overline{f(\bar{z})} & \text{für } \operatorname{Im} z < 0 \end{cases}$$

    eine auf ganz G holomorphe Funktion definiert wird (Schwarzsches Spiegelungsprinzip).

2. Man prüfe, ob die folgenden Funktionen in den Nullpunkt hinein holomorph fortsetzbar sind:

    a) $z \cot z$,   b) $\dfrac{z}{e^z - 1}$,   c) $z^2 \sin \dfrac{1}{z}$.

3. Auf $D_r(z_0) - \{z_0\}$ sei f holomorph, es gebe Konstanten c und ϵ mit $0 < \epsilon < 1$ so, dass $|f(z)| \leq c|z - z_0|^{-\epsilon}$. Man zeige, dass f holomorph in den Punkt z_0 fortgesetzt werden kann.

§ 5. Potenzreihenentwicklung

Die vorigen Paragraphen haben ein überraschendes Ergebnis geliefert: Eine einmal komplex differenzierbare Funktion ist beliebig oft komplex differenzierbar. Wir werden jetzt zeigen, dass holomorphe Funktionen sogar lokal in Potenzreihen entwickelbar sind. Dabei heißt eine auf einer offenen Menge U erklärte Funktion f um $z_0 \in U$ *in eine Potenzreihe entwickelbar*, wenn es eine Potenzreihe

$$\sum_{\nu=0}^{\infty} a_\nu (z - z_0)^\nu$$

mit Entwicklungspunkt z_0 gibt, die in einer Umgebung V von z_0 gegen f konvergiert:

$$f(z) = \sum_{\nu=0}^{\infty} a_\nu (z - z_0)^\nu$$

für $z \in V$. Nach Kap. II, §4 ist f dann in z_0 holomorph.

Es sei nun eine auf der offenen Menge U holomorphe Funktion f gegeben. Wir betrachten einen Punkt $z_0 \in U$ und bezeichnen mit $D_R(z_0)$ den größten offenen Kreis um z_0, der in U liegt (für $U = \mathbb{C}$ ist das die ganze Ebene). Weiter sei $r < R$ fest gewählt, und κ sei die positiv orientierte Kreislinie vom Radius r um z_0. Nach der Cauchyschen Integralformel gilt für $|z - z_0| < r$

$$f(z) = \frac{1}{2\pi i} \int_\kappa \frac{f(\zeta)}{\zeta - z} \, d\zeta.$$

Wir entwickeln den „Cauchy-Kern" $1/(\zeta - z)$ in eine geometrische Reihe nach Potenzen von $(z - z_0)/(\zeta - z_0)$:

$$\frac{1}{\zeta - z} = \frac{1}{1 - \dfrac{z - z_0}{\zeta - z_0}} \frac{1}{\zeta - z_0} = \sum_{\nu=0}^{\infty} \frac{(z - z_0)^\nu}{(\zeta - z_0)^{\nu+1}}.$$

Damit wird

$$f(z) = \frac{1}{2\pi i} \int_\kappa \left[\sum_{\nu=0}^{\infty} \frac{f(\zeta)}{(\zeta - z_0)^{\nu+1}} (z - z_0)^\nu \right] d\zeta.$$

Für festes z konvergiert

$$\sum_{\nu=0}^{\infty} \frac{(z - z_0)^\nu}{(\zeta - z_0)^{\nu+1}}$$

gleichmäßig auf κ; da f auf κ beschränkt ist, konvergiert also auch die im Integranden stehende Reihe gleichmäßig auf κ, und wir können Integration und Summation vertauschen:

$$f(z) = \sum_{\nu=0}^{\infty} \left[\frac{1}{2\pi i} \int_\kappa \frac{f(\zeta)}{(\zeta - z_0)^{\nu+1}} \, d\zeta \right] (z - z_0)^\nu.$$

Setzen wir

$$a_\nu = \frac{1}{2\pi i} \int_\kappa \frac{f(\zeta)}{(\zeta - z_0)^{\nu+1}} \, d\zeta,$$

so gilt also für $|z - z_0| < r$:

$$f(z) = \sum_{\nu=0}^{\infty} a_\nu (z - z_0)^\nu.$$

Die rechts stehende Potenzreihe konvergiert für $|z - z_0| < r$, also sicher gleichmäßig für $|z - z_0| \leq r_0 < r$ mit beliebigem r_0. In Wahrheit gilt mehr: Aufgrund der Cauchyschen Integralformeln für die Ableitungen ist

$$a_\nu = \frac{f^{(\nu)}(z_0)}{\nu!},$$

also von r unabhängig. Jede Wahl von $r < R$ führt also auf dieselbe Reihenentwicklung von f; somit ist

$$f(z) = \sum_{\nu=0}^{\infty} \frac{f^{(\nu)}(z_0)}{\nu!} (z - z_0)^\nu$$

in ganz $D_R(z_0)$, und die rechtsstehende Reihe konvergiert mindestens dort lokal gleichmäßig. Wir fassen zusammen:

Satz 5.1.   *Eine auf U holomorphe Funktion f ist um jeden Punkt $z_0 \in U$ in eine Potenzreihe*

$$f(z) = \sum_{\nu=0}^{\infty} a_\nu (z - z_0)^\nu$$

entwickelbar. Die Koeffizienten a_ν sind durch f eindeutig bestimmt:

$$a_\nu = \frac{f^{(\nu)}(z_0)}{\nu!};$$

die Reihe ist die Taylorreihe von f. Sie konvergiert mindestens im größten Kreis $D_R(z_0)$ um z_0, der noch in U liegt, lokal gleichmäßig gegen f. Ist κ eine positiv orientierte Kreislinie um z_0 vom Radius $r < R$, so werden die Koeffizienten auch durch die Formel

$$a_\nu = \frac{1}{2\pi i} \int_\kappa \frac{f(\zeta)}{(\zeta - z_0)^{n+1}} \, d\zeta$$

gegeben.

Die Eindeutigkeitsaussage folgt durch Differentiation der Identität

$$f(z) = \sum_{\nu=0}^{\infty} a_\nu (z - z_0)^\nu;$$

alle anderen Aussagen haben wir schon bewiesen.

Wir werden später sehen, dass die Taylorreihe $P(z) = \sum_{\nu=0}^{\infty} \dfrac{f^{(\nu)}(z_0)}{\nu!}(z - z_0)^\nu$ auch in einem Kreis um z_0 konvergieren kann, der viel größer als $D_R(z_0)$ ist; ist D der Konvergenzkreis, so braucht keineswegs $f(z) \equiv P(z)$ auf $D \cap U$ zu sein: Man vergleiche die folgende Skizze und Kap. V.

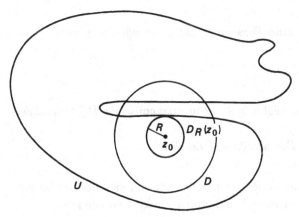

Bild 14 Konvergenzkreis der Taylorreihe

Als erste – keineswegs triviale! – Folgerung notieren wir

Satz 5.2. *Ist*

$$P(z) = \sum_{\nu=0}^{\infty} a_\nu (z - z_0)^\nu$$

eine in $D_R(z_0)$ konvergente Potenzreihe, so kann P um jeden Punkt $z_1 \in D_R(z_0)$ in eine Potenzreihe

$$Q(z) = \sum_{\nu=0}^{\infty} b_\nu (z - z_1)^\nu$$

entwickelt werden. Der Konvergenzradius der Reihe Q ist mindestens $R - |z_1 - z_0|$.

Beweis: Da P holomorph ist, kann Satz 5.1 angewandt werden. □

Der folgende Satz sagt aus, dass die Summenfunktion einer Potenzreihe sich nicht über den Rand des Konvergenzkreises hinaus holomorph fortsetzen lässt. Genauer gilt

Satz 5.3. *Ist $\sum_{\nu=0}^{\infty} a_\nu (z - z_0)^\nu$ eine Potenzreihe mit Summenfunktion f und ist D der Konvergenzkreis der Reihe, so gibt es keine in einer Umgebung U von $\overline{D}$ holomorphe Funktion $\hat{f}$ mit $\hat{f}\big|D = f$.*

Die Taylorreihe von $\hat{f}$ um z_0 wäre dann nämlich gerade die gegebene Potenzreihe; sie würde aber nach Satz 5.1 in einem Kreis um z_0, der $\overline{D}$ noch enthält, konvergieren – und D wäre damit nicht der Konvergenzkreis der gegebenen Reihe.

Die Entwicklung von $1/(1+x^2)$ um den Nullpunkt zeigt, dass eine analoge Aussage in der reellen Analysis nicht gilt.

Mit Satz 5.1 haben wir das Fundament der Funktionentheorie fertiggestellt. Wir sehen jetzt nämlich

Satz 5.4. *Folgende Aussagen für eine Funktion f auf einer offenen Menge U sind äquivalent:*

  i) f ist holomorph.

  ii) f besitzt lokale Stammfunktionen.

  iii) f ist reell differenzierbar und genügt den Cauchy-Riemannschen Differentialgleichungen.

  iv) f ist (um jedes $z_0 \in U$) in eine Potenzreihe entwickelbar.

Nach diesem eher theoretisch interessanten Resultat wollen wir nun die Potenzreihenentwicklungen zur systematischen Untersuchung holomorpher Funktionen benutzen.

Definition 5.1. *Eine holomorphe Funktion f hat in z_0 eine Nullstelle der Ordnung n, wenn*

$$f(z_0) = f'(z_0) = \ldots = f^{(n-1)}(z_0) = 0, \quad f^{(n)}(z_0) \neq 0$$

ist. Sie nimmt in z_0 den Wert w von der Ordnung n an (hat eine w-Stelle der Ordnung n), wenn $f - w$ dort eine Nullstelle der Ordnung n hat.

Statt Ordnung sagt man auch *Vielfachheit*. Eine Nullstelle der Ordnung 0 ist keine Nullstelle; der Fall $n = \infty$ ist zugelassen. Die Funktion z^n hat in 0 eine Nullstelle der Ordnung n. Etwas allgemeiner stellt man sofort die Äquivalenz folgender Aussagen fest:

  i) f hat in z_0 eine Nullstelle der Ordnung n.

  ii) Die Taylorentwicklung von f um z_0 lautet

$$f(z) = \sum_{\nu \geq n} a_\nu (z - z_0)^\nu, \qquad a_n \neq 0.$$

  iii) Es gibt eine in einer Umgebung von z_0 holomorphe Funktion g mit $g(z_0) \neq 0$ und

$$f(z) = (z - z_0)^n g(z).$$

Um die Bedingung iii) aus ii) herzuleiten, setze man einfach

$$g(z) = \sum_{\nu=n}^{\infty} a_\nu (z - z_0)^{\nu - n}.$$

Die Funktion $f(z) \equiv 0$ hat in jedem Punkt eine Nullstelle der Ordnung ∞. Dadurch ist sie nach dem folgenden Satz auch ausgezeichnet.

Satz 5.5. (Identitätssatz) *Es sei f eine in einem Gebiet G holomorphe Funktion. Dann sind folgende Aussagen äquivalent:*

   i) $f(z) \equiv 0$.

   ii) f hat in G eine Nullstelle der Ordnung ∞.

   iii) Es gibt eine nichtdiskrete Menge $N \subset G$ mit $f(z) = 0$ für alle $z \in N$.

Wir erinnern an den Begriff „diskret" : Eine Teilmenge $A \subset G$ heißt *diskret* in G, wenn jeder Punkt $z_0 \in G$ eine Umgebung $U(z_0)$ besitzt, so dass $U(z_0) \cap A$ endlich ist.

Eine nur scheinbar allgemeinere Version des Identitätssatzes ist

Satz 5.5'. (2. Fassung des Identitätssatzes) *Folgende Aussagen sind für zwei auf dem Gebiet G holomorphe Funktionen f und g äquivalent:*

   i) $f \equiv g$.

   ii) Es gibt ein $z_0 \in G$ mit $f^{(n)}(z_0) = g^{(n)}(z_0), n = 0, 1, 2, \ldots$.

   iii) Es gibt eine nichtdiskrete Menge $N \subset G$ mit $f(z) = g(z)$ für alle $z \in N$.

Man wende zum Beweis Satz 5.5 auf $f - g$ an. – Die Sätze zeigen u.a., dass eine nichtkonstante holomorphe Funktion in jedem kompakten Teil ihres Definitionsgebietes jeden Wert w nur endlich oft und mit nur endlicher Vielfachheit (evtl. gar nicht) annimmt.

Beweis von Satz 5.5: Ist $f = 0$ auf einer nichtdiskreten Menge $N \subset G$, so gibt es sicher einen Punkt $z_0 \in G$ und eine Folge (z_μ) von Punkten in N mit $z_\mu \to z_0$ und $z_\mu \neq z_0$. Wir zeigen, dass f in z_0 eine Nullstelle unendlicher Ordnung hat. Zunächst ist

$$f(z_0) = \lim_{\mu \to \infty} f(z_\mu) = 0.$$

In der Taylorentwicklung von f um z_0,

$$f(z) = \sum_{\nu=0}^{\infty} a_\nu (z - z_0)^\nu$$

seien nun

$$a_0 = a_1 = \ldots = a_{n-1} = 0.$$

Also ist in einer Umgebung von z_0

$$f(z) = a_n(z - z_0)^n + a_{n+1}(z - z_0)^{n+1} + \ldots.$$

Für $z = z_\mu$ folgt

$$0 = f(z_\mu) = a_n(z_\mu - z_0)^n + a_{n+1}(z_\mu - z_0)^{n+1} + \ldots,$$

und nach Division durch $(z_\mu - z_0)^n$:

$$
\begin{aligned}
0 &= a_n + (z_\mu - z_0)(a_{n+1} + a_{n+2}(z_\mu - z_0) + \ldots) \\
&= a_n + (z_\mu - z_0)g(z_\mu)
\end{aligned}
$$

mit der in z_0 stetigen (sogar holomorphen) Funktion

$$
g(z) = \sum_{\nu=n+1}^{\infty} a_\nu (z - z_0)^{\nu-n-1}.
$$

Lässt man $\mu \to \infty$ streben, so folgt also $0 = a_n$. Damit ist die Aussage $a_\nu = 0$, $\nu = 0, 1, 2, \ldots$ bewiesen.

f habe nun in z_0 eine Nullstelle der Ordnung ∞; wir folgern, dass $f \equiv 0$ ist. Dazu betrachten wir die Menge

$$
M = \{z \in G : f^{(\nu)}(z) = 0, \nu = 0, 1, 2, \ldots\}.
$$

M ist in G relativ abgeschlossen und enthält den Punkt z_0. Aber M ist auch offen. Ist nämlich $z_1 \in M$, so verschwinden in der Taylorentwicklung

$$
f(z) = \sum_{\nu=0}^{\infty} a_\nu (z - z_1)^\nu
$$

alle a_ν; daher ist $f \equiv 0$ in einer Umgebung von z_1 und damit verschwinden auch alle Ableitungen von f dortselbst. Da G zusammenhängt, muss $M = G$, also $f \equiv 0$ sein. $\square$

Aufgrund des Identitätssatzes ist eine holomorphe Funktion f in einem Gebiet G vollständig durch ihre Werte auf einer sehr kleinen Teilmenge von G, etwa einem Kurvenstückchen C, festgelegt. Eigenschaften von f, die sich durch Identitäten zwischen auf G holomorphen Funktionen ausdrücken lassen, brauchen dann nur auf C verifiziert zu werden, um auf ganz G zu gelten: „sie pflanzen sich von C auf G fort". Dieses Permanenzprinzip für analytische Identitäten ist eine besonders wichtige Anwendung des Identitätssatzes, wir illustrieren es an einem typischen Beispiel.

Die Funktion $f(z) = \cot \pi z$ ist auf $\mathbb{C} - \mathbb{Z}$ holomorph; auf $\mathbb{R} - \mathbb{Z}$ hat f die Periode 1; d.h. die beiden holomorphen Funktionen

$$
z \mapsto f(z); \qquad z \mapsto f(z+1)
$$

stimmen auf der nichtdiskreten Menge $\mathbb{R} - \mathbb{Z} \subset \mathbb{C} - \mathbb{Z}$ überein – und damit überall. Die Periodizität des cot überträgt sich somit von der reellen auf die komplexe cot-Funktion.

Wir verstehen nun besser, warum sich die Funktionalgleichungen der elementaren Funktionen wie $\exp z, \sin z, \ldots$ vom Reellen ins Komplexe übertragen – der Leser sollte sie im einzelnen mittels des Identitätssatzes herleiten.

Abschließend wollen wir Taylorentwicklungen für einige einfache Funktionen angeben. Im allgemeinen führt die Formel

$$a_\nu = \frac{f^{(\nu)}(z_0)}{\nu!}$$

zu nichts, da die höheren Ableitungen zu unübersichtlich werden. Wenigstens für rationale Funktionen lässt sich aus den folgenden Beispielen aber ein Verfahren zur Taylorentwicklung entnehmen – man vergleiche auch die Übungsaufgaben.

Zunächst kann man nach dem Beweis von Satz 5.1 die Funktion $f(z) = 1/(z - a)$ um jeden Punkt $z_0 \neq a$ in eine Potenzreihe entwickeln; will man $g(z) = 1/(z - a)^2$ um z_0 entwickeln, so beachte man $f'(z) = -g(z)$; also folgt aus

$$f(z) = \sum_{\nu=0}^{\infty} a_\nu (z - z_0)^\nu$$

die Entwicklung

$$g(z) = -\sum_{\nu=1}^{\infty} \nu a_\nu (z - z_0)^{\nu-1}$$

Entsprechend behandelt man die höheren Potenzen von $(z-a)^{-1}$. Schließlich ist für $a \neq b$

$$\frac{1}{(z - a)(z - b)} = \frac{1}{a - b}\left(\frac{1}{z - a} - \frac{1}{z - b}\right);$$

ähnlich zerlegt man kompliziertere rationale Funktionen in Partialbrüche.

Als Beispiel entwickeln wir

$$f(z) = \frac{-1}{(z - 1)^2(z - 2)}$$

um den Nullpunkt. Partialbruchzerlegung liefert

$$f(z) = \frac{1}{z - 1} + \frac{1}{(z - 1)^2} - \frac{1}{z - 2};$$

also ist

$$f(z) = -\sum_{\nu=0}^{\infty} z^\nu + \sum_{\nu=1}^{\infty} \nu z^{\nu-1} + \frac{1}{2}\sum_{\nu=0}^{\infty} \frac{1}{2^\nu} z^\nu.$$

Aufgaben:

1. Entwickle die folgenden Funktionen f in eine Potenzreihe um z_0:

$$f(z) = \exp z \quad ; \quad \frac{2z+1}{(z^2+1)(z+1)^2} \quad ; \quad \frac{1}{(z-i)^3}$$
$$z_0 = \pi i \quad ; \quad 0 \quad ; \quad -i$$

2. Es seien $a_1, \ldots, a_k$ komplexe Zahlen $\neq 0$. Zeige mittels der Hadamardschen Formel:

$$\limsup \sqrt[\nu]{|a_1^\nu + \ldots + a_k^\nu|} = \max_{\kappa=1,\ldots,k} |a_\kappa|.$$

Hinweis: Entwickle $\displaystyle\sum_{\kappa=1}^{k} \frac{1}{1 - a_\kappa z}$ um 0 in eine Taylorreihe.

3. Es sei f eine in ganz $\mathbb{C}$ holomorphe Funktion, die auf $\mathbb{R}$ reellwertig ist. Zeige:

$$f(\bar{z}) = \overline{f(z)}.$$

4. Welche der folgenden Funktionen sind holomorph in $\mathbb{C}$? $\sin \bar{z}$, $\sin |z|$, $\overline{\sin \bar{z}}$ (Benutze den Identitätssatz!)

5. Bestimme die Nullstellenordnungen von $\sin z$, $\tan z$, $\sinh z$, $\tanh z$ in den Nullstellen; ebenso von $\sin^2 z$ und $\sin z^2$.

6. Die Funktionalgleichung

$$\exp(z + w) = \exp z \cdot \exp w$$

sei für $z, w \in \mathbb{R}$ schon bekannt. Verwende den Identitätssatz, um sie auf ganz $\mathbb{C}$ zu verifizieren. Verfahre entsprechend mit den Funktionalgleichungen der weiteren elementaren Funktionen.

7. Die Funktionen f und g seien in einer Umgebung des Nullpunktes holomorph. Berechne $(fg)^{(n)}(0)$. Es seien $\sum a_\nu z^\nu$, $\sum b_\mu z^\mu$ die Taylorreihen von f bzw. g um 0. Folgere, dass

$$\left(\sum_{\nu=0}^{\infty} a_\nu z^\nu\right)\left(\sum_{\mu=0}^{\infty} b_\mu z^\mu\right) = \sum_{\kappa=0}^{\infty}\left(\sum_{\nu+\mu=\kappa} a_\nu b_\mu\right) z^\kappa$$

ist, wobei die rechte Reihe in jedem Kreis um 0 konvergiert, in dem die beiden Reihen links konvergieren. (Die rechte Reihe heißt *Cauchy-Produkt* der beiden linken Reihen.)

§ 6.   Cauchysche Ungleichungen und Folgerungen

Grundlegend für die weiteren Untersuchungen ist eine einfache Folgerung aus den Cauchyschen Integralformeln, nämlich

Satz 6.1. (Cauchysche Ungleichungen) *Es sei f eine in einer Umgebung des abgeschlossenen Kreises $\{z : |z - z_0| \leq r\}$ holomorphe Funktion. Dann gilt für jedes positive $\delta \leq r$ im Kreis $\{z : |z - z_0| \leq r - \delta\}$ die Abschätzung*

$$\left| f^{(n)}(z) \right| \leq \frac{r}{\delta} \frac{n!}{\delta^n} \max_{|\zeta - z_0| = r} |f(\zeta)|$$

Setzt man $\delta = r$ bzw. $\delta = r/2$, so erhält man

Folgerung 1.

$$\left| f^{(n)}(z_0) \right| \leq \frac{n!}{r^n} \max_{|\zeta - z_0| = r} |f(\zeta)|$$

Folgerung 2. *Für* $|z - z_0| \leq \dfrac{r}{2}$ *gilt mit einer von f unabhängigen Konstanten C*

$$\left| f^{(n)}(z) \right| \leq C \frac{n!}{r^n} \max_{|\zeta - z_0| = r} |f(\zeta)|$$

Beweis von Satz 6.1. Für $|z - z_0| < r$ ist

$$f^{(n)}(z) = \frac{n!}{2\pi i} \int_{\partial D_r(z_0)} \frac{f(\zeta)}{(\zeta - z)^{n+1}} \, d\zeta.$$

Nun sei $|z - z_0| \leq r - \delta$. Dann ist im Nenner des Integranden $|\zeta - z| \geq \delta$ und daher

$$\left| f^{(n)}(z) \right| \leq \frac{n!}{2\pi} 2\pi r \frac{1}{\delta^{n+1}} \max_{|\zeta - z_0| = r} |f(\zeta)| \, ;$$

das ist die Behauptung. □

Bemerkung. Für die Koeffizienten der Potenzreihe $f(z) = \sum_{\nu=0}^{\infty} a_\nu (z - z_0)^\nu$ liefert Folgerung 1 die Abschätzung

$$|a_n| \leq \frac{1}{r^n} \max_{|\zeta - z_0| = r} |f(\zeta)| \, .$$

Als Konsequenz der obigen Ungleichung zeigen wir

Satz 6.2. (Weierstraß) *Die Folge (f_ν) holomorpher Funktionen konvergiere lokal gleichmäßig auf dem Gebiet G gegen die Grenzfunktion f. Dann ist f holomorph, und alle Ableitungen von f_ν konvergieren lokal gleichmäßig gegen die entsprechenden Ableitungen von f:*

$$f_\nu^{(n)} \to f^{(n)}.$$

Anders als in der reellen Analysis lassen sich also Differentiation und Grenzübergang vertauschen. – Der Satz zeigt aufs neue, dass die Summe einer Potenzreihe holomorph ist.

Beweis von Satz 6.2. 1. f ist als lokal gleichmäßiger Limes stetiger Funktionen sicher stetig. Ist nun γ der Rand eines Dreiecks, das ganz in G liegt, so gilt wegen der gleichmäßigen Konvergenz der f_ν auf γ:

$$\int\limits_\gamma f(z)\,dz = \lim_{\nu\to\infty} \int\limits_\gamma f_\nu(z)\,dz = 0.$$

Nach dem Satz von Morera ist f damit holomorph.

2. Es genügt, die lokal gleichmäßige Konvergenz $f_\nu' \to f'$ nachzuweisen. Es sei also $D \subset\subset G$ ein Kreis vom Radius r mit Mittelpunkt z_0 und $\epsilon > 0$ eine beliebige positive Zahl. Wir wenden auf $f - f_\nu$ die Cauchyschen Ungleichungen (Folgerung 2) an: für alle $z \in D_{r/2}$ ist

$$|f_\nu'(z) - f'(z)| \le C\frac{1}{r} \max_{|\zeta-z_0|=r} |f(\zeta) - f_\nu(\zeta)|\,.$$

Wählt man ν_0 so groß, dass

$$\max_{|\zeta-z_0|=r} |f(\zeta) - f_\nu(\zeta)| < \frac{r}{C}\epsilon$$

für $\nu \ge \nu_0$ gilt, so folgt

$$|f_\nu'(z) - f'(z)| < \epsilon;$$

das war zu zeigen.   □

Die nächsten Anwendungen von Satz 6.1 liefern erste Aussagen über die Werteverteilung einer holomorphen Funktion. Zunächst notieren wir den

Hilfssatz. *Die Funktion f sei in einer Umgebung von $\overline{D_r(z_0)}$ holomorph. Falls*

$$|f(z_0)| < \min_{|z-z_0|=r} |f(z)|$$

gilt, dann hat f in $D_r(z_0)$ eine Nullstelle.

Beweis: Wenn f in $D_r(z_0)$ keine Nullstelle hat, ist

$$g(z) = \frac{1}{f(z)}$$

in einer Umgebung von $\overline{D_r(z_0)}$ holomorph (denn für $|z - z_0| = r$ ist sicher $f(z) \ne 0$). Die Cauchyschen Ungleichungen ergeben für $n = 0$

$$|g(z_0)| \le \max_{|z-z_0|=r} |g(z)|,$$

also

$$\frac{1}{|f(z_0)|} \leq \max_{|z-z_0|=r} \frac{1}{|f(z)|} = \frac{1}{\min\limits_{|z-z_0|=r} |f(z)|},$$

somit

$$|f(z_0)| \geq \min_{|z-z_0|=r} |f(z)|.$$

$\square$

Satz 6.3. (Gebietstreue) *Es sei f eine nichtkonstante holomorphe Funktion auf dem Gebiet G. Dann ist die Bildmenge $f(G)$ wieder ein Gebiet.*

Beweis: Da f stetig ist, ist $f(G)$ zusammenhängend. Um die Offenheit zu zeigen, betrachten wir ein $w_0 \in f(G)$ und wählen $z_0 \in G$ mit $w_0 = f(z_0)$. Nach dem Identitätssatz gibt es einen abgeschlossenen Kreis $\overline{D_r(z_0)}$ um z_0, der in G liegt und in dem z_0 die einzige w_0-Stelle von f ist (sonst wäre $f \equiv w_0$). Auf dem (kompakten) Kreisrand $\partial D_r(z_0)$ ist dann $|f(z) - w_0|$ positiv, etwa

$$|f(z) - w_0| \geq 3\epsilon > 0 \quad \text{für} |z - z_0| = r.$$

Wir zeigen, dass $U_\epsilon(w_0) \subset f(G)$ gilt. Ist nämlich $|w - w_0| < \epsilon$, so gilt für $|z - z_0| = r$:

$$|f(z) - w| \geq |f(z) - w_0| - |w - w_0| \geq 3\epsilon - \epsilon = 2\epsilon$$

für $z = z_0$ ist aber

$$|f(z_0) - w| = |w - w_0| < \epsilon.$$

Nach dem Hilfssatz hat $f - w$ also mindestens eine Nullstelle in $D_r(z_0)$ – das war zu zeigen. $\square$

Der Satz von der Gebietstreue hat wichtige Konsequenzen. Als erstes notieren wir: *Holomorphe Funktionen mit konstantem Real- und Imaginärteil oder Betrag sind selbst konstant* (da die Bildmenge nicht offen ist); ähnliche Aussagen mag der Leser zur Übung selbst aufstellen (vgl. auch Aufgabe 5). Weiter ergibt sich

Satz 6.4. (Maximum-Prinzip) *Es sei f eine auf dem Gebiet G holomorphe Funktion. Wenn $|f|$ in einem Punkt $z_0 \in G$ ein lokales Maximum hat, so ist f konstant in G. Falls G beschränkt und f auf $\overline{G}$ noch stetig ist, dann nimmt $|f|$ das Maximum auf ∂G an:*

$$|f(z)| \leq \max_{\zeta \in \partial G} |f(\zeta)|$$

für alle $z \in \overline{G}$.

Beweis: Es sei $U \subset G$ eine Umgebung von z_0 mit $|f(z_0)| \geq |f(z)|$ für alle $z \in U$. Dann ist

$$f(U) \subset \{w : |w| \leq |f(z_0)|\}$$

und daher keine Umgebung von $f(z_0)$. Somit ist nach dem Satz über die Gebietstreue $f(z) \equiv f(z_0)$ in einer Umgebung von z_0, also nach dem Identitätssatz auf ganz G. Die zweite Behauptung folgt natürlich aus der ersten. $\square$

Als Verallgemeinerung des Hilfssatzes können wir nun ein Minimum-Prinzip aufstellen:

Satz 6.5. (Minimum-Prinzip)

   i) Ist f auf G holomorph und hat $|f|$ in z_0 ein lokales Minimum, so ist $f(z_0) = 0$ oder f ist konstant.

   ii) Ist f zusätzlich auf $\overline{G}$ stetig und ist G beschränkt, so hat f Nullstellen in G, oder $|f|$ nimmt das Minimum auf ∂G an:

$$|f(z)| \geq \min_{\zeta \in \partial G} |f(\zeta)| \quad \text{für alle} \quad z \in G.$$

Zum Beweis genügt es, Satz 6.4 auf $1/f$ anzuwenden.

Aufgaben:

1. Es sei f eine in einem beschränkten Gebiet erklärte Funktion. Es gebe zu jedem $S > 0$ ein $\rho > 0$, so dass $|f(z)| \geq S$ für alle z mit dist $(z, \partial G) \leq \rho$ gilt (d.h. „f strebt bei Annäherung an den Rand gleichmäßig gegen ∞"). Zeige: f ist nicht holomorph.

2. Es sei f holomorph im beschränkten Gebiet G und strebe bei Annäherung an ∂G gleichmäßig gegen Null (vgl. Aufgabe 1). Zeige: $f \equiv 0$.

3. Zeige am Beispiel der Funktion $\sin z$, dass das Maximumprinzip (Satz 6.4) nicht für unbeschränkte Gebiete gilt.

4. Es sei f_ν eine Folge von auf $\overline{G}$ stetigen, in G holomorphen Funktionen (G ein beschränktes Gebiet). Zeige: Falls f_ν auf ∂G gleichmäßig konvergiert, dann auch auf $\overline{G}$.

5. Es sei $P(x, y)$ ein von Null verschiedenes Polynom in zwei Variablen. Falls für eine holomorphe Funktion f

$$P(\operatorname{Re} f(z), \operatorname{Im} f(z)) \equiv 0$$

gilt, dann ist f konstant.

§ 7*.   Mittelwerteigenschaft und Maximum-Prinzip

Im vorigen Paragraphen haben wir das Maximum-Prinzip für holomorphe Funktionen aus der Gebietstreue hergeleitet. Umgekehrt folgt die Gebietstreue holomorpher Funktionen aus dem Maximum-Prinzip und der Aussage, dass mit f auch $1/f$ außerhalb der

Nullstellen von f holomorph ist. In Wahrheit gilt aber das Maximum-Prinzip für eine größere Klasse von Funktionen.

Es sei f eine holomorphe Funktion auf der offenen Menge U, $z_0 \in U$ und $D_r(z_0) \subset\subset U$ der Kreis vom Radius r. Nach der Cauchyschen Integralformel ist (mit $\kappa_r = \kappa(r, z_0)$)

$$f(z_0) = \frac{1}{2\pi i} \int_{\kappa_r} \frac{f(\zeta)}{\zeta - z_0} \, d\zeta = \frac{1}{2\pi} \int_0^{2\pi} f(z_0 + re^{it}) \, dt.$$

Das letzte Integral ist der *Mittelwert* von f auf κ_r, d.h. der Mittelwert von

$$g(t) = f(z_0 + re^{it})$$

auf dem Intervall $[0, 2\pi]$.

Definition 7.1. *Eine Funktion f auf der offenen Menge U hat die Mittelwerteigenschaft, wenn sie stetig ist und es zu jedem $z_0 \in U$ ein $R > 0$ so gibt, dass für alle $r \leq R$*

$$f(z_0) = \frac{1}{2\pi} \int_0^{2\pi} f(z_0 + re^{it}) \, dt$$

ist.

Wir schreiben für das Integral auch $\mu_r(f; z_0)$ oder $\mu_r(f)$. Wir haben gezeigt:

Satz 7.1. *Holomorphe Funktionen haben die Mittelwerteigenschaft.*

Aus elementaren Integrationsregeln folgt

Satz 7.2. *Genügen f und g der Mittelwertbedingung, so auch $af + bg$ (mit $a, b \in \mathbb{C}$) sowie $\operatorname{Re} f$, $\operatorname{Im} f$ und $\bar{f}$.*

Die Funktion $f(z) = x \, (= \operatorname{Re} z)$ hat also die Mittelwerteigenschaft, nicht aber (z.B.) $f(z) = 1/x$.

Satz 7.3. (allgemeines Maximum-Prinzip) *Es sei f eine auf U erklärte Funktion mit Mittelwerteigenschaft. Wenn $|f|$ in $z_0 \in U$ ein lokales Maximum hat, dann ist f in einer Umgebung von z_0 konstant.*

Beweis: Der Fall $f(z_0) = 0$ ist banal. Ist $f(z_0) \neq 0$, so gibt es ein c mit $|c| = 1$ und $cf(z_0) > 0$ (also $\in \mathbb{R}$). cf hat die Mittelwerteigenschaft – wir dürfen also gleich $f(z_0)$ reell und positiv annehmen.

Wir wählen $R > 0$ so, dass

$$\begin{aligned} f(z_0) &\geq |f(z)| \quad \text{für} \quad |z - z_0| \leq R \\ f(z_0) &= \mu_r(f) \quad \text{für} \quad r \leq R \end{aligned}$$

richtig ist, und fixieren $r \leq R$. Weiter sei g die Funktion

$$g(z) = \operatorname{Re} f(z) - f(z_0)$$

Mit f hat auch g die Mittelwerteigenschaft; darüberhinaus ist

$$g(z) \leq |f(z)| - f(z_0) \leq 0,$$
$$g(z_0) = 0.$$

Damit folgt

$$0 = g(z_0) = \mu_r(g; z_0) = \frac{1}{2\pi} \int\limits_0^{2\pi} g(z_0 + re^{it})\, dt.$$

Da der Integrand auf dem Intervall $[0, 2\pi]$ stetig und niemals positiv ist, folgt hieraus

$$g(z + re^{it}) \equiv 0, \qquad 0 \leq t \leq 2\pi.$$

Nun durfte r beliebig $\leq R$ sein, also ist $g(z) \equiv 0$ für $|z - z_0| \leq R$. Damit haben wir $f(z_0) \equiv \operatorname{Re} f(z)$ und

$$|f(z)| \leq f(z_0) = \operatorname{Re} f(z) \leq |f(z)|,$$

also $f(z) \equiv \operatorname{Re} f(z)$ und somit auch $f(z) \equiv f(z_0)$. $\square$

Satz 7.4. *Es sei f eine auf einem Gebiet G erklärte Funktion mit Mittelwerteigenschaft. Wenn $|f|$ in $z_0 \in G$ ein globales Maximum hat, dann ist f konstant. Ist G beschränkt, f auf $\overline{G}$ noch stetig, so nimmt $|f|$ sein Maximum bezüglich $\overline{G}$ auf ∂G an.*

Beweis: Wir brauchen nur die erste Behauptung zu zeigen. Es sei $f(z_0) = c$. Die Menge $G' = \{z : f(z) = c\}$ ist in G relativ abgeschlossen. Ist $z_1 \in G'$, so gibt es nach Satz 7.3 eine Umgebung U von z_1 mit $f(z) \equiv c$. Also ist G' auch offen und somit $f \equiv c$ auf G. $\square$

Für reellwertige Funktionen kann man auch nach dem Maximum von f selbst, nicht nur von $|f|$, fragen. Anwendung der Sätze 7.3 und 7.4 liefert auch hier erschöpfende Auskunft – siehe Aufgabe 1.

Wir überlassen es nun dem Leser, aus den Sätzen 7.3 und 7.4 die im vorigen Paragaphen formulierten Maximum- und Minimumprinzipien für holomorphe Funktionen herzuleiten.

Aufgaben:

1. f sei eine reellwertige Funktion mit Mittelwerteigenschaft auf der offenen Menge U in $\mathbb{C}$. Zeige: Hat f in z_0 ein lokales Maximum (bzw. Minimum), so ist f in einer Umgebung von z_0 konstant.

§ 8. Ganze Funktionen und Polynome

Definition 8.1. *Eine in der ganzen komplexe Zahlenebene holomorphe Funktion heißt ganze Funktion.*

Eine ganze Funktion ist um jeden Punkt $z_0 \in \mathbb{C}$ in eine Potenzreihe $\sum\limits_{n=0}^{\infty} a_n(z - z_0)^n$ entwickelbar, welche für alle z konvergiert. Beispiele für ganze Funktionen sind die Polynome, aber auch die Funktionen $e^z, \sin z, \cos z$. Ganze Funktionen, die keine Polynome sind, nennt man *ganze transzendente* Funktionen.

Wir werden in diesem Paragraphen das Verhalten ganzer Funktionen für große $|z|$ untersuchen. Dabei erhalten wir einen Beweis des „Fundamentalsatzes der Algebra", d.h. der Aussage, dass jedes nicht konstante Polynom mit komplexen Koeffizienten mindestens eine Nullstelle in $\mathbb{C}$ hat.

Es sei

$$p(z) = a_0 + a_1 z + \ldots + a_{n-1} z^{n-1} + a_n z^n \quad \text{mit} \quad a_\nu \in \mathbb{C}, \quad a_n \neq 0$$

ein Polynom vom Grade n. Wie im Reellen bestimmt für große $|z|$ der Term $a_n z^n$ das Verhalten von $p(z)$. Etwas präziser: Man hat für $|z| \geq 1$

$$|p(z)| \leq \sum_{\nu=0}^{n} |a_\nu| \cdot |z|^\nu \leq \left(\sum_{\nu=0}^{n} |a_\nu| \right) |z|^n.$$

Setzen wir

$$\tilde{p}(z) = \sum_{\nu=0}^{n-1} a_\nu z^\nu,$$

also $p(z) = \tilde{p}(z) + a_n z^n$, so gilt ebenso

$$|\tilde{p}(z)| \leq \left(\sum_{\nu=0}^{n-1} |a_\nu| \right) |z|^{n-1}$$

für $|z| \geq 1$. Es sei nun $\epsilon > 0$ mit $0 < \epsilon < 1$ gegeben. Genügt dann z der Ungleichung

$$|z| \geq \rho_\epsilon = \max \left(1, \frac{1}{\epsilon |a_n|} \left(\sum_{\nu=0}^{n-1} |a_\nu| \right) \right),$$

so folgt

$$|\tilde{p}(z)| \leq \left(\frac{1}{|z|} \sum_{\nu=0}^{n-1} |a_\nu| \right) |z|^n \leq \epsilon |a_n| |z|^n.$$

Damit erhalten wir

$$
\begin{aligned}
(1-\epsilon)|a_n||z|^n &\leq |a_n||z|^n - |\tilde{p}(z)| \leq |p(z)| \\
&\leq |a_n||z|^n + |\tilde{p}(z)| \leq (1+\epsilon)|a_n||z|^n.
\end{aligned}
$$

Wir haben also

Satz 8.1. *Es sei* $p(z) = \displaystyle\sum_{\nu=0}^{n} a_\nu z^\nu$ *ein Polynom vom Grade n. Dann ist für* $|z| \geq 1$

$$
|p(z)| \leq \left(\sum_{\nu=0}^{n} |a_\nu| \right) |z|^n.
$$

Ferner existiert zu jedem ϵ *mit* $0 < \epsilon < 1$ *ein* $\rho_\epsilon \geq 1$, *so dass für alle* $|z| \geq \rho_\epsilon$ *gilt*

$$
(1-\epsilon)|a_n||z|^n \leq |p(z)| \leq (1+\epsilon)|a_n||z|^n.
$$

Insbesondere liegen alle Nullstellen von $p(z)$ im Kreis $|z| < \rho_\epsilon$ für beliebiges $\epsilon \in]0, 1[$ und damit im abgeschlossenen Kreis

$$
|z| \leq \max\left(1, \frac{1}{|a_n|} \left(\sum_{\nu=0}^{n-1} |a_\nu| \right) \right).
$$

Die Abschätzung von Satz 8.1 liefert zusammen mit den allgemeinen Sätzen über holomorphe Funktionen einen Existenzbeweis für Nullstellen von Polynomen:

Satz 8.2. (Fundamentalsatz der Algebra) *Jedes nicht konstante Polynom mit komplexen Koeffizienten hat eine Nullstelle in* $\mathbb{C}$.

Beweis: $p(z)$ sei ein Polynom vom Grade $n \geq 1$. Wir wählen im vorigen Satz $\epsilon = \frac{1}{2}$ und $R \geq \rho_\epsilon$ so groß, dass $|p(0)| < \frac{1}{2}|a_n|R^n$ gilt. Dann ist $|p(0)| < \min_{|z|=R} |p(z)|$, und nach dem Minimumprinzip (Satz 6.5) hat p eine Nullstelle in $D_R(0)$. $\qquad\square$

Ein weiterer Beweis des Fundamentalsatzes wird sich aus der folgenden Umkehrung von Satz 8.1 ergeben:

Satz 8.3. *Es sei* $f(z)$ *eine ganze Funktion, es gebe ein* $n \in \mathbb{N}$ *und positive Konstanten* R, M *mit* $|f(z)| \leq M|z|^n$ *für* $|z| \geq R$. *Dann ist* f *ein Polynom mit Grad* $f \leq n$.

Der Spezialfall $n = 0$ wird häufig benutzt, wir notieren ihn gesondert:

Satz 8.4. (Liouville) *Jede beschränkte ganze Funktion ist konstant.*

Beweis von Satz 8.3: Wir betrachten die Potenzreihenentwicklung von f um den Null-punkt:

$$f(z) = \sum_{m=0}^{\infty} a_m z^m.$$

Nach den Cauchyschen Ungleichungen gilt für $r \geq R$

$$|a_m| \leq r^{-m} \max_{|z|=r} |f(z)| \leq r^{-m} \cdot M \cdot r^n.$$

Mit $r \to \infty$ erhält man hieraus $a_m = 0$ für $m > n$.   □

Aus dem Satz von Liouville ergibt sich der Fundamentalsatz folgendermaßen: Wir nehmen an, es gäbe ein nicht konstantes Polynom $p(z)$ ohne Nullstellen. Dann ist $1/p$ eine ganze Funktion. Nach Satz 8.1 haben wir $|p(z)| \geq M|z|^n$ für $|z| \geq R$, dabei sind M und R geeignete positive Konstanten und $n = \text{Grad}\, p \geq 1$. Daher gilt für $|z| \geq R$

$$\left| \frac{1}{p}(z) \right| \leq \frac{1}{M|z|^n} \leq \frac{1}{MR^n}.$$

Auf der kompakten Menge $\overline{D}_R(0)$ ist $1/p$ als stetige Funktion ebenfalls beschränkt. Daher ist $1/p$ eine beschänkte ganze Funktion, also konstant, und damit ist auch p konstant. Wir haben einen Widerspruch erhalten.

Auf Grund des Fundamentalsatzes ist klar, dass sich jedes Polynom als Produkt von Linearfaktoren (d.h. von Polynomen ersten Grades) darstellen lässt:

Satz 8.5. *Es sei $p(z)$ ein Polynom vom Grade $n \geq 1$. Die verschiedenen Nullstellen von p seien $b_1, \ldots, b_r$, ihre Vielfachheiten seien $n_1, \ldots, n_r$. Dann ist*

$$p(z) = c \cdot \prod_{\rho=1}^{r} (z - b_\rho)^{n_\rho}$$

mit einer Konstanten c.

Da die w-Stellen von p die Nullstellen von $p(z) - w$ sind, folgt noch, dass ein Polynom n-ten Grades jeden Wert $w \in \mathbb{C}$ genau n-mal annimmt, wenn man jede w-Stelle mit ihrer Vielfachheit zählt.

Wir haben in Satz 8.1 gesehen, dass ein Polynom vom Grad n für $z \to \infty$ wie $|z|^n$ wächst, und in Satz 8.3, dass eine ganze Funktion, die für $z \to \infty$ höchstens so schnell wächst wie eine Potenz von $|z|$, ein Polynom ist. Demgegenüber zeigen ganze transzendente Funktionen für große $|z|$ ein sehr merkwürdiges Verhalten. Betrachten wir als Beispiel die Exponentialfunktion: Sie bildet jeden zur reellen Achse parallelen Streifen der Breite 2π auf $\mathbb{C}^*$ ab, außerhalb jedes noch so großen Kreises nimmt sie daher jede von Null

verschiedene komplexe Zahl noch unendlich oft als Wert an. Für den allgemeinen Fall
können wir hier beweisen:

Satz 8.6. *Es sei f eine ganze transzendente Funktion. Dann gibt es zu jedem $w_0 \in \mathbb{C}$
eine Folge $(z_m)_{m \in \mathbb{N}}$ in $\mathbb{C}$ mit $\lim\limits_{m \to \infty} z_m = \infty$ und $\lim\limits_{m \to \infty} f(z_m) = w_0$.*

Die Werte, die eine transzendente Funktion f im Äußeren eines beliebig großen Kreises annimmt, kommen also jeder komplexen Zahl beliebig nahe: Für jedes $R \geq 0$ ist
$f(\mathbb{C} - D_R(0))$ eine dichte Teilmenge von $\mathbb{C}$. – Es gilt sogar die wesentlich schärfere und
sehr viel schwerer zu beweisende Aussage, dass eine ganze transzendente Funktion außerhalb jedes Kreises jede komplexe Zahl mit höchstens einer Ausnahme als Wert wirklich
annimmt (Satz von Picard). Schon die Exponentialfunktion zeigt, dass Ausnahmewerte
vorkommen können.

Beweis von Satz 8.6: Es sei f eine ganze Funktion und w_0 eine komplexe Zahl, zu der
es keine Folge (z_m) mit der im Satz genannten Eigenschaft gibt. Dann existieren also
positive Konstanten R und ϵ, so dass für alle z mit $|z| \geq R$ gilt $|f(z) - w_0| \geq \epsilon$. Wir
können $R \geq 1$ annehmen.

Da f nicht die Konstante w_0 ist, hat f auf der kompakten Menge $\overline{D}_R(0)$ nur endlich
viele w_0-Stellen, etwa $b_1, \ldots, b_r$ mit den Vielfachheiten $n_1, \ldots, n_r$. Durch

$$g(z) = \frac{f(z) - w_0}{\displaystyle\prod_{\rho=1}^{r} (z - b_\rho)^{n_\rho}}$$

wird dann eine ganze Funktion ohne Nullstellen definiert. Damit ist auch $1/g$ eine ganze
Funktion ohne Nullstellen. Nach Satz 8.1 ist für $|z| \geq R$ mit $n = n_1 + \ldots + n_r$

$$\left| \prod_{\rho=1}^{r} (z - b_\rho)^{n_\rho} \right| \leq \text{const} \cdot |z|^n,$$

zusammen mit $|f(z_0) - w_0| \geq \epsilon$ erhalten wir

$$\left| \frac{1}{g}(z) \right| \leq \text{const} \cdot |z|^n \quad \text{für} \quad |z| \geq R.$$

Nach Satz 8.3 ist $1/g$ ein Polynom; da $1/g$ keine Nullstellen hat, ist $1/g$ und damit auch
g konstant: $g(z) = c$. Dann ist aber

$$f(z) = w_0 + c \prod_{\rho=1}^{r} (z - b_\rho)^{n_\rho}$$

ein Polynom und keine transzendente Funktion.   □

Aus diesem Satz folgt

Satz 8.7. *Es sei f eine ganze Funktion. Es gebe $n \in \mathbb{N}$ und positive Konstanten M,R, so dass gilt:*

$$|f(z)| \geq M \cdot |z|^n \quad \text{für } |z| \geq R$$

Dann ist f ein Polynom mit Grad $f \geq n$.

Beweis: Für $|z| \geq R$ ist $|f(z)| \geq MR^n$, die Funktionswerte von f kommen der Null nicht beliebig nahe, daher ist f ein Polynom. Mit $m = \text{Grad} f$ gilt wegen Satz 8.1

$$|f(z)| \leq M_1|z|^m$$

für $|z| \geq R_1$ mit passendem R_1. Zusammen mit der Voraussetzung unseres Satzes folgt $|z|^{n-m} \leq M^{-1}M_1$ für $|z| \geq \max\{R, R_1\}$, also $n - m \leq 0$. □

Unsere Resultate über das Wachstum von Polynomen können wir folgendermaßen zusammenfassen: *Es sei f eine ganze Funktion. f ist ein Polynom vom Grade $\leq n$ dann und nur dann, wenn $|f(z)| \leq \text{const} \cdot |z|^n$ für alle z mit $|z| \geq R$, R passend. f ist ein Polynom vom Grade $\geq n$ dann und nur dann, wenn $\text{const} \cdot |z|^n \leq |f(z)|$ für alle z mit $|z| \geq R$, R passend.*

Aufgaben:

1. Man zeige, dass die ganze Funktion $f(z) = z + e^z$ die folgende Eigenschaft hat: Für jedes feste $t \in \mathbb{R}$ gilt

$$\lim_{r \to \infty} |f(re^{it})| = \infty.$$

2. Es sei $f(z) = \sum_{n=0}^{\infty} a_n z^n$ eine ganze Funktion, es gelte $|f(z)| \leq Me^{|z|}$ für alle $z \in \mathbb{C}$. Man zeige: Für $n \geq 1$ ist $|a_n| \leq M(e/n)^n$.

§ 9. Reell-analytische Funktionen

Wir haben ein tieferes Verständnis der trigonometrischen und hyperbolischen Funktionen dadurch gewonnen, dass wir ihr Fortsetzungen auf $\mathbb{C}$ studiert haben (Kap. I, §8). Man wird allgemeiner erwarten, reelle Funktionen besser zu verstehen, wenn man auch ihre holomorphen Fortsetzungen ins Komplexe untersucht, sofern sie existieren. Wir präzisieren den Begriff:

Definition 9.1. *Es sei f eine reelle Funktion auf dem offenen Intervall $I \subset \mathbb{R}$. Eine holomorphe Fortsetzung von f ist eine holomorphe Funktion $F : U \to \mathbb{C}$ auf einer offenen Menge $U \subset \mathbb{C}$, für die $I \subset U$ und $F|I = f$ gilt.*

Ein reelles Polynom $f(x) = a_0 + a_1 x + \ldots + a_n x^n$ (mit $a_0, a_1, \ldots, a_n \in \mathbb{R}$) hat die offensichtliche holomorphe Fortsetzung $F(z) = a_0 + a_1 z + \ldots + a_n z^n$; analoges gilt für reelle rationale Funktionen.

Wenn eine reelle Funktion $f : I \to \mathbb{R}$ eine holomorphe Fortsetzung $F : U \to \mathbb{C}$ besitzt, so wird die Funktion F jedenfalls in der Nähe jedes Punktes $x_0 \in I$ durch ihre Taylorreihe um x_0 dargestellt. Wegen $f = F|I$ ist f beliebig oft differenzierbar, es gilt $f^{(n)}(x_0) = F^{(n)}(x_0)$ für alle n, also stimmt die Taylorreihe von f um x_0 mit der von F überein und stellt f dar. Damit überhaupt eine holomorphe Fortsetzung von f existiert, muß f demnach *reell-analytisch* sein (zu diesem Begriff siehe etwa [12] Kap. VI, §1). Diese Bedingung ist auch hinreichend für die Existenz einer holomorphen Fortsetzung:

Satz 9.1. *Es sei $I \subset \mathbb{R}$ ein offenes Intervall. Eine reelle Funktion $f : I \to \mathbb{R}$ hat genau dann eine holomorphe Fortsetzung, wenn f reell-analytisch ist.*

Beweis: Es sei f reell-analytisch; für $x_0 \in I$ sei $r(x_0)$ der (positive) Konvergenzradius der Taylorreihe von f. Auf der Kreisscheibe $U(x_0) = D_{r(x_0)}(x_0)$ definieren wir eine holomorphe Funktion F_{x_0} durch

$$F_{x_0}(z) = \sum_{n=0}^{\infty} \frac{f^{(n)}(x_0)}{n!} (z - x_0)^n.$$

Ist für $x_1, x_2 \in I$ der Durchschnitt $U(x_1) \cap U(x_2)$ nicht leer, so enthält er ein Teilintervall von I; auf diesem gilt $F_{x_1}(x) = f(x) = F_{x_2}(x)$. Nach dem Identitätssatz ist dann $F_{x_1} \equiv F_{x_2}$ auf $U(x_1) \cap U(x_2)$. Auf der in $\mathbb{C}$ offenen Menge $U = \bigcup_{x \in I} U(x)$ können wir also in eindeutiger Weise eine holomorphe Fortsetzung F definieren, indem wir $F(z) = F_x(z)$ setzen, falls $z \in U(x)$. $\square$

Satz 9.1 zeigt auch, dass das Produkt zweier reell-analytischer Funktionen wieder reell-analytisch ist, ebenso der Quotient auf seinem Definitionsbereich.

Eine reell-analytische Funktion f kann auf einer zusammenhängenden offenen Menge U höchstens eine holomorphe Fortsetzung haben. Hingegen kann es durchaus vorkommen, dass f zwei holomorphe Fortsetzungen $F_1 : U_1 \to \mathbb{C}$ und $F_2 : U_2 \to \mathbb{C}$ auf Gebiete U_1 und U_2 besitzt, ohne dass $F_1 = F_2$ auf $U_1 \cap U_2$ gilt. (vgl. Bild 14). Konkreten Beispielen für diese Situation werden wir später bei der Behandlung des Logarithmus und der Wurzelfunktionen begegnen.

Die Cauchyschen Ungleichungen liefern die folgende Charakterisierung reell-analytischer Funktionen:

Satz 9.2. *Es sei $I \subset \mathbb{R}$ ein Intervall und $f : I \to \mathbb{R}$ eine (reell) beliebig oft differenzierbare Funktion. Genau dann ist f reell-analytisch, wenn es zu jedem $x_0 \in I$ positive Konstante K und δ gibt, so dass für alle $n \in \mathbb{N}$ und alle $x \in I$ mit $|x - x_0| < \delta$ gilt:*

$$\frac{|f^{(n)}(x)|}{n!} \cdot \delta^n \leq K.$$

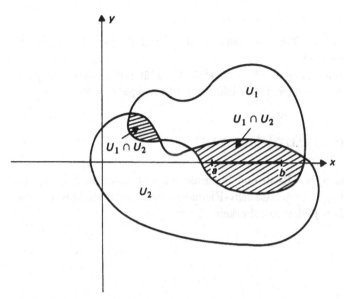

Bild 15 Mehrdeutigkeit der holomorphen Fortsetzung

Beweis: Ist die Wachstumsbedingung für die Ableitungen von f erfüllt, so konvergiert die Taylorreihe von f für $x \in I$ und $|x - x_0| < \delta$ gegen f, da dann das Lagrange-Restglied

$$\frac{f^{(n)}(x_0 + \vartheta(x - x_0))}{n!}(x - x_0)^n$$

gegen Null geht (vgl. [8] oder [12]).

Es sei nun umgekehrt f reell-analytisch auf I. Es sei $x_0 \in I$ und r' der Konvergenzradius der Taylorreihe von f um x_0. Mit F bezeichnen wir die holomorphe Fortsetzung von f auf $D_{r'}(x_0)$. Wir wählen $\delta \in]0, r'/2[$ und setzen $r = 2\delta$. Dann liefert Satz 6.1 die für $|x - x_0| \leq \delta, x \in I$ gültige Abschätzung

$$\frac{|f^{(n)}(x)|}{n!}\delta^n \leq 2\max\{|F(\zeta)| : |\zeta - x_0| = r\}.$$

$\square$

Die Aussage von Satz 9.2 gehört der reellen Analysis an, zu ihrem Beweis ist aber die Benutzung der komplexen Funktionentheorie wesentlich.

Wir betrachten noch ein Beispiel. Die auf $\mathbb{R}$ definierte Funktion $f(x) = 1/(1 + x^2)$ hat die auf $U = \mathbb{C} - \{i, -i\}$ erklärte holomorphe Fortsetzung $F(z) = 1/(1 + z^2)$. Der größte in U gelegene Kreis um 0 ist der Einheitskreis $D_1(0)$, der Konvergenzradius R der Taylorreihe von F um 0 ist also mindestens 1. Wäre $R > 1$, so lieferte die Summe dieser Taylorreihe eine stetige Fortsetzung von F auf $D_R(0)$, während doch $F(z)$ bei Annäherung an $\pm i$ nicht beschränkt bleibt. Daher muß $R = 1$ gelten. Das erklärt, warum die Taylorreihe der reellen Funktion f um 0 nur für $|x| < 1$ konvergiert, während f auf ganz $\mathbb{R}$ reell-analytisch ist. – Die gleiche Überlegung zeigt übrigens, dass die Taylorreihe von f um einen beliebigen Punkt x_0 den Konvergenzradius $\sqrt{x_0^2 + 1}$ hat.

Aufgaben:

1. Es sei $f : U \to \mathbb{C}$ holomorph und $U \cap \mathbb{R} \neq \emptyset$. Man zeige, dass $(\operatorname{Re} f)|U \cap \mathbb{R}$ und $(\operatorname{Im} f)|U \cap \mathbb{R}$ reell-analytische Funktionen sind.

2. Man zeige, dass die Funktion $\tanh x = (e^{2x} - 1)/(e^{2x} + 1)$ auf $\mathbb{R}$ reell-analytisch ist, und bestimme den Konvergenzradius ihrer Taylorreihe um ein beliebiges $x_0 \in \mathbb{R}$.

§ 10*. Harmonische Funktionen

Wir studieren in diesem Paragraphen Real- und Imaginärteile holomorpher Funktionen. Ist $f : U \to \mathbb{C}$ holomorph, so folgt aus den Cauchy-Riemannschen Differentialgleichungen und der beliebig häufigen reellen Differenzierbarkeit von f:

$$\frac{\partial^2 f}{\partial x^2} + \frac{\partial^2 f}{\partial y^2} = 4 \frac{\partial^2 f}{\partial z \partial \bar{z}} = 0.$$

Der Operator

$$\Delta = \frac{\partial^2}{\partial x^2} + \frac{\partial^2}{\partial y^2}$$

heißt *Laplace-Operator*, die Lösungen der partiellen Differentialgleichung

$$\Delta f = 0$$

(der *Laplace-* oder Potentialgleichung) *harmonische Funktionen*. Per definitionem sollen harmonische Funktionen also zweimal stetig differenzierbar sein. Offensichtlich bilden die auf U harmonischen Funktionen einen $\mathbb{C}$-Vektorraum, der die konstanten Funktionen enthält.

Satz 10.1. *Holomorphe Funktionen, ebenso die Real- und Imaginärteile holomorpher Funktionen, sind harmonisch.*

Den ersten Teil des Satzes haben wir gerade bewiesen, der zweite Teil folgt aus der Beziehung $\Delta \bar{f} = \overline{\Delta f}$, die zeigt, dass eine Funktion genau dann harmonisch ist, wenn Real- und Imaginärteil es sind.

Gibt es noch weitere reelle harmonische Funktionen? Zur Diskussion dieser Frage benötigen wir einen neuen Begriff:

Definition 10.1. *Eine einmal stetig differenzierbare 1-Form ω in einem Bereich U heißt harmonisch, wenn es zu jedem $z_0 \in U$ eine auf einer Umgebung V von z_0 definierte harmonische Funktion f mit $df = \omega$ gibt („lokale harmonische Stammfunktion von ω").*

Da harmonische Formen also lokal exakt sind, sind sie automatisch geschlossen:

$$d\omega = 0.$$

Wir definieren für eine 1-Form $\omega = p\,dz + q\,d\bar{z}$ die Form

$$*\omega = i(-p\,dz + q\,d\bar{z}),$$

und bemerken

$$d * df = 2i f_{z\bar{z}}\,dz \wedge d\bar{z}.$$

Für eine harmonische Form ω folgt dann

$$d * \omega = d * df = 2i f_{z\bar{z}}\,dz \wedge d\bar{z} = 0.$$

Hierbei ist f eine lokale harmonische Stammfunktion.

Umgekehrt sei $\omega = p\,dz + q\,d\bar{z}$ eine stetig diffenrenzierbare Form mit

$$d\omega = d * \omega = 0.$$

Nach dem Poincaréschen Lemma besitzt ω lokale Stammfunktionen f. Dann ist

$$0 = d * \omega = d * df = 2i f_{z\bar{z}}\,dz \wedge d\bar{z},$$

also ist f harmonisch, und damit ω auch. – Wir notieren noch die Rechenregeln

$$* * \omega = -\omega, \quad *\overline{\omega} = \overline{*\omega}$$

und können nun zeigen:

Satz 10.2.

   i) *Jede reelle harmonische 1-Form in einem Bereich U ist Realteil einer holomorphen 1-Form.*

   ii) *Jede reelle harmonische Funktion in einem konvexen Gebiet ist Realteil einer holomorphen Funktion.*

Beweis: i) Ist ω reell und harmonisch, so ist $d\omega = d * \omega = 0$, die Form

$$\alpha = \omega + i * \omega$$

also geschlossen: $d\alpha = 0$, und damit lokal-exakt: $\alpha = df$, wobei f in der Nähe eines vorgegebenen Punktes $z_0 \in U$ erklärt ist. Wir zeigen, dass f holomorph ist. Es ist

$$*\alpha = *\omega + *i * \omega = *\omega - i\omega = -i\alpha,$$

also

$$* (f_z\, dz + f_{\bar z}\, d\bar z) = i(-f_z\, dz + f_{\bar z}\, d\bar z) = -i(f_z\, dz + f_{\bar z}\, d\bar z).$$

Hieraus folgt $f_{\bar z} = 0$, d.h. f ist holomorph.

ii) Ist u eine reelle harmonische Funktion auf G, so ist du der Realteil einer holomorphen Differentialform α. Wegen der Konvexität von G ist α exakt, $\alpha = df$, wobei f eine holomorphe Funktion ist. Es folgt:

$$d(\operatorname{Re} f - u) = 0,$$

d.h. $\operatorname{Re} f$ und u unterscheiden sich nur um eine reelle Konstante c. Somit ist $u = \operatorname{Re}(f + c)$. $\square$

Folgerung. *Jede harmonische Funktion ist beliebig oft differenzierbar (und sogar reell-analytisch).*

Wir wollen ab jetzt nur noch reelle harmonische Funktionen betrachten und mittels Satz 10.2 ihre Eigenschaften aus den entsprechenden Eigenschaften holomorpher Funktionen herleiten.

Satz 10.3. *Es sei f harmonisch auf dem Gebiet G. Dann ist $f \equiv 0$ genau dann, wenn es einen nichtleeren offenen Teil $U \subset G$ mit $f|U \equiv 0$ gibt.*

Beweis (des nichttrivialen Teiles der Behauptung): Es sei $V = \{z \in G : f \equiv 0$ in einer Umgebung von $z\}$. V ist offen und nichtleer; wir zeigen, dass V relativ abgeschlossen in G ist. Dazu sei $z_0 \in \overline{V} \cap G$. Dann gibt es eine Kreisscheibe $D = D(z_0) \subset\subset G$ und nach Satz 10.2 eine auf D holomorphe Funktion F mit $\operatorname{Re} F = f|D$. Ist $z_1 \in V \cap D$, so verschwindet der Realteil von F in einer Umgebung von z_1. Damit ist F konstant auf D und somit $f \equiv 0$ auf D. Also ist $z_0 \in V$. $\square$

Man beachte aber, dass $f(x,y) \equiv x$ harmonisch ist und auf der nichtdiskreten Menge $x = 0$ verschwindet! Die Nullstellen einer harmonischen reellen Funktion liegen i.a. nicht diskret.

Wir wenden nun die Resultate von §7 an. Es folgt zunächst aus Satz 7.2

Satz 10.4. *Harmonische Funktionen haben die Mittelwerteigenschaft.*

Ausführlich:

$$f(z_0) = \frac{1}{2\pi} \int\limits_0^{2\pi} f(z_0 + re^{it})\, dt$$

für jede in einer Umgebung von z_0 harmonische Funktion und alle hinreichend kleinen r.

Daraus ergibt sich nach Satz 7.3, §7 Aufgabe 1 und Satz 10.3:

Satz 10.5. (Maximum- und Minimum-Prinzip)

 i) *Hat eine harmonische Funktion $f : G \to \mathbb{R}$ in einem Punkt z_0 eines Gebietes G*
  ein lokales Maximum (Minimum), so ist f konstant.

 ii) *Eine auf dem beschränkten Gebiet G harmonische, auf $\overline{G}$ stetige Funktion nimmt*
  Maximum und Minimum auf ∂G an.

Wir wenden uns jetzt Folgerungen aus der Cauchyschen Integralformel zu. Dazu sei D
ein Kreis vom Radius R um den Nullpunkt und f holomorph in einer Umgebung von $\overline{D}$.
Nach der Cauchyschen Formel ist für $z \in D$

$$f(z) = \frac{1}{2\pi i} \int\limits_{\kappa} \frac{f(\zeta)}{\zeta - z}\, d\zeta,$$

wobei über den positiv orientierten Rand κ von D zu integrieren ist. Setzt man $\zeta = Re^{i\vartheta}$,
so folgt mit $\zeta\overline{\zeta} = R^2$:

$$f(z) = \frac{1}{2\pi} \int\limits_{0}^{2\pi} \frac{f(\zeta)R^2}{R^2 - \overline{\zeta}z}\, d\vartheta \tag{1}$$

Nun ist die Funktion

$$\frac{f(\zeta)R^2}{R^2 - \zeta\overline{z}}$$

für festes $z \in D$ in einer Umgebung von $\overline{D}$ holomorph; wendet man also (1) auf diese
Funktion an, so erhält man:

$$\frac{f(z)}{R^2 - |z|^2} = \frac{1}{2\pi} \int\limits_{0}^{2\pi} \frac{f(\zeta)R^2}{|R^2 - \overline{\zeta}z|^2}\, d\vartheta$$

und damit

$$f(z) = \frac{1}{2\pi} \int\limits_{0}^{2\pi} f(\zeta) \frac{R^2(R^2 - |z|^2)}{|R^2 - \overline{\zeta}z|^2}\, d\vartheta = \frac{1}{2\pi} \int\limits_{0}^{2\pi} f(\zeta) \frac{R^2 - |z|^2}{|\zeta - z|^2}\, d\vartheta.$$

Damit haben wir eine neue Integraldarstellung für holomorphe Funktionen in Kreisen
gewonnen.

Definition 10.2. *Die Funktion*

$$P_R(\zeta, z) = \frac{1}{2\pi} \frac{R^2 - |z|^2}{|\zeta - z|^2}$$

heißt Poissonkern für den Kreis $D_R(0)$.

In Polarkoordinaten: $z = re^{it}$, $\zeta = Re^{i\vartheta}$, hat der Kern die Gestalt

$$P_R(\zeta, z) = \frac{1}{2\pi} \frac{R^2 - r^2}{R^2 - 2Rr\cos(\vartheta - t) + r^2},$$

wie eine direkte Rechnung liefert.

Wir können nun leicht zeigen

Satz 10.6. (Poissonsche Integralformel).

i) Ist f eine auf $\overline{D_R(0)}$ stetige, in $D_R(0)$ harmonische Funktion, so ist für jedes $z \in D_R(0)$

$$f(z) = \int_0^{2\pi} f(\zeta) P_R(\zeta, z)\, d\vartheta.$$

ii) Ist h eine auf der Kreislinie $\partial D_R(0)$ stetige Funktion, so ist die Funktion

$$f(z) = \int_0^{2\pi} h(\zeta) P_R(\zeta, z)\, d\vartheta$$

in $D_R(0)$ harmonisch.

Beweis: a) Wir beweisen zunächst die zweite Aussage. Eine leichte Rechnung ergibt, dass $P_R(\zeta, z)$ (bei festem ζ) Realteil der auf D holomorphen Funktion

$$\frac{1}{2\pi} \frac{\zeta + z}{\zeta - z}$$

ist. Somit ist P_R in z harmonisch, Differentiation unter dem Integralzeichen liefert dann $\Delta f(z) = 0$.

b) Zum Beweis der ersten Aussage nehmen wir zunächst an, dass f in einer konvexen Umgebung U von $\overline{D}$ harmonisch ist. Dann ist f Realteil einer auf U holomorphen Funktion F, für die die Poissonsche Integraldarstellung

$$F(z) = \int_0^{2\pi} F(\zeta) P_R(\zeta, z)\, d\vartheta$$

schon gilt. Da aber P_R reellwertig ist, erhält man für den Real- und Imaginärteil von F dieselbe Darstellung.

c) Es sei nun f wie im Satz. Wir wählen eine Folge $r_\nu < 1$ mit $r_\nu \to 1$ und bilden

$$f_\nu(z) = f(r_\nu z), \quad z \in \overline{D}.$$

Dann sind die f_ν harmonisch in einer Umgebung von $\overline{D}$ und konvergieren auf $\overline{D}$ wegen der Stetigkeit von f gleichmäßig gegen f. Nach Kap. II, §4 ergibt sich aber

$$\int_0^{2\pi} f_\nu(\zeta) P_R(\zeta, z)\, d\vartheta \to \int_0^{2\pi} f(\zeta) P_R(\zeta, z)\, d\vartheta,$$

also

$$f(z) = \lim_{\nu \to \infty} f_\nu(z) = \lim_{\nu \to \infty} \int_0^{2\pi} f_\nu(\zeta) P_R(\zeta, z)\, d\vartheta = \int_0^{2\pi} f(\zeta) P_R(\zeta, z)\, d\vartheta. \qquad \square$$

Wir wollen noch eine weitere Eigenschaft des Poissonkernes notieren: Anwendung von Satz 10.6 auf die konstante Funktion 1 ergibt

$$1 = \int_0^{2\pi} P_R(\zeta, z)\, d\vartheta. \qquad (2)$$

Diese Eigenschaft wird im folgenden Satz wichtig.

Satz 10.7. *Es sei h eine stetige Funktion auf der Kreislinie ∂D. Dann ist die durch*

$$f(z) = \begin{cases} \displaystyle\int_0^{2\pi} h(\zeta) P_R(\zeta, z)\, d\vartheta & \text{für } z \in D \\[2ex] h(z) & \text{für } z \in \partial D \end{cases}$$

erklärte Funktion auf $\overline{D}$ stetig und auf D harmonisch.

Beweis: Dass f auf D harmonisch ist, wissen wir aus dem vorigen Satz. Den Nachweis der Stetigkeit führen wir zur Vereinfachung der Bezeichnungen für den Einheitskreis ($R = 1$). Es sei $z_0 = e^{i\vartheta_0} \in \partial D$; wir setzen noch $\vartheta_0 \neq 0, 2\pi$ voraus (sonst ändern sich im folgenden die Bezeichnungen geringfügig). Zu zeigen ist, dass zu $\epsilon > 0$ ein $\delta > 0$ so existiert, dass für $|z - z_0| < \delta$ und $z \in \overline{D}$

$$|f(z) - f(z_0)| < \epsilon$$

ist. Nur der Fall $z \in D$ ist dabei von Interesse: es sei jetzt immer $z \in D$.

Wir betrachten das Intervall

$$J = \{\vartheta : \vartheta_0 - 2\delta_0 \leq \vartheta \leq \vartheta_0 + 2\delta_0\}$$

und den Sektor

$$S = \{z \in D : z = re^{it}, \vartheta_0 - \delta_0 \leq t \leq \vartheta_0 + \delta_0\}.$$

Dabei sei δ_0 so klein, dass $J \subset [0, 2\pi]$ gilt und darüberhinaus für alle $\zeta = e^{i\vartheta}$ mit $\vartheta \in J$

$$|h(\zeta) - h(z_0)| < \frac{\epsilon}{2} \tag{3}$$

wird. Dann gibt es ein $c > 0$, so dass für alle $z \in S$ und alle $\zeta = e^{i\vartheta}$ mit $0 \leq \vartheta \leq 2\pi$ und $\vartheta \notin J$

$$|\zeta - z| \geq c \tag{4}$$

ist. Wir wählen jetzt z immer in S. Es gilt wegen (2)

$$
\begin{aligned}
f(z) - f(z_0) &= \int_0^{2\pi} (h(\zeta) - h(z_0)) P(\zeta, z) \, d\vartheta \\
&= \int_J (h(\zeta) - h(z_0)) P(\zeta, z) \, d\vartheta + \int_M (h(\zeta) - h(z_0)) P(\zeta, z) \, d\vartheta \\
&= I_1 + I_2.
\end{aligned}
\tag{5}
$$

Dabei ist $M = [0, 2\pi] - J$; für P_1 haben wir P geschrieben. Für das erste Integral I_1 in (5) gilt nach (2) und (3)

$$|I_1| \leq \int_J |h(\zeta) - h(z_0)| P(\zeta, z) \, d\vartheta \leq \frac{\epsilon}{2} \cdot \int_0^{2\pi} P(\zeta, z) \, d\vartheta = \frac{\epsilon}{2} \quad \text{(denn P ist positiv)}.$$

Für I_2 erhalten wir

$$|I_2| \leq \frac{1}{2\pi} \int_M (|h(\zeta)| + |h(z_0)|) \frac{1 - |z|^2}{|\zeta - z|^2} \, d\vartheta.$$

Setzen wir $K = \max |h|$ und benutzen noch (4), so ergibt sich weiter

$$|I_2| \leq \frac{2K}{2\pi} \frac{1}{c^2} \int_M (1 - |z|^2) \, d\vartheta \leq \frac{2K}{c^2} (1 - |z|^2).$$

Wir können nun $\delta > 0$ so wählen, dass für $|z - z_0| < \delta$ immer $z \in S$ und

$$1 - |z|^2 < \frac{c^2}{2K} \cdot \frac{\epsilon}{2}$$

gilt; für diese z wird $|I_2| < \frac{\epsilon}{2}$, also insgesamt

$$|f(z) - f(z_0)| < \epsilon. \qquad \square$$

Bevor wir Konsequenzen des vorigen Satzes besprechen, wollen wir ihn neu formulieren. Es sei $G \subset \mathbb{C}$ ein Gebiet und h eine auf ∂G stetige (reelle) Funktion. Das Problem, eine auf $\overline{G}$ stetige, auf G harmonische Funktion f so zu finden, dass $f|\partial G = h$ ist, heißt *Dirichlet-Problem* für G zu den Randwerten h. Wir haben also gezeigt: *Das Dirichlet-Problem ist auf einem Kreis zu beliebigen stetigen Randwerten lösbar.* Dass die Lösung eindeutig ist, besagt der allgemeinere

Satz 10.8. *Auf einem beschränkten Gebiet G gibt es höchstens eine Lösung des Dirichlet-Problems zu gegebenen stetigen Randwerten.*

Beweis: Es sei h auf ∂G stetig, f und g seien zwei stetige Funktionen auf $\overline{G}$, die in G harmonisch sind und $f = g = h$ auf ∂G erfüllen. Dann ist $f - g$ stetig auf $\overline{G}$, harmonisch auf G, und $\equiv 0$ auf ∂G. Da $f - g$ Maximum und Minimum auf ∂G annimmt, folgt $f - g \equiv 0$. $\qquad \square$

Wir können jetzt harmonische Funktionen neu charakterisieren:

Satz 10.9. *Eine Funktion ist genau dann harmonisch, wenn sie der Mittelwertbedingung genügt.*

Bemerkenswert an diesem Satz ist, dass noch nicht einmal die Differenzierbarkeit der Funktion gefordert wird: Mit der Mittelwerteigenschaft folgt aus der bloßen Stetigkeit bereits die reelle Analytizität!

Beweis von Satz 10.9. Die Funktion $f : U \to \mathbb{R}$ genüge der Mittelwertbedingung; es sei $z_0 \in U$ und $D = D_R(z_0) \subset\subset U$ ein Kreis um z_0. Dann gibt es eine auf $\overline{D}$ stetige, in D harmonische Funktion g mit

$$g|\partial D = f|\partial D.$$

Da $f - g$ auf D stetig ist und die Mittelwerteigenschaft hat, so gelten auch Maximum- und Minimumprinzip für $f - g$, d.h. $f - g$ nimmt Maximum und Minimum auf ∂D an. Dort ist aber $f - g = 0$, also $f = g$ in D. Damit ist f in einer Umgebung von z_0 harmonisch, also, da z_0 beliebig gewählt werden durfte, überall harmonisch. – Die andere Richtung der Behauptung ist gerade Satz 10.4. $\qquad \square$

Aufgaben:

1. Es sei f holomorph. Zeige: Die Funktion $\log|f|$ ist ausserhalb der Nullstellen von f harmonisch.

2. Es sei $f = u + iv$ eine holomorphe Funktion. Zeige: Aus $du \neq 0$ folgt $dv \neq 0$.

3. Die Funktion $\log|z|$ ist in $\dot{D} = \{z : 0 < |z| < 1\}$ harmonisch. Ist sie dort Realteil einer holomorphen Funktion?

4. Es sei $f(x, y) = a_{11}x^2 + 2a_{12}xy + a_{22}y^2$. Welchen Bedingungen müssen die a_{ij} genügen, damit f Realteil einer holomorphen Funktion F ist? Bestimme, wenn diese Bedingungen erfüllt sind, ein solches F. Führe eine analoge Überlegung für homogene kubische Polynome durch.

5. Zeige: Ist f holomorph in einem Gebiet G und ist $\operatorname{Re} f$ oder $\operatorname{Im} f$ ein Polynom, so ist f ein Polynom.

6. Auf unbeschränkten Gebieten sind Lösungen des Dirichlet-Problems nicht eindeutig bestimmt. Beispiel! (*Hinweis:* Wähle für G einen Periodenstreifen der exp-Funktion).

7. Zeige für $|z| < R$

$$\frac{1}{2\pi}\frac{R-|z|}{R+|z|} \leq P_R(\zeta, z) \leq \frac{1}{2\pi}\frac{R+|z|}{R-|z|},$$

wobei P_R der Poissonkern zu $D_R(0)$ ist. Folgere: Ist f stetig auf $\overline{D_R(0)}$, harmonisch auf $D_R(0)$ und nichtnegativ, so ist für $|z| \leq r < R$

$$\frac{R-r}{R+r}f(0) \leq f(z) \leq \frac{R+r}{R-r}f(0).$$

8. Zeige: Der lokal gleichmäßige Limes einer Folge harmonischer Funktionen ist harmonisch.

9. Es sei $f_1 \leq f_2 \leq \ldots$ eine monotone Folge harmonischer Funktionen auf einem Gebiet G. Es gebe ein $z_0 \in G$ und ein $M \in \mathbb{R}$ mit $f_\nu(z_0) \leq M$ für alle ν. Zeige: $f_\nu \to f$, wobei f harmonisch ist. Hinweis: Benutze Aufgabe 7.

10. Es sei u eine nichtkonstante reelle harmonische Funktion. Zeige: du hat nur isolierte Nullstellen.

11. Ein Beweis des *Weierstraßschen Approximationssatzes*.

    (a) Es sei f stetig auf ∂D. Zeige, dass es zu jedem $\epsilon > 0$ eine in einer Umgebung von $\overline{D}$ harmonische Funktion h mit $\max_{\partial D}|f - h| < \epsilon$ gibt. *Hinweis:* Löse das Dirichlet-Problem für f.

    (b) Es sei f eine in einer Umgebung von $\overline{D}$ harmonische Funktion. Zeige: Zu jedem $\epsilon > 0$ gibt es ein „Polynom" der Gestalt

    $$p(z) = \sum_{\nu=-k}^{k} a_\nu z^\nu$$

    mit $\max_{\partial D}|f - p| < \epsilon$. *Hinweis:* Ergänze f zu einer holomorphen Funktion und betrachte die Taylorentwicklung.

    (c) Aus (a) und (b) folgt: Jede stetige Funktion f auf $[0, 2\pi]$ ist gleichmäßiger Limes von Polynomen. *Hinweis:* Durch Subtraktion eines Polynoms lässt sich $f(0) = f(2\pi)$ erreichen.

12. Es sei f in $D - \{0\}$ harmonisch und beschränkt. Folgere, dass f nach 0 harmonisch fortsetzbar ist. *Hinweis:* Man darf f als reell und stetig auf $\overline{D} - \{0\}$ annehmen. Löse das Dirichlet-Problem in D mit Randwerten $f|\partial D$ durch eine Funktion g. Zeige, dass $f = g$ ist. Betrachte dazu für $\epsilon > 0$

$$h_\epsilon = g - f + \epsilon \log|z|$$

und wende das Maximum-Prinzip auf h_ϵ an. Folgere $g - f \leq 0$; analog $f - g \leq 0$.

13. Es sei $f : \partial D \to \mathbb{C}$ stetig. Bilde

$$F(z) = \int\limits_0^{2\pi} f(\zeta) P(\zeta, z)\, d\vartheta.$$

Zeige: F ist genau dann in D holomorph, wenn

$$\int\limits_{\partial D} f(\zeta) \zeta^n\, d\zeta = 0$$

für $n = 0, 1, 2, \ldots$ ist. *Hinweis:* Es ist

$$2\pi P(\zeta, z) = \operatorname{Re} \frac{1 + z/\zeta}{1 - z/\zeta}.$$

Entwickle in eine geometrische Reihe und vertausche Summation und Integration.

Kapitel IV

Der globale Cauchysche Integralsatz

Diejenigen geschlossenen Integrationswege γ in einem Bereich U, für die $\int_\gamma f(z)\,dz = 0$ bei jeder in U holomorphen Funktion f gilt, lassen sich geometrisch charakterisieren: Es sind gerade diejenigen, die keinen Punkt des Komplementes von U „im Inneren" enthalten. Diese Vorstellung wird in §1 durch den Begriff der *Umlaufszahl* präzisiert (der Zusammenhang mit der Anschauung wird allerdings erst in Kap. V, §1 vollständig hergestellt) und führt zu einer allgemeinen Version des Cauchyschen Integralsatzes und der Cauchyschen Integralformeln (§2). Interpretationen und geometrische Anwendungen der Umlaufszahl beschließen das Kapitel. – Die allgemeine Version der Cauchyschen Sätze wird selten benötigt; der Leser, der lieber mit Differentialformen und positiv berandeten Gebieten arbeiten möchte, braucht diesem Kapitel nur den Begriff des einfachen Zusammenhangs und der Umlaufszahl zu entnehmen. – Wir betrachten hier nur Bereiche in der Zahlenebene.

Bei der Umlaufszahl handelt es sich um einen Spezialfall des von Kronecker eingeführten *Kronecker-Index* ; sie wurde schon 1910 von Hadamard in der Funktionentheorie verwandt. Die Idee, sie systematisch zum Aufbau der Theorie heranzuziehen, ist von E. Artin propagiert worden (ca. 1944); die Beweise aus §2 wurden erst 1971 von Dixon [6] entwickelt.

§ 1. Umlaufszahlen

Wir betrachten den Weg $\gamma_n : [0, 2\pi] \to \mathbb{C}, t \mapsto re^{int}$ mit $n \in \mathbb{Z}$. Es ist offenbar vernünftig zu sagen: Falls n positiv ist, umläuft γ_n jeden Punkt von $D_r(0)$ n-mal, die Punkte von $\mathbb{C} - \overline{D}_r(0)$ werden von γ_n überhaupt nicht umlaufen. Für negatives n kann man sagen: γ_n umläuft die Punkte von $D_r(0)$ $|n|$-mal im negativen Sinne, oder einfacher wieder: γ_n umläuft die Punkte von $D_r(0)$ n-mal.

In diesem Paragraphen wollen wir für beliebige geschlossene Integrationswege Umlaufszahlen definieren. Sie werden im folgenden Paragraphen ein wichtiges Hilfsmittel zur Formulierung einer allgemeinen Cauchyschen Integralformel.

Wir werden Umlaufszahlen allgemeiner für Zyklen, das sind „geschlossene Ketten" , erklären. Zunächst besprechen wir diesen Begriff. Dabei bezeichnen wir Anfangs- und Endpunkt eines Weges γ mit $A(\gamma)$ bzw. $E(\gamma)$.

Definition 1.1. *Eine Kette* $\Gamma = \sum\limits_{\kappa=1}^{k} n_\kappa \gamma_\kappa$ *heißt geschlossen oder ein Zyklus, wenn jeder Punkt $z \in \mathbb{C}$ unter Berücksichtigung der Vielfachheiten n_κ ebenso oft als Anfangspunkt eines γ_κ wie als Endpunkt eines γ_κ auftritt.*

Diese Bedingung schreibt sich formal

$$\sum_{\kappa: z=A(\gamma_\kappa)} n_\kappa = \sum_{\lambda: z=E(\gamma_\lambda)} n_\lambda \quad \text{für alle } z.$$

Sie ist für Punkte z, die nicht Anfangs- oder Endpunkt eines γ_κ sind, trivialerweise erfüllt. – Die Zyklen in einer festen Menge $U \subset \mathbb{C}$ bilden eine Untergruppe der Gruppe der Ketten in U.

Beispiele:

1. Jeder geschlossene Integrationsweg, allgemeiner jede Linearkombination von geschlossenen Wegen ist ein Zyklus. Insbesondere ist die Randkette eines positiv berandeten Gebietes ein Zyklus.

2. Ist γ ein Integrationsweg, so ist die Kette $\gamma + \gamma^{-1}$ ein Zyklus.

3. Sind $\gamma_1, \ldots, \gamma_k$ Integrationswege, die zu einem geschlossenen Weg $\gamma_1 \ldots \gamma_k$ zusammengesetzt werden können, d.h. gilt $E(\gamma_\kappa) = A(\gamma_{\kappa+1})$ für $\kappa = 1, \ldots, k-1$ und $E(\gamma_k) = A(\gamma_1)$, so ist die Kette $\gamma_1 + \ldots + \gamma_k$ ein Zyklus.

Wir können das Ergebnis von Kap. II, §2 auf Zyklen verallgemeinern:

Satz 1.1. *Die Funktion f sei auf dem Gebiet G stetig. Genau dann besitzt f eine Stammfunktion, wenn für alle Zyklen Γ in G gilt*

$$\int_\Gamma f(z)\, dz = 0.$$

Beweis: Es sei F eine Stammfunktion von f und $\Gamma = \sum\limits_{\kappa=1}^{k} n_\kappa \gamma_\kappa$ ein Zyklus in G. Dann gilt

$$\int_\Gamma f(z)\, dz = \sum_{\kappa=1}^{k} n_\kappa \int_{\gamma_\kappa} f(z)\, dz = \sum_{\kappa=1}^{k} n_\kappa \left(F(E(\gamma_\kappa)) - F(A(\gamma_\kappa)) \right).$$

Die rechte Summe können wir auch in der Form

$$\sum_z \left(\sum_{\kappa: E(\gamma_\kappa)=z} n_\kappa - \sum_{\lambda: A(\gamma_\lambda)=z} n_\lambda \right) F(z)$$

schreiben, wobei über diejenigen $z \in G$ summiert wird, die als Anfangs- oder Endpunkt eines γ_κ auftreten. Da Γ ein Zyklus ist, verschwindet diese Summe. – Die umgekehrte Implikation folgt aus Satz 2.2 in Kap. II. $\square$

Wir erklären nun den Begriff der Umlaufszahl.

Definition 1.2. *Es sei Γ ein Zyklus und $z \in \mathbb{C} - \mathrm{Sp}\,\Gamma$. Dann ist die Umlaufszahl von Γ bezüglich z gegeben durch*

$$n(\Gamma, z) = \frac{1}{2\pi i} \int\limits_\Gamma \frac{d\zeta}{\zeta - z}.$$

Diese Definition ist ungeometrisch. Wir werden erst nach eingehender Untersuchung (hier und in §3) erkennen, dass $n(\Gamma, z)$ der anschaulichen Vorstellung von einer Umlaufszahl entspricht. – Der Vorteil der Definition liegt in ihrer leichten Handhabbarkeit in der Theorie der Kurvenintegrale.

Zunächst zwei Folgerungen aus der Definition: *Für Zyklen Γ_1 und Γ_2 gilt*

$$n(\Gamma_1 + \Gamma_2, z) = n(\Gamma_1, z) + n(\Gamma_2, z), \qquad z \notin \mathrm{Sp}\,\Gamma_1 \cup \mathrm{Sp}\,\Gamma_2$$
$$n(-\Gamma_1, z) = -n(\Gamma_1, z), \qquad z \notin \mathrm{Sp}\,\Gamma_1.$$

Wir betrachten nun einige Beispiele:

1. Es sei $\gamma(t) = z_0 + re^{imt}$ für $0 \le t \le 2\pi$. Dann ist

$$n(\gamma, z_0) = \frac{1}{2\pi i} \int\limits_\gamma \frac{d\zeta}{\zeta - z_0} = \frac{1}{2\pi i} \int\limits_0^{2\pi} \frac{imre^{imt}}{re^{imt}}\, dt = m.$$

Im Falle $m = 1$ liefert die Cauchysche Integralformel sofort $n(\gamma, z) = 1$ für $z \in D_r(z_0)$. Für beliebiges m gilt auch

$$n(\gamma, z) = \frac{1}{2\pi i} \int\limits_\gamma \frac{d\zeta}{\zeta - z} = m$$

auf ganz $D_r(z_0)$; dies ergibt sich aus dem untenstehenden Satz 1.3. Für $z \in \mathbb{C} - \overline{D_r(z_0)}$ erhält man $n(\gamma, z) = 0$ aus dem Cauchyschen Integralsatz für konvexe Gebiete, da der Integrand $\zeta \mapsto \frac{1}{\zeta - z}$ dann in einer $\mathrm{Sp}\,\gamma$ enthaltenden Halbebene holomorph ist.

2. Ist $\Gamma = \kappa(R, z_0) - \kappa(r, z_1)$ die Differenz zweier Kreislinien und gilt $D_r(z_1) \subset\subset D_R(z_0)$, so hat man

$$n(\gamma, z) = \begin{cases} 1 \text{ für } z \in D_R(z_0) - \overline{D_r(z_1)} \\[2mm] 0 \text{ für } |z - z_1| < r \text{ oder } |z - z_0| > R. \end{cases}$$

Das ergibt sich aus 1. und der Additivität der Umlaufszahl.

3. Ist G ein positiv berandetes Gebiet, so hat man

$$n(\partial G, z) = \begin{cases} 1 \text{ für } z \in G \\ \\ 0 \text{ für } z \notin \overline{G}. \end{cases}$$

Nach der Cauchyschen Integralformel in Kap. III, §3* ist nämlich

$$1 = \frac{1}{2\pi i} \int\limits_{\partial G} \frac{1}{\zeta - z} \, d\zeta \qquad \text{für } z \in G;$$

für $z \notin \overline{G}$ ist $1/(\zeta - z)$ in einer Umgebung von $\overline{G}$ holomorph, der Cauchysche Integralsatz (Kap. III, Satz 3.5) liefert $n(\partial G, z) = 0$.

Die Zahl $n(\Gamma, z)$ soll messen, wie oft der Zyklus Γ den Punkt z umläuft. Dazu muss sie wenigstens ganz sein. In der Tat gilt

Satz 1.2. *Es sei Γ ein Zyklus und $z \in \mathbb{C} - \mathrm{Sp}\,\Gamma$. Dann ist $n(\Gamma, z)$ eine ganze Zahl.*

Beweis: Es sei $\Gamma = \sum\limits_{\kappa=1}^{k} n_\kappa \gamma_\kappa$. Umparametrisierung der γ_κ ändert die Umlaufszahl nicht, wir dürfen daher annehmen, dass alle γ_κ über $[0,1]$ parametrisiert sind. Für $t \in [0,1]$ setzen wir

$$h(t) = \frac{1}{2\pi i} \sum_\kappa n_\kappa \int\limits_0^t \frac{\gamma_\kappa'(s) \, ds}{\gamma_\kappa(s) - z}.$$

Es ist $h(0) = 0$ und $h(1) = n(\Gamma, z)$. Wir werden $e^{2\pi i h(1)} = 1$ zeigen, daraus folgt dann die Behauptung. Die Funktion $h(t)$ ist stückweise differenzierbar; damit ist aber auch

$$g(t) = e^{-2\pi i h(t)} \prod_\kappa (\gamma_\kappa(t) - z)^{n_\kappa}$$

stückweise differenzierbar. Nach einfacher Rechnung bekommt man

$$g'(t) = e^{-2\pi i h(t)} \prod_\kappa (\gamma_\kappa(t) - z)^{n_\kappa} \left[-2\pi i h'(t) + \sum_\lambda \frac{n_\lambda \gamma_\lambda'(t)}{\gamma_\lambda - z} \right] = 0.$$

Also ist g als stetige Funktion von t konstant auf $[0,1]$; es gilt

$$\prod_\kappa (\gamma_\kappa(t) - z)^{n_\kappa} = c e^{2\pi i h(t)}$$

mit einer Konstanten $c \in \mathbb{C}$. Da die linke Seite dieser Gleichung nicht verschwindet, ist $c \neq 0$. Wenn wir nun noch

$$\prod_{\kappa} (\gamma_\kappa(0) - z)^{n_\kappa} = \prod_{\kappa} (\gamma_\kappa(1) - z)^{n_\kappa} \tag{1}$$

zeigen, so folgt $e^{2\pi i h(1)} = e^{2\pi i h(0)} = 1$, und der Beweis ist fertig. Ist w ein Punkt, der als Anfangs- oder Endpunkt eines γ_k auftritt, so ist

$$\sum_{w = \gamma_\kappa(0)} n_\kappa = \sum_{w = \gamma_\kappa(1)} n_\kappa,$$

da $\sum_{\kappa=1}^{k} n_\kappa \gamma_\kappa$ ein Zyklus ist. Also kommt in (1) der Faktor $w - z$ im rechten und im linken Produkt gleich oft vor. $\square$

Wir betrachten weiterhin einen Zyklus $\Gamma = \sum_{\kappa=1}^{k} n_\kappa \gamma_\kappa$. Die auf $\mathbb{C} - \mathrm{Sp}\,\Gamma$ definierte Funktion $z \mapsto n(\Gamma, z)$ ist stetig, da die in der Definition von $n(\Gamma, z)$ auftretenden Integranden stetig von z abhängen. Da $n(\Gamma, z)$ nach Satz 1.2 nur ganzzahlige Werte annimmt, ist $n(\Gamma, z)$ auf jeder Wegkomponente von $\mathbb{C} - \mathrm{Sp}\,\Gamma$ konstant. Wegen der Kompaktheit von $\mathrm{Sp}\,\Gamma$ gibt es $R > 0$ mit $\mathrm{Sp}\,\Gamma \subset \overline{D}_R(0)$. Das Komplement $\mathbb{C} - \overline{D}_R(0)$ ist offen, zusammenhängend und trifft $\mathrm{Sp}\,\Gamma$ nicht, es gibt also genau eine Wegkomponente von $\mathbb{C} - \mathrm{Sp}\,\Gamma$, die $\mathbb{C} - \overline{D}_R(0)$ enthält, sie ist die einzige unbeschränkte Wegkomponente. Sie enthält Punkte z mit beliebig großem Abstand von $\mathrm{Sp}\,\Gamma$, also auch eine Folge (z_ν) mit $\mathrm{dist}\,(z_\nu, \mathrm{Sp}\,\Gamma) \to +\infty$. Für eine solche Folge gilt auf Grund der Standard-Abschätzung:

$$\lim_{\nu \to \infty} n(\Gamma, z_\nu) = \lim_{\nu \to \infty} \sum_{\kappa=1}^{k} \frac{n_\kappa}{2\pi i} \int_{\gamma_\kappa} \frac{d\zeta}{\zeta - z_\nu} = 0;$$

wegen der Ganzzahligkeit der Umlaufzahl muss daher $n(\Gamma, z) = 0$ auf der unbeschränkten Wegkomponente von $\mathbb{C} - \mathrm{Sp}\,\Gamma$ gelten. Wir haben bewiesen:

Satz 1.3. *Die Umlaufszahl $n(\Gamma, z)$ ist auf jeder Wegkomponente von $\mathbb{C} - \mathrm{Sp}\,\Gamma$ konstant und Null auf der unbeschränkten Wegkomponente.*

Natürlich kann es auch beschränkte Wegkomponenten geben, auf denen die Umlaufszahl Null ist, siehe etwa Beispiel 2.

Aufgaben:

1. Es sei Q ein offenes achsenparalleles Rechteck mit den Ecken $z_0, \ldots, z_3$ und Γ sei der Zyklus

$$[z_0, z_1] + [z_1, z_2] + [z_2, z_3] + [z_3, z_0].$$

Man zeige $n(\Gamma, z) = 0$ für $z \in \mathbb{C} - \overline{Q}$ und $n(\Gamma, z) = 1$ für $z \in Q$. – *Hinweis:* Für $z \in Q$ zeige man mit Hilfe des Cauchyschen Integralsatzes für konvexe Gebiete

$$\int_{\Gamma} \frac{d\zeta}{\zeta - z} = \int_{\kappa(z,\epsilon)} \frac{d\zeta}{\zeta - z}.$$

Dabei kann man sich etwa der in Bild 16 angedeuteten Hilfswege bedienen.

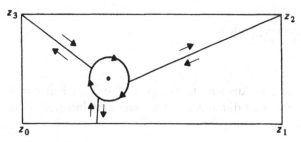

Bild 16 Zu Aufgabe 1

2. Für ein offenes Dreieck Δ zeige man

$$n(\partial\Delta, z) = \begin{cases} 1 \text{ für } z \in \Delta \\ 0 \text{ für } z \in \mathbb{C} - \overline{\Delta}. \end{cases}$$

§ 2. Cauchyscher Integralsatz und Cauchysche Integralformeln

Bisher hatten wir den Cauchyschen Integralsatz für konvexe Gebiete, die Integralformeln für Kreise ausgesprochen. Der Begriff der Umlaufszahl erlaubt es uns jetzt, notwendige und hinreichende geometrische Bedingungen anzugeben, unter denen der Integralsatz und die Integralformeln gelten.

Definition 2.1. *Ein Zyklus Γ in einem Bereich U heißt nullhomolog in U, wenn für jeden Punkt $z \in \mathbb{C} - U$ die Umlaufszahl*

$$n(\Gamma, z) = 0$$

ist. Zwei Zyklen Γ_1 und Γ_2 heißen homolog in U, wenn ihre Differenz nullhomolog in U ist.

Zum Beispiel ist die Kreislinie $\kappa = \kappa(r, 0)$ in $\mathbb{C}^*$ nicht nullhomolog, da $n(\kappa, 0) = 1$ ist. Die Kreislinien $\kappa = \kappa(r, 0)$ und $\kappa' = \kappa(r', 0)$ sind stets homolog in $\mathbb{C}^*$, denn $n(\kappa, 0) + n(-\kappa', 0) = 1 - 1 = 0$.

Wir beweisen nun ein Hauptergebnis der Funktionentheorie:

Satz 2.1. (Allgemeine Cauchysche Integralformeln und allgemeiner Cauchyscher Integralsatz) *Es sei Γ ein nullhomologer Zyklus im Bereich U und f eine auf U holomorphe Funktion. Dann gilt:*

i)
$$\int_\Gamma f(z)\,dz = 0.$$

ii) Für jeden Punkt $z \in U - \operatorname{Sp}\Gamma$ und alle $k = 0,1,2,\dots$ ist

$$n(\Gamma, z) f^{(k)}(z) = \frac{k!}{2\pi i} \int_\Gamma \frac{f(\zeta)}{(\zeta - z)^{k+1}}\,d\zeta.$$

Beweis: Wir beweisen zunächst die zweite Aussage, wobei wir uns auf den Fall $k = 0$ beschränken können: Der allgemeine Fall folgt durch Ableitung unter dem Integral. Setzt man in die Behauptung die Definition

$$n(\Gamma, z) = \frac{1}{2\pi i} \int_\Gamma \frac{d\zeta}{\zeta - z}$$

der Umlaufszahl ein, so nimmt sie die Form

$$\int_\Gamma \frac{f(\zeta) - f(z)}{\zeta - z}\,d\zeta = 0 \qquad (\text{für } z \in U - \operatorname{Sp}\Gamma)$$

an: In dieser Form wollen wir sie beweisen. Dazu werden wir nachweisen, dass das Integral auf der linken Seite – aufgefasst als Funktion des Parameters z – sich zu einer holomorphen Funktion h auf ganz $\mathbb{C}$ fortsetzt; von dieser Fortsetzung werden wir

$$\lim_{z \to \infty} h(z) = 0$$

beweisen und damit nach dem Satz von Liouville $h(z) \equiv 0$ erhalten. – Zunächst betrachten wir den Integranden als Funktion von z und ζ gleichzeitig (auch für $\zeta = z$): es sei also

$$g(\zeta, z) = \begin{cases} \dfrac{f(\zeta) - f(z)}{\zeta - z}, & \zeta \neq z \\[2mm] f'(z), & \zeta = z. \end{cases}$$

g ist auf $U \times U$ definiert; wir zeigen die Stetigkeit in beiden Variablen. Ist $(\zeta_0, z_0) \in U \times U$ mit $z_0 \neq \zeta_0$, so wird g in der Nähe von (ζ_0, z_0) durch die obere Formel gegeben und ist trivialerweise stetig. Es sei $z_0 = \zeta_0$. Wir wählen eine δ-Umgebung $U_\delta(z_0) \subset\subset U$ und untersuchen $g(\zeta, z) - g(z_0, z_0)$ auf $U_\delta(z_0) \times U_\delta(z_0)$

a) im Falle $\zeta = z$:

$$g(z, z) - g(z_0, z_0) = f'(z) - f'(z_0),$$

b) im Falle $\zeta \neq z$:

$$g(\zeta, z) - g(z_0, z_0) = \frac{f(\zeta) - f(z)}{\zeta - z} - f'(z_0) = \frac{1}{\zeta - z} \int\limits_{[z,\zeta]} (f'(w) - f'(z_0))\, dw.$$

Nun ist – als Folge der Cauchyschen Formeln für Kreise! – die Ableitung f' stetig in z_0. Zu gegebenem $\epsilon > 0$ können wir also $\delta > 0$ so wählen, dass

$$|f'(w) - f'(z_0)| < \epsilon$$

für alle $w \in U_\delta(z_0)$ wird. Damit folgt im Fall a):

$$|g(z, z) - g(z_0, z_0)| < \epsilon;$$

im Fall b)

$$|g(\zeta, z) - g(z_0, z_0)| \leq \frac{1}{|\zeta - z|} |\zeta - z| \sup_{w \in [\zeta, z]} |f'(w) - f'(z_0)| < \epsilon.$$

Wir setzen nun

$$h_0(z) = \int\limits_\Gamma g(\zeta, z)\, d\zeta.$$

h_0 ist eine auf ganz U stetige Funktion; wir zeigen, dass sie sogar holomorph ist. Dazu verwenden wir den Satz von Morera.

Es sei also γ der orientierte Rand eines Dreiecks, das ganz in U liegt; wir müssen

$$\int\limits_\gamma h_0(z)\, dz = 0$$

nachweisen. Es ist

$$\int\limits_\gamma h_0(z)\, dz = \int\limits_\gamma \left[\int\limits_\Gamma g(\zeta, z)\, d\zeta \right] dz = \int\limits_\Gamma \left[\int\limits_\gamma g(\zeta, z)\, dz \right] d\zeta,$$

da wegen der Stetigkeit des Integranden auf $U \times U$ die Integrationen vertauschbar sind. Für festes ζ ist die Funktion $g(\zeta, z)$ in der Variablen z stetig und holomorph für $\zeta \neq z$, also überhaupt holomorph. Nach dem Satz von Goursat folgt

$$\int_\gamma g(\zeta, z) \, dz = 0.$$

Damit ist natürlich auch

$$\int_\gamma h_0(z) \, dz = \int_\Gamma \left[\int_\gamma g(\zeta, z) \, dz \right] d\zeta = 0.$$

Bisher haben wir die Voraussetzung über Γ noch nicht ausgenutzt. Das tun wir jetzt. Es sei

$$U_0 = \{z \in \mathbb{C} : n(\Gamma, z) = 0\}.$$

Da auf $U \cap U_0$ die Funktion h_0 sich einfacher schreibt, nämlich

$$h_0(z) = \int_\Gamma \frac{f(\zeta)}{\zeta - z} \, d\zeta = h_1(z),$$

die Funktion h_1 aber offenbar auf ganz U_0 holomorph ist, können wir h_0 durch

$$h(z) = \begin{cases} h_0(z) & \text{für } z \in U \\[2mm] h_1(z) & \text{für } z \in U_0 \end{cases}$$

zu einer auf ganz $U \cup U_0$ erklärten holomorphen Funktion h fortsetzen. Nun ist Γ null-homolog in U und damit

$$U \cup U_0 = \mathbb{C},$$

d.h. h ist eine ganze Funktion. Für h haben wir auf U_0 die Beziehung

$$|h(z)| = |h_1(z)| \leq \frac{1}{\text{dist}\,(z, \Gamma)} L(\Gamma) \max_\Gamma |f|; \tag{1}$$

dabei ist $L(\Gamma) = \sum |n_k| L(\gamma_k)$, wenn $\Gamma = n_k \gamma_k$ ist.

U_0 enthält das Komplement eines hinreichend großen Kreises um 0. Dort gilt also die obige Ungleichung für alle z: es folgt, dass h beschränkt, also nach dem Satz von Liouville konstant ist. Wählt man eine Folge $z_\nu \in U_0$ mit $|z_\nu| \geq \nu$, so ergibt sich wieder aus der Ungleichung (1)

$$\lim_{\nu \to \infty} h(z_\nu) = 0,$$

insgesamt also $h \equiv 0$, insbesondere $h_0 \equiv 0$: das wollten wir zeigen.

Wir leiten nun die erste Behauptung des Satzes aus der zweiten her. Dazu sei a ein beliebiger Punkt in $U - \text{Sp}\,\Gamma$. Die Funktion $F(z) = f(z)(z - a)$ ist auf U holomorph mit $F(a) = 0$. Anwendung der zweiten Behauptung ergibt

$$0 = n(\Gamma, a)F(a) = \frac{1}{2\pi i} \int_\Gamma \frac{F(z)}{z - a}\, dz = \frac{1}{2\pi i} \int_\Gamma f(z)\, dz,$$

also

$$\int_\Gamma f(z)\, dz = 0.$$

$\square$

Als wichtige Folgerung notieren wir

Satz 2.2. *Es seien Γ und Γ' homologe Zyklen in U. Dann gilt für jede holomorphe Funktion f auf U*

$$\int_\Gamma f(z)\, dz = \int_{\Gamma'} f(z)\, dz.$$

Denn $\Gamma - \Gamma'$ ist nullhomolog, und damit wird

$$\int_{\Gamma - \Gamma'} f(z)\, dz = 0.$$

$\square$

Zur Klärung der Voraussetzungen von Satz 2.1 bemerken wir, dass es zu jedem nicht nullhomologen Zyklus Γ in U eine auf U holomorphe Funktion f gibt mit

$$\int_\Gamma f(z)\, dz \neq 0.$$

Man wähle nämlich einen Punkt $a \notin U$ mit $n(\Gamma, a) \neq 0$ und für f die Funktion $f(z) = 1/(z - a)$.

Die Integralformeln für den Kreis, die wir bisher ausschließlich benutzt haben, sind natürlich Spezialfälle von Satz 2.1, da die Kreislinie $\kappa(r, a)$ in jedem Bereich U, der

$D_r(a)$ im Innern enthält, nullhomolog ist. Für konvexe Gebiete gilt der Cauchysche Integralsatz ohne Einschränkung für die Integrationswege; nach der obigen Bemerkung folgt: Jeder Zyklus in einem konvexen Gebiet ist nullhomolog. Ebenso subsumiert sich die Cauchysche Integralformel für positiv berandete Gebiete (Kap. III, Satz 3.4) unserer Theorie:

$$f(z) = \frac{1}{2\pi i} \int\limits_{\partial G} \frac{f(\zeta)}{\zeta - z}\, d\zeta,$$

da für den Randzyklus Γ und für $z \in G$ stets $n(\Gamma, z) = 1$ ist.

§ 3.   Anwendungen der Umlaufszahl

Die Ergebnisse der vorigen Paragraphen nützen erst dann, wenn wir Umlaufszahlen berechnen können. Wir zeigen zunächst, dass sich die Umlaufszahl um 1 ändert, wenn man einen glatten Weg „von rechts nach links" überquert. Zur präzisen Formulierung dieses Sachverhaltes brauchen wir einen neuen Begriff.

Ein Weg $\gamma : I \to \mathbb{C}$ *läuft in einem Gebiet G von Rand zu Rand*, wenn folgende Bedingungen erfüllt sind:

1. Es gibt Punkte $t_1, t_2 \in I$ mit $t_1 < t_2$ und $\gamma(t_1), \gamma(t_2) \in \partial G$, $\gamma(t_1) \neq \gamma(t_2)$.

2. Für $t_1 < t < t_2$ ist $\gamma(t) \in G$.

3. Für $t \in I, t \notin [t_1, t_2]$, ist $\gamma(t) \notin \overline{G}$.

4. $G - \mathrm{Sp}\,\gamma$ hat genau zwei Wegkomponenten, und $\mathrm{Sp}\,\gamma \cap G$ liegt auf dem Rand jeder dieser beiden Komponenten.

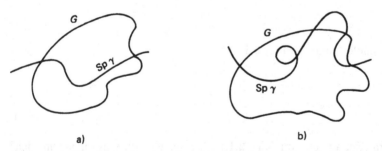

a)   b)

Bild 17 a) γ läuft von Rand zu Rand   b) γ läuft nicht von Rand zu Rand

Man kann zeigen, dass es zu jedem Punkt z_0 auf der Spur eines glatten injektiven oder einfach geschlossenen Weges γ beliebig kleine ϵ-Umgebungen U gibt, in denen γ von Rand zu Rand läuft; in konkret vorliegenden Fällen sieht man das natürlich mit einem Blick.

Wir betrachten nun einen geschlossenen Integrationsweg $\gamma : I \to \mathbb{C}$, der in der Kreisscheibe D von Rand zu Rand laufe; es seien $t_1, t_2 \in I$, $t_1 < t_2$,

$$\gamma(t_1) = a, \quad \gamma(t_2) = b \quad \text{mit } a, b \in \partial D.$$

Der Teilweg $\gamma|[t_1, t_2]$ werde mit γ_0 bezeichnet. κ sei der positiv orientierte Rand von D, κ_1 der Kreisbogen von b nach a (in der Durchlaufsrichtung von κ), κ_2 der von a nach b. Die Wegkomponenten D_1, D_2 von $D - \mathrm{Sp}\,\gamma$ seien so numeriert, dass $\mathrm{Sp}\,\kappa_j \subset \partial D_j, j = 1, 2$. Dann gilt für die Umlaufszahlen

Satz 3.1. *Ist $z_1 \in D_1, z_2 \in D_2$, so ist $n(\gamma, z_1) = n(\gamma, z_2) + 1$.*

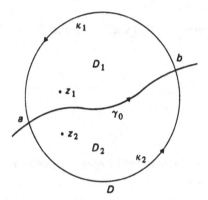

Bild 18 Zu Satz 3.1

Da $n(\gamma, z) \equiv 0$ auf der unbeschränkten Wegkomponente von $\mathbb{C} - \mathrm{Sp}\,\gamma$ ist, kann man Umlaufszahlen mit der Information des Satzes sukzessive auf den übrigen Wegkomponenten von $\mathbb{C} - \mathrm{Sp}\,\gamma$ berechnen: das ist in Bild 19 skizziert.

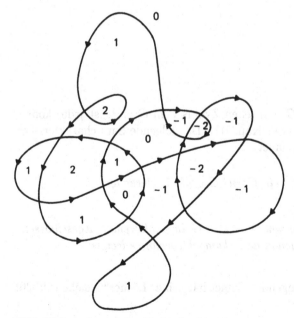

Bild 19 Berechnung der Umlaufszahlen

Beweis von Satz 3.1: Wir zerlegen γ so in Teilwege, dass γ_0 einer dieser Wege ist, also etwa

$$\gamma = \gamma'\gamma_0\gamma''.$$

Dann ist

$$n(\gamma, z_1) = n(\gamma'\gamma_0\gamma'', z_1) = n(\gamma'\kappa_2\gamma'', z_1)$$

denn z_1 liegt in der unbeschränkten Wegkomponente von $\mathbb{C} - \mathrm{Sp}\,(\gamma_0\kappa_2^{-1})$, also ist $n(\gamma_0\kappa_2^{-1}, z_1) = 0$.

Weiter ist

$$\begin{aligned}
n(\gamma'\kappa_2\gamma'', z_1) &= n(\gamma'\kappa_1^{-1}\gamma'', z_1) + n(\kappa_1\kappa_2, z_1) \\
&= n(\gamma'\kappa_1^{-1}\gamma'', z_2) + 1,
\end{aligned}$$

da z_1 und z_2 in der gleichen Wegkomponente von $\mathbb{C} - \mathrm{Sp}\,(\gamma'\kappa_1^{-1}\gamma'')$ liegen. Schließlich gilt $n(\gamma'\kappa_1^{-1}\gamma'', z_2) = n(\gamma'\gamma_0\gamma'', z_2)$ wegen $n(\kappa_1\gamma_0, z_2) = 0$. $\qquad\square$

Wir zeichnen die Klasse von Gebieten, für die die Cauchyschen Sätze ohne Homologievoraussetzungen anwendbar sind, besonders aus:

Definition 3.1. *Ein Gebiet, in dem jeder Zyklus nullhomolog ist, heißt einfach zusammenhängend.*

Genau in solchen Gebieten ist

$$\int_\Gamma f\,dz = 0$$

für jede holomorphe Funktion f auf G und jeden Zyklus Γ in G; z.B. ist jedes konvexe Gebiet einfach zusammenhängend (vgl. Kap. III). Der folgende Satz charakterisiert einfach zusammenhängende Gebiete genauer.

Satz 3.2. *Folgende Aussagen sind für ein Gebiet $G \subset \mathbb{C}$ gleichwertig:*

i) G hängt einfach zusammen.

ii) Ist $A = A_1 \cup A_2$ eine Zerlegung von $A = \mathbb{C} - G$ in punktfremde abgeschlossene Teile A_1 und A_2, so ist ein A_ν genau dann kompakt, wenn es leer ist.

Anschaulich: Ein einfach zusammenhängendes Gebiet hat keine „Löcher" – siehe Bild 20!

Beweis von Satz 3.2:

a) G sei einfach zusammenhängend und A_1 sei kompakt. Dann ist $U = A_1 \cup G$ offen, denn $\mathbb{C} - U = A_2$ ist abgeschlossen. Nach dem folgenden Satz gibt es einen Zyklus Γ in

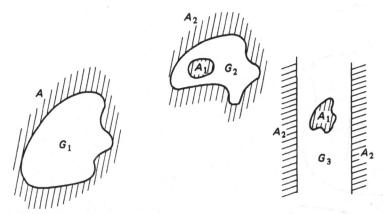

Bild 20 Charakterisierung einfachen Zusammenhanges: G_1 hängt einfach zusammen, G_2, G_3 nicht.

$U - A_1 = G$ mit $n(\Gamma, a) = 1$ für alle $a \in A_1$. Da Γ nullhomolog sein muss, muss A_1 leer sein.

b) Es sei G nicht einfach zusammenhängend und Γ in G ein nicht nullhomologer Zyklus. Wir setzen

$$A_1 = \{z \in \mathbb{C} - G : n(\Gamma, z) \neq 0\},$$
$$A_2 = \{z \in \mathbb{C} - G : n(\Gamma, z) = 0\}.$$

Offenbar ist $\mathbb{C} - G = A = A_1 \cup A_2, A_1 \cap A_2 = \emptyset$ und A_1 ist beschränkt und nichtleer. Wir zeigen, dass A_1 und A_2 abgeschlossen sind. Es sei $A' = A_1$ oder A_2, (a_ν) eine Folge in A' mit $a_\nu \to a_0$. Sicher ist $a_0 \in A$, also insbesondere $a_0 \notin \mathrm{Sp}\,\Gamma$, und daher ist $n(\Gamma, a_0)$ definiert. Da die Umlaufszahl eine lokal konstante Funktion ist, folgt aus $a_\nu \to a_0$ die Beziehung $n(\Gamma, a_\nu) = n(\Gamma, a_0)$ für große ν; daraus ergibt sich aber $a_0 \in A'$. $\square$

Satz 3.3. *Es sei A eine kompakte Menge, U eine offene Menge mit $A \subset U$. Dann existiert ein Zyklus Γ in $U - A$ mit*

$$n(\Gamma, z) = 1 \qquad \textit{für alle } z \in A$$
$$n(\Gamma, z) = 0 \qquad \textit{für alle } z \notin U.$$

Beweis: Wir nehmen zunächst A als zusammenhängend an. Es sei 2δ eine positive Zahl, kleiner als der Abstand zwischen A und ∂U; a sei ein willkürlich gewählter Punkt von A. Wir konstruieren ein Quadratnetz der Seitenlänge δ aus Parallelen zu den Koordinatenachsen, bei dem a im Inneren genau eines Quadrates liegt. Alle auftretenden Quadratseiten werden so als orientierte Strecken $[p, q]$ angesehen, dass p entweder links oder unterhalb von q liegt. Als Randzyklus eines Gitterquadrates Q wählen wir die Linearkombination Γ von Randstrecken, bei der das Innere $\mathring{Q}$ links von Γ liegt. Da A kompakt ist, gibt es nur endlich viele (abgeschlossene) Gitterquadrate $Q_1, \ldots, Q_n$, die A treffen; die zugehörigen Randzyklen seien $\Gamma_1, \ldots, \Gamma_n$. Betrachten wir nun $\Gamma = \Gamma_1 + \ldots + \Gamma_n$.

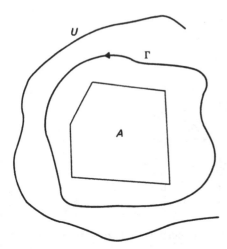

Bild 21 Zyklus um A

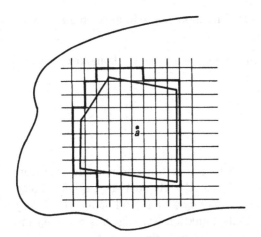

Bild 22 Zur Konstruktion von Γ

Der Punkt a gehört genau dann einem $\mathring{Q}_i$, etwa zu $\mathring{Q}_1$; daher ist

$$n(\Gamma, a) = \sum_{i=1}^{n} n(\Gamma_i, a) = 1.$$

Nun ist Γ eine Linearkombination von Randstrecken; taucht eine Strecke zweimal als Seite zweier verschiedener Quadrate auf, so mit entgegengesetztem Vorzeichen. Daher kommen in Γ nur solche Strecken vor, die Seite genau eines Q_i mit $Q_i \cap A \neq \emptyset$ sind. Für jede solche Strecke $[p, q]$ ist aber $A \cap [p, q] = \emptyset$ (sonst hätten beide an $[p, q]$ angrenzenden Quadrate Punkte mit A gemeinsam). Damit ist also $\operatorname{Sp}\Gamma \cap A = \emptyset$. Andererseits gehört jeder Punkt von $\operatorname{Sp}\Gamma$ zu einem Gitterquadrat Q, welches A trifft, und liegt daher (nach Wahl von δ) nicht in $\mathbb{C} - U$. Es folgt: $\operatorname{Sp}\Gamma \subset U - A$.

Da A zusammenhängt, ist $n(\Gamma, z) \equiv 1$ für alle $z \in A$, nicht nur für $z = a$. Schließlich ist

Bild 23 Orientierung eines Gitterquadrates

für $z \notin U$

$$n(\Gamma_i, z) = 0, \quad i = 1, \dots, n,$$

also auch $n(\Gamma, z) = 0$.

Falls A endlich viele Wegkomponenten hat, wählen wir in jeder einen Punkt a_i. Die Zahl 2δ sei kleiner als der Abstand zwischen A und ∂U und auch kleiner als der Minimalabstand zwischen den verschiedenen a_i. Dann lässt sich ein achsenparalleles Quadratnetz der Seitenlänge δ so konstruieren, dass die verschiedenen a_i im Inneren jeweils verschiedener Netzquadrate liegen. Die vorige Konstruktion liefert dann einen Zyklus mit den gewünschten Eigenschaften.

Ist schließlich A beliebig, so wählen wir zu jedem $z \in A$ ein achsenparalleles offenes Quadrat $Q = Q(z)$ mit $z \in Q \subset\subset U$. Endlich viele der $Q(z)$ überdecken A, etwa $Q_1, \dots, Q_r$. Es genügt dann, die bisherigen Überlegungen auf die kompakte Menge

$$A_0 = \bigcup_{\rho=1\dots r} \overline{Q}_\rho$$

anzuwenden, die nur endlich viele Wegkomponenten hat. $\qquad\square$

Man kann zeigen, dass das topologische Bild eines einfach zusammenhängenden Gebietes wieder einfach zusammenhängt; hier begnügen wir uns mit zwei einfacheren Aussagen:

Satz 3.4. *Es sei G ein einfach zusammenhängendes Gebiet.*

  i) Ist $F : G \to G'$ eine biholomorphe Abbildung von G auf G', so ist G' einfach zusammenhängend.

  ii) Ist $F : \mathbb{C} \to \mathbb{C}$ eine topologische Abbildung von $\mathbb{C}$ auf sich, so hängt $G' = F(G)$ einfach zusammen.

Beweis: i) Es sei $\Gamma' \subset G'$ ein Zyklus, f auf G' holomorph. Wir setzen $\Gamma = F^{-1} \circ \Gamma'$. Dann ist

$$\int\limits_{\Gamma'} f(w)\, dw = \int\limits_{\Gamma} f(F(z)) F'(z)\, dz = 0;$$

damit hängt G' einfach zusammen.

ii) Das Kriterium von Satz 3.2 ist für G genau dann erfüllt, wenn es für G' erfüllt ist. $\square$

Wir wenden nun die Theorie der Umlaufszahl auf ein tiefes Problem der Geometrie der Ebene an.

Definition 3.2. *Eine einfach geschlossene Jordankurve C ist die Spur eines stetigen einfach geschlossenen Weges in $\mathbb{C}$.*

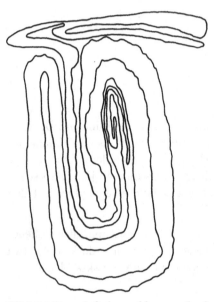

Bild 24 Eine einfach geschlossene Jordankurve

Standardbeispiel ist der Rand ∂D eines Kreises. Offenbar zerlegt ∂D die Ebene in zwei disjunkte Gebiete, das Innere und das Äußere der Kreislinie; ∂D ist gemeinsamer Rand beider Gebiete. C. Jordan hat 1895 bemerkt, dass die analoge Aussage für beliebige einfach geschlossene Jordankurven nicht selbstverständlich ist. Er formulierte den

Jordanschen Kurvensatz. *Jede einfach geschlossene Jordankurve C zerlegt die Ebene in ein beschränktes und ein unbeschränktes Gebiet (Inneres und Äußeres) und ist gemeinsamer Rand dieser beiden Gebiete.*

Jordans Beweisversuch scheiterte an der Allgemeinheit des Kurvenbegriffes (Spur eines lediglich stetigen Weges); heute beweist man den Satz am durchsichtigsten in der algebraischen Topologie. Für die in der Funktionentheorie auftretenden Wege lässt sich der Satz aber mittels der Theorie der Umlaufszahlen leicht herleiten.

Satz 3.5. (spezieller Jordanscher Kurvensatz) *Es sei γ ein einfach geschlossener Integrationsweg, der in jedem Punkt $z_0 \in \mathrm{Sp}\,\gamma$ die Ebene lokal zerlege. Dann zerlegt $\mathrm{Sp}\,\gamma$ die Ebene in zwei Gebiete, von denen genau eines beschränkt ist; der gemeinsame Rand beider Gebiete ist $\mathrm{Sp}\,\gamma$.*

Die Voraussetzung über die *lokale Zerlegung* soll folgendes besagen: *Zu jedem $z_0 \in \mathrm{Sp}\,\gamma$ gibt es einen Kreis mit Mittelpunkt z_0, in dem γ von Rand zu Rand läuft.* Wir untersuchen nicht, ob die Voraussetzungen redundant sind. Nun zum

Beweis von Satz 3.5: Wir setzen $C = \mathrm{Sp}\,\gamma$, $U = \mathbb{C} - C$.

i) U hat mindestens zwei Wegkomponenten.

Beweis von i): Es sei $z_0 \in C$ und D ein Kreis um z_0, in dem γ von Rand zu Rand läuft. Bezeichnen D_1 und D_2 die beiden Wegkomponenten von $D - C$, so ist nach Satz 3.1

$$n_1 = n(\gamma, z_1) \neq n(\gamma, z_2) = n_2$$

für $z_1 \in D_1$ und $z_2 \in D_2$. Wegen der Konstanz der Umlaufszahl auf den Wegkomponenten von U gehören daher D_1 und D_2 verschiedenen Wegkomponenten von U an.

ii) Ist U_1 eine Wegkomponente von U, so ist $\partial U_1 = C$.

Beweis von ii): Wenn $z_0 \in \partial U_1$, aber nicht $\in C$, gälte, so gäbe es einen Kreis D um z_0 mit $D \subset U$. Dann ist $U_1 \cup D \subset U$ offen und zusammenhängend, $U_1 \neq U_1 \cup D$, d.h., U_1 wäre keine Wegkomponente von U. Somit ist $\partial U_1 \subset C$ und als Rand von U_1 natürlich abgeschlossen und nichtleer. Es sei $z_0 \in \partial U_1$ und D eine Kreisscheibe um z_0, in der γ von Rand zu Rand läuft. D_1 und D_2 seien die beiden Komponenten von $D - C$. Es ist $U_1 \cap D \neq \emptyset$, also

$$U_1 \cap (D - C) = (U_1 \cap D_1) \cup (U_1 \cap D_2) \neq \emptyset.$$

Hieraus folgt (nach eventueller Umnumerierung)

$$U_1 \cap D_1 \neq \emptyset,$$

also, da $U_1 \cup D_1$ zusammenhängt,

$$D_1 \subset U_1.$$

Nach Voraussetzung ist aber

$$D \cap C \subset \partial D_1,$$

damit (da $C \cap U_1 = \emptyset$ ist)

$$D \cap C \subset \partial U_1,$$

und wir sehen, dass $\partial U_1 \subset C$ relativ-offen ist. Da C zusammenhängt, muss $\partial U_1 = C$ sein.

iii) U besteht aus höchstens zwei Wegkomponenten.

Beweis von iii): Es seien zunächst U_1 und U_2 zwei verschiedene Wegkomponenten von U; dann ist nach ii) $\partial U_1 = \partial U_2 = C$. Wir wählen einen Kreis D, in dem γ von Rand zu

Rand läuft. Wie eben folgt, dass bei geeigneter Numerierung der beiden Komponenten D_1 und D_2 von $D - C$

$$D_1 \subset U_1 \quad \text{und} \quad D_2 \subset U_2$$

gelten muss. Ist V nun irgendeine Wegkomponente von U, so muss wieder $D_1 \subset V$ oder $D_2 \subset V$ sein, d.h. entweder ist $V = U_1$ oder $V = U_2$.

Die Aussagen i) bis iii) ergeben den Satz.   □

Wir fassen zusammen: Durch C wird die komplexe Ebene in die Gebiete

$$U_1 = \{z : n(\gamma, z) = n_1\}$$
$$U_2 = \{z : n(\gamma, z) = n_2\}$$

zerlegt, deren gemeinsamer Rand C ist. Da $n(\gamma, z) = 0$ auf der unbeschränkten Wegkomponente von $\mathbb{C} - C$ ist, muss n_1 oder $n_2 = 0$ sein, die andere Umlaufszahl ist dann $+1$ oder -1. Die Wegkomponente U_ν mit $n_\nu \neq 0$ ist beschränkt, die andere unbeschränkt.

Wir werden bei einfach geschlossenen lokal zerlegenden Integrationswegen jetzt immer vom *Inneren* und *Äußeren* des Weges sprechen können: Das Äußere ist die unbeschränkte Wegkomponente von $\mathbb{C} - C$, das Innere die beschränkte.

Abschließend charakterisieren wir einfachen Zusammenhang bei positiv berandeten Gebieten:

Satz 3.6. *Für ein positiv berandetes Gebiet G sind folgende Aussagen äquivalent:*

 i) G hängt einfach zusammen.

 ii) $\mathbb{C} - G$ hängt zusammen.

 iii) ∂G hängt zusammen.

Der Beweis soll hier nicht mehr geführt werden.

Aufgaben:

1. Untersuche auf einfachen Zusammenhang:
$$\mathbb{C} - \{0\}; \quad \mathbb{C} - [0, 1]; \quad \mathbb{C} - \{x : x \leq 0\}.$$

2. In einem einfach zusammenhängenden Gebiet ist jede harmonische Funktion Realteil einer holomorphen Funktion; jede holomorphe Differentialform ist exakt.

3. Welche der folgenden Gebiete hängen einfach zusammen?

 (a) $\mathbb{C} - \{(x, y) : x = 0, |y| \leq 1\} - \{(x, y) : x > 0, y = \sin \dfrac{1}{x}\}$

 (b) Das Komplement einer logarithmischen Spirale um 0: $\mathbb{C}^* - \{z : z = e^{t(1+i)} \text{ mit } t \in \mathbb{R}\}$

 (c) $G = \{(x, y) : 0 < x < 1, 0 < y < 1\} - \displaystyle\bigcup_{n=1}^{\infty} \{(x, y) : x = \dfrac{1}{n}, 0 < y \leq \dfrac{1}{2}\}$

 (d) $D - \{\dfrac{1}{n} : n = 1, 2, \ldots\} - \{0\}; \quad (D = \{z : |z| < 1\})$.

Kapitel V

Die Umkehrung der elementaren Funktionen

In der reellen Analysis ist es leicht, etwa bei der Funktion $y = x^2$ ein maximales Definitionsintervall für eine Umkehrfunktion anzugeben: Für $y \geq 0$ sind $x = \sqrt{y}$ und $x = -\sqrt{y}$ Umkehrfunktionen, beide sind für $y > 0$ differenzierbar. Im Komplexen ist die Frage nach dem natürlichen Definitionsbereich einer Umkehrfunktion von $w = z^2$ schwieriger: Obwohl es zu jedem Punkt $w_0 \in \mathbb{C} - \{0\}$ einen Kreis $D(w_0)$ und zwei auf $D(w_0)$ holomorphe Funktionen f_1 und f_2 mit $f_1(w)^2 = f_2(w)^2 = w$ gibt, existiert keine auf ganz $\mathbb{C} - \{0\}$ holomorphe Funktion, die jedem w eine Quadratwurzel aus w zuordnet. Dieses Phänomen ist für die Umkehrung aller nur lokal injektiven holomorphen Funktionen typisch; es führt – was wir hier nicht weiter verfolgen – in die Theorie der Riemannschen Flächen. – Wir untersuchen in diesem Kapitel die Umkehrung der Potenzen und der elementaren transzendenten Funktionen; alle ihre Eigenschaften können auf das Verhalten des Logarithmus (der Umkehrung der Exponentialfunktion) zurückgeführt werden. Nebenbei wird sich eine anschauliche Interpretation der Umlaufszahl ergeben.

§ 1.   Der Logarithmus

Wir wissen, dass die Exponentialfunktion die Zahlenebene $\mathbb{C}$ surjektiv auf $\mathbb{C}^*$ abbildet und die Periode $2\pi i$ hat. Zu jedem $z \in \mathbb{C}^*$ gibt es also unendlich viele $w \in \mathbb{C}$ mit $e^w = z$, jedes solche w nennen wir einen *Logarithmus* von z. Nach Kap. I, §8, ist jeder Logarithmus von z von der Form

$$w = \log|z| + i \arg z$$

mit einem Argument von z. Da $\arg z$ nur bis auf Vielfache von 2π bestimmt ist, unterscheiden sich je zwei Logarithmen von z um ein ganzzahliges Vielfaches von $2\pi i$.

Zum Beispiel hat eine positive reelle Zahl x die (komplexen) Logarithmen $\log x + 2k\pi i$ mit $k \in \mathbb{Z}$, wenn $\log x$ den gewöhnlichen reellen Logarithmus bedeutet[1]. Eine negative

---

[1]Wir vereinbaren: Für $x > 0$ bedeutet das Zeichen $\log x$ stets den gewohnten reellen Logarithmus von x, wenn nichts anderes ausdrücklich gesagt wird. Ist z nicht positiv reell, bedeutet $\log z$ irgendeinen Logarithmus von z.

reelle Zahl x hat die Logarithmen $\log|x| + (2k+1)\pi i$ mit $k \in \mathbb{Z}$; $\pi i/2$ ist ein Logarithmus von i.

Sind w_1 und w_2 Logarithmen von z_1 bzw. von z_2, so gilt $e^{w_1+w_2} = e^{w_1} e^{w_2} = z_1 z_2$, also ist $w_1 + w_2$ ein Logarithmus von $z_1 z_2$. Allerdings kann man nicht erwarten, dass bei gegebenen Logarithmen w_1, w_2, w_3 von $z_1, z_2, z_1 z_2$ stets $w_1 + w_2 = w_3$ gilt, im allgemeinen unterscheidet sich $w_1 + w_2$ von w_3 um ein ganzzahliges Vielfaches von $2\pi i$. So bekommt man mit den Logarithmen $w_1 = \pi i/2$ von i, $w_2 = \log\sqrt{2} + 3\pi i/4$ von $i-1$ und $w_3 = \log\sqrt{2} - 3\pi i/4$ von $i(i-1)$ nur $w_1 + w_2 = w_3 + 2\pi i$.

Ist G ein den Nullpunkt nicht enthaltendes Gebiet, so gibt es natürlich viele Funktionen, die jeder Zahl $z \in G$ einen ihrer Logarithmen zuordnen. Hingegen ist es ein Problem, ob man die Zuordnung so treffen kann, dass eine stetige oder vielleicht sogar holomorphe Funktion entsteht.

Definition 1.1. *Es sei $G \subset \mathbb{C}^*$ ein Gebiet. Eine stetige Funktion $f : G \to \mathbb{C}$ mit $e^{f(z)} = z$ für alle $z \in G$ heißt Zweig des Logarithmus (oder eine Logarithmusfunktion) auf G.*

Ist f ein Zweig des Logarithmus auf G, so ist also die Exponentialfunktion $\exp : f(G) \to G$ Umkehrfunktion von f, insbesondere ist f injektiv. Existiert auf $G \subset \mathbb{C}^*$ ein Zweig f des Logarithmus, so sind auch die Funktionen $f_k(z) = f(z) + 2k\pi i$ für $k \in \mathbb{Z}$ Zweige des Logarithmus auf G. Damit hat man alle Logarithmusfunktionen auf G: Ist nämlich g eine solche, so gilt für jedes $z \in G$

$$e^{f(z)-g(z)} = 1,$$

also $f(z) - g(z) = 2\pi i k(z)$ mit $k(z) \in \mathbb{Z}$. Da $f(z)$ und $g(z)$ stetig sind, ist auch $k(z)$ stetig und damit konstant.

Das gleiche Problem wie beim Logarithmus stellt sich für das Argument; wir sagen, dass auf $G \subset \mathbb{C}^*$ ein *Zweig des Arguments* (oder eine *Argumentfunktion*) existiert, wenn es eine stetige Funktion $\varphi : G \to \mathbb{R}$ gibt, so dass $\varphi(z)$ für jedes $z \in G$ ein Argument von z ist.

Satz 1.1. *Es sei $G \subset \mathbb{C}^*$ ein Gebiet. Auf G gibt es dann und nur dann eine stetige Argumentfunktion, wenn auf G ein Zweig des Logarithmus existiert.*

Beweis: Ist $\varphi : G \to \mathbb{R}$ ein Zweig des Arguments, so ist

$$z \mapsto \log|z| + i\varphi(z)$$

stetig auf G, also ein Zweig des Logarithmus. – Ist umgekehrt $f : G \to \mathbb{C}$ ein Zweig des Logarithmus, so gilt

$$z = e^{f(z)} = e^{\operatorname{Re} f(z)} \cdot e^{i \operatorname{Im} f(z)},$$

also ist $|z| = e^{\operatorname{Re} f(z)}$, und $z \mapsto \operatorname{Im} f(z)$ ist eine Argumentfunktion, stetig, da f stetig ist. $\qquad\square$

Wir brauchen im folgenden also nur Logarithmus-Funktionen zu untersuchen. Bevor wir die Existenzfrage behandeln, beweisen wir:

Satz 1.2. *Es gebe auf dem Gebiet $G \subset \mathbb{C}^*$ einen Zweig f des Logarithmus. Dann ist f holomorph, es gilt $f'(z) = 1/z$.*

Beweis: Es ist $f : G \to f(G)$ eine bijektive Abbildung mit der Umkehrfunktion $\exp : f(G) \to G$. Für $z, z_0 \in G$ sei $w = f(z)$ und $w_0 = f(z_0)$. Dann ist für $z \neq z_0$

$$\frac{f(z) - f(z_0)}{z - z_0} = \frac{w - w_0}{e^w - e^{w_0}},$$

und wegen der Stetigkeit von f gilt

$$\lim_{z \to z_0} \frac{f(z) - f(z_0)}{z - z_0} = \lim_{w \to w_0} \frac{w - w_0}{e^w - e^{w_0}} = \frac{1}{e^{w_0}} = \frac{1}{z_0}. \qquad \square$$

Nun können wir notwendige und hinreichende Bedingungen für die Existenz von Zweigen des Logarithmus angeben:

Satz 1.3. *Für ein Gebiet $G \subset \mathbb{C}^*$ sind folgende Aussagen äquivalent:*

   i) Auf G existiert ein Zweig des Logarithmus.
   ii) $1/z$ hat eine Stammfunktion auf G.
   iii) Für jeden Zyklus Γ in G ist $n(\Gamma, 0) = 0$.

Beweis: Aus i) folgt ii) nach Satz 1.2. Aus ii) folgt i): Es sei $g : G \to \mathbb{C}$ eine Stammfunktion von $1/z$. Dann gilt $(ze^{-g(z)})' = (1 - zg'(z))e^{-g(z)} = 0$, also ist $ze^{-g(z)}$ eine von Null verschiedene Konstante. Schreiben wir diese als e^c, so ist $f(z) = g(z) + c$ ein Zweig des Logarithmus.

ii) und iii) sind äquivalent: $n(\Gamma, 0) = 0$ heißt nämlich $\displaystyle\int_\Gamma \frac{dz}{z} = 0$. Das bedeutet aber, dass $1/z$ eine Stammfunktion auf G hat. $\qquad \square$

Sind die angegebenen Bedingungen erfüllt, so erhält man einen Zweig des Logarithmus durch

$$f(z) = \int_{\gamma_z} \frac{d\zeta}{\zeta} + \log a,$$

wobei a ein fester Punkt in G und γ_z ein in G verlaufender Integrationsweg von a nach z ist.

Einen Zweig des Logarithmus auf $G \subset \mathbb{C}^*$ bezeichnet man oft mit $\log : G \to \mathbb{C}$. Es muss dann aber präzisiert werden, um welchen Zweig es sich jeweils handelt. Dazu genügt z.B. die Angabe des Wertes in einem Punkt von G.

Beispiele:

a) Auf $\mathbb{C}^*$ existiert kein Zweig des Logarithmus, denn für jeden Kreis $\kappa = \kappa(r, 0)$ ist $n(\kappa, 0) = 1 \neq 0$.

b) Ist $G \subset \mathbb{C}^*$ einfach zusammenhängend, so ist die Aussage iii) von Satz 1.3 erfüllt, also existiert ein Zweig des Logarithmus auf G.

Der am häufigsten benutzte Spezialfall von Beispiel b) ist die „längs der negativen reellen Achse aufgeschnittene" Ebene

$$\mathbb{C}^* - \mathbb{R}_- = \mathbb{C} - \{z \in \mathbb{R} : z \leq 0\}.$$

Dieses Gebiet ist nach Kap. IV, Satz 3.2, einfach zusammenhängend. Auf $\mathbb{C}^* - \mathbb{R}_-$ ist der durch

$$\mathrm{Log}\, z = \int\limits_{[1,z]} \frac{d\zeta}{\zeta} \tag{1}$$

definierte Zweig des Logarithmus ausgezeichnet, denn seine Beschränkung auf die positive reelle Achse ist offenbar gerade die Logarithmusfunktion der reellen Analysis. Man nennt den durch (1) gegebenen Zweig oft *Hauptzweig* (oder *Hauptwert*) und bezeichnet ihn wie hier mit Log. – Verbinden wir die Punkte 1 und $z \in \mathbb{C}^* - \mathbb{R}_-$ durch den aus der Strecke $[1, |z|]$ und dem in $\mathbb{C}^* - \mathbb{R}_-$ liegenden Kreisbogen κ_z um 0 von $|z|$ nach z zusammengesetzten Weg, so erhalten wir

$$\mathrm{Log}\, z = \int\limits_{[1,|z|]} \frac{d\zeta}{\zeta} + \int\limits_{\kappa_z} \frac{d\zeta}{\zeta} = \log |z| + i \arg z \qquad \text{mit } -\pi < \arg z < \pi, \tag{2}$$

wobei $\log |z|$ den reellen Logarithmus bedeutet.

Da der Hauptzweig eine holomorphe Fortsetzung des reellen Logarithmus ist, liefert die Taylor-Reihe des letzteren sofort die Potenzreihen-Entwicklung

$$\mathrm{Log}\, (1+z) = \sum_{\nu=1}^{\infty} \frac{(-1)^{\nu+1}}{\nu} z^\nu \qquad \text{für } |z| < 1.$$

Hingegen bleibt die Funktionalgleichung $\log(x_1 x_2) = \log x_1 + \log x_2$ des reellen Logarithmus nicht uneingeschränkt gültig, wie ein Beispiel am Anfang des Paragraphen zeigt. Der Grund ist die Beschränkung für das Argument in (2). Man hat $\mathrm{Log}\,(z_1 z_2) = \mathrm{Log}\, z_1 + \mathrm{Log}\, z_2$ genau dann, wenn für die in $]-\pi, \pi[$ gelegenen Argumente $\arg z_1$, $\arg z_2$ auch $\arg z_1 + \arg z_2 \in]-\pi, \pi[$ gilt.

Analog zu $\mathbb{C}^* - \mathbb{R}_-$ kann man die Ebene längs eines anderen von 0 ausgehenden Strahles S aufschneiden. Ist $S \neq \mathbb{R}_+$, so existiert auf $G = \mathbb{C}^* - S$ wieder eine holomorphe Fortsetzung des reellen Logarithmus. Allerdings stimmt sie nur auf der $\mathbb{R}_+$ enthaltenden Wegkomponente von $G \cap (\mathbb{C}^* - \mathbb{R}_-)$ mit dem Hauptzweig überein, auf der anderen

Wegkomponente unterscheiden sich beide Funktionen um $2\pi i$. – Wir haben hiermit ein Beispiel für ein schon in Kap. III, §9 erwähntes Phänomen.

Man kann auch mit Hilfe der Exponentialfunktion Existenzgebiete für Zweige des Logarithmus konstruieren: Ist $\tilde{G} \subset \mathbb{C}$ ein Gebiet mit $z_1 - z_2 \notin 2\pi i \mathbb{Z}$ für $z_1, z_2 \in \tilde{G}$, so bildet die Exponentialfunktion $\tilde{G}$ bijektiv auf ein Gebiet $G \subset \mathbb{C}^*$ ab, die Umkehrfunktion ist dann ein Zweig des Logarithmus auf G. Ist $\tilde{G}$ ein Streifen $\tilde{G} = \{z : \alpha < \operatorname{Im} z < \alpha + 2\pi\}$, so wird G die längs des Strahles von 0 durch $e^{i\alpha}$ aufgeschnittene Ebene.

In einer längs eines Strahles S aufgeschnittenen Ebene $\mathbb{C}^* - S$ sei log eine Logarithmusfunktion. Um zu klären, wie die Funktionswerte von log sich in der Nähe von S verhalten, betrachten wir einen Weg $\gamma : [-1, 1] \to \mathbb{C}^*$, der S genau in $\gamma(0)$ schneidet; $\gamma_1 = \gamma|[-1, 0[$ verlaufe links von S und $\gamma_2 = \gamma|]0, 1]$ verlaufe rechts von S. Dann lassen sich $\log \gamma_1(t)$ und $\log \gamma_2(t)$ stetig in $t = 0$ hinein fortsetzen, es gilt

$$\lim_{\substack{t \to 0 \\ t > 0}} \log \gamma(t) - \lim_{\substack{t \to 0 \\ t < 0}} \log \gamma(t) = 2\pi i;$$

die Funktionswerte $\log \gamma(t)$ „springen" also um $2\pi i$, wenn man S überschreitet.

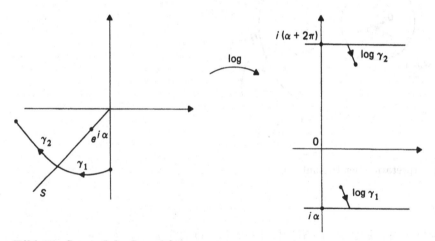

Bild 25 „Sprung" des Logarithmus

Wir fragen schließlich, wann eine holomorphe Funktion $f : G \to \mathbb{C}$ einen „holomorphen Logarithmus" hat, d.h., wann es eine holomorphe Funktion $g : G \to \mathbb{C}$ mit $f(z) = e^{g(z)}$ gibt. Notwendig dafür ist, dass f den Wert 0 nicht annimmt. Diese Bedingung ist auch hinreichend, falls G einfach zusammenhängt:

Satz 1.4. *Es sei $G \subset \mathbb{C}$ ein einfach zusammenhängendes Gebiet, f eine holomorphe Funktion auf G ohne Nullstellen. Dann gibt es eine holomorphe Funktion $g : G \to \mathbb{C}$ mit $f(z) = e^{g(z)}$ für alle $z \in G$.*

Beweis: Wegen $f(z) \neq 0$ ist f'/f holomorph; da G einfach zusammenhängt, hat f'/f eine Stammfunktion h. Wegen $(f(z)e^{-h(z)})' = e^{-h(z)}(f'(z) - f(z)h'(z)) \equiv 0$ gilt dann $f(z) = e^{h(z)+c}$ mit einer passenden Konstanten c. $\qquad\qquad\square$

Bemerkung: Existiert auf $f(G)$ ein Zweig $\log : f(G) \to \mathbb{C}$ des Logarithmus, so kann man einfach $g = \log \circ f$ setzen. In der Situation des Satzes braucht es aber auf $f(G)$ keinen Zweig des Logarithmus zu geben. Zum Beispiel bildet $f : z \mapsto z^2$ die längs der negativen reellen Achse aufgeschnittene Ebene auf $\mathbb{C}^*$ ab.

Da wir nun die Argumentfunktion zur Verfügung haben, können wir auch das die Umlaufszahl definierende Integral interpretieren. Der Einfachheit halber betrachten wir $n(\gamma, 0)$ für einen geschlossenen Integrationsweg $\gamma : [a, b] \to \mathbb{C}^*$. Wir können eine Zerlegung $a = t_0 < t_1 < \ldots < t_n = b$ von $[a, b]$ so finden, dass jeder Teilweg $\gamma_\nu = \gamma|[t_{\nu-1}, t_\nu]$ in einem Gebiet G_ν verläuft, auf dem ein Zweig des Logarithmus existiert (die G_ν können etwa als Kreisscheiben gewählt werden). Es sei $z_\nu = \gamma(t_\nu)$. Auf G_ν, $\nu = 1, \ldots, n$, wählen wir folgendermaßen Zweige $f_\nu(z) = \log|z| + i\varphi_\nu(z)$ des Logarithmus: f_1 sei beliebig, weiter sei $f_{\nu+1}(z_\nu) = f_\nu(z_\nu)$ für $\nu = 1, \ldots, n-1$. Dann wird durch

$$\varphi : t \mapsto \varphi_\nu(\gamma(t)) \qquad \text{für } t \in [t_{\nu-1}, t_\nu]$$

eine stetige Funktion φ auf $[a, b]$ gegeben, die jedem t ein Argument von $\gamma(t)$ zuordnet.

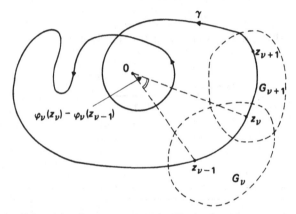

Bild 26 Zur Interpretation der Umlaufszahl

Wir haben

$$\int_{\gamma_\nu} \frac{dz}{z} = \log|z_\nu| - \log|z_{\nu-1}| + i(\varphi_\nu(z_\nu) - \varphi_\nu(z_{\nu-1})),$$

der Imaginärteil dieses Integrals misst also die Änderung des Arguments von $\gamma(t)$, wenn t das Teilintervall $[t_{\nu-1}, t_\nu]$ durchläuft. – Summiert man nun die Integrale über die Teilwege, so heben sich die Realteile wegen $z_n = z_0$ weg, es bleibt

$$\int_\gamma \frac{dz}{z} = \sum_{\nu=1}^{n} \int_{\gamma_\nu} \frac{dz}{z} = i(\varphi_n(z_0) - \varphi_1(z_0)) = i(\varphi(b) - \varphi(a)).$$

Der Imaginärteil misst also die Gesamtänderung des Arguments längs des Weges γ, die Größe $\dfrac{1}{2\pi i} \displaystyle\int_\gamma \frac{dz}{z}$ gibt daher in der Tat an, wie oft $\gamma(t)$ insgesamt den Nullpunkt umläuft, wenn t das Intervall $[a, b]$ durchläuft. Dabei werden Umläufe im Uhrzeigersinn negativ, im Gegenuhrzeigersinn positiv gerechnet.

Aufgaben:

1. Man berechne alle Logarithmen von i und $(1 + i)^3$ sowie den Hauptwert des Logarithmus (d.h. den Wert des Hauptzweiges) von $(3 - 4i)^4$.

2. Es sei $f(z)$ der auf $\mathbb{C}^* - \{z : \arg z = 3\pi/4\}$ definierte Zweig des Logarithmus mit $f(1) = 0$. Man entwickle f um -1 in eine Potenzreihe. Wo konvergiert diese? Wo stellt sie f dar?

3. (a) Es sei $\gamma : [a, b] \to \mathbb{C}$ ein geschlossener Integrationsweg und $z_0 \notin \mathrm{Sp}\,\gamma$. Dann ist
   $$t \mapsto z_0 + \frac{\gamma(t) - z_0}{|\gamma(t) - z_0|}$$
   ein Integrationsweg $\alpha : [a, b] \to \mathbb{C}$ mit $\mathrm{Sp}\,\alpha \subset \partial D_1(z_0)$. Man zeige $n(\gamma, z_0) = n(\alpha, z_0)$.

   (b) Es sei $\alpha : [a, b] \to \mathbb{C}$ ein geschlossener Integrationsweg mit $\mathrm{Sp}\,\alpha \subset \partial D_1(z_0)$. Man zeige, dass es eine stetige Abbildung $\varphi : [a, b] \to \mathbb{R}$ gibt mit $\alpha(t) = z_0 + e^{i\varphi(t)}$, und drücke $n(\alpha, z_0)$ durch φ aus.

4. (a) Man gebe möglichst große Gebiete an, auf denen sich eine holomorphe Funktion $\log \log z$ erklären läßt.

   (b) Dasselbe für $\log(1 - z)^2$.

   (c) Es sei $G = \mathbb{C} - \bigcup_{k \in \mathbb{Z}} \{z \in \mathbb{R} : k\pi \leq z \leq (k + \frac{1}{2})\pi\}$. Man zeige, dass auf G eine holomorphe Funktion $\log \tan z$ erklärt ist.

5. Es sei $\arg : G \to \mathbb{R}$ ein Zweig des Arguments ($G \subset \mathbb{C}^*$). Man berechne $\partial/\partial z \arg z$ und $\partial/\partial \bar{z} \arg z$.

6. Es sei $\tilde{G}$ der von den Geraden $(1 + i)t$ und $(1 + i)t + 2\pi i, t \in \mathbb{R}$, begrenzte Streifen. Man bestimme das Bild G von $\tilde{G}$ unter der Exponentialfunktion! Für die Umkehrfunktion $\log : G \to \tilde{G}$ von $\exp : \tilde{G} \to G$ bestimme man die Werte auf den Wegkomponenten von $G \cap \{x \in \mathbb{R} : x > 0\}$.

§ 2. Potenzen

In der reellen Analysis definiert man die Potenz a^b für $a > 0$ und irrationales b durch $a^b = \exp(b \log a)$. Wir übertragen diese Definition ins Komplexe: Ist $a \in \mathbb{C}^*$, $b \in \mathbb{C}$ und $\log a$ irgendein Logarithmus von a, so nennen wir die Zahl $\exp(b \log a)$ einen Wert der b-ten Potenz von a. Wir schreiben auch

$$a^b = \exp(b \log a).$$

In der linken Schreibweise kommt allerdings die Abhängigkeit von der Wahl von $\log a$ nicht zum Ausdruck: Verschiedene Werte von $\log a$ ergeben im allgemeinen verschiedene Werte von a^b; je zwei Werte von a^b unterscheiden sich um einen Faktor der Form $\exp(2\pi i k b)$ mit $k \in \mathbb{Z}$. Für irrationales $b \in \mathbb{C}$ hat man daher abzählbar unendlich viele Werte von a^b. Für $b \in \mathbb{Z}$ hingegen hat a^b nur einen Wert, denn dann ist stets $\exp(2\pi i k b) = 1$. In diesem Fall ist a^b die übliche b-te Potenz von a.

Für $b = 1/n$ mit $n = 2, 3, 4, \ldots$ ist $\exp(2\pi i k/n) = \exp(2\pi i k'/n)$ genau dann, wenn $k - k'$ ein Vielfaches von n ist. Also nimmt $\exp(2\pi i k/n)$ genau die n verschiedenen Werte

$$\zeta_n = \exp\left(\frac{2\pi i}{n}\right), \qquad \zeta_n^2 = \exp\left(\frac{4\pi i}{n}\right), \ldots, \zeta_n^n = \exp\left(\frac{2n\pi i}{n}\right) = 1$$

an, wenn k die ganzen Zahlen durchläuft. Fixieren wir einen Logarithmus von $a \in \mathbb{C}^*$, so nimmt $a^{1/n}$ also genau die n Werte

$$\exp\left(\frac{1}{n}\log a\right), \qquad \zeta_n \exp\left(\frac{1}{n}\log a\right), \ldots, \zeta_n^{n-1} \exp\left(\frac{1}{n}\log a\right)$$

an; wegen

$$\left(\zeta_n^k \exp\left(\frac{1}{n}\log a\right)\right)^n = \left(\exp\left(\frac{1}{n}\log a + \frac{2\pi i k}{n}\right)\right)^n = \exp\log a = a$$

sind diese n Werte genau die n-ten Wurzeln von a. Wir schreiben daher gelegentlich $\sqrt[n]{a}$ für $a^{1/n}$. Für $a = 1$ sind die n-ten Wurzeln gerade die Zahlen $1, \zeta_n, \ldots, \zeta_n^{n-1}$ mit $\zeta_n = \exp(2\pi i/n)$; man nennt sie auch die *n-ten Einheitswurzeln*. Ist $a = |a|e^{i\vartheta}$ in Polarkoordinaten dargestellt, so liefert

$$\sqrt[n]{|a|} \exp\frac{i}{n}(\vartheta + 2k\pi) \qquad \text{mit } k \in \mathbb{Z}$$

die Polarkoordinatendarstellung der n-ten Wurzeln von a. Dabei bedeutet $\sqrt[n]{|a|}$ die positive reelle n-te Wurzel aus $|a|$. Die n-ten Wurzeln von a liegen also auf dem Kreis $\partial D_r(0)$ mit $r = \sqrt[n]{|a|}$ und bilden die Ecken eines regelmäßigen n-Ecks.

Den Ausdruck 0^b erklären wir nach wie vor nur für $b = 0$ mit $0^0 = 1$ und für $b = 1, 2, 3, \ldots$ durch $0^b = 0$.

Betrachten wir in a^b entweder a oder b als variabel, so erhalten wir holomorphe Funktionen, nämlich die *Exponentialfunktionen* $z \mapsto a^z$ *zur Basis a* und die *Potenzfunktionen* $z \mapsto z^b$. Wir diskutieren zunächst die ersteren. Es sei $a \neq 0$. Dann ist für jede Wahl von $\log a$

$$z \mapsto \exp(z \log a) \tag{1}$$

eine ganze Funktion; wir bezeichnen jede dieser Funktionen mit a^z. Man hat $a^{z_1 + z_2} = a^{z_1} a^{z_2}$ und

$$\frac{d}{dz}(a^z) = \log a \cdot \exp(z \log a) = (\log a) a^z.$$

Mit $a = e$ und $\log e = 1$ erhält man die gewöhnliche Exponentialfunktion $e^z = \exp z$, unsere Bezeichnungen sind also konsistent. Während a^z allgemein eine beliebige der durch

(1) gegebenen Funktionen bedeuten kann, wollen wir e^z nur in der Bedeutung $\exp z$ verwenden.

Die Diskussion der Potenzfunktionen ist komplizierter:

Definition 2.1. *Es sei $G \subset \mathbb{C}^*$ ein Gebiet, auf dem ein Zweig $\log$ des Logarithmus erklärt ist. Dann heißt die Funktion $z \mapsto \exp(b \log z)$ ein Zweig der b-ten Potenz auf G.*

Wir schreiben dafür auch $z \mapsto z^b$. – Jeder Zweig der b-ten Potenz ist holomorph; man hat

$$\frac{d}{dz}(z^b) = b z^{b-1},$$

wobei z^{b-1} mit dem gleichen Zweig des Logarithmus zu erklären ist wie z^b. Die Funktionalgleichung $(z_1 z_2)^b = z_1^b z_2^b$ gilt nicht allgemein für einen Zweig der b-ten Potenz, aber jedenfalls dann, wenn für die zur Definition benutzte Logarithmusfunktion $\log(z_1 z_2) = \log z_1 + \log z_2$ gilt.

Gibt es auf einem Gebiet $G \subset \mathbb{C}^*$ überhaupt einen Zweig der b-ten Potenz, so gibt es im allgemeinen abzählbar unendlich viele, entsprechend den verschiedenen Zweigen des Logarithmus. Für ganze Exponenten b hat man jedoch nur einen einzigen Zweig, nämlich die uns vertraute gewöhnliche b-te Potenz.

Wir wollen noch den Fall $b = 1/n$ mit $n = 2, 3, 4, \ldots$ genauer besprechen. Ist $\log$ ein fester Zweig des Logarithmus auf G, so hat man mit $\zeta_n = \exp(2\pi i/n)$ jeweils die n Zweige

$$\exp\left(\frac{1}{n}\log z\right), \quad \zeta_n \exp\left(\frac{1}{n}\log z\right), \ldots, \zeta_n^{n-1} \exp\left(\frac{1}{n}\log z\right)$$

von $z^{1/n}$ auf G. Überdies gilt:

Satz 2.1. *Es sei G ein Gebiet, auf dem ein Zweig des Logarithmus existiert. Ist f eine auf G stetige Funktion mit $(f(z))^n = z$ für $z \in G$, so stimmt f mit einem der oben angegebenen Zweige der Funktion $z^{1/n}$ überein.*

Beweis: Es sei $\log$ ein Zweig des Logarithmus auf G. Wir setzen $g(z) = \exp(\frac{1}{n}\log z)$. Wegen $(f(z)/g(z))^n \equiv 1$ ist $f(z)/g(z)$ für jedes $z \in G$ eine n-te Einheitswurzel $\zeta_n^{k(z)}$ (mit $k(z) \in \{0, 1, \ldots, n-1\}$). Da wir f als stetig vorausgesetzt haben, ist $z \mapsto \zeta_n^{k(z)}$ stetig auf G; da die n-ten Einheitswurzeln eine diskrete Menge bilden und G zusammenhängend ist, muss $z \mapsto \zeta_n^{k(z)}$ konstant sein, etwa $= \zeta_n^k$. Damit ist $f(z) = \zeta_n^k g(z)$. $\quad\square$

Wir bemerken ohne Beweis, dass es auf einem Gebiet $G \subset \mathbb{C}^*$ auch nur dann eine stetige Funktion f mit $(f(z))^n = z$ geben kann ($n \geq 2$), wenn auf G eine Logarithmusfunktion existiert (vgl. auch Aufgabe 2).

Zweige der Potenzfunktion (mit beliebigem Exponenten) existieren insbesondere auf einfach zusammenhängenden Gebieten, die den Nullpunkt nicht enthalten. Diejenigen Potenzfunktionen, die auf der längs der negativen reellen Achse aufgeschnittenen Ebene mittels des Hauptzweiges des Logarithmus definiert werden, nennt man auch *Hauptzweig* (oder *Hauptwert*) der betreffenden Potenz. Für reelles b stimmt der Hauptzweig von z^b auf der positiven reellen Achse mit der gewohnten reellen Potenz $x \mapsto x^b$ überein. Für $|z| < 1$ wird der Hauptzweig von $(1 + z)^b$ durch seine Taylorreihe um $z = 0$ dargestellt:

$$(1 + z)^b = 1 + \sum_{\nu=1}^{\infty} \binom{b}{\nu} z^\nu \qquad \text{für } |z| < 1$$

mit $\displaystyle \binom{b}{\nu} = \frac{1}{\nu!} b(b - 1) \ldots (b - \nu + 1)$.

Hat eine nirgends verschwindende holomorphe Funktion $f : G \to \mathbb{C}^*$ einen holomorphen Logarithmus g, d.h. gilt $f(z) = e^{g(z)}$, so kann man auch holomorphe b-te Potenzen von f bilden vermöge

$$(f(z))^b = e^{b(g(z) + 2k\pi i)}.$$

Hinreichend dafür ist (vgl. Satz 1.4), dass G einfach zusammenhängend ist oder dass auf $f(G)$ ein Zweig des Logarithmus existiert.

Als Beispiel betrachten wir die auf $\mathbb{C} - \{a, b\}$ definierte und dort nirgends verschwindende Funktion $f(z) = \dfrac{z - a}{z - b}$. Es ist $f(G) = \mathbb{C} - \{0, 1\}$, keine der eben angegebenen Bedingungen ist erfüllt. Entfernen wir aber aus G noch die Strecke von a nach b, so wird das Restgebiet $G^* = \mathbb{C} - [a, b]$ in $\mathbb{C}^* - \mathbb{R}_-$ abgebildet, und hier ist z.B. der Hauptzweig des Logarithmus definiert. Man kann also auf G^* Potenzen f^b bilden, insbesondere hat man dort zwei Zweige der Quadratwurzel $\sqrt{\dfrac{z - a}{z - b}}$. Eine andere Möglichkeit besteht darin, aus G die beiden Strahlen $\{z = a + t(b - a) : t < 0\}$ und $\{z = b + t(a - b) : t < 0\}$ zu entfernen: Das Restgebiet G^{**} ist einfach zusammenhängend und enthält keine Nullstelle von f.

Beiden Möglichkeiten haftet etwas Willkürliches an. Zur Aufhebung dieser Willkür und zu einer Übersicht über alle Möglichkeiten gelangt man erst durch Heranziehung Riemannscher Flächen.

Aufgaben:

1. Man bestimme alle möglichen Werte von i^i, 2^{-i}, $(-1)^{\sqrt{i}}$.

2. Es sei $G \subset \mathbb{C}^*$ ein Gebiet, auf dem kein Zweig des Logarithmus existiert. Man zeige, dass es auf G auch keinen Zweig der m-ten Wurzel geben kann ($m \geq 2$). *Hinweis:* Es gibt einen Zyklus Γ^* in G mit $n(\Gamma^*, 0) \neq 0$. Daraus leite man eine Zerlegung $\mathbb{C} - G = A_1 \cup A_2$ mit $A_1 \cap A_2 = \emptyset$, $0 \in A_1$, A_1 kompakt ab. Nach IV, Satz 3.3 gibt es dann einen Zyklus Γ in G mit $n(\Gamma, 0) = 1$. Man nehme nun an, es gäbe einen Zweig f der m-ten Wurzel, und berechne $n(f \circ \Gamma, 0)$.

3. (a) Man vergleiche die Zweige von $\sqrt{\dfrac{z - a}{z - b}}$ auf G^* (Bezeichnungen siehe Text!) mit denen auf G^{**}.

(b) Es sei $f(z)$ auf $\mathbb{C} - \{t \in \mathbb{R} : |t| \le 1\}$ der Zweig von $\sqrt{\dfrac{z-1}{z+1}}$ mit $\operatorname{Re} f(i) > 0$. Man bestimme $f(-i), f(2), f(-2)$.

(c) Es sei $c \in \mathbb{R} - \mathbb{Z}$ und $g(z)$ auf $\mathbb{C} - \{t \in \mathbb{R} : |t| \le 1\}$ der (!) Zweig von $(z+1)^c(z-1)^{-c}$ mit $g(2) > 0$. Man berechne für $0 < x < 1$

$$\lim_{\substack{\epsilon \to 0 \\ \epsilon > 0}} g(x + i\epsilon)/g(x - i\epsilon).$$

4. Man gebe (möglichst große) Gebiete an, auf denen

   a) $\sqrt{\log z}$,　　　b) $\log(1 + \sqrt[3]{z})$,　　　c) $\sqrt{z + \sqrt{z}}$

   als holomorphe Funktion erklärt werden kann.

§ 3.　Die Arcus-Funktionen

Wir wenden uns nun der Umkehrung der trigonometrischen Funktionen zu. Diese sind periodisch, also sicher nicht injektiv auf $\mathbb{C}$. Um sinnvoll etwa von der Umkehrfunktion Arcussinus des Sinus handeln zu können, wird man ein (möglichst großes) Gebiet G_0 wählen, das durch den Sinus injektiv abgebildet wird, und die Umkehrfunktion der auf G_0 eingeschränkten Sinusfunktion untersuchen – entsprechend für die anderen trigonometrischen Funktionen. Wir werden dabei die Wahl von G_0 so treffen, dass die Verbindung mit dem aus der reellen Analysis Gewohnten gewahrt bleibt.

Die Abbildung $z \mapsto \sin z = \frac{1}{2i}(e^{iz} - e^{-iz})$ läßt sich schreiben als Kompositum $g \circ f$ der Abbildungen.

$$f : z \mapsto \zeta = e^{iz}, \qquad g : \zeta \mapsto \frac{1}{2i}\left(\zeta - \frac{1}{\zeta}\right).$$

Wir untersuchen zunächst die auf $\mathbb{C}^*$ definierte Funktion g. Es ist $g(\zeta_1) = g(\zeta_2)$ genau dann, wenn

$$\zeta_1 - \frac{1}{\zeta_1} = \zeta_2 - \frac{1}{\zeta_2} \quad \text{bzw.} \quad (\zeta_1 - \zeta_2)\left(1 + \frac{1}{\zeta_1 \zeta_2}\right) = 0$$

gilt. Auf einem Bereich $U \subset \mathbb{C}^*$ ist g also genau dann injektiv, wenn U keine Punkte ζ_1, ζ_2 mit $\zeta_1 \zeta_2 = -1$ enthält. Gilt $\operatorname{Re} \zeta > 0$, so ist $\operatorname{Re}(-1/\zeta) = -\operatorname{Re} \zeta/|\zeta|^2 < 0$, daher ist g insbesondere auf der rechten Halbebene $G_1 = \{\zeta \in \mathbb{C} : \operatorname{Re} \zeta > 0\}$ injektiv. Wir wollen das Bild $g(G_1)$ und die Umkehrfunktion von $g|G_1$ bestimmen. Dazu bemerken wir: Für $t \in \mathbb{R}$ ist $g(it) = \frac{1}{2}(t + \frac{1}{t})$ reell ≥ 1 oder ≤ -1. Umgekehrt bedeutet $g(\zeta) \in \mathbb{R}$, dass $\zeta - \frac{1}{\zeta}$ rein imaginär ist, d.h.

$$\zeta - \frac{1}{\zeta} = -\left(\overline{\zeta} - \frac{1}{\overline{\zeta}}\right)$$

oder gleichbedeutend

$$(\zeta + \overline{\zeta})(1 - \zeta\overline{\zeta}) = 0.$$

g bildet also genau die imaginäre Achse und die Einheitskreislinie in $\mathbb{R}$ ab. Für $\zeta\bar\zeta = 1$ ist aber $g(\zeta) = \operatorname{Im}\zeta$; es wird also genau die imaginäre Achse auf $\{t \in \mathbb{R} : |t| \geq 1\}$ abgebildet. Das Bild der rechten Halbebene G_1 ist daher jedenfalls in

$$G_2 = \mathbb{C} - \{t \in \mathbb{R} : |t| \geq 1\}$$

enthalten. Es gilt sogar $g(G_1) = G_2$: Für $w \in G_2$ ergibt nämlich die Auflösung der Gleichung $w = \frac{1}{2i}(\zeta + \frac{1}{\zeta})$

$$\zeta = iw + (1 - w^2)^{1/2},$$

w hat also zwei Urbilder in $\mathbb{C} - i\mathbb{R}$, von denen eines in G_1 (und das andere in der linken Halbebene) liegen muss. – Auf dem einfach zusammenhängenden Gebiet G_2 hat $1 - w^2$ keine Nullstellen, es existieren also auf G_2 zwei Zweige von $(1 - w^2)^{1/2}$. Wir bezeichnen denjenigen, der in $w = 0$ den Wert 1 hat, mit $\sqrt{1 - w^2}$. Dann ist $h(w) = iw + \sqrt{1 - w^2}$ auf G_2 holomorph und bildet G_2 in $\mathbb{C} - i\mathbb{R}$ ab. Wegen $h(0) = 1$ muss $h(G_2) \subset G_1$ und damit $h(G_2) = G_1$ gelten. Zusammengefasst: g bildet G_1 bijektiv auf G_2 ab, die Umkehrfunktion $h : g_2 \to G_1$ ist $w \mapsto iw + \sqrt{1 - w^2}$.

Es sei nun G_0 der Vertikalstreifen $\{z \in \mathbb{C} : -\frac{\pi}{2} < \operatorname{Re} z < \frac{\pi}{2}\}$. Durch $f : z \mapsto e^{iz}$ wird G_0 bijektiv auf die rechte Halbebene G_1 abgebildet, g gildet G_1 bijektiv auf G_2 ab. Insgesamt bildet also der Sinus den Streifen G_0 bijektiv auf die „zweifach aufgeschnittene Ebene" G_2 ab. Dabei geht übrigens die Randgerade $\operatorname{Re} z = -\frac{\pi}{2}$ in $\{t \in \mathbb{R} : t \leq -1\}$, die andere Randgerade in $\{t \geq 1\}$ über. Es sei noch bemerkt, dass G_0 ein maximales Injektivitätsgebiet des Sinus ist; das folgt mit dem Satz von der Gebietstreue daraus, dass G_2 dicht in $\mathbb{C}$ ist. – Im Bild 27 sind noch die Bilder einiger Kurven eingetragen, um das geometrische Verständnis der Abbildungen zu erleichtern.

Die Umkehrfunktion von $\sin : G_0 \to G_2$, die wir mit $\arcsin : G_2 \to G_0$ bezeichnen, können wir als $f^{-1} \circ h$ schreiben. Da offenbar $f^{-1}(\zeta) = \frac{1}{i}\operatorname{Log}\zeta$ mit dem Hauptzweig des Logarithmus, haben wir für $\arcsin : G_2 \to G_0$

$$\arcsin w = \frac{1}{i}\operatorname{Log}\left(iw + \sqrt{1 - w^2}\right). \tag{1}$$

Diese Formel ist natürlich insbesondere für reelle w in $]-1, 1[$ gültig und liefert hier eine komplexe Darstellung des reellen Arcussinus. – Behält man in (1) das Definitionsgebiet G_2 bei, wählt den beschriebenen Zweig der Wurzel, aber einen anderen Zweig des Logarithmus, so erhält man die Umkehrfunktion der Einschränkung des Sinus auf einen Streifen, der aus G_0 durch Translation um ein ganzzahliges Vielfaches von 2π hervorgeht. Wählt man hingegen den anderen Zweig der Wurzel, so erhält man in $w \mapsto \frac{1}{i}\log(iw + \sqrt{1 - w^2})$ die Umkehrung der Einschränkung des Sinus auf den Streifen $\frac{\pi}{2} < \operatorname{Re} z < \frac{3\pi}{2}$ bzw. einen hieraus durch Translation um eine Periode hervorgehenden Streifen.

Wegen der Identität $\cos z = \sin(z + \frac{\pi}{2})$ können wir auf die Behandlung des Arcuscosinus verzichten. Hingegen wollen wir noch den Arcustangens untersuchen. Die Funktion

$$\tan z = \frac{\sin z}{\cos z} = \frac{1}{i}\frac{e^{2iz} - 1}{e^{2iz} + 1}$$

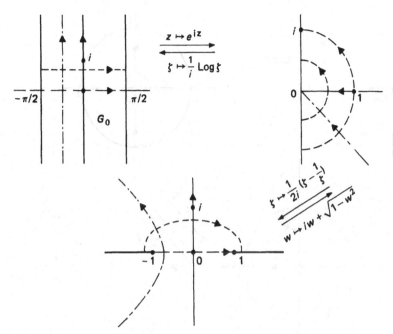

Bild 27 Sinus und Arcussinus

ist auf $\mathbb{C} - \{\frac{\pi}{2} + k\pi : k \in \mathbb{Z}\}$ holomorph und hat die Periode π. Wir betrachten wieder $G_0 = \{z : -\frac{\pi}{2} < \operatorname{Re} z < \frac{\pi}{2}\}$ und zerlegen die Einschränkung des Tangens auf G_0 in das Kompositum $g \circ f$ von $f : z \mapsto \zeta = e^{2iz}$ und $g : \zeta \mapsto w = \frac{1}{i}\frac{\zeta - 1}{\zeta + 1}$. Dabei bildet f den Streifen G_0 bijektiv auf die längs der negativen reellen Achse aufgeschnittene Ebene ab, diese wird ihrerseits durch g bijektiv auf $G_3 = \mathbb{C} - \{z = ti : t \leq -1 \text{ oder } t \geq 1\}$ abgebildet, wie man leicht explizit nachrechnet. Die Umkehrfunktion von g ist

$$g^{-1} : w \mapsto \zeta = \frac{1 + iw}{1 - iw},$$

die von f bis auf den Faktor $1/2i$ der Hauptzweig des Logarithmus, wir haben also

$$\arctan w = \frac{1}{2i}\operatorname{Log}\frac{1 + iw}{1 - iw} \qquad \text{für } \arctan : G_3 \to G_0. \qquad (2)$$

Die Wahl eines anderen Zweiges des Logarithmus in (2) entspricht wieder einer Translation von G_0 um eine Periode.

Die Umkehrfunktionen der hyperbolischen Funktionen

$$\sinh z = \frac{1}{2}(e^z - e^{-z}), \qquad \cosh z = \frac{1}{2}(e^z + e^{-z}), \qquad \tanh z = \frac{\sinh z}{\cosh z}$$

lassen sich vermöge der Beziehungen

$$\sinh z = -i\sin iz, \qquad \cosh z = \cos iz, \qquad \tanh z = -i\tan iz$$

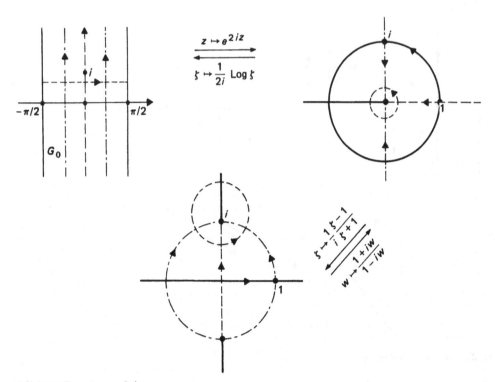

Bild 28 Tangens und Arcustangens

auf die Umkehrfunktionen der trignometrischen Funktionen zurückführen, sie lassen sich aber auch ohne Mühe entsprechend dem obigen Vorgehen direkt behandeln.

Aufgaben:

1. Man bestimme die Bildkurven der Strahlen $\zeta = re^{it}$, $r > 0$, und der Kreise $|\zeta| = r$ unter der Abbildung $g : \zeta \mapsto \frac{1}{2i}(\zeta - \frac{1}{\zeta})$.

2. Man zeige, dass die Sinusfunktion auf $G = \{z : 0 < \operatorname{Re} z < 2\pi,\ \operatorname{Im} z > 0\}$ injektiv ist, und gebe die Umkehrfunktion von $\sin|G$ explizit an.

3. Man gebe ein möglichst großes, die positive reelle Achse enthaltendes Gebiet G an, auf dem $\cosh$ injektiv ist, und bestimme das Bildgebiet sowie die Umkehrfunktion.

4. Man zeige, dass die im Text angegebenen Funktionen Arcussinus und Arcustangens auch in der Form

$$\arcsin w = \int\limits_{\gamma(w)} \frac{d\zeta}{\sqrt{1 - \zeta^2}}, \qquad \arctan w = \int\limits_{\gamma(w)} \frac{d\zeta}{1 + \zeta^2}.$$

dargestellt werden können. Dabei ist $\gamma(w)$ ein beliebiger Weg von 0 nach w in G_2 bzw. G_3, auf G_2 bedeutet $\sqrt{1 - \zeta^2}$ den Zweig der Wurzel aus $1 - \zeta^2$, der in $\zeta = 0$ den Wert 1 hat.

Kapitel VI

Isolierte Singularitäten

Funktionen wie $\frac{1}{1+z^2}$, $\tan z$ und $\exp \frac{1}{z}$ sind mit Ausnahme einzelner Punkte in $\mathbb{C}$ holomorph. Das Studium einer derartigen Funktion in der Nähe einer solchen „isolierten Singularität" z_0 liefert theoretisch und praktisch wichtige Erkenntnisse: Die Funktion kann um z_0 in eine nach positiven und negativen Potenzen von $z - z_0$ fortschreitende Reihe (Laurent-Reihe als Verallgemeinerung der Taylor-Reihe) entwickelt werden; es gibt eine einfache Klassifikation der isolierten Singularitäten auf Grund des Verhaltens der Funktion in ihrer Nähe (§§1 und 2). Für Funktionen mit isolierten Singularitäten verallgemeinert sich der Cauchysche Integralsatz zum Residuensatz (§§4 und 5*). Dieser ermöglicht zum einen die Auswertung großer Klassen reeller Integrale (§6), zum anderen liefert er präzise Informationen über das Abbildungsverhalten holomorpher Funktionen (§7).

Die Untersuchung isolierter Singularitäten wurde von Cauchy 1825 begonnen; auf ihn geht auch der Residuensatz zurück. Laurent führte 1843 die nach ihm benannten Reihen ein (Weierstraß hatte sie 1841 gefunden, aber nicht publiziert).

§ 1. Holomorphe Funktionen in Kreisringen

Wir leiten eine Reihendarstellung für Funktionen her, die in einem Kreisring holomorph sind. Für $r < R$ bezeichnen wir den Kreisring $\{z \in \mathbb{C} : r < |z - a| < R\}$ mit $K_a(r, R)$. Wir lassen $R = +\infty$ und $r = 0$ zu: $K_a(r, +\infty)$ ist $\mathbb{C} - \overline{D_r(a)}$ und $K_a(0, R)$ ist die *punktierte Kreisscheibe* $D_R(a) - \{a\}$. Dieser letzte Fall ist für die weiteren Abschnitte dieses Kapitels grundlegend.

Ist eine Funktion f in $K_a(r, R)$ holomorph, so wird sie sich im allgemeinen über keinen der beiden Randkreise hinaus holomorph fortsetzen lassen. Wir zeigen aber, dass f sich zerlegen lässt in zwei Funktionen, von denen die eine in $D_R(a)$, die andere in $\mathbb{C} - \overline{D_r(a)}$ holomorph ist:

Satz 1.1. *Es sei f holomorph im Kreisring $K_a(r, R)$. Dann gibt es eine in $U_1 = \{|z - a| > r\}$ holomorphe Funktion f_1 und eine in $U_2 = D_R(a)$ holomorphe Funktion f_2, so dass auf $K_a(r, R) = U_1 \cap U_2$ die Zerlegung*

$$f = f_1 + f_2$$

besteht. Dabei kann f_1 so gewählt werden, dass $\lim\limits_{z\to\infty} f_1(z) = 0$ gilt. Durch diese Bedingung werden f_1 und f_2 eindeutig festgelegt.

Beweis: Für jedes ρ mit $r < \rho < R$ definieren wir auf $D_\rho(a)$ eine holomorphe Funktion $f_{2,\rho}$ durch

$$f_{2,\rho}(z) = \frac{1}{2\pi i} \int\limits_{|\zeta-a|=\rho} \frac{f(\zeta)}{\zeta - z} \, d\zeta.$$

Für $r < \rho < \tilde{\rho} < R$ gilt nach dem Cauchyschen Integralsatz $f_{2,\rho}(z) = f_{2,\tilde{\rho}}(z)$ auf $D_\rho(a)$. Also erhalten wir eine auf U_2 holomorphe Funktion f_2, wenn wir für $z \in U_2$ setzen

$$f_2(z) = \frac{1}{2\pi i} \int\limits_{|\zeta-a|=\rho} \frac{f(\zeta)}{\zeta - z} \, d\zeta,$$

wobei ρ nur der Ungleichung $\max\{r, |z - a|\} < \rho < R$ genügen muss. Ebenso erhalten wir eine auf U_1 holomorphe Funktion f_1 durch

$$f_1(z) = -\frac{1}{2\pi i} \int\limits_{|\zeta-a|=\sigma} \frac{f(\zeta)}{\zeta - z} \, d\zeta,$$

wobei σ der Bedingung $r < \sigma < \min\{R, |z - a|\}$ unterworfen wird. Die Standardabschätzung liefert $\lim\limits_{z\to\infty} |f_1(z)| = 0$.

Ist nun $z \in K_a(r, R)$, so wählen wir ρ und σ mit $r < \sigma < |z - a| < \rho < R$. Der Zyklus $\kappa(\rho, a) - \kappa(\sigma, a)$ ist nullhomolog in $K_a(r, R)$, die Cauchysche Integralformel liefert

$$f(z) = \frac{1}{2\pi i} \int\limits_{\kappa(\rho,a)} \frac{f(\zeta)}{\zeta - z} \, d\zeta - \frac{1}{2\pi i} \int\limits_{\kappa(\sigma,a)} \frac{f(\zeta)}{\zeta - z} \, d\zeta = f_1(z) + f_2(z).$$

Es bleibt die Eindeutigkeitsaussage zu zeigen. Ist $f = g_1 + g_2$ eine analoge Zerlegung mit $\lim\limits_{z\to\infty} g_1(z) = 0$, so gilt $f_1 - g_1 = g_2 - f_2$ auf $U_1 \cap U_2$. Durch $h = f_1 - g_1$ auf U_1, $h = g_2 - f_2$ auf U_2 ist daher eine ganze Funktion h mit $\lim\limits_{z\to\infty} h(z) = 0$ gegeben. Nach dem Satz von Liouville ist $h \equiv 0$, also $f_1 = g_1$ und $f_2 = g_2$. $\square$

In der Situation von Satz 1.1 heißt f_1 der *Hauptteil* von f, die Funktion f_2 nennt man den *Nebenteil* von f. Der Nebenteil lässt sich in eine auf U_2 konvergente Potenzreihe entwickeln:

$$f_2(z) = \sum_{\nu=0}^{\infty} a_\nu (z - a)^\nu.$$

Um eine ähnliche Entwicklung für den Hauptteil f_1 herzuleiten, benutzen wir die Abbildung

$$F : w \mapsto a + \frac{1}{w},$$

die $D_{1/r}(0) - \{0\}$ biholomorph auf $\mathbb{C} - \overline{D_r(a)}$ abbildet (bei $r = 0$: $\mathbb{C} - \{0\}$ auf $\mathbb{C} - \{a\}$). Die Funktion $f_1 \circ F$ ist also holomorph auf $D_{1/r}(0) - \{0\}$. Aus $\lim\limits_{z \to \infty} f_1(z) = 0$ folgt $\lim\limits_{w \to 0} f_1 \circ F(w) = 0$, daher kann $f_1 \circ F$ durch den Wert 0 im Nullpunkt holomorph auf ganz $D_{1/r}(0)$ fortgesetzt werden. Man hat somit eine Taylor-Entwicklung

$$f_1 \circ F(w) = \sum_{\nu=1}^{\infty} b_\nu w^\nu,$$

die für jedes $\rho > r$ auf $\overline{D_{1/\rho}(0)}$ gleichmäßig konvergiert. Setzt man $w = (z-a)^{-1}$ ein, so erhält man hieraus die Reihendarstellung

$$f_1(z) = \sum_{\nu=1}^{\infty} b_\nu (z-a)^{-\nu}.$$

die für jedes $\rho > r$ auf $\mathbb{C} - \overline{D_\rho(a)}$ gleichmäßig konvergiert. Mit der Festsetzung $a_{-\nu} = b_\nu$ für $\nu \geq 1$ schreiben wir sie als

$$f_1(z) = \sum_{\nu=-1}^{-\infty} a_\nu (z-a)^\nu.$$

Satz 1.2. *Es sei f holomorph auf $K_a(r, R)$. Dann besteht dort eine Darstellung*

$$f(z) = \sum_{\nu=-1}^{-\infty} a_\nu (z-a)^\nu + \sum_{\nu=0}^{\infty} a_\nu (z-a)^\nu.$$

Die erste Reihe konvergiert auf $\mathbb{C} - \overline{D_r(a)}$ lokal gleichmäßig gegen den Hauptteil, die zweite auf $D_R(a)$ lokal gleichmäßig gegen den Nebenteil von f. Die Koeffizienten a_n werden dabei für alle $n \in \mathbb{Z}$ durch

$$a_n = \frac{1}{2\pi i} \int\limits_{\kappa(\rho, a)} \frac{f(\zeta)\, d\zeta}{(\zeta-a)^{n+1}}$$

mit $r < \rho < R$ gegeben.

Es ist nur noch die Formel für die a_n zu beweisen. Man kann sie aus der Integralformel für die Koeffizienten der Taylor-Entwicklung von f_2 bzw. von $f_1 \circ F$ erhalten. Wir wollen sie jedoch direkt aus der Reihenentwicklung ableiten: Für $r < \rho < R$ und $n \in \mathbb{Z}$ konvergiert

$$(z-a)^{-n-1} f(z) = \sum_{\nu=-1}^{-\infty} a_{\nu+n+1}(z-a)^{\nu} + \sum_{\nu=0}^{\infty} a_{\nu+n+1}(z-a)^{\nu}$$

auf $\kappa(\rho, a)$ gleichmäßig. Gliedweise Integration liefert

$$\int_{\kappa(\rho,a)} (z-a)^{-n-1} f(z)\, dz = a_n \int_{\kappa(\rho,a)} \frac{dz}{z-a}\, dz = 2\pi i a_n. \qquad \square$$

Wir wollen Reihen, wie sie im Satz 1.2 auftauchen, allgemein untersuchen.

Definition 1.1. *Eine Laurent-Reihe ist eine Reihe der Form*

$$\sum_{\nu=-\infty}^{\infty} a_{\nu}(z-a)^{\nu}.$$

Sie heißt konvergent in z_1, wenn die beiden Reihen $\sum_{\nu=0}^{\infty} a_{\nu}(z_1-a)^{\nu}$ und $\sum_{\nu=1}^{\infty} a_{-\nu}(z_1-a)^{-\nu}$ konvergieren, die Summe dieser Reihen ist dann der Wert von $\sum_{\nu=-\infty}^{\infty} a_{\nu}(z-a)^{\nu}$ in z_1. Die Reihe $\sum_{\nu=1}^{\infty} a_{-\nu}(z-a)^{-\nu} = \sum_{\nu=-1}^{-\infty} a_{\nu}(z-a)^{\nu}$ heißt Hauptteil, $\sum_{\nu=0}^{\infty} a_{\nu}(z-a)^{\nu}$ heißt Nebenteil der Laurent-Reihe. Gleichmäßige oder lokal gleichmäßige Konvergenz einer Laurent-Reihe soll gleichmäßige oder lokal gleichmäßige Konvergenz von Haupt- und Nebenteil bedeuten.

Der Nebenteil einer Laurent-Reihe $L(z) = \sum_{\nu=-\infty}^{\infty} a_{\nu}(z-a)^{\nu}$ hat als Potenzreihe einen Konvergenzradius $R \in [0, +\infty]$. Zur Untersuchung des Hauptteiles betrachten wir die Potenzreihe $g(w) = \sum_{\nu=1}^{\infty} a_{-\nu} w^{\nu}$, ihren Konvergenzradius bezeichnen wir mit $1/r \in [0, +\infty]$.

Der Hauptteil von $L(z)$ konvergiert dann auf $\mathbb{C} - \overline{D_r(a)}$, und zwar gegen $g\left(\dfrac{1}{z-a}\right)$, gleichmäßig auf $\mathbb{C} - D_\rho(a)$ für jedes $\rho > r$. Ist $r < R$, so konvergiert also $L(z)$ lokal gleichmäßig auf dem Kreisring $K_a(r, R)$ und stellt dort eine holomorphe Funktion dar. Ist hingegen $R \le r$, so konvergiert L auf keiner offenen Menge.

Auch für Laurent-Reihen gilt ein Identitätssatz: *Stellen $L_1(z) = \sum_{\nu=-\infty}^{\infty} a_{\nu}(z-a)^{\nu}$ und $L_2(z) = \sum_{\nu=-\infty}^{\infty} b_{\nu}(z-a)^{\nu}$ auf irgendeinem nichtleeren Kreisring die gleiche Funktion f*

dar, so ist $a_n = b_n$ *für alle* $n \in \mathbb{Z}$. Man erkennt dies durch Integration von $(z-a)^{-n-1} L_1(z) = (z-a)^{-n-1} L_2(z)$ über einen passenden Kreis $\kappa(\rho, a)$. Schließlich gelten die Cauchyschen Ungleichungen sinngemäß für Laurent-Reihen:

Satz 1.3. *Im Kreisring* $K_a(r, R)$ *sei* $f(z) = \displaystyle\sum_{\nu=-\infty}^{\infty} a_\nu (z-a)^\nu$. *Dann gilt für jedes* ρ *mit* $r < \rho < R$ *und alle* $n \in \mathbb{Z}$

$$|a_n| \le \rho^{-n} \sup_{|z-a|=\rho} |f(z)|.$$

Der Beweis ergibt sich mit der Standardabschätzung sofort aus der Integralformel für die a_n. $\qquad\qquad\square$

Um eine gegebene Funktion f in eine Laurent-Reihe zu entwickeln, wird man normalerweise nicht die Integralformeln für die Koeffizienten aus Satz 1.2 benutzen können. Man bedient sich vielmehr nach Möglichkeit bekannter Taylorentwicklungen. Oft gelingt es, die Zerlegung $f = f_1 + f_2$ aus Satz 1.1 anzugeben und dann f_1 und f_2 durch Reihen darzustellen.

Wir behandeln als Beispiel die auf $\mathbb{C} - \{0, i\}$ holomorphe Funktion $\dfrac{1}{z(z-i)^2}$. Ihre Laurent-Entwicklung in $K_0(0,1) = \{z : 0 < |z| < 1\}$ gewinnen wir so:

$$\frac{1}{z(z-i)^2} = \frac{-1}{z} \frac{1}{(1-\frac{z}{i})^2} = \frac{-1}{z} \sum_{\mu=0}^{\infty} (\mu+1) \left(\frac{z}{i}\right)^\mu = \frac{-1}{z} + i \sum_{\mu=0}^{\infty} (\mu+2) \frac{z^\mu}{i^\mu}.$$

In $K_0(1, \infty)$ können wir ähnlich vorgehen:

$$\frac{1}{z(z-i)^2} = \frac{1}{z^3} \frac{1}{(1-\frac{i}{z})^2} = \sum_{\nu=-3}^{-\infty} i^{-\nu-1}(\nu+2) z^\nu.$$

Um auch in $K_i(0,1)$ die Laurent-Entwicklung von f zu finden, benutzen wir die Partialbruchzerlegung

$$f(z) = \frac{-i}{(z-i)^2} + \frac{1}{z-i} - \frac{1}{z} = \frac{-i}{(z-i)^2} + \frac{1}{z-i} + \frac{i}{1-i(z-i)}$$

und entwickeln den letzten Summanden in eine geometrische Reihe.

Wir schließen mit einer Bemerkung über Fourier-Reihen periodischer holomorpher Funktionen. Als Definitionsgebiete nehmen wir Parallelstreifen

$$S_\omega = \{z \in \mathbb{C} : a < \mathrm{Im}\,(z/\omega) < b\},$$

dabei ist $\omega \in \mathbb{C}^*$, a und b sind reell oder $a = -\infty$ oder $b = +\infty$; ω beschreibt die „Richtung" von S. Mit $z \in S$ ist offenbar $z \pm \omega \in S$. Eine auf S_ω definierte Funktion f heißt ω-periodisch, wenn $f(z + \omega) = f(z)$ für alle $z \in S_\omega$.

Die einfachste holomorphe ω-periodische Funktion (außer den Konstanten) ist $F(z) = e^{2\pi i z/\omega}$. Durch F wird der Streifen S_ω auf den Kreisring $K = K_0(r, R)$ mit $r = e^{-2\pi b}$, $R = e^{-2\pi a}$ abgebildet; $F(z_1) = F(z_2)$ genau dann, wenn $z_2 = z_1 + n\omega$ mit $n \in \mathbb{Z}$.

Es sei nun $f : S_\omega \to \mathbb{C}$ eine beliebige holomorphe ω-periodische Funktion. Für $w \in K$ hat f in allen Punkten von $F^{-1}(w)$ den gleichen Wert, zu f gibt es also eine eindeutig bestimmte Funktion $\check{f} : K \to \mathbb{C}$ mit $f = \check{f} \circ F$. Da F lokal biholomorph ist, ist auch $\check{f}$ holomorph.

Nun hat $\check{f}$ in K eine lokal gleichmäßig konvergente Laurent-Entwicklung

$$\check{f}(w) = \sum_{-\infty}^{\infty} a_n w^n$$

mit

$$a_n = \frac{1}{2\pi i} \int\limits_{|w|=\rho} \check{f}(w) w^{-n-1}\, dw,$$

dabei ist ρ beliebig mit $r < \rho < R$.

Mit $w = e^{2\pi i z/\omega}$ erhält man daraus die Fourier-Entwicklung

$$f(z) = \sum_{-\infty}^{\infty} a_n e^{2\pi i n z/\omega}$$

von f, sie konvergiert lokal gleichmäßig in S_ω.

Um die Fourier-Koeffizienten a_n durch f selbst auszudrücken, bedenken wir, dass bei beliebigem $z_0 \in S$ die Strecke $[z_0, z_0+\omega]$ durch F auf die Kreislinie $\kappa(\rho, 0)$ mit $\rho = |F(z_0)|$ abgebildet wird, bijektiv bis auf die Endpunkte. Daher wird

$$\int\limits_{|w|=\rho} \check{f}(w) w^{-n-1}\, dw \;=\; \int\limits_{[z_0,z_0+\omega]} \check{f} \circ F(z) \cdot F(z)^{-n-1} \cdot F'(z)\, dz$$

$$= \frac{2\pi i}{\omega} \int\limits_{[z_0,z_0+\omega]} f(z) e^{-2\pi i n z/\omega}\, dz.$$

Wir fassen zusammen:

Satz 1.4. *Jede im Parallelstreifen S_ω holomorphe ω-periodische Funktion f lässt sich in S_ω durch ihre Fourier-Reihe darstellen:*

$$f(z) = \sum_{-\infty}^{\infty} a_n e^{2\pi i n z/\omega}.$$

Die Koeffizienten werden durch

$$a_n = \frac{1}{\omega} \int\limits_{[z_0, z_0+\omega]} f(z) e^{-2\pi i n z/\omega}\, dz$$

mit beliebigem $z_0 \in S_\omega$ gegeben; die Reihe konvergiert lokal gleichmäßig in S_ω.

Aufgaben:

1. Man bestimme das Konvergenzgebiet der folgenden Laurent-Reihen:

   a) $\displaystyle\sum_{-\infty}^{\infty} 2^{-|n|} z^n$;   b) $\displaystyle\sum_{-\infty}^{\infty} \frac{(z-1)^n}{3^n+1}$;   c) $\displaystyle\sum_{-\infty}^{\infty} \frac{z^n}{e^{\alpha n} + e^{-\alpha n}}$ mit $\alpha \in \mathbb{R}$;

   d) $\displaystyle\sum_{-\infty}^{\infty} \frac{z^n}{n^2+2}$;   e) $\displaystyle\sum_{-\infty}^{\infty} 2^n (z+2)^n$.

2. a) Man beweise, dass eine Laurent-Reihe in ihrem Konvergenzgebiet gliedweise differenziert werden darf.

   b) Es sei G ein Kreisring mit Mittelpunkt z_0, die Laurent-Reihen $\displaystyle\sum_{-\infty}^{\infty} a_n(z-z_0)^n$ und

   $\displaystyle\sum_{-\infty}^{\infty} b_n(z-z_0)^n$ seien in G konvergent gegen $f(z)$ bzw. $g(z)$. Man zeige: In G gilt dann

   $f(z)g(z) = \displaystyle\sum_{-\infty}^{\infty} c_n(z-z_0)^n$, wobei c_n durch die konvergente (!) Reihe $\displaystyle\sum_{m=-\infty}^{\infty} a_m b_{n-m}$
   gegeben wird.

3. Man berechne die Laurent-Reihen der folgenden Funktionen in den angegebenen Gebieten:

   a) $\dfrac{3}{(z+1)(z-2)}$ für $1 < |z| < 2$;   b) $\left(\dfrac{z-z_0}{z-a}\right)^2$ für $|z-z_0| > |a-z_0|$;

   c) $\dfrac{1}{z(z-3)^2}$ für $1 < |z-1| < 2$;   d) $\left(\dfrac{z}{z-1}\right)^k$ mit $k \in \mathbb{N}$ für $|z| > 1$;

   e) $\dfrac{z^2-1}{z^2+1}$ für $|z-1| > 2$;   f) $\dfrac{e^z}{z(z-1)}$ für $|z| > 1$.

4. Man berechne den Hauptteil der Laurent-Entwicklung der folgenden Funktionen in den angegebenen Gebieten:

   a) $\dfrac{z-1}{\sin^2 z}$ für $0 < |z| < \pi$,

   b) $\dfrac{e^{iz}}{z^2+b^2}$ für $0 < |z - ib| < 2b$, dabei ist $b > 0$,

c) $\dfrac{z}{(z^2+b^2)^2}$ für $0 < |z-ib| < 2b$, dabei ist $b > 0$,

d) $\dfrac{ze^{iz}}{(z^2+b^2)^2}$ für $0 < |z-ib| < 2b$, dabei ist $b > 0$.

5. Man bestimme die Fourier-Reihen von $1/\cos z$ und $\cot z$ auf der oberen und der unteren Halbebene.

§ 2. Isolierte Singularitäten

Definition 2.1. *Es sei z_0 ein Punkt der Zahlensphäre und f eine Funktion, die auf einer Umgebung V von z_0 mit Ausnahme des Punktes z_0 selbst definiert und holomorph ist. Dann heißt z_0 isolierte Singularität von f.*

Dabei ist $\infty \notin V - \{z_0\}$ vorausgesetzt. – Ist $U \subset \hat{\mathbb{C}}$ eine offene Menge, $A \subset U$ eine diskrete Teilmenge mit $\infty \in A$, falls $\infty \in U$, und ist $f : U - A \to \mathbb{C}$ eine holomorphe Funktion, so sind also die Punkte von A isolierte Singularitäten von f.

Wir wollen in diesem Paragraphen das Verhalten holomorpher Funktionen in der Nähe isolierter Singularitäten untersuchen. Wir führen eine nützliche Sprechweise ein: Ist $z_0 \in \hat{\mathbb{C}}$ und U eine offene Umgebung von z_0, so nennen wir $U - \{z_0\}$ eine *punktierte Umgebung* von z_0.

Beispiele:

1. Eine lineare Transformation

$$f(z) = \frac{az+b}{cz+d} \qquad \text{mit } ad - bc \neq 0$$

hat im Fall $c \neq 0$ die isolierten Singularitäten $-d/c$ und ∞, im Falle $c = 0$ ist nur ∞ isolierte Singularität.

2. Die Funktion $f(z) = \dfrac{\sin z}{z}$ ist auf $\hat{\mathbb{C}} - \{0, \infty\}$ holomorph und in 0 und ∞ nicht definiert: dies sind isolierte Singularitäten von f.

3. $f(z) = e^{1/z}$ hat ebenfalls in 0 und ∞ isolierte Singularitäten.

4. Die Funktion $f(z) = \dfrac{1}{z(z-i)^2}$ hat die isolierten Singularitäten 0, i und ∞.

5. Die Funktion $f(z) = \cot \pi z = \dfrac{\cos \pi z}{\sin \pi z}$ ist auf $\mathbb{C} - \mathbb{Z}$ definiert und holomorph. Die Punkte von $\mathbb{Z}$ sind isolierte Singularitäten, der Punkt ∞ ist keine isolierte Singularität, da in jeder Umgebung von ∞ unendlich viele Punkte aus $\mathbb{Z}$ liegen.

Wir unterscheiden isolierte Singularitäten nach dem Verhalten der Funktionswerte in ihrer Nähe:

Definition 2.2. *Es sei z_0 eine isolierte Singularität der holomorphen Funktion $f : U - \{z_0\} \to \mathbb{C}$.*

i) *Ist f auf einer punktierten Umgebung $V - \{z_0\} \subset U - \{z_0\}$ von z_0 beschränkt, so heißt z_0 hebbare Singularität von f.*

ii) *Ist $\lim\limits_{z \to z_0} f(z) = \infty$, so heißt z_0 Pol von f.*

iii) *Ist z_0 weder hebbare Singularität noch Pol von f, so heißt z_0 wesentliche Singularität von f.*

Wir wollen diese Typen von Singularitäten genauer studieren. Im Fall $z_0 = \infty$ benötigen wir dazu den Begriff der „in ∞ holomorphen Funktion", den wir zunächst erklären. Die Definition soll so getroffen werden, dass die lineare Transformation $f(z) = (az+b)/(cz+d)$ im Fall $c \neq 0$ in ∞ holomorph ist. Das erreichen wir mit

Definition 2.3. *Eine in einer Umgebung von ∞ erklärte Funktion f heißt holomorph in ∞, wenn die Funktion*

$$\tilde{f} : z \mapsto f(1/z) \quad \text{für } z \neq 0, \quad \tilde{f}(0) = f(\infty)$$

im Nullpunkt holomorph ist.

In diesem Fall ist f natürlich in einer vollen Umgebung von ∞ holomorph. – Beispiele sind die negativen Potenzen $f(z) = z^{-k}, k = 1, 2, \ldots$ (mit $f(\infty) = 0$), während die positiven Potenzen $f(z) = z^k$ in ∞ einen Pol haben.

Die „lokalen" Begriffe und Sätze übertragen sich auf Funktionen, welche in einer Umgebung von ∞ holomorph sind. Ist zum Beispiel f auf einer punktierten Umgebung von ∞ holomorph und beschränkt, so ist $\tilde{f}(z) = f(1/z)$ auf einer punktierten Umgebung des Nullpunkts holomorph und beschränkt, also durch $\tilde{f}(0) = a$ mit $a = \lim\limits_{z \to 0} f(1/z)$ holomorph in den Nullpunkt fortsetzbar, $f(\infty) = a$ setzt daher f zu einer in ∞ holomorphen Funktion fort: Der Riemannsche Hebbarkeitssatz gilt auch für $z_0 = \infty$.

Es sei f holomorph auf einer Umgebung U von ∞ und $f(\infty) = w_0$. Dann bezeichnen wir die Ordnung der w_0-Stelle 0 von $\tilde{f}(z) = f(1/z)$ als *Ordnung* (oder *Vielfachheit)* der w_0-*Stelle* ∞ von f. Ist n diese Ordnung, so hat $\tilde{f}$ eine Potenzreihenentwicklung

$$\tilde{f}(z) = w_0 + \sum_{\nu=n}^{\infty} a_\nu z^\nu \quad \text{mit } a_n \neq 0,$$

also gilt

$$f(z) = w_0 + \sum_{\nu=n}^{\infty} a_\nu z^{-\nu}$$

in der Nähe von ∞. – Insbesondere hat $f(z) = z^{-n}$ in ∞ eine Nullstelle der Ordnung n.

Zurück zu den isolierten Singularitäten! Ist z_0 hebbare Singularität von $f : U - \{z_0\} \to \mathbb{C}$, so gibt es nach dem Hebbarkeitssatz eine holomorphe Fortsetzung $\hat{f} : U \to \mathbb{C}$ von f.

Durch $\hat{f}$ wird die Singularität „aufgehoben". – Natürlich gilt auch das Umgekehrte: Kann f holomorph in den Punkt z_0 fortgesetzt werden, so ist z_0 hebbare Singularität.

Ist z_0 Pol von f, so gibt es eine punktierte Umgebung $V - \{z_0\}$ von z_0, auf der f nicht verschwindet. Auf $V - \{z_0\}$ ist $1/f$ holomorph, für $z \to z_0$ gilt $1/f(z) \to 0$. Also lässt sich $1/f$ durch den Wert 0 im Punkte z_0 holomorph fortsetzen. Man hat dann

$$\frac{1}{f(z)} = (z - z_0)^n g(z) \quad \text{für } z_0 \neq \infty, \qquad \frac{1}{f(z)} = \frac{1}{z^n} g(z) \quad \text{für } z_0 = \infty$$

mit einer in V holomorphen, in z_0 nicht verschwindenden Funktion $g(z)$ und der als Nullstellenordnung von $1/f$ in z_0 eindeutig bestimmten natürlichen Zahl $n \geq 1$. Wir können dafür auch schreiben

$$f(z) = (z - z_0)^{-n} h(z) \quad \text{für } z_0 \neq \infty, \qquad f(z) = z^n h(z) \quad \text{für } z_0 = \infty, \tag{1}$$

dabei ist $h = 1/g$ in einer Umgebung $W \subset U$ von z_0 holomorph ohne Nullstellen und (1) gilt auf $W - \{z_0\}$. Die Zahl n heißt *Ordnung* oder *Vielfachheit* des Pols z_0 von f. – Umgekehrt folgt aus dem Bestehen der Gleichung (1), dass f in z_0 einen Pol hat.

Wir sehen hieraus übrigens: Ist $g : U \to \mathbb{C}$ holomorph mit diskreter Nullstellenmenge N, so hat $1/g : U - N \to \mathbb{C}$ in den Punkten von N Pole. Genauer: Ist z_0 Nullstelle von g der Ordnung $n \geq 1$, so hat $1/g$ in z_0 einen Pol der Ordnung n.

Die Ordnung eines Pols z_0 lässt sich durch das Wachstum der Funktion in der Nähe von z_0 charakterisieren:

Satz 2.1. *Eine isolierte Singularität z_0 von f ist genau dann ein Pol n-ter Ordnung, wenn auf einer punktierten Umgebung von z_0*

$$M_1 |z - z_0|^{-n} \leq |f(z)| \leq M_2 |z - z_0|^{-n} \qquad (\text{für } z_0 \neq \infty)$$

bzw.

$$M_1 |z|^n \leq |f(z)| \leq M_2 |z|^n \qquad (\text{für } z_0 = \infty)$$

mit positiven Konstanten M_1, M_2 gilt.

Beweis: Ist z_0 Pol der Ordnung n, so gilt (1); man wähle M_1 und M_2 so, dass in einer Umgebung von z_0 die Ungleichung $0 < M_1 \leq |h(z)| \leq M_2$ erfüllt ist. – Gilt umgekehrt die Ungleichung des Satzes, so ist $(z - z_0)^n f(z)$ bzw. $z^{-n} f(z)$ in der Nähe von z_0 beschränkt, also durch eine Funktion h holomorph in den Punkt z_0 fortsetzbar. Da $|(z - z_0)^n f(z)|$ bzw. $|z^{-n} f(z)|$ durch $M_1 > 0$ nach unten beschränkt ist, gilt $h(z_0) \neq 0$. Damit ist die Gültigkeit von (1) nachgewiesen. $\qquad\square$

Für das Verhalten einer Funktion in der Nähe einer wesentlichen Singularität hat man

Satz 2.2. (Casorati-Weierstraß)   *Eine isolierte Singularität z_0 von $f : U - \{z_0\} \to \mathbb{C}$ ist genau dann wesentlich, wenn es zu jedem $w_0 \in \mathbb{C}$ eine Folge (z_μ) in $U - \{z_0\}$ gibt mit $z_\mu \to z_0$ und $f(z_\mu) \to w_0$.*

Anders formuliert: (vgl. Kap. III, §8): Für jede in U gelegene punktierte Umgebung $V - \{z_0\}$ ist das Bild $f(V - \{z_0\})$ dicht in $\mathbb{C}$, also auch in $\hat{\mathbb{C}}$. Nach dem Satz von der Gebietstreue ist $f(V - \{z_0\})$ überdies offen.

Beweis: Es sei z_0 wesentliche Singularität von f. Wir nehmen an, es gäbe eine Umgebung $V \subset U$ von z_0, für die $f(V - \{z_0\})$ nicht dicht ist. Dann gibt es eine offene Kreisscheibe $D_\epsilon(w_0)$, die $f(V - \{z_0\})$ nicht trifft. Es ist also $|f(z) - w_0| \geq \epsilon$ für $z \in V - \{z_0\}$, die Funktion $g(z) = 1/(f(z) - w_0)$ ist auf $V - \{z_0\}$ holomorph und durch $1/\epsilon$ beschränkt. Sie hat also eine hebbare Singularität in z_0. Dann hat $f(z) = w_0 + 1/g(z)$ in z_0 eine hebbare Singularität (falls $\lim\limits_{z \to z_0} g(z) \neq 0$) oder einen Pol (falls $\lim\limits_{z \to z_0} g(z) = 0$), aber jedenfalls keine wesentliche Singularität im Widerspruch zur Annahme. – Die andere Implikation im Satz ist trivial.										□

Ist $a \in \mathbb{C}$ isolierte Singularität von f, so ist f jedenfalls in einer punktierten Kreisscheibe $D_\epsilon(a) - \{a\} = K_a(0, \epsilon)$ holomorph und wird dort durch eine Laurent-Reihe dargestellt. Die verschiedenen Typen isolierter Singularitäten lassen sich an der Laurent-Entwicklung ablesen:

Satz 2.3.   *Auf der punktierten Kreisscheibe $K_a(0, \epsilon)$ gelte $f(z) = \sum\limits_{-\infty}^{\infty} a_\nu (z - a)^\nu$. Die isolierte Singularität a von f ist*

  i) *hebbar genau dann, wenn $a_\nu = 0$ für alle $\nu < 0$;*
  ii) *ein Pol der Ordnung n genau dann, wenn $a_{-n} \neq 0$ und $a_\nu = 0$ für alle $\nu < -n$;*
  iii) *wesentlich genau dann, wenn $a_\nu \neq 0$ für unendlich viele negative ν.*

Beweis zu i): Ist a hebbar, so muss wegen der Eindeutigkeit der Laurent-Entwicklung in $K_a(0, \epsilon)$ die Laurent-Reihe von f die Taylor-Reihe der holomorphen Fortsetzung $\hat{f}$ von f auf $D_\epsilon(a)$ sein. Ist umgekehrt die Laurent-Reihe von f eine Potenzreihe, so liefert diese die holomorphe Fortsetzung von f in a.

Zu ii): $f(z) = \sum\limits_{\nu=-n}^{\infty} a_\nu (z - a)^\nu, a_{-n} \neq 0$, ist gleichbedeutend mit $f(z) = (z - a)^{-n} h(z)$,

$h(a) \neq 0$: Man setze $h(z) = \sum\limits_{\nu=0}^{\infty} a_{\nu-n}(z - a)^\nu$.

Nun folgt iii) aus i) und ii) durch Negation.										□

Ist ∞ isolierte Singularität von f, so hat man die Laurent-Reihe $f(z) = \sum\limits_{-\infty}^{\infty} a_\nu z^\nu$ auf $\{z \in \mathbb{C} : |z| > R\}$ für großes R. An die Stelle der Aussagen von Satz 2.3 tritt:

  i) *∞ ist hebbare Singularität genau dann, wenn $a_\nu = 0$ für alle $\nu > 0$;*
  ii) *∞ ist Pol der Ordnung n genau dann, wenn $a_n \neq 0$ und $a_\nu = 0$ für alle $\nu > n$;*

iii) ∞ *ist wesentliche Singularität genau dann, wenn* $a_\nu \neq 0$ *für unendlich viele positive* ν.

Abschließend betrachten wir noch einmal unsere Beispiele:

1. Die lineare Transformation $f(z) = (az + b)/(cz + d)$ hat im im Fall $c \neq 0$ einen Pol erster Ordnung in $-d/c$ und ist holomorph in ∞ mit dem Wert $f(\infty) = a/c$. Im Fall $c = 0$ hat f in ∞ einen Pol erster Ordnung.

2. Die Laurent-Entwicklung von $\dfrac{\sin z}{z}$ um 0 ist

$$\frac{\sin z}{z} = \frac{1}{z}\left(z - \frac{z^3}{3!} + \dots\right) = 1 - \frac{z^2}{3!} + \dots.$$

Da kein Hauptteil auftritt, ist 0 hebbare Singularität, $\dfrac{\sin z}{z}$ lässt sich durch den Wert 1 holomorph in den Nullpunkt fortsetzen. Hingegen ist ∞ eine wesentliche Singularität: Auf der Punktfolge $z_\nu = \nu\pi$, $\nu = 1, 2, \dots$, verschwindet $\dfrac{\sin z}{z}$, ∞ kann kein Pol sein, und auf der Punktfolge $z'_\nu = \nu\pi i$, $\nu = 1, 2, \dots$, streben die Funktionswerte nach ∞: In ∞ liegt keine hebbare Singularität.

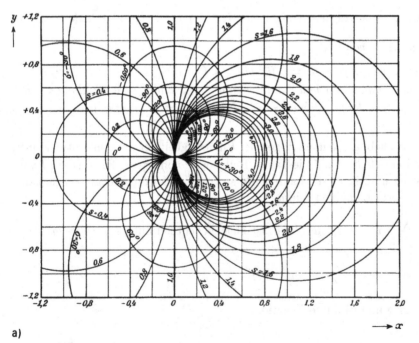

a)

Bild 29a) Die Funktion $w = \exp\frac{1}{z}$. Niveaulinien $|w| = $ const, $\arg w = $ const.

3. Die Laurent-Entwicklung von $e^{1/z}$ in $\mathbb{C} - \{0\}$ ist $1 + \dfrac{1}{z} + \dfrac{1}{2!}\dfrac{1}{z^2} + \dots$. Der Nullpunkt ist also wesentliche Singularität. In diesem Fall kann man die Aussage des Satzes von

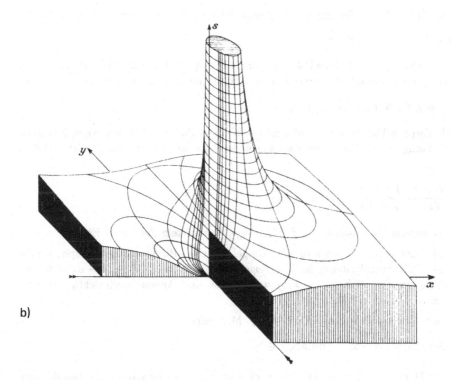

b)

Bild 29b) Die Funktion $w = \exp \frac{1}{z}$. Graph von $|w|$.

Casorati-Weierstraß direkt bestätigen auf Grund der Kenntnis der Exponentialfunktion (vgl. Aufgabe 2 und Bild 29). Hingegen ist ∞ hebbare Singularität: $\lim\limits_{z \to \infty} e^{1/z} = 1$.

4. $f(z) = \dfrac{1}{z(z-i)^2}$ hat in 0 einen Pol erster Ordnung, in i einen Pol der Ordnung 2 und in ∞ eine dreifache Nullstelle.

5. $f(z) = \cot \pi z$ hat in den Punkten von $\mathbb{Z}$ Pole erster Ordnung.

Ein Polynom vom Grade $n \geq 1$ hat nach Kap. III, Satz 8.1 in ∞ einen Pol der Ordnung n. Eine ganze transzendente Funktion hat nach Kap. III, Satz 8.6 in ∞ eine wesentliche Singularität.

Aufgaben:

1. Für die folgenden Funktionen f und Punkte z_0 bestimme man die Art der Singularität von f in z_0. Bei hebbaren Singularitäten bestimme man den Grenzwert von f, für Pole gebe man den Hauptteil an.

   a) $\dfrac{z^3 + 3z + 2i}{z^2 + 1}$ in $z_0 = -i$;   b) $\dfrac{1}{1 - e^z}$ in $z_0 = 0$;

   c) $\dfrac{\cos z - 1}{z^4}$ in $z_0 = 0$;   d) $\cos(1/z)$ in $z_0 = 0$;

   e) $\tan z$ in $z_0 = \pi/2$;   f) $\sin(\pi/(z^2 + 1))$ in $z_0 = i$.

2. Es sei $\epsilon > 0$. Man zeige, dass in $U_\epsilon(0) - \{0\}$ die Funktion $e^{1/z}$ jeden von Null verschiedenen Wert unendlich oft annimmt und dass $\sin(1/z)$ dort jeden Wert unendlich oft annimmt.

3. Es seien $p(z)$ und $q(z)$ Polynome $\neq 0$. Bestimme den Typ der Singularität in ∞ für die rationale Funktion $r(z) = \dfrac{p(z)}{q(z)}$.

4. In einem Punkt z_0 habe f einen Pol m-ter Ordnung, g einen Pol n-ter Ordnung und h eine Nullstelle p-ter Ordnung. Man bestimme die Art der Singularität in z_0 für die Funktionen

$$f + g, f + h, fg, fh, f/g, f/h, h/f.$$

5. Die holomorphen Funktionen f und g mögen in einem Punkt $z_0 \in \mathbb{C}$ beide eine Nullstelle n-ter Ordnung haben. Man zeige, dass z_0 eine hebbare Singularität von f/g ist und dass gilt

$$\frac{f(z)}{g(z)} \to \frac{f^{(n)}(z_0)}{g^{(n)}(z_0)} \qquad \text{für } z \to z_0.$$

6. Es sei z_0 isolierte Singularität von f. Man zeige, dass z_0 kein Pol von e^f ist.

7. Die Funktionen $a_1, \ldots, a_n$ seien in einer Umgebung eines Punktes z_0 holomorph, f habe eine wesentliche Singularität in z_0. Man zeige, dass $g = f^n + a_1 f^{n-1} + \ldots + a_n$ in z_0 eine wesentliche Singularität hat. Man zeige weiter, dass diese Aussage auch richtig ist, wenn einige der a_ν Pole in z_0 haben.

8. Es sei $z_0 \in \mathbb{C}$ wesentliche Singularität von f. Man zeige

$$\lim_{r \to 0} r^k M(r) = +\infty \qquad \text{für alle } k \in \mathbb{N}.$$

Dabei ist $M(r) = \sup\{|f(z)| : |z - z_0| = r\}$ gesetzt. – Man formuliere und beweise eine analoge Aussage für den Fall $z_0 = \infty$.

9. Es sei $a \in \mathbb{C}$ isolierte Singularität von f und $f = f_1 + f_2$ sei die Laurent-Zerlegung von f in $K_a(0, \epsilon)$ nach Satz 1.1. Dann setzt sich $w \mapsto f_1(a + 1/w)$ zu einer ganzen Funktion $\tilde{f}_1(w)$ fort. Man zeige mit Definition 2.2: a ist genau dann hebbar, wenn $\tilde{f}_1 \equiv 0$; a ist genau dann ein Pol n-ter Ordnung, wenn $\tilde{f}_1$ ein Polynom n-ten Grades ist; a ist genau dann wesentlich, wenn $\tilde{f}_1$ transzendent ist. Dies ergibt einen direkten Beweis von Satz 2.3. Man leite dann die Sätze 2.1 und 2.2 aus den Sätzen über ganze Funktionen (Kap. III, §8) her.

§ 3. Meromorphe Funktionen

Das Verhalten einer holomorphen Funktion in der Nähe einer isolierten Singularität z_0 bleibt übersichtlich, wenn z_0 eine Polstelle ist. Daher sind Funktionen, die holomorph bis auf Pole sind, nicht schwerer zu behandeln als holomorphe Funktionen.

Definition 3.1. *Eine meromorphe Funktion auf einer offenen Menge $U \subset \hat{\mathbb{C}}$ ist eine stetige Abbildung $f : U \to \hat{\mathbb{C}}$ mit*

i) $P_f = f^{-1}(\infty)$ ist eine diskrete Teilmenge von U,

ii) f ist auf $U - P_f$ holomorph.

Die Stetigkeit von f in den Punkten $z_0 \in P_f$ bedeutet $\lim\limits_{z \to z_0} f(z) = \infty$, die Punkte von P_f sind Polstellen von f.

Aus den Formeln (1) des vorigen Paragraphen ergibt sich: Ist f meromorph auf U, so lässt sich f um jeden Punkt $z_0 \in U, z_0 \neq \infty$, in eine Laurentreihe mit endlichem, evtl. verschwindendem Hauptteil entwickeln. Diese konvergiert mindestens in dem größten punktierten Kreis $D_r(z_0) - \{z_0\}$, der noch in $U - P_f$ enthalten ist. Gehört ∞ zu U, so hat f eine Laurent-Entwicklung der Form $f(z) = \sum_{\nu=-n}^{\infty} a_\nu z^{-\nu}$ mit $n \geq 0$, die in dem größten punktierten „Kreis um ∞" $\{z \in \mathbb{C} : r < |z|\}$ konvergiert, welcher in $U - P_f$ enthalten ist.

Eine holomorphe Funktion $f : U \to \mathbb{C}$ ist natürlich auch meromorph. Der Quotient g/h zweier auf U holomorpher Funktionen g und h ist meromorph, sofern h auf keiner Wegkomponente von U identisch verschwindet; Pole von g/h können höchstens in den Nullstellen von h auftreten. Beispiele für in der ganzen Ebene meromorphe Funktionen sind die rationalen Funktionen oder auch die Funktionen $\tan z$ und $\cot z$.

Satz 3.1. *Ist f meromorph auf U, so hat jeder Punkt $a \in U$ eine Umgebung $V \subset U$, so dass f auf V Quotient zweier auf V holomorpher Funktionen g und h ist: $f(z) = g(z)/h(z)$.*

Beweis: Ist a kein Pol von f, so können wir $g = f$ und $h \equiv 1$ auf $V = U - P_f$ wählen. Ist $a \neq \infty$ Pol n-ter Ordnung, so hat man $f(z) = \dfrac{g(z)}{(z-a)^n}$ in der Nähe von a. Ist ∞ Pol n-ter Ordnung, so ist $f(z) = \dfrac{g(z)}{z^{-n}}$ in der Nähe von ∞, $h(z) = z^{-n}$ ist dort holomorph.

$\square$

Hat f auf U nur endlich viele Pole $a_1, \dots, a_m$ mit Vielfachheiten $n_1, \dots, n_m$, so hat

$$g(z) = (z - a_1)^{n_1} \dots (z - a_m)^{n_m} f(z)$$

nur hebbare Singularitäten, f ist also auf ganz U Quotient zweier holomorpher Funktionen. Diese Aussage bleibt auch richtig, wenn f unendlich viele Pole hat, ist aber dann wesentlich schwerer zu beweisen (vgl. Kap. VIII).

Die Summe $f + g$ zweier auf U meromorpher Funktionen f und g mit den Polstellenmengen P_f und P_g ist auf $U - (P_f \cup P_g)$ erklärt und holomorph. $P_f \cup P_g$ ist diskret in U, die Punkte von $P_f \cup P_g$ sind also isolierte Singularitäten von $f + g$, und zwar Pole oder hebbar (vgl. §2, Aufgabe 4). Also ist $f + g$ meromorph auf U (man denke sich noch die hebbaren Singularitäten gehoben). Ebenso erkennt man, dass das Produkt fg meromorph ist. Ist $U = G$ ein Gebiet und $f \not\equiv 0$, so ist auch $1/f$ meromorph auf G, denn die Polstellenmenge von $1/f$ ist die Nullstellenmenge von f, und diese ist nicht nur in $G - P_f$, sondern auch in G diskret. Es gilt:

Satz 3.2. *Die auf einem Gebiet G meromorphen Funktionen bilden einen Körper.*

Man beweist dies durch Verifizieren der Körperaxiome; wir verzichten darauf.

Die Funktionen, die auf der ganzen Zahlensphäre holomorph bzw. meromorph sind, lassen sich leicht charakterisieren:

Satz 3.3. *Jede auf ganz $\hat{\mathbb{C}}$ holomorphe Funktion ist konstant. Die auf ganz $\hat{\mathbb{C}}$ mero-morphen Funktionen sind genau die rationalen Funktionen.*

Beweis: Die erste Aussage ergibt sich sofort aus dem Maximum-Prinzip: Ist f auf der kompakten Menge $\hat{\mathbb{C}}$ holomorph, so muss die stetige Funktion $|f|$ das Maximum annehmen, also ist f konstant. (Nimmt $|f(z)|$ das Maximum in $z = \infty$ an, so nimmt $|f(1/z)|$ das Maximum im Nullpunkt an; man kann schließen wie gewohnt.)

Für die zweite Aussage ist nur noch zu zeigen, dass jede meromorphe Funktion $f : \hat{\mathbb{C}} \to \hat{\mathbb{C}}$ rational ist. Nun bilden die Pole von f eine diskrete Menge P_f; da $\hat{\mathbb{C}}$ kompakt ist, muss P_f endlich sein: $P_f = \{z_1, \ldots, z_m\}$. Für jedes von ∞ verschiedene z_μ sei $h_\mu(z)$ der Hauptteil der Laurent-Entwicklung von f um z_μ; dann ist h_μ rational und auf $\hat{\mathbb{C}} - \{z_\mu\}$ holomorph. Die Funktion

$$p(z) = f(z) - \sum_{z_\mu \neq \infty} h_\mu(z)$$

ist dann holomorph auf der ganzen Ebene und hat in ∞ ebenso wie f höchstens einen Pol. Daher ist $p(z)$ ein Polynom und

$$f(z) = p(z) + \sum_{z_\mu \neq \infty} h_\mu(z) \tag{1}$$

ist rational.   □

Die Darstellung (1) ist übrigens gerade die Partialbruchzerlegung der rationalen Funktion f, wir haben deren Existenz also mitbewiesen.

Schon das Beispiel der linearen Transformationen lehrt, dass beim Studium der Abbildungseigenschaften meromorpher Funktionen dem unendlich fernen Punkt keine Sonderrolle zukommt. Wir tragen dem mit folgender Sprechweise Rechnung:

Definition 3.2. *Es seien G und G^* Gebiete in $\hat{\mathbb{C}}$. Eine holomorphe Abbildung f von G auf G^* ist eine auf G definierte meromorphe Funktion f mit $f(G) = G^*$.*

Wir verwenden also die Worte „holomorphe Abbildung" und „holomorphe Funktion" nicht mehr synonym; eine holomorphe Abbildung $f : G \to G^*$ ist genau dann eine holomorphe Funktion, wenn $\infty \notin f(G) = G^*$.

Sind $f : G \to G^*$ und $g : G^* \to G^{**}$ holomorphe Abbildungen, so ist auch die Abbildung $g \circ f : G \to G^{**}$ holomorph, denn $g \circ f$ ist eine auf G meromorphe Funktion (ihre Polstellenmenge ist gerade das f-Urbild der Polstellenmenge von g). – Ist $f : G \to G^*$ eine bijektive holomorphe Abbildung, so ist die Umkehrabbildung $f^{-1} : G^* \to G$ wieder holomorph, wie wir in §7, Folgerung, sehen werden (die Fälle $\infty \in G$ oder $\infty \in G^*$ möge der Leser selbst erledigen). Wir nennen daher solche Abbildungen *biholomorph*.

Wir können nun also sagen, dass $f(z) = (az + b)/(cz + d)$ eine biholomorphe Abbildung von $\hat{\mathbb{C}}$ auf sich liefert, sofern $ad - bc \neq 0$.

Es sei noch ohne Beweis bemerkt: Eine Abbildung f von G auf G^* ist genau dann holomorph, wenn für $z_0 \in G$, $w_0 = f(z_0) \in G^*$ stets gilt: Ist h eine in w_0 holomorphe Funktion, so ist $h \circ f$ in z_0 holomorph.

Aufgaben:

1. Man zeige: Ist f auf dem Gebiet G meromorph und nicht konstant, so ist $f(G)$ offen in $\hat{\mathbb{C}}$.

2. Man zeige, dass die konvergenten Laurent-Reihen um einen festen Punkt $z_0 \in \mathbb{C}$ mit endlichem Hauptteil einen Körper bilden.

3. Es sei $z_0 \in U \subset \mathbb{C}$ und f auf $U - \{z_0\}$ meromorph. Ist z_0 Häufungspunkt von Polen von f, so gibt es zu jedem $w \in \hat{\mathbb{C}}$ eine Folge (z_ν) in $U - \{z_0\}$ mit $\lim z_\nu = z_0$ und $\lim f(z_\nu) = w$.

4. Es seien $p(z)$ und $q(z)$ Polynome ohne gemeinsame Nullstelle, das Maximum ihrer Grade sei 2. Zeige: Zu $f(z) = p(z)/q(z)$ gibt es lineare Transformationen $Tz = (az + b)/(cz + d)$ und $Sz = \alpha z + \beta$ so, dass $S \circ f \circ T$ entweder die Gestalt $z \mapsto z^2$ oder die Gestalt $z \mapsto (z - 1/z)/2i$ hat.

§ 4. Der Residuensatz

Der Residuensatz ist die Verallgemeinerung des Cauchyschen Integralsatzes auf Funktionen mit isolierten Singularitäten. Er hat mannigfache Anwendungen innerhalb der Funktionentheorie und in anderen Zweigen der Analysis. Einige von ihnen besprechen wir in den Paragraphen 6 und 7.

Definition 4.1. *Es sei f eine im Bereich $U \subset \mathbb{C}$ bis auf isolierte Singularitäten holomorphe Funktion. Unter dem Residuum von f in $z \in U$ versteht man die Zahl*

$$\operatorname{res}_z f = \frac{1}{2\pi i} \int_\kappa f(\zeta)\, d\zeta,$$

wobei die Kreislinie $\kappa = \kappa(r, z)$ so zu wählen ist, dass höchstens z eine Singularität von f auf $\overline{D_r(z)} \subset U$ ist.

Nach dem Cauchyschen Integralsatz kommt es auf die Wahl des Radius r nicht an. Es ist sogar

$$\operatorname{res}_z f = \frac{1}{2\pi i} \int_\gamma f(\zeta)\, d\zeta,$$

für jeden nullhomologen geschlossenen Integrationsweg γ in U mit $n(\gamma, z) = 1$, der durch keine Singularität von f geht und außer z auch keine Singularität von f umläuft. Unter diesen Umständen sind nämlich γ und $\kappa(r, z)$ homolog in dem Bereich, der aus U durch Entfernung aller Singularitäten von f entsteht.

Ist f im Punkt z holomorph, so ist $\operatorname{res}_z f = 0$ nach dem Cauchyschen Integralsatz. Für den allgemeinen Fall denke man sich f um z in eine Laurent-Reihe entwickelt:

$$f(\zeta) = \sum_{-\infty}^{\infty} a_\nu (\zeta - z)^\nu.$$

Die Integralformel für die Koeffizienten a_ν (Satz 1.2) zeigt

$$\operatorname{res}_z f = a_{-1}. \tag{1}$$

Beispiele:

1. Die Funktion $\dfrac{1}{z-a}$ hat in a das Residuum 1; für $n \geq 2$ hat $(z-a)^{-n}$ in a das Residuum 0.

2. In §1 haben wir die Laurent-Entwicklungen von $f(z) = \dfrac{1}{z(z-i)^2}$ um 0 und i bestimmt. Daraus ergibt sich $\operatorname{res}_0 f = -1$ und $\operatorname{res}_i f = 1$.

Wir formulieren nun das zentrale Ergebnis.

Satz 4.1. (Residuensatz) *Es sei $U \subset \mathbb{C}$ ein Bereich und f eine Funktion, die in U holomorph bis auf isolierte Singularitäten ist. Dann gilt für jeden nullhomologen Zyklus Γ in U, auf dessen Spur keine Singularität von f liegt,*

$$\int_\Gamma f(\zeta)\, d\zeta = 2\pi i \sum_{z \in U} n(\Gamma, z) \operatorname{res}_z f.$$

Die Summe auf der rechten Seite enthält nur endlich viele von Null verschiedene Summanden: $n(\Gamma, z) \neq 0$ gilt nur auf einer relativ kompakten Teilmenge von U, diese enthält nur endlich viele Singularitäten von f, und in den anderen Punkten verschwindet das Residuum.

Beweis: Es sei Γ wie im Satz; $z_1, \ldots, z_m$ seien die Singularitäten von f mit $n(\Gamma, z_\mu) \neq 0$; M sei die Menge der übrigen Singularitäten von f. Weiter sei $h_\mu(z)$ der Hauptteil der Laurent-Entwicklung von f um z_μ. Da h_μ auf $\mathbb{C} - \{z_\mu\}$ holomorph ist, ist $f - \sum_{\mu=1}^{m} h_\mu$ holomorph auf $U - M$. Weil Γ in U und daher auch in $U - M$ nullhomolog ist, liefert der Cauchysche Integralsatz

$$\int_\Gamma f(z)\, dz = \sum_{\mu=1}^{m} \int_\Gamma h_\mu(z)\, dz.$$

Schreibt man $h_\mu(z) = \sum\limits_{\nu=-1}^{-\infty} a_{\nu\mu}(z - z_\mu)^\nu$, so konvergiert die Reihe gleichmäßig auf $\operatorname{Sp}\Gamma$, und man hat

$$\int\limits_\Gamma h_\mu(z)\,dz = \sum\limits_{\nu=-1}^{-\infty} a_{\nu\mu}\int\limits_\Gamma (z - z_\mu)^\nu\,dz$$

$$= a_{-1,\mu}\int\limits_\Gamma (z - z_\mu)^{-1}\,dz = 2\pi i \cdot n(\Gamma, z_\mu)\operatorname{res}_{z_\mu} f.$$

Damit ist der Satz bewiesen.   □

Ist insbesondere U ein einfach zusammenhängendes Gebiet, so ist nach Definition jeder Zyklus in U nullhomolog, also gilt generell

$$\int\limits_\Gamma f(\zeta)\,d\zeta = 2\pi i \sum\limits_{z \in U} n(\Gamma, z)\operatorname{res}_z f,$$

sofern Γ durch keine Singularität läuft.

Für geometrisch einfache Fälle führen wir eine bequeme Sprechweise ein: Wir sagen, der Zyklus Γ in U sei *Randzyklus* des Bereichs $V \subset\subset U$, wenn gilt

$$\partial V = \operatorname{Sp}\Gamma, \qquad n(\Gamma, z) = 1 \text{ für } z \in V, \qquad n(\Gamma, z) = 0 \text{ für } z \notin \overline{V}.$$

Unter diesen Begriff fallen insbesondere die Ränder positiv berandeter Gebiete im Sinne von Kap. II, §3*; dort werden aber weitere Regularitätseigenschaften gefordert.

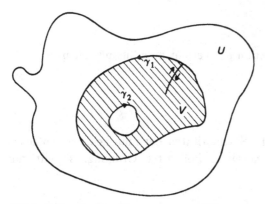

Bild 30 Randzyklus $\Gamma = \gamma_1 + \gamma_2$ von V

Randzyklen von Bereichen $V \subset\subset U$ sind nullhomolog in U, und der Residuensatz formuliert sich so:

Folgerung: *Ist Γ Randzyklus von $V \subset\subset U$ und ist f holomorph auf U bis auf isolierte Singularitäten, von denen keine auf Γ liegt, so gilt*

$$\int_{\Gamma} f(\zeta)\, d\zeta = 2\pi i \sum_{z \in V} \operatorname{res}_z f.$$

Um den Residuensatz zur Berechnung von Integralen verwenden zu können, brauchen wir Methoden zur Bestimmung von Residuen, die unabhäbgig von der Definition 4.1 mit Hilfe des Integrals sind. Sie beruhen meist auf der Beziehung (1): $\operatorname{res}_{z_0} f$ ist der Koeffizient von $(z - z_0)^{-1}$ in der Laurent-Entwicklung von f um z_0.

Wir beginnen mit der Bemerkung

$$\operatorname{res}_z(af + bg) = a \operatorname{res}_z f + b \operatorname{res}_z g \qquad (a, b \in \mathbb{C}).$$

Satz 4.2.

i) *Ist z_0 Pol erster Ordnung von f, so gilt*

$$\operatorname{res}_{z_0} f = \lim_{z \to z_0} (z - z_0) f(z).$$

ii) *Ist g in z_0 holomorph und hat f dort einen Pol erster Ordnung, so ist*

$$\operatorname{res}_{z_0}(gf) = g(z_0) \operatorname{res}_{z_0} f.$$

Die Beweise sind trivial.

Hat die in einer Umgebung von z_0 holomorphe Funktion h in z_0 eine Nullstelle erster Ordnung, so ergibt sich mit $h(z) = h'(z_0)(z - z_0) + \ldots$ und i)

$$\operatorname{res}_{z_0} \frac{1}{h} = \lim_{z \to z_0} \frac{(z - z_0)}{h(z)} = \frac{1}{h'(z_0)}.$$

Hat man noch eine in z_0 holomorphe Funktion g, so erhält man hieraus mit ii)

$$\operatorname{res}_{z_0} \frac{g}{h} = \frac{g(z_0)}{h'(z_0)}.$$

Für Pole höherer Ordnung und wesentliche Singularitäten hat man keine so einfachen Regeln. Wir notieren nur: Hat f in z_0 einen Pol n-ter Ordnung, so gilt mit $g(z) = (z - z_0)^n f(z)$

$$\operatorname{res}_{z_0} f = \frac{1}{(n-1)!} g^{(n-1)}(z_0).$$

Auch diese Aussage folgt sofort bei Betrachtung der Laurent-Entwicklung.

Aufgaben:

1. Der Bereich U sei symmetrisch zum Nullpunkt gelegen, die Funktion f sei auf U holomorph bis auf isolierte Singularitäten. Man zeige: Ist f eine gerade Funktion (d.h $f(-z) = f(z)$), so gilt für $z \in U$:

$$\mathrm{res}_z f = -\mathrm{res}_{-z} f.$$

   insbesondere $\mathrm{res}_0 f = 0$. Ist f ungerade (d.h $f(-z) = -f(z)$), so ist

$$\mathrm{res}_z f = \mathrm{res}_{-z} f \quad \text{für } z \in U.$$

2. (a) Es sei $\tau : z \mapsto z + a$. Man zeige $\mathrm{res}_{z_0} g = \mathrm{res}_{z_0 - a}(g \circ \tau)$ für eine in einer punktierten Umgebung von z_0 holomorphe Funktion g. Was folgt für periodische Funktionen?

   (b) Es sei $\mu : z \mapsto az$ mit $a \neq 0$. Man drücke $\mathrm{res}_{z_0} g$ durch $\mathrm{res}_{z_0/a}(g \circ \mu)$ aus (g wie oben).

3. Man bestimme die Residuen der folgenden Funktionen in allen ihren Singularitäten:

   a) $\dfrac{1 - \cos z}{z^3}$;   b) $\dfrac{z^2}{(1 + z)^3}$;   c) $\dfrac{1}{(z^2 + 1)^3}$;

   d) $\dfrac{e^z}{(z - 1)^2}$;   e) $z \cdot e^{1/(1-z)}$;   f) $\dfrac{1}{(z^2 + 1)(z - 1)^2}$;

   g) $\dfrac{1}{\sin \pi z}$;   h) $\dfrac{1}{e^z + 1}$;   i) $\dfrac{\cos z}{(z^2 + 1)^2}$.

4. Man berechne die folgenden Residuen:

   a) $\mathrm{res}_0 \dfrac{z^{n-1}}{\sin^n z}$;   b) $\mathrm{res}_0 \dfrac{\sin 2z - 2\sin z}{\sin z(\sin z - z)}$;

   c) $\mathrm{res}_0 \dfrac{\tan z - z}{(1 - \cos z)^2}$;   d) $\mathrm{res}_0 \dfrac{z - 1}{\mathrm{Log}\,(z + 1)}$;

   e) $\mathrm{res}_0 \dfrac{z}{1 - \sqrt{2 - z}}$, wobei in der Nähe von $z = 1$ der Zweig der Wurzel mit $\sqrt{2 - 1} = 1$ gewählt ist.

5. Es sei f holomorph in einer Umgebung von z_0, es gelte $f'(z_0) \neq 0$; die Funktion g habe einen Pol 1. Ordnung in $w_0 = f(z_0)$. Man drücke $\mathrm{res}_{z_0} g \circ f$ durch $\mathrm{res}_{w_0} g$ aus!

6. Es sei G ein einfach zusammenhängendes Gebiet, $D \subset G$ eine diskrete Teilmenge, f holomorph auf $G - D$. Man zeige: Genau dann hat f eine Stammfunktion auf $G - D$, wenn alle Residuen von f verschwinden.

§ 5*.   Der Residuensatz für Differentialformen

Das Residuum einer Funktion ist nicht invariant unter biholomorphen Transformationen. Definition 4.1 legt es aber nahe, das Residuum nicht als Eigenschaft der Funktion $f(z)$, sondern der Differentialform $f(z)\,dz$ aufzufassen. Man erhält dann in der Tat einen invarianten Begriff.

Ist $U \subset \mathbb{C}$ ein Bereich, D eine in U diskrete Menge und $\alpha = f(z)\,dz$ eine holomorphe 1-Form auf $U - D$, so sagen wir, α sei eine bis auf isolierte Singularitäten holomorphe 1-Form auf U. Wir nennen einen Punkt $z_0 \in D$ hebbare Singularität, Pol n-ter Ordnung oder wesentliche Singularität von α, wenn die auf $U - D$ holomorphe Funktion f in z_0 eine Singularität des genannten Typs hat. In die hebbaren Singularitäten hinein lässt sich α holomorph fortsetzen; wir denken uns das ggf. ausgeführt. Eine 1-Form, die in U holomorph bis auf Pole ist, heißt natürlich meromorphe 1-Form.

Ist $F : W \to U$ eine biholomorphe Abbildung, so ist $\alpha \circ F$ auf W holomorph bis auf isolierte Singularitäten. Hat α in $z_0 = F(w_0)$ eine Singularität, so hat $\alpha \circ F$ in w_0 eine Singularität des gleichen Typs. Das ergibt sich aus der Darstellung $\alpha \circ F = f(F(w)) \cdot F'(w)\,dw$. Wir führen den Beweis nur für den Fall durch, dass z_0 Pol n-ter Ordnung ist. Dann ist $f(z) = (z - z_0)^{-n} h(z)$ mit einer in der Nähe von z_0 holomorphen Funktion h, die $h(z_0) \neq 0$ erfüllt. In der Nähe von $w_0 = F^{-1}(z_0)$ gilt

$$f \circ F(w) \cdot F'(w) = (F(w) - F(w_0))^{-n} \cdot h \circ F(w) \cdot F'(w).$$

Da F biholomorph ist, hat man $F'(w_0) \neq 0$. Setzen wir $F(w) = F(w_0) + (w - w_0)G(w)$, so ist $G(w_0) = F'(w_0) \neq 0$, und wir können schreiben

$$f \circ F(w) \cdot F'(w) = (w - w_0)^{-n} \cdot H(w),$$

wobei

$$H(w) = (G(w))^{-n} \cdot h \circ F(w) \cdot F'(w)$$

in der Nähe von w_0 holomorph ist und $H(w_0) \neq 0$ erfüllt. Das zeigt, dass $\alpha \circ F$ in w_0 einen Pol der Ordnung n hat.

Wir wollen nun das Residuum einer holomorphen 1-Form in einer isolierten Singularität erklären. Zunächst eine Vorüberlegung: Es sei $V \subset \mathbb{C}$ ein Bereich und $z_0 \in V$. Weiter seien G und G^* positiv berandete Gebiete mit $z_0 \in G$, $z_0 \in G^*$ und $G \subset\subset V$, $G^* \subset\subset V$. Wählt man eine Kreisscheibe $D = D_\epsilon(z_0) \subset\subset G \cap G^*$, so liefert Anwendung des Cauchyschen Integralsatzes Kap. III, Satz 3.5 auf $G - \overline{D}$ und $G^* - \overline{D}$ für jede in $V - \{z_0\}$ holomorphe 1-Form α

$$\int_{\partial G} \alpha = \int_{\partial G^*} \alpha$$

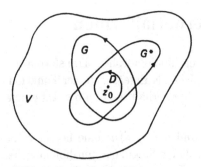

Bild 31 Zu Definition 5.1

Daher ist die folgende Definition sinnvoll:

Definition 5.1. *Es sei V ein Bereich in $\mathbb{C}$, $z_0 \in V$ und α eine holomorphe 1-Form auf $V - \{z_0\}$. Das Residuum von α in z_0 ist die Zahl*

$$\operatorname{res}_{z_0}\alpha = \frac{1}{2\pi i} \int_{\partial G} \alpha.$$

Dabei ist G irgendein positiv berandetes Gebiet mit $z_0 \in G \subset\subset V$.

Insbesondere kann man für G eine in V gelegene Kreisscheibe $D_r(z_0)$ nehmen. Schreibt man

$$\alpha = f(z)\, dz = \left(\sum_{\nu=-\infty}^{\infty} a_\nu (z - z_0)^\nu \right) dz$$

mit der Laurent-Entwicklung von $f(z)$ um z_0, so ist nach Satz 1.2

$$\operatorname{res}_{z_0}\alpha = \frac{1}{2\pi i} \int_{|z-z_0|=r} \alpha = a_{-1}.$$

Das Residuum der 1-Form $f(z)\, dz$ in z_0 ist also gleich dem im vorigen Paragraphen erklärten Residuum der Funktion f. Die dortigen Hinweise zur Berechnung von Residuen übertragen sich.

Der Residuensatz erhält in der hier betrachteten Situation die folgende Fassung:

Satz 5.1. *Es sei $G \subset \mathbb{C}$ ein positiv berandetes Gebiet und α eine 1-Form, die auf einer Umgebung von $\overline{G}$ holomorph bis auf isolierte Singularitäten ist, von denen aber keine auf ∂G liegt. Dann gilt*

$$\int_{\partial G} \alpha = 2\pi i \sum_{z \in G} \operatorname{res}_z \alpha.$$

Der Satz ergibt sich aus Satz 4.1, wenn man $n(\partial G, z) = 1$ für $z \in G$ bedenkt.

Wir zeigen nun, dass das Residuum einer 1-Form invariant ist unter biholomorphen Abbildungen:

Satz 5.2. *Es sei $F : W \to U$ eine biholomorphe Abbildung. Die 1-Form α sei holomorph auf U bis auf isolierte Singularitäten. Dann gilt für $w_0 \in W$*

$$\operatorname{res}_{F(w_0)}\alpha = \operatorname{res}_{w_0}(\alpha \circ F).$$

Beweis: Es sei G ein positiv berandetes Gebiet mit $w_0 \in G \subset\subset W$, so dass $\alpha \circ F$ auf $\overline{G}$ außer evtl. in w_0 keine Singularitäten hat. Dann ist $F(G)$ ein positiv berandetes Gebiet (vgl. II.3) mit $F(w_0) \in F(G) \subset\subset U$, und α hat auf $\overline{F(G)}$ außer evtl. in $F(w_0)$ keine Singularitäten. Ist Γ die Randkette von G, so ist $F \circ \Gamma$ die Randkette von $F(G)$. Man hat daher

$$\operatorname{res}_{w_0}(\alpha \circ F) = \frac{1}{2\pi i} \int\limits_{\Gamma} \alpha \circ F = \frac{1}{2\pi i} \int\limits_{F \circ \Gamma} \alpha = \operatorname{res}_{F(w_0)} \alpha,$$

was zu zeigen war.   □

Die Überlegung, die zu Definition 5.1 führte, lässt sich auf den Fall übertragen, dass die 1-Form α eine isolierte Singularität in ∞ hat. Dazu nennen wir ein Gebiet $G \subset \hat{\mathbb{C}}$ mit $\infty \in G$ positiv berandet, wenn es eine stückweise glatte Randkette $\Gamma = \partial G$ hat, die so orientiert ist, dass G links von Γ liegt. Zum Beispiel ist $\{z \in \mathbb{C} : |z| > R\} \cup \{\infty\}$ positiv berandet, wenn der Randkreis $|z| = R$ negativ orientiert ist. – Wir definieren

Definition 5.1'. *Es sei $V \subset \hat{\mathbb{C}}$ ein Bereich mit $\infty \in V$ und α eine holomorphe 1-Form auf $V - \{\infty\}$. Das Residuum von α in ∞ ist*

$$\operatorname{res}_{\infty} \alpha = \frac{1}{2\pi i} \int\limits_{\partial G} \alpha.$$

Dabei ist G ein positiv berandetes Gebiet mit $\infty \in G \subset\subset V$.

Die Unabhängigkeit des Residuums von der Wahl von G erkennt man wie oben. Der Satz 5.2 gilt samt Beweis auch, wenn $w_0 = \infty$ oder $F(w_0) = \infty$ ist.

Zur Berechnung von $\operatorname{res}_{\infty} \alpha$ kann man die spezielle gebrochen lineare Abbildung $F : \hat{\mathbb{C}} \to \hat{\mathbb{C}}$, $F(z) = 1/z$, benutzen.

Unter F geht die negativ durchlaufene Kreislinie $\kappa^{-1}(R, 0) : t \mapsto Re^{-it}$, in die positiv durchlaufene Kreislinie $\kappa(1/R, 0) : t \mapsto (1/R)e^{it}$ über, und man bekommt mit hinreichend großem R

$$\operatorname{res}_{\infty} \alpha = \frac{1}{2\pi i} \int\limits_{\kappa^{-1}(R,0)} \alpha = \frac{1}{2\pi i} \int\limits_{\kappa(1/R,0)} \alpha \circ F.$$

Mit der Laurent-Entwicklung

$$\alpha = f(z)\, dz = \left(\sum_{-\infty}^{\infty} a_\nu z^\nu \right) dz$$

in $|z| > R$ erhält man

$$\alpha \circ F = f\left(\frac{1}{w}\right) \cdot \frac{-1}{w^2}\, dw = -\left(\sum_{-\infty}^{\infty} a_\nu w^{-\nu-2} \right) dw$$

für $|w| < 1/R$. Hieraus liest man ab

$$\text{res}_{w=0}(\alpha \circ F) = -a_{-1},$$

das Residuum von $f(z)\,dz$ in ∞ ist also der negativ genommene Koeffizient von z^{-1} in der Laurent-Entwicklung von f um ∞.

Man erkennt weiter, dass $\alpha \circ F$ im Nullpunkt genau dann eine hebbare Singularität hat, d.h. zu einer in einer Umgebung von 0 holomorphen Form fortgesetzt werden kann, wenn $a_\nu = 0$ gilt für alle $\nu > -2$, d.h. wenn $f(z)$ in $z = \infty$ eine Nullstelle mindestens zweiter Ordnung hat. In diesem Fall sagen wir, dass α selbst im Punkt ∞ holomorph ist.

Eine auf ganz $\hat{\mathbb{C}}$ bis auf isolierte Singularitäten holomorphe 1-Form kann wegen der Kompaktheit von $\hat{\mathbb{C}}$ nur endlich viele Singularitäten haben. Man hat

Satz 5.3. *Es sei α eine 1-Form, die auf ganz $\hat{\mathbb{C}}$ holomorph bis auf isolierte Singularitäten ist. Dann gilt*

$$\sum_{z \in \hat{\mathbb{C}}} \text{res}_z \alpha = 0.$$

Beweis: Wir wählen R so groß, dass alle von ∞ verschiedenen Singularitäten von α in $|z| < R$ liegen. Dann ist

$$\sum_{z \in \mathbb{C}} \text{res}_z \alpha = \frac{1}{2\pi i} \int_{\kappa(R,0)} \alpha = -\text{res}_\infty \alpha.$$

$\square$

Beispiel: Es sei $f(z)$ eine rationale Funktion, bei der der Grad des Nennerpolynoms um mindestens 2 größer ist als der Grad des Zählerpolynoms. Dann hat $f(z)\,dz$ in ∞ eine hebbare Singularität, also das Residuum 0. Es folgt

$$\sum_{z \in \mathbb{C}} \text{res}_z f = 0.$$

Diese Bemerkung ist bei der Berechnung von Residuen oft nützlich (vgl. §6).

Aufgaben:

1. Zeige, dass eine auf ganz $\hat{\mathbb{C}}$ holomorphe 1-Form identisch verschwindet.

§ 6.   Anwendungen des Residuensatzes in der reellen Analysis

In diesem Paragraphen zeigen wir, wie sich der Residuensatz in der reellen Analysis zur Berechnung bestimmter Integrale verwenden lässt. Das Prinzip ist dabei, das reelle Integrationsintervall in Beziehung zu setzen zu einem geschlossenen Integrationsweg in der komplexen Ebene, für den sich dann Integrale mit Hilfe des Residuensatzes auswerten lassen. Auf diese Weise gelingt es auch oft, bestimmte Integrale von Funktionen, zu denen keine Stammfunktionen in geschlossener Form angegeben werden können, zu berechnen. Allerdings müssen die Integranden in der Regel eine holomorphe Fortsetzung ins Komplexe haben, also reell-analytisch sein. Dies ist jedoch für viele Anwendungen keine wesentliche Einschränkung.

Das Prinzip führt zu einer Vielfalt von Methoden, die jeweils für einen Typus von Integranden und Integrationsintervallen geeignet sind. Wir stellen die wichtigsten unter ihnen vor und geben Beispiele an. Weiteres findet der Leser in den Aufgaben.

Als erstes betrachten wir Integrale der Form

$$\int_0^{2\pi} R(\cos t, \sin t)\, dt,$$

wobei $R(x, y)$ eine rationale Funktion von zwei Veränderlichen ist derart, dass $R(\cos t, \sin t)$ für alle $t \in \mathbb{R}$ definiert ist. Durchläuft t das Intervall $[0, 2\pi]$, so durchläuft $z = e^{it}$ den Einheitskreis. Zur Berechnung unseres Integrals setzen wir also $\cos t = \frac{1}{2}(e^{it} + e^{-it})$, $\sin t = \frac{1}{2i}(e^{it} - e^{-it})$ ein und schreiben es als Kurvenintegral über $|z| = 1$:

$$\int_0^{2\pi} R\left(\frac{1}{2}(e^{it} + e^{-it}), \frac{1}{2i}(e^{it} - e^{-it})\right) dt = \frac{1}{i}\int_{\kappa(1,0)} R\left(\frac{1}{2}\left(z + \frac{1}{z}\right), \frac{1}{2i}\left(z - \frac{1}{z}\right)\right) \frac{dz}{z}. \quad (1)$$

Der Integrand rechts ist eine rationale Funktion von z; der Residuensatz lässt sich anwenden und liefert

$$\int_0^{2\pi} R(\cos t, \sin t)\, dt = 2\pi \sum_{|z|<1} \mathrm{res}_z\left(\frac{1}{\zeta} R\left(\frac{1}{2}\left(\zeta + \frac{1}{\zeta}\right), \frac{1}{2i}\left(\zeta - \frac{1}{\zeta}\right)\right)\right). \quad (2)$$

Dass $R(x, y)$ rational ist, ist nicht wesentlich für diese Überlegung, es kommt nur darauf an, dass der Integrand rechts in (1) holomorph in einer Umgebung von $\overline{D}_1(0)$ bis auf isolierte Singularitäten in $D_1(0)$ ist.

Beispiel 1: Für $a > 1$ ist

$$\int_0^\pi \frac{dt}{a + \cos t} = \frac{1}{2} \int_0^{2\pi} \frac{dt}{a + \cos t} = \frac{1}{2i} \int_{|z|=1} \left(a + \frac{1}{2}\left(z + \frac{1}{z} \right) \right)^{-1} \frac{dz}{z}$$

$$= \frac{1}{i} \int_{|z|=1} \frac{dz}{z^2 + 2az + 1}$$

$$= 2\pi \, \mathrm{res}_{z_1} \frac{1}{(z - z_1)(z - z_2)} \quad \text{mit} \begin{cases} z_1 = -a + \sqrt{a^2 - 1} \\ z_2 = -a - \sqrt{a^2 - 1} \end{cases}$$

$$= \frac{\pi}{\sqrt{a^2 - 1}}.$$

Als nächstes zeigen wir, dass das über die ganze reelle Achse erstreckte Integral einer rationalen Funktion, sofern es existiert, gleich dem $(2\pi i)$-fachen der Summe der Residuen dieser Funktion in der oberen Halbebene ist:

Satz 6.1. *Es sei $R(z)$ eine rationale Funktion, die auf $\mathbb{R}$ keine Pole hat; der Grad des Nenners von R sei um mindestens zwei größer als der Grad des Zählers. Dann ist*

$$\int_{-\infty}^{+\infty} R(x) \, dx = 2\pi i \sum_{\mathrm{Im}\, z > 0} \mathrm{res}_z R(\zeta).$$

Beweis: Das Integral existiert wegen der Grad-Bedingung für Nenner und Zähler. – Wir setzen $\gamma_r : [0, \pi] \to \mathbb{C}, t \mapsto re^{it}$. Für hinreichend großes r liegen alle Pole von $R(z)$ in $D_r(0)$, man hat dann also

$$\int_{[-r,r]} R(z) \, dz + \int_{\gamma_r} R(z) \, dz = 2\pi i \sum_{\mathrm{Im}\, z > 0} \mathrm{res}_z (R(\zeta)). \tag{3}$$

Für große $|z|$ ist $|R(z)| \leq c|z|^{-2}$ mit einer Konstanten c. Also gilt für große r

$$\left| \int_{\gamma_r} R(z) \, dz \right| \leq \pi r \cdot cr^{-2},$$

für $r \to \infty$ strebt das Integral über γ_r gegen Null. Der Grenzübergang $r \to \infty$ in (3) liefert daher die Behauptung. □

Bemerkung: Der Beweis bleibt gültig, wenn man nur voraussetzt, dass die über $\mathbb{R}$ integrierbare Funktion R auf einer Umgebung von $\overline{H} = \{z : \mathrm{Im}\, z \geq 0\}$ holomorph ist bis auf höchstens abzählbar viele isolierte Singularitäten, von denen keine auf $\mathbb{R}$ liegt, und dass es eine Folge $r_\nu \to \infty$ von Radien gibt derart, dass $R(z)$ für $z \in \overline{H}$, $|z| = r_\nu$ singularitätenfrei ist und einer Abschätzung

$$|R(z)| \le c r_\nu^{-(1+\epsilon)}$$

mit von ν unabhängigen positiven Konstanten c und ϵ genügt. Die Konvergenz der evtl. unendlichen Reihe der Residuen ergibt sich aus dem Beweis.

Beispiel 2: $\displaystyle\int\limits_{-\infty}^{+\infty} \frac{x^2\,dx}{1+x^4} = \frac{\pi}{\sqrt{2}}$.

Mit $\zeta = e^{\pi i/4}$ liegen die Pole von $R(z) = z^2/(1+z^4)$ in $\zeta, \zeta^3, \zeta^5, \zeta^7$, sämtlich von erster Ordnung. Davon liegen ζ und ζ^3 in der oberen Halbebene. Für die Summe der zugehörigen Residuen erhält man

$$\frac{\zeta^2}{(\zeta-\zeta^3)(\zeta-\zeta^5)(\zeta-\zeta^7)} + \frac{\zeta^6}{(\zeta^3-\zeta)(\zeta^3-\zeta^5)(\zeta^3-\zeta^7)} = \frac{1}{2\sqrt{2}i}$$

nach elementarer Rechnung.

Beispiel 3: $\displaystyle\int\limits_{-\infty}^{+\infty} \frac{\sqrt{x+i}}{1+x^2}\,dx$, wobei auf $\{z : \operatorname{Im} z \ge 0\}$ derjenige Zweig von $\sqrt{z+i}$ gewählt

sei, der in $z = 0$ den Wert $e^{\pi i/4}$ hat. Auf Grund der Bemerkung können wir wie folgt rechnen:

$$\int\limits_{-\infty}^{+\infty} \frac{\sqrt{x+i}}{1+x^2}\,dx = 2\pi i\operatorname{res}_i \frac{\sqrt{x+i}}{(z-i)(z+i)} = 2\pi i\frac{\sqrt{2i}}{2i} = \pi(1+i).$$

Wir beweisen nun, dass man über $\mathbb{R}$ erstreckte Integrale mit Integranden $R(x)e^{ix}$, R rational, ebenfalls durch das $(2\pi i)$-fache der Residuensumme von $R(z)e^{iz}$ in der oberen Halbebene ausdrücken kann.

Satz 6.2. *Es sei $R(z)$ eine rationale Funktion, die auf $\mathbb{R}$ keine Pole hat; der Grad des Nenners sei größer als der Grad des Zählers. Dann ist*

$$\int\limits_{-\infty}^{+\infty} R(x)e^{ix}\,dx = 2\pi i\sum_{\operatorname{Im} z>0} \operatorname{res}_z(R(\zeta)e^{i\zeta}). \tag{4}$$

Falls $R(x)e^{ix}$ nicht über $\mathbb{R}$ integrierbar ist, bedeutet dabei $\displaystyle\int\limits_{-\infty}^{+\infty} R(x)e^{ix}\,dx$ das „uneigentli-

che" Integral $\displaystyle\lim_{r_1,r_2\to\infty} \int\limits_{-r_1}^{r_2} R(x)e^{ix}\,dx$. Dessen Existenz wird sich aus dem Beweis ergeben.

Bemerkung: Unter den gleichen Voraussetzungen gilt

$$\int\limits_{-\infty}^{+\infty} R(x)e^{-ix}\,dx = -2\pi i \sum_{\mathrm{Im}\,z<0} \mathrm{res}_z(R(\zeta)e^{i\zeta}). \tag{5}$$

Mit (4) und (5) lassen sich auch $\int\limits_{-\infty}^{+\infty} R(x)\cos x\,dx$ und $\int\limits_{-\infty}^{+\infty} R(x)\sin x\,dx$ bestimmen. Hat $R(x)$ reelle Werte auf $\mathbb{R}$, so bekommt man diese Integrale einfacher vermöge

$$\int\limits_{-\infty}^{+\infty} R(x)\cos x\,dx = \mathrm{Re}\int\limits_{-\infty}^{+\infty} R(x)e^{ix}\,dx = -2\pi\,\mathrm{Im}\left(\sum_{\mathrm{Im}\,z>0} \mathrm{res}_z(R(\zeta)e^{i\zeta})\right)$$

$$\int\limits_{-\infty}^{+\infty} R(x)\sin x\,dx = \mathrm{Im}\int\limits_{-\infty}^{+\infty} R(x)e^{ix}\,dx = 2\pi\,\mathrm{Re}\left(\sum_{\mathrm{Im}\,z>0} \mathrm{res}_z(R(\zeta)e^{i\zeta})\right).$$

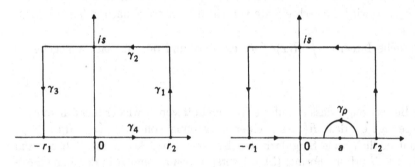

Bild 32 Zum Beweis von Satz 6.2 und 6.3

Beweis des Satzes: Es seien r_1, r_2, s positiv und so groß, dass alle in der oberen Halbebene gelegenen Pole von $R(z)$ in dem Rechteck mit dem Rand $[r_2, r_2 + is, -r_1 + is, -r_1, r_2]$ liegen. Dann ist nach dem Residuensatz, wenn wir die Seiten des Rechtecks wie im Bild mit $\gamma_1, \ldots, \gamma_4$ bezeichnen,

$$\int\limits_{-r_1}^{r_2} R(x)e^{ix}\,dx - 2\pi i \sum_{\mathrm{Im}\,z>0} \mathrm{res}_z(R(\zeta)e^{i\zeta}) = -\int\limits_{\gamma_1+\gamma_2+\gamma_3} R(z)e^{iz}\,dz. \tag{6}$$

Wir schätzen nun die rechts stehenden Integrale ab. Wegen der Grad-Bedingung gilt eine Ungleichung $|R(z)| \le c|z|^{-1}$ auf den $\mathrm{Sp}\,\gamma_\nu$, außerdem ist $|e^{iz}| = e^{-\mathrm{Im}\,z}$. Für γ_2 liefert die Standardabschätzung

$$\left|\int\limits_{\gamma_2} R(z)e^{iz}\,dz\right| \le (r_1 + r_2)cs^{-1}e^{-s}.$$

Für γ_1 rechnen wir etwas vorsichtiger:

$$\left| \int\limits_{\gamma_1} R(z)e^{iz}\, dz \right| = \left| \int\limits_0^1 R(r_2 + its)e^{ir_2 - ts} is\, dt \right|$$

$$\leq \int\limits_0^1 |R(r_2 + its)e^{ir_2 - ts} is|\, dt$$

$$\leq \sup_{\mathrm{Sp}\,\gamma_1} |R(z)| \cdot s \int\limits_0^1 e^{-ts}\, dt \leq cr_2^{-1}.$$

Genauso erhalten wir

$$\left| \int\limits_{\gamma_3} R(z)e^{iz}\, dz \right| \leq cr_1^{-1}.$$

Wählt man nun bei gegebenem $\epsilon > 0$ zunächst $r_1, r_2 > 1/\epsilon$ und dann s so groß, dass $(r_1 + r_2)s^{-1}e^{-s} < \epsilon$, so wird die rechte Seite von (6) dem Betrage nach $< 3c\epsilon$. Es folgt, dass das uneigentliche Integral $\int\limits_{-\infty}^{+\infty} R(x)e^{ix}\, dx$ existiert und den im Satz angegebenen Wert hat.   □

Bemerkung: Der Beweis zeigt, dass es auf die Rationalität von R wieder nicht ankommt: Für Formel (4) genügt es, dass $R(z)$ auf einer Umgebung von $\overline{H} = \{z : \mathrm{Im}\, z \geq 0\}$ holomorph bis auf endlich viele Singularitäten ist, von denen keine auf $\mathbb{R}$ liegt, und $\lim\limits_{z \to \infty} R(z) = 0$ für $z \in \overline{H}$ erfüllt. Formel (5) gilt entsprechend, wenn R in der abgeschlossenen unteren Halbebene die angegebenen Eigenschaften hat.

Beispiel 4: $\int\limits_0^{+\infty} \dfrac{\cos x\, dx}{a^2 + x^2} = \dfrac{\pi}{2a}e^{-a}$ für $a > 0$.

Es ist nämlich

$$\int\limits_0^{+\infty} \frac{\cos x\, dx}{a^2 + x^2} = \frac{1}{2} \int\limits_{-\infty}^{+\infty} \frac{\cos x\, dx}{a^2 + x^2} = \frac{1}{2}\,\mathrm{Re} \int\limits_{-\infty}^{+\infty} \frac{e^{ix}\, dx}{a^2 + x^2}$$

$$= -\pi\,\mathrm{Im}\,\mathrm{res}_{ia} \frac{e^{iz}}{(z - ia)(z + ia)} = -\pi\,\mathrm{Im}\,\frac{e^{-a}}{2ia} = \frac{\pi}{2a}e^{-a}.$$

Beispiel 5: $\int\limits_{-\infty}^{+\infty} \dfrac{e^{-ix}\, dx}{(x + i)\sqrt{x - i}} = \dfrac{\pi}{e}(1 - i)$, wenn auf der unteren Halbebene der Zweig von

$\sqrt{z-i}$, der für $z=0$ den Wert $e^{-\pi i/4}$ hat, gewählt ist. Man kann nach der Bemerkung nämlich (5) benutzen: Das Integral ist

$$-2\pi i \operatorname{res}_{-i} \frac{e^{-iz}}{(z+i)\sqrt{z-i}} = -2\pi i \cdot e^{-1} \cdot \frac{1}{\sqrt{-2i}} = \frac{\pi}{e}(1-i).$$

Satz 6.2 erlaubt nicht, das uneigentliche Integral $\displaystyle\int\limits_{-\infty}^{+\infty} \frac{\sin x}{x}\, dx$ auszurechnen. Zwar ist der Integrand $(\sin x)/x$ auch im Nullpunkt harmlos. Geht man aber zu e^{ix}/x über, so bekommt der Integrand einen einfachen Pol im Nullpunkt. Wir können aber Satz 6.2 auf derartige Fälle ausdehnen.

Satz 6.3. *Es sei $R(z)$ eine rationale Funktion, deren Nenner einen größeren Grad als der Zähler und die auf $\mathbb{R}$ nur eine einfache Polstelle a hat.*

Dann ist

$$\lim_{\rho \to 0} \left(\int\limits_{-\infty}^{a-\rho} R(x)e^{ix}\, dx + \int\limits_{a+\rho}^{+\infty} R(x)e^{ix}\, dx \right) = 2\pi i \sum_{\operatorname{Im} z > 0} \operatorname{res}_z(R(\zeta)e^{i\zeta}) + \pi i \operatorname{res}_a(R(\zeta)e^{i\zeta}).$$

Dabei sind die Integrale über $]-\infty, a-\rho]$ und $[a+\rho, +\infty[$ ggf. wieder als uneigentliche Integrale zu verstehen. Der Beweis beruht auf folgendem

Hilfssatz. *Ist a einfacher Pol von f, so gilt mit $\gamma_\rho : [0,\pi] \to \mathbb{C}, t \mapsto a + \rho e^{it}$*

$$\lim_{\rho \to 0} \int\limits_{\gamma_\rho} f(z)\, dz = \pi i \operatorname{res}_a f.$$

Beweis des Hilfssatzes: In der Nähe von a können wir $f(z) = c/(z-a) + g(z)$ mit holomorphem g schreiben. Es ist

$$\int\limits_{\gamma_\rho} \frac{c\, dz}{z-a} = c\pi i \qquad \text{und} \qquad \lim_{\rho \to 0} \int\limits_{\gamma_\rho} g(z)\, dz = 0. \qquad\qquad \square$$

Beweis des Satzes: Wir modifizieren den im Beweis von Satz 6.2 benutzten Integrationsweg durch einen kleinen Halbkreis γ_ρ um a (siehe Bild 32) und erhalten wie dort, dass

$$\int\limits_{-r_1}^{a-\rho} R(x)e^{ix}\, dx + \int\limits_{a+\rho}^{r_2} R(x)e^{ix}\, dx - \int\limits_{\gamma_\rho} R(z)e^{iz}\, dz - 2\pi i \sum_{\operatorname{Im} z > 0} \operatorname{res}_z(R(\zeta)e^{i\zeta})$$

für hinreichend große r_1, r_2, s beliebig klein wird. Mit dem Hilfssatz folgt die Behauptung.

□

Bemerkung: Der Satz lässt sich in offensichtlicher Weise auf den Fall, dass R mehrere einfache Pole auf R hat, verallgemeinern. Auch die Bemerkungen zu Satz 6.2 bleiben sinngemäß gültig.

Beispiel 6: Man hat

$$
\begin{aligned}
\int\limits_{-\infty}^{+\infty} \frac{\sin x}{x}\, dx &= \lim_{\rho \to 0} \left(\int\limits_{-\infty}^{-\rho} \frac{\sin x}{x}\, dx + \int\limits_{\rho}^{+\infty} \frac{\sin x}{x}\, dx \right) \\
&= \lim_{\rho \to 0} \operatorname{Im} \left(\int\limits_{-\infty}^{-\rho} \frac{e^{ix}}{x}\, dx + \int\limits_{\rho}^{+\infty} \frac{e^{ix}}{x}\, dx \right) \\
&= \operatorname{Im} \left(\pi i \operatorname{res}_0 \frac{e^{iz}}{z} \right) = \operatorname{Im}\left(\pi i \right) = \pi.
\end{aligned}
$$

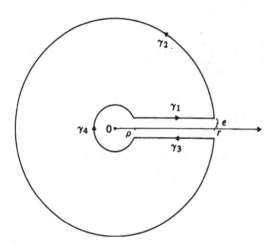

Bild 33

Wir wollen nun noch drei Varianten einer Methode besprechen, mit der man über die positive reelle Achse erstreckte Integrale berechnen kann.

Als erstes betrachten wir Integrale der Form

$$
\int\limits_{0}^{+\infty} x^\alpha R(x)\, dx, \tag{7}
$$

wobei R eine rationale Funktion ist. Hat R auf $]0, +\infty[$ keine Pole, in 0 eine Stelle der Holomorphie oder einen einfachen Pol, ist der Grad des Nenners von R um mindestens 2 größer als der Grad des Zählers, und ist $0 < \alpha < 1$, so existiert das Integral (7) nach den Sätzen der reellen Analysis. Um es auf komplexem Wege zu berechnen, betrachten wir in der längs der positiven reellen Achse aufgeschnittenen Ebene $G = \mathbb{C} - \{z \in \mathbb{R} : z \geq 0\}$

den in Bild 33 skizzierten geschlossenen Integrationsweg γ, der sich zusammensetzt aus einer Strecke γ_1 auf der Geraden Im $z = \epsilon$, einem positiv durchlaufenen Kreisbogen γ_2 um 0 vom Radius r, einer Strecke γ_3 auf der Geraden Im $z = -\epsilon$ und einem negativ durchlaufenen Kreisbogen γ_4 um 0 vom Radius ρ. Wir können von vornherein r so groß und ρ sowie ϵ so klein wählen, dass γ alle Pole von $R(z)$ mit eventueller Ausnahme von 0 umläuft. Auf G werde der Zweig der Potenzfunktion $z^\alpha = e^{\alpha \log|z| + i\alpha \arg z}$ mit $0 < \arg z < 2\pi$ gewählt. Der Residuensatz liefert

$$\int_\gamma z^\alpha R(z)\,dz = 2\pi i \sum_{z \neq 0} \operatorname{res}_z(\zeta^\alpha R(\zeta))$$

unabhängig von r, ρ, ϵ.

Wir betrachten nun die Integrale über die Teilwege von γ. Wegen der Grad-Bedingung gilt

$$\left| \int_{\gamma_2} z^\alpha R(z)\,dz \right| \leq 2\pi r \cdot cr^{\alpha-2},$$

also

$$\lim_{r \to \infty} \lim_{\epsilon \to 0} \int_{\gamma_2} z^\alpha R(z)\,dz = 0.$$

Entsprechend bekommen wir wegen $|R(z)| \leq c|z|^{-1}$ in der Nähe von 0

$$\left| \int_{\gamma_4} z^\alpha R(z)\,dz \right| \leq 2\pi\rho \cdot c\rho^{\alpha-1}, \qquad \lim_{\rho \to \infty} \lim_{\epsilon \to 0} \int_{\gamma_4} z^\alpha R(z)\,dz = 0.$$

Um die Integrale über γ_1 und γ_3 zu vergleichen, bemerken wir, dass bei unserer Bestimmung von z^α gilt

$$\lim_{y \to 0, y > 0} (x - iy)^\alpha = x^\alpha \cdot e^{2\pi i\alpha},$$

also unter Beachtung der Orientierung von γ_1 und γ_3

$$\lim_{\epsilon \to 0} \int_{\gamma_1} z^\alpha R(z)\,dz = \int_\rho^r x^\alpha R(x)\,dx,$$

$$\lim_{\epsilon \to 0} \int_{\gamma_3} z^\alpha R(z)\,dz = -e^{2\pi i\alpha} \int_\rho^r x^\alpha R(x)\,dx.$$

Insgesamt erhalten wir für $\epsilon \to 0$, $\rho \to 0$, $r \to \infty$

$$\int_\gamma z^\alpha R(z)\, dz \to (1 - e^{2\pi i \alpha}) \int_0^{+\infty} x^\alpha R(x)\, dx$$

und damit als Ergebnis

$$\int_0^{+\infty} x^\alpha R(x)\, dx = \frac{2\pi i}{1 - e^{2\pi i \alpha}} \sum_{z \neq 0} \mathrm{res}_z(\zeta^\alpha R(\zeta)). \tag{8}$$

Beispiel 7: Für $R(z) = 1/z(z + 1)$ ist -1 der einzige Pol in G, man hat $\mathrm{res}_{-1} z^\alpha / z(z + 1) = -e^{\pi i \alpha}$ und daher

$$\int_0^{+\infty} \frac{x^{\alpha-1}\, dx}{x + 1} = \frac{2\pi i \cdot e^{\pi i \alpha}}{e^{2\pi i \alpha} - 1} = \frac{\pi}{\sin \pi \alpha} \qquad \text{für } 0 < \alpha < 1.$$

Ganz ähnlich können wir Integrale der Form

$$\int_0^\infty R(x)\, dx \tag{9}$$

mit rationalem Integranden $R(x)$, der auf $[0, +\infty[$ keine Pole hat und dessen Nennergrad um mindestens 2 größer als der Zählergrad ist, auswerten. Hierzu wählen wir auf der längs der positiven reellen Achse aufgeschnittenen Ebene G einen Zweig des Logarithmus und integrieren $R(z) \log z$ über den oben beschriebenen Weg γ, der alle Pole von R umläuft. Wegen $\lim_{r\to\infty} r^{-1} \log r = \lim_{\rho\to 0} \rho \log \rho = 0$ konvergieren die Integrale über γ_2 und γ_4 wieder gegen 0.

Wegen $\lim_{\epsilon\to 0} \log(x - i\epsilon) = \lim_{\epsilon\to 0} \log(x + i\epsilon) + 2\pi i$ ist

$$\lim_{\epsilon\to 0} \int_{\gamma_3} R(z) \log z\, dz = -\lim_{\epsilon\to 0} \int_{\gamma_1} R(z)(\log z + 2\pi i)\, dz.$$

Als Ergebnis erhalten wir

$$\int_0^\infty R(z)\, dz = \frac{-1}{2\pi i} \lim_{r\to\infty} \lim_{\rho\to 0} \lim_{\epsilon\to 0} \int_\gamma R(z) \log z\, dz = -\sum_{z\neq 0} \mathrm{res}_z(R(\zeta) \log \zeta). \tag{10}$$

Beispiel 8: $\displaystyle\int\limits_0^\infty \frac{dx}{1+x^3} = \frac{2\pi}{3\sqrt{3}}.$

Der Integrand hat einfache Pole in -1, $z_1 = \frac{1}{2}(1 + i\sqrt{3})$ und $\overline{z_1}$. Wählt man den Zweig des Logarithmus mit $0 < \operatorname{Im} \log z < 2\pi$, so errechnet man ohne Mühe die Residuen von $(\log z)/(1+z^3)$ zu $\pi i/3$, $(\sqrt{3}-i)\pi/18$ und $-(\sqrt{3}+i)5\pi/18$ und erhält das obige Ergebnis.

Um schließlich Integrale der Form

$$\int\limits_0^\infty R(x) \log x \, dx \tag{11}$$

zu berechnen, bei denen die rationale Funktion $R(x)$ den gleichen Bedingungen genügt wie in (9), wählen wir wieder auf G einen Zweig des Logarithmus und integrieren die Funktion $R(z)(\log z)^2$ über unseren Weg γ. Wir haben jetzt

$$\lim_{\epsilon \to 0} \int\limits_{\gamma_3} R(z)(\log z)^2 \, dz = -\lim_{\epsilon \to 0} \int\limits_{\gamma_1} R(z)(\log z + 2\pi i)^2 \, dz$$

und erhalten damit

$$2\pi i \sum_{z \neq 0} \operatorname{res}_z (R(\zeta) \log^2 \zeta) = -4\pi i \int\limits_0^\infty R(x) \log x \, dx + 4\pi^2 \int\limits_0^\infty R(x) \, dx. \tag{12}$$

Über Methoden zur Berechnung des letzten Integrals verfügen wir bereits; sie ist überflüssig, wenn $R(x)$ auf $\mathbb{R}$ reellwertig ist, denn in diesem Fall folgt aus (12)

$$\int\limits_0^\infty R(x) \log x \, dx = -\frac{1}{2} \operatorname{Re} \sum_{z \neq 0} \operatorname{res}_z (R(\zeta) \log^2 \zeta).$$

Beispiel 9: $\displaystyle\int\limits_0^\infty \frac{\log x \, dx}{x^2 + a^2} = \frac{\pi \log a}{2a}$ für $a > 0$.

Der Integrand hat nämlich in ia und $-ia$ einfache Pole, die Realteile der Residuen von $(z^2+a^2)^{-1}(\log z)^2$ in diesen Punkten sind, wenn man den gleichen Zweig des Logarithmus wie in Beispiel 8 wählt,

$$\frac{\pi \log a}{2a} \quad \text{und} \quad -\frac{3\pi \log a}{2a}.$$

Aufgaben:

1. Man berechne die folgenden Integrale

   a) $\displaystyle\int_0^{\pi/2} \frac{dx}{1 + \sin^2 x}$, b) $\displaystyle\int_0^{2\pi} \frac{\sin^2 t}{1 - 2a\cos t + a^2}\, dt$ für $a \in \mathbb{R}$,

   c) $\displaystyle\int_0^{2\pi} \frac{\cos^2 2t}{1 - 2a\cos t + a^2}\, dt$ für $-1 < a < 1$.

2. a) Unter den Voraussetzungen von Satz 6.1 drücke man $\displaystyle\int_{-\infty}^{+\infty} R(x)\, dx$ durch die Residuen von R in der unteren Halbebene aus.

    b) Man beweise die Bemerkung hinter Satz 6.1.

3. Man berechne die folgenden Integrale

   a) $\displaystyle\int_{-\infty}^{+\infty} \frac{dx}{(x^2 + 1)(x^2 + 4)}$, b) $\displaystyle\int_0^{+\infty} \frac{x^2\, dx}{x^4 + 6x^2 + 13}$,

   c) $\displaystyle\int_0^{+\infty} \frac{\sqrt{x}\, dx}{16 + x^2}$, d) $\displaystyle\int_{-\infty}^{+\infty} \frac{dx}{(a + bx^2)^n}$ mit $a, b > 0, n \geq 1$.

4. Man berechne bzw. beweise

   a) $\displaystyle\int_0^{\infty} \frac{x \sin x\, dx}{x^2 + a^2}$ für $a > 0$, b) $\displaystyle\int_{-\infty}^{+\infty} \frac{x e^{-\pi i x/2}\, dx}{x^2 - 2x + 5}$,

   c) $\displaystyle\int_0^{\infty} \frac{\cos ax}{(x^2 + b^2)^2}\, dx = \frac{\pi(ab + 1)}{4b^3} e^{-ab}$ für $a > 0,\, b \in \mathbb{C}$ mit $\operatorname{Re} b > 0$.

5. a) Man berechne $\displaystyle\int_{-i\infty}^{i\infty} \frac{e^{az}\, dz}{(z^2 - 1)^2}$ für $a \in \mathbb{R}$. Dabei ist $\displaystyle\int_{-i\infty}^{i\infty}$ eine gebräuchliche Abkürzung für den Limes von $\displaystyle\int_{[-ir_1, ir_2]}$ bei $r_1, r_2 \to \infty$. Bei der Berechnung sind die Fälle $a > 0$, $a = 0$, $a < 0$ zu unterscheiden. Das Integral ist nicht reell-analytisch in a, obwohl der Integrand es ist!

    b) Man zeige $\displaystyle\int_{2i-\infty}^{2i+\infty} \frac{z \sin az}{z^2 + 1}\, dz = \pi \cosh a$ für $a > 0$. (Integriert wird hier über die Parallele zur reellen Achse durch $2i$.)

6. Es sei f holomorph auf einer Umgebung von $\overline{H} = \{z : \operatorname{Im} z \geq 0\}$ bis auf endlich (oder abzählbar) viele isolierte Singularitäten, von denen nur ein Pol erster Ordnung auf $\mathbb{R}$ liege, etwa in a. Für große $|z|$ gelte $|f(z)| \leq c|z|^{-(1+\epsilon)}$ auf $\overline{H}$ mit $\epsilon > 0$. Man drücke

$$\lim_{\rho \to 0} \left(\int_{-\infty}^{a-\rho} f(x)\, dx + \int_{a+\rho}^{+\infty} f(x)\, dx \right)$$

durch die Residuen von f aus! Hiermit berechne man nacheinander ($t > 0$):

$$\lim_{\rho \to 0} \left(\int\limits_{-\infty}^{-\rho} \frac{1 - e^{itx}}{x^2} \, dx + \int\limits_{\rho}^{+\infty} \frac{1 - e^{itx}}{x^2} \, dx \right),$$

$$\int\limits_{0}^{\infty} \frac{1 - \cos tx}{x^2} \, dx, \qquad \int\limits_{0}^{\infty} \frac{\sin^2 x}{x^2} \, dx.$$

7. Man berechne die Integrale

$$\int\limits_{0}^{\infty} \frac{x^\alpha \, dx}{(x + t)(x + 2t)} \qquad \text{für } t > 0, 0 < \alpha < 1,$$

$$\int\limits_{0}^{\infty} \frac{x^\alpha \, dx}{1 + \sqrt[3]{x}} \qquad \text{für } -1 < \alpha < -2/3.$$

8. Man zeige für rationales $R(x)$, welches den Bedingungen für Formel (7) des Textes genügt, und $0 < \alpha < 1$:

$$\int\limits_{0}^{\infty} R(x) x^\alpha \log x \, dx = \frac{2\pi i}{1 - e^{2\pi i\alpha}} \sum_{z \neq 0} \operatorname{res}_z \left(R(\zeta)\zeta^\alpha \log \zeta \right) + \frac{\pi^2}{\sin^2(\pi\alpha)} \sum_{z \neq 0} \operatorname{res}_z \left(R(\zeta)\zeta^\alpha \right).$$

Dabei ist die Potenzfunktion z^α wie für Formel (8) zu wählen.

9. Man zeige $\displaystyle\int\limits_{0}^{\infty} \frac{\log x}{(x^2 + 1)\sqrt{x}} \, dx = \frac{-\pi^2}{2\sqrt{2}}$.

§ 7.   Funktionentheoretische Konsequenzen des Residuensatzes

Nimmt eine holomorphe Funktion f in einem Punkt $a \in \mathbb{C}$ den Wert w mit der Vielfachheit $k < +\infty$ an, so ist $f'(z)/(f(z) - w)$ in der Nähe von a jedenfalls meromorph. Um das Residuum in a zu bestimmen, schreiben wir $f(z) = w + (z - a)^k g(z)$, wobei g holomorph ist mit $g(a) \neq 0$, und bekommen

$$\frac{f'(z)}{f(z) - w} = \frac{k}{z - a} + \frac{g'(z)}{g(z)}.$$

Dabei ist g'/g in der Nähe von a holomorph, also ist das Residuum von $f'/(f - w)$ in a gleich der Vielfachheit k der w-Stelle. Daher gibt der Residuensatz ein Mittel, die Anzahl der w-Stellen einer holomorphen Funktion durch ein Integral auszudrücken. – Wir verallgemeinern dies auf meromorphe Funktionen. Dazu bemerken wir: Hat f in b einen Pol der Ordnung k, so hat (bei beliebigem $w \in \mathbb{C}$) $f'(z)/(f(z) - w)$ in b einen einfachen Pol mit dem Residuum $-k$. Das folgt wie oben, wenn man $f(z) - w = (z - b)^{-k} g(z)$ schreibt. Der Residuensatz ergibt nun unmittelbar:

Satz 7.1. *Es sei f auf $U \subset \mathbb{C}$ meromorph und nicht konstant, w sei eine komplexe Zahl. Die w-Stellen von f seinen $a_1, a_2, a_3, \dots$, die Polstellen $b_1, b_2, b_3, \dots$, jeweils mit den Ordnungen $k(a_\mu)$ bzw. $k(b_\nu)$. Dann gilt für jeden nullhomologen Zyklus Γ in U, der durch keine dieser Stellen geht:*

$$\frac{1}{2\pi i} \int_\Gamma \frac{f'(z)}{f(z) - w}\, dz = \sum_\mu n(\Gamma, a_\mu) k(a_\mu) - \sum_\nu n(\Gamma, b_\nu) k(b_\nu). \tag{1}$$

Die im Satz auftretenden Summen sind in Wirklichkeit endlich: Da Γ nullhomolog, ist $\{z \in \mathbb{C} : n(\Gamma, z) \neq 0\}$ eine relativ kompakte Teilmenge in U, kann also nur endlich viele w-Stellen und Pole von f enthalten.

Ist Γ Randzyklus eines Teilbereichs $V \subset\subset U$, so wird Formel (1) zu

$$\frac{1}{2\pi i} \int_\Gamma \frac{f'(z)}{f(z) - w}\, dz = N(w) - N(\infty),$$

wobei $N(w)$ bzw. $N(\infty)$ die Anzahl der w-Stellen bzw. Pole von f in V bedeutet, jede mit ihrer Vielfachheit gezählt.

Der Satz 7.1 wird oft *Prinzip vom Argument* genannt. Der Grund ist folgender: Für einen geschlossenen Weg γ ist

$$\frac{1}{2\pi i} \int_\gamma \frac{f'(z)}{f(z) - w}\, dz = \frac{1}{2\pi i} \int_{f \circ \gamma} \frac{d\zeta}{\zeta - w} = n(f \circ \gamma, w);$$

die Umlaufszahl $n(f \circ \gamma, w)$ gibt aber bis auf den Faktor 2π die Gesamtänderung des Arguments von $f \circ \gamma(t) - w$ an, die entsteht, wenn t das Definitionsintervall von γ durchläuft (vgl. Kap. V, §1).

Mit Hilfe von Satz 7.1 beweisen wir, dass die Anzahl der w-Stellen einer holomorphen Funktion lokal unabhängig von w ist:

Satz 7.2. *Die auf dem Gebiet G holomorphe Funktion f habe in $z_0 \in \mathbb{C}$ eine w_0-Stelle der Vielfachheit k mit $1 \leq k < +\infty$. Dann gibt es Umgebungen $V \subset G$ von z_0 und W von w_0, so dass $W \subset f(V)$ und dass zu jedem $w \in W$, $w \neq w_0$, genau k verschiedene Punkte von V existieren, in denen f den Wert w annimmt, und zwar jeweils mit der Vielfachheit 1.*

Beweis: Wegen $k < +\infty$ kann f nicht konstant sein, die w_0-Stellen von f und die Nullstellen von f' liegen isoliert. Also gibt es $\epsilon > 0$ mit $\overline{D_\epsilon(z_0)} \subset G$, so dass $\overline{D_\epsilon(z_0)} - \{z_0\}$ keine w_0-Stellen von f und keine Nullstellen von f' enthält. Wir setzen $V = D_\epsilon(z_0)$. Mit $\kappa = \kappa(\epsilon, z_0)$ sei nun W diejenige Wegkomponente von $\mathbb{C} - \mathrm{Sp}\,(f \circ \kappa)$, in der w_0 liegt. Für $w \notin f(\mathrm{Sp}\,(\kappa)) = \mathrm{Sp}\,(f \circ \kappa)$ wird die Anzahl $N(w)$ der w-Stellen von f in V gegeben durch

$$N(w) = \frac{1}{2\pi i} \int_\kappa \frac{f'(z)}{f(z) - w}\, dz = \frac{1}{2\pi i} \int_{f \circ \kappa} \frac{d\zeta}{\zeta - w} = n(f \circ \kappa, w).$$

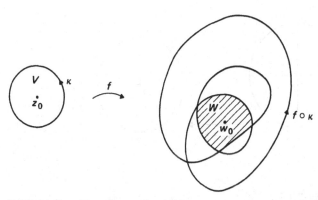

Bild 34 Zum Beweis von Satz 7.2

Als Umlaufszahl ist diese Größe aber konstant auf W, in w_0 hat sie den Wert k. Wegen $f'(z) \neq 0$ auf $V - \{z_0\}$ müssen also für jedes $w \in W - \{w_0\}$ genau k verschiedene einfache w-Stellen in V liegen. $\qquad \Box$

Die Aussage von Satz 7.2 gilt auch im Fall $z_0 = \infty$ (Aufgabe 2).

Wir notieren einige Konsequenzen dieses Satzes: Zunächst ergibt sich der uns schon bekannte Satz von der Gebietstreue (III.6) hier erneut: Mit $w_0 \in f(G)$ gehört eine Umgebung von w_0 zu $f(G)$, falls f holomorph und nicht konstant ist. $f(G)$ ist dann also offen. – Für $k = 1$ erhalten wir aus Satz 7.2 genauer:

Folgerung: *Es sei $f : G \to \mathbb{C}$ holomorph und $z_0 \in G$. Genau dann gibt es eine (in G enthaltene) Umgebung V von z_0, die durch f bijektiv auf eine Umgebung von $f(z_0)$ abgebildet wird, wenn $f'(z_0) \neq 0$ gilt.*

Bei einer injektiven holomorphen Funktion $f : G \to \mathbb{C}$ ist also stets $f' \neq 0$, und die Umkehrfunktion $f^{-1} : f(G) \to G$ ist nach Kap. I, Satz 4.5, wieder holomorph. Holomorphe Funktionen mit nirgends verschwindender Ableitung sind jedenfalls wenigstens lokal bijektiv (das ergibt sich natürlich auch aus dem Umkehrsatz der reellen Analysis (vgl. [9] oder [13]), wenn man bedenkt, dass die reelle Funktionaldeterminante von f gerade $|f'|^2$ ist).

Auch im Falle $k > 1$ können wir die lokale Struktur von f noch präziser beschreiben als in Satz 7.2 und erhalten damit gleichzeitig einen neuen Beweis dieses Satzes. Ist nämlich z_0 eine k-fache w_0-Stelle von f, so ist $f(z) = w_0 + (z - z_0)^k g(z)$ mit einer holomorphen Funktion g mit $g(z_0) \neq 0$. Auf einer passenden Umgebung V von z_0 ist dann ein Zweig g_1 der k-ten Wurzel von g definiert. Setzen wir $h(z) = (z - z_0)g_1(z)$, so gilt

$$f(z) = w_0 + (h(z))^k.$$

Wegen $h'(z_0) = g_1(z_0) \neq 0$ bildet h eine Umgebung $V_1 \subset V$ von z_0 bijektiv auf die Umgebung $h(V_1)$ von 0 ab. Auf V_1 ist f also Kompositum der biholomorphen Abbildung $h|V_1$, der Potenzfunktion $\zeta \to \zeta^k$ und der Translation um w_0. Für $k = 4$ ist das in Bild 35 angedeutet.

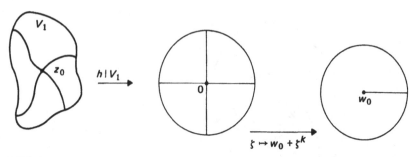

Bild 35

Eine weitere Konsequenz aus Satz 7.1 ist

Satz 7.3. (Rouché)   *Es seien f und g holomorph im Bereich $U \subset \mathbb{C}$, weiter sei Γ Randzyklus des Teilbereichs $V \subset\subset U$. Gilt $|f(z) - g(z)| < |f(z)|$ auf $\mathrm{Sp}\,\Gamma$, so haben f und g gleichviele Nullstellen in V (mit Vielfachheit gezählt).*

Beweis: Wir betrachten für $0 \le \lambda \le 1$ die Funktionen $h_\lambda = f + \lambda(g - f)$ auf U. Es ist $h_0 = f$ und $h_1 = g$. Wegen $|\lambda(g - f)| \le |g - f| < |f|$ auf $\mathrm{Sp}\,\Gamma$ veschwindet h_λ auf $\mathrm{Sp}\,\Gamma$ nicht, die Anzahl der Nullstellen von h_λ in V wird also durch

$$N_\lambda = \frac{1}{2\pi i} \int\limits_\Gamma \frac{h_\lambda'(z)}{h_\lambda(z)}\, dz = \frac{1}{2\pi i} \int\limits_\Gamma \frac{f'(z) + \lambda(g'(z) - f'(z))}{f(z) + \lambda(g(z) - f(z))}\, dz$$

gegeben. Der Integrand und damit auch N_λ hängt stetig von λ ab, wegen $N_\lambda \in \mathbb{Z}$ ist N_λ unabhängig von λ, insbesondere ist $N_1 = N_0$. $\square$

Der Satz von Rouché ist gelegentlich nützlich, um Informationen über die Lage der Nullstellen einer holomorphen Funktion zu gewinnen. Es sei zum Beispiel die Anzahl der Wurzeln von $g(z) = z^4 - 4z + 2$ in $D = D_1(0)$ zu bestimmen. Für $|z| = 1$ ist $|z^4| = 1 < 2 \le |-4z + 2|$, also hat $g(z)$ in D ebensoviel Wurzeln wie $f(z) = -4z + 2$, nämlich eine.

Aufgaben:

1. In der Situation von Satz 7.1 (und mit den dortigen Bezeichnungen) sei g eine auf U holomorphe Funktion. Man beweise die folgende Verallgemeinerung des Satzes:

$$\frac{1}{2\pi i} \int\limits_\Gamma \frac{f'(z)}{f(z) - w} g(z)\, dz = \sum_\mu n(\Gamma, a_\mu) k(a_\mu) g(a_\mu) - \sum_\nu n(\Gamma, b_\nu) k(b_\nu) g(b_\nu).$$

2. Man beweise die Aussage von Satz 7.2 für $z_0 = \infty$ (betrachte $f(1/z)$ bei 0).

3. Es sei Γ Randzyklus von $V \subset\subset U$ und f eine in U meromorphe Funktion, die auf Γ keine Pole hat. Weiter sei $M = \max\{|f(z)| : z \in \mathrm{Sp}\,\Gamma\}$ und N die Anzahl der Pole von f in V (mit Vielfachheit gezählt). Man zeige: Für jedes w mit $|w| > M$ hat f in V genau N w-Stellen.

4. Es sei (f_n) eine in einem Bereich U kompakt konvergente Folge holomorpher Funktionen, Γ sei Randzyklus von $V \subset\subset U$. Die Grenzfunktion $f = \lim f_n$ habe auf Γ keine Nullstellen. Man zeige: Für hinreichend große n hat f_n ebensoviele Nullstellen in V wie f.

5. Man bestimme die Anzahl der Nullstellen der folgenden Polynome in dem jeweils angegebenen Gebiet:

   a) $2z^4 - 5z + 2$ in $|z| > 1$,

   b) $z^7 - 5z^4 + iz^2 - 2$ in $|z| < 1$,

   c) $z^5 + iz^3 - 4z + i$ in $1 < |z| < 2$.

6. Es sei $\lambda > 1$. Man zeige, dass die Gleichung $e^{-z} + z = \lambda$ in der Halbebene $\operatorname{Re} z > 0$ genau eine Lösung hat, die überdies reell ist.

7. Man beweise den Fundamentalsatz der Algebra mit Hilfe des Satzes von Rouché.

Kapitel VII

Partialbruch- und Produktentwicklungen

Null- und Polstellenmengen meromorpher Funktionen f sind diskrete Teilmengen im Definitionsgebiet von f (falls nicht f gerade die Nullfunktion ist). In diesem und dem nächsten Kapitel wollen wir Null- und Polstellen unter einem neuen Aspekt betrachten: Wir fragen, ob es zu jeder diskreten Teilmenge M einer offenen Menge $U \subset \mathbb{C}$ eine auf U meromorphe Funktion gibt, die genau auf M Pole hat; analog wollen wir eine auf U holomorphe Funktion finden, die genau in M Nullstellen hat. Die Antwort auf beide Fragen wird positiv ausfallen und sogar noch genauere Aussagen ermöglichen. – Besonders wichtig ist der Fall $U = \mathbb{C}$. Wir werden in diesem Fall durch eine positive Antwort

1. neue Klassen von Funktionen einführen, die in Funktionentheorie, Zahlentheorie und Physik oft verwandt werden,

2. durch neue Reihen- und Produktdarstellungen eine tiefere Einsicht in das Verhalten der elementaren transzendenten Funktionen gewinnen. –

Demgegenüber ist der Fall eines beliebigen Bereiches eher von theoretischem Interesse; da die Probleme dort auch deutlich schwieriger zu behandeln sind als in der komplexen Ebene, werden sie erst im nächsten Kapitel untersucht.

Die Sätze der §§1 und 2 gehen auf Mittag-Leffler (1877) und Weierstraß (1876) zurück. Die Produktdarstellung von π in §4 ist sehr alt (Wallis 1655). Die Summation der Reihen $\sum n^{-2k}$ ist Euler (1740) gelungen. Von ihm stammt auch die Interpolation der Fakultäten durch die Γ-Funktion (1731) sowie die Integraldarstellung dieser Funktion (1781). Elliptische Funktionen entspringen dem Versuch, elliptische Integrale (die zunächst bei Bogenlängen-Berechnungen von Ellipsen und Lemniskaten auftauchten) „elementar" auszuwerten; sie bilden einen wesentlichen Bestandteil der Mathematik des 19. Jahrhunderts. Unsere Darstellung (§7) stützt sich auf Hurwitz [16], der von Weierstraß entwickelte Methoden benutzt; die Ergebnisse des Paragraphen gehen auf Eisenstein und Liouville (1844-1847) zurück. Die in §9 besprochene ζ-Funktion wurde von Riemann (1859) für zahlentheoretische Untersuchungen benutzt.

§ 1. Partialbruchentwicklung

Der Hauptteil einer meromorphen Funktion f im Punkte $a \in \mathbb{C}$, die dort einen Pol der Ordnung $n \geq 1$ hat, ist eine rationale Funktion der Gestalt

$$h_a(z) = \frac{c_{-n}}{(z-a)^n} + \frac{c_{-n+1}}{(z-a)^{n-1}} + \ldots + \frac{c_{-1}}{z-a}$$

mit $c_{-n} \neq 0$. Jedes derartige Polynom h_a in $(z-a)^{-1}$ wollen wir einen *Hauptteil* mit *Entwicklungspunkt* a nennen.

Definition 1.1. *Eine Hauptteilverteilung H auf der offenen Menge $U \subset \mathbb{C}$ ist eine Menge*

$$H = \{h_a : a \in P\}$$

von Hauptteilen in a, wobei die Entwicklungspunkte a eine in U diskrete Menge P bilden.

Jede meromorphe Funktion f definiert eine Hauptteilverteilung $H(f)$, wenn man für P die Polstellenmenge von f nimmt und dort die jeweiligen Hauptteile von f wählt. Ist f holomorph, so ist $H(f)$ leer.

Definition 1.2. *Eine Hauptteilverteilung H heißt lösbar, wenn es eine meromorphe Funktion f auf U mit $H(f) = H$ gibt. Die Funktion f heißt eine Lösung von H.*

Es soll also eine meromorphe Funktion geben, die genau in den $a \in P$ Pole mit den vorgeschriebenen Hauptteilen h_a hat: damit ist die Problemstellung der Einleitung wesentlich verschärft worden.

Sind f und g zwei Lösungen der Verteilung H, so hat $f - g$ in den Punkten $a \in P$ natürlich hebbare Singularitäten, und wir können als erstes notieren:

Satz 1.1. *Die Lösung einer Hauptteilverteilung ist bis auf Addition einer holomorphen Funktion eindeutig bestimmt.*

Wesentliches Ergebnis dieses Paragraphen ist der folgende Existenzsatz.

Satz 1.2. *Jede Hauptteilverteilung in der komplexen Ebene ist lösbar.*

Wir weisen nochmals darauf hin, dass der Satz für beliebige Bereiche $U \subset \mathbb{C}$ auch gilt, aber in dieser Allgemeinheit erst in nächsten Kapitel bewiesen wird.

Ab jetzt sei immer $H = \{h_a : a \in P\}$ eine Hauptteilverteilung in $\mathbb{C}$. Indem wir gegebenenfalls $h_0 = 0$ setzen, dürfen wir $0 \in P$ annehmen. Wir numerieren dann die Punkte von P so durch, dass $P = \{a_0, a_1, \ldots\}$ mit

$$0 = |a_0| < |a_1| \leq |a_2| \leq \ldots \leq |a_\nu| \leq |a_{\nu+1}| \leq \ldots$$

gilt; die a_ν bilden also entweder eine endliche Menge oder eine unendliche Folge, die gegen ∞ strebt. – Wir schreiben h_ν statt h_{a_ν}.

Satz 1.2 ist sehr leicht zu beweisen, wenn P endlich ist. Setzen wir dann einfach

$$f(z) = \sum_{a_\nu \in P} h_\nu(z),$$

so ist f offensichtlich eine meromorphe Funktion mit den gewünschten Hauptteilen, unser Problem also gelöst. Ist P nicht endlich, so bilden wir – versuchsweise – die unendliche Summe

$$f(z) = h_0(z) + \sum_{\nu=1}^{\infty} h_\nu(z).$$

Es ist plausibel, dass $f(z)$, falls die Summe für alle $a \neq a_\nu$ existiert, eine meromorphe Funktion mit den Hauptteilen h_ν in a_ν ist. Im allgemeinen aber wird die Reihe divergieren. Außerdem müssen wir uns noch überlegen, wann die Summenfunktion einer Reihe meromorpher Funktionen wieder meromorph ist.

Definition 1.3. *Eine unendliche Reihe* $\sum_{\nu=1}^{\infty} f_\nu$ *meromorpher Funktionen* f_ν *konvergiert kompakt auf dem Bereich* U*, wenn es zu jedem Kompaktum* $K \subset U$ *einen Index* ν_0 *so gibt, dass für* $\nu \geq \nu_0$ *alle* f_ν *auf* K *holomorph sind und* $\sum_{\nu \geq \nu_0} f_\nu$ *auf* K *gleichmäßig konvergiert.*

Unter diesen Voraussetzungen ist die Menge P aller Pole aller f_ν in U diskret, und die durch

$$f(z) = \sum_{\nu=1}^{\infty} f_\nu(z)$$

in $U - P$ erklärte Funktion ist meromorph auf U, mit Polen oder hebbaren Singularitäten in P. Kompakte Konvergenz ist wieder zu lokal gleichmäßiger Konvergenz äquivalent. – Nach diesen Vorbereitungen kommen wir zum

Beweis von Satz 1.2. Die Beweisidee ist sehr einfach: Da der Ausdruck

$$\sum_{\nu=1}^{\infty} h_\nu(z)$$

eventuell divergiert, versuchen wir, jeden Summanden h_ν durch Subtraktion einer ganzen Funktion P_ν so abzuändern, dass die modifizierte Summe

$$\sum_{\nu=1}^{\infty} (h_\nu(z) - P_\nu(z))$$

kompakt konvergiert (Methode der *konvergenzerzeugenden Summanden*). An den Hauptteilen ändert Addition holomorpher Funktionen ja nichts. Nun zu den Einzelheiten. Wir
setzen für $\nu = 1, 2, \dots$

$$r_\nu = \frac{1}{2}|a_\nu|, \qquad D_\nu = \{z : |z| < r_\nu\}.$$

Damit ist

$$D_1 \subset D_2 \subset \dots; \qquad \bigcup D_\nu = \mathbb{C}.$$

Weiter sei (ϵ_ν) eine Folge positiver Zahlen mit

$$\sum_{\nu=1}^\infty \epsilon_\nu < \infty.$$

Der einzige Pol von h_ν liegt in a_ν; daher ist die Funktion h_ν in einer vollen Umgebung von
$\overline{D}_\nu$ noch holomorph und kann dort somit durch ihre Taylorpolynome bezüglich 0 beliebig
gut approximiert werden: Wählt man die Zahlen $k_\nu \in \mathbb{N}$ groß genug und bezeichnet man
mit P_ν das Taylorpolynom von h_ν um 0 der Ordnung k_ν, so ist

$$|h_\nu(z) - P_\nu(z)| < \epsilon_\nu$$

für alle $z \in D_\nu$. Betrachten wir nun einen beliebigen abgeschlossenen Kreis D_R um 0. Da
D_R in fast allen D_ν enthalten ist, gibt es ein ν_0, so dass für alle $\nu \geq \nu_0$ die h_ν holomorph
in D_R sind und dort der obigen Abschätzung

$$|h_\nu(z) - P_\nu(z)| < \epsilon_\nu, \qquad z \in D_R$$

genügen. Daher konvergiert die unendliche Reihe

$$h_0 + \sum_{\nu=1}^\infty (h_\nu - P_\nu)$$

gleichmäßig auf D_R. Da R beliebig war, strebt sie also in $\mathbb{C}$ kompakt gegen eine meromorphe Grenzfunktion f.

Wir zeigen $H(f) = H$. Dazu wählen wir zu $R > 0$ wieder ein ν_0 wie eben und zerlegen

$$f(z) = h_0(z) + \sum_{\nu=1}^{\nu_0-1} (h_\nu(z) - P_\nu(z)) + \sum_{\nu=\nu_0}^\infty (h_\nu(z) - P_\nu(z)).$$

Die unendliche Summe ist holomorph auf $D_R(0)$ und leistet daher keinen Beitrag zu
den Hauptteilen; die Hauptteile von f mit Entwicklungspunkten in $D_R(0)$ sind also

genau die Hauptteile der endlichen Summe, d.h. diejenigen h_ν, für die der Entwicklungs-punkt a_ν zu $D_R(0)$ gehört. Da R beliebig war, ist $H(f)$ genau die gegebene Verteilung $\{h_\nu : \nu = 0, 1, 2, \ldots\}$. Satz 1.2 ist bewiesen. $\qquad\qquad\qquad\qquad\qquad\qquad\qquad\quad\square$

Wir formulieren das Ergebnis unserer Überlegungen genauer.

Satz 1.3. (Mittag-Leffler)   *Es sei $a_0 = 0, a_1, a_2, \ldots$ eine unendliche Folge paarweise verschiedener komplexer Zahlen mit $|a_\nu| \leq |a_{\nu+1}|$, ohne Häufungspunkt in $\mathbb{C}$. Die $h_\nu, \nu = 0, 1, 2, \ldots$, seien Hauptteile mit Entwicklungspunkt a_ν; $h_0 \equiv 0$ ist zugelassen.*

   i) Sind die Funktionen P_ν ganz und so gewählt, dass

$$f = h_0 + \sum_{\nu=1}^{\infty}(h_\nu - P_\nu)$$

   kompakt konvergiert, so ist f eine Lösung der Hauptteilverteilung $\{h_\nu : \nu = 0, 1, 2, \ldots\}$.

  ii) Wählt man für P_ν das Taylorpolynom von h_ν um 0 von einem hinreichend hohen Grad, so konvergiert

$$f = h_0 + \sum_{\nu=1}^{\infty}(h_\nu - P_\nu)$$

   kompakt gegen eine Lösung der gegebenen Verteilung $\{h_\nu : \nu = 0, 1, 2, \ldots\}$.

Wendet man die Sätze 1.1 und 1.3 auf eine gegebene meromorphe Funktion an, so erhält man ihre *Partialbruchzerlegung* oder Entwicklung nach Hauptteilen:

Satz 1.4.   *Es sei f eine in $\mathbb{C}$ meromorphe Funktion mit den Hauptteilen h_ν in den Punkten $a_\nu, \nu = 0, 1, 2, \ldots$. Dann gibt es eine Folge ganzer Zahlen $k_\nu \geq -1$ und eine ganze Funktion h, so dass gilt: Ist P_ν das Taylorpolynom der Ordnung k_ν von h_ν bezüglich des Nullpunktes, so konvergiert die Reihe*

$$g(z) = h_0(z) + \sum_{\nu=1}^{\infty}(h_\nu(z) - P_\nu(z))$$

kompakt in $\mathbb{C}$, und es ist

$$f(z) = h(z) + g(z).$$

Durch f und die k_ν ist h eindeutig bestimmt.

(Wir haben wieder $a_0 = 0$ gesetzt und $h_0 = 0$ zugelassen; das Taylorpolynom der Ord-nung -1 soll das Nullpolynom sein.)

Als erste Illustration des Satzes von Mittag-Leffler wollen wir eine meromorphe Funktion konstruieren, die auf einer gegebenen Punktfolge $a_0 = 0, a_1, a_2, \ldots$ einfache Pole vom Residuum $c_\nu, \nu = 0, 1, \ldots$, hat. Die a_ν seien wieder nach aufsteigenden Beträgen geordnet, und $\lim a_\nu = \infty$, $c_\nu \neq 0$ für $\nu \geq 1$, wird vorausgesetzt. Es sei $\sum\limits_{\nu=1}^{\infty} \epsilon_\nu < \infty$ eine konvergente Reihe positiver Summanden. Die Taylorentwicklung von $1/(z - a_\nu)$ um 0 ist

$$\frac{1}{z - a_\nu} = -\frac{1}{a_\nu} \cdot \sum_{\mu=0}^{\infty} \left(\frac{z}{a_\nu}\right)^\mu.$$

Wählt man also die Zahlen k_ν so, dass

$$\left| \frac{1}{z - a_\nu} + \frac{1}{a_\nu} \sum_{\mu=0}^{k_\nu} \left(\frac{z}{a_\nu}\right)^\mu \right| < \frac{\epsilon_\nu}{|c_\nu|}$$

für $|z| \leq \frac{1}{2}|a_\nu|$ wird, so erhält man

Satz 1.5.

$$f(z) = \frac{c_0}{z} + \sum_{\nu=1}^{\infty} c_\nu \left[\frac{1}{z - a_\nu} + \sum_{\mu=0}^{k_\nu} \frac{z^\mu}{a_\nu^{\mu+1}} \right]$$

ist eine meromorphe Funktion in $\mathbb{C}$ mit einfachen Polen vom Residuum c_ν in den Punkten a_ν.

In dieser Allgemeinheit ist das Beispiel für die im folgenden Paragraphen entwickelte Weierstraßsche Produktformel wichtig.

Sind im obigen Beispiel die $a_\nu = \nu$ und $c_\nu = 1, \nu = 0, \pm 1, \pm 2, \ldots$, so genügt es, $k_\nu = 0$ zu wählen, um Konvergenz zu erzwingen. In der Tat ist für $\nu \neq 0$:

$$\left| \frac{1}{z - \nu} + \frac{1}{\nu} \right| = \frac{|z|}{|\nu||z - \nu|};$$

ist nun $|z| \leq R$ und $|\nu| > 2R$, so wird $|z - \nu| \geq |\nu|/2$,

$$\frac{|z|}{|\nu||z - \nu|} \leq \frac{2R}{\nu^2};$$

und die Reihe

$$2R \sum_{\nu=1}^{\infty} \frac{1}{\nu^2}$$

konvergiert. Wir sehen: *Die Funktion*

$$f(z) = \frac{1}{z} + \sum_{\nu \neq 0} \left(\frac{1}{z-\nu} + \frac{1}{\nu} \right)$$

ist eine meromorphe Funktion mit einfachen Polen vom Residuum 1 in den Punkten
$\nu \in \mathbb{Z}$. Wir werden diese Funktion später genauer untersuchen (§3).

Bemerkung: In der obigen unendlichen Reihe haben wir die Summationsreihenfolge nicht
klar festgelegt. Da aber absolute Konvergenz vorliegt, wenn man etwa in der Reihenfolge
$1, -1, 2, -2, \ldots$ summiert, kommt es auf die Summationsreihenfolge auch gar nicht an.
Diese Tatsache werden wir im folgenden oft stillschweigend ausnutzen. Ebenso werden
wir in den folgenden Paragraphen Grenzübergänge kommentarlos vertauschen und die
Begründung dem Leser überlassen.

Als letztes wollen wir ein Beispiel betrachten, bei dem konvergenzerzeugende Summanden
in Satz 1.5 nicht nötig sind. Das ist für $a_\nu = \nu^2, c_\nu = 1$ (mit $\nu = 0, 1, 2, \ldots$) der Fall: Die
Funktion

$$f(z) = \frac{1}{z} + \sum_{\nu=1}^{\infty} \frac{1}{z-\nu^2}$$

ist meromorph mit einfachen Polen vom Residuum 1 an den Stellen $a_\nu = \nu^2$,
$\nu = 0, 1, 2, \ldots$. Der Konvergenzbeweis sei dem Leser überlassen.

An dieser Stelle soll auf weitere Beispiele verzichtet werden, da mehrere Paragraphen
dieses Kapitels als Illustration zu den Sätzen 1.3–1.5 dienen können (der Leser kann
große Teile dieser Paragraphen – §§3 ff. – sofort studieren). Vorher aber wenden wir uns
der Konstruktion ganzer Funktionen mit vorgegebenen Nullstellen zu.

Aufgaben:

1. Zeige durch Abwandlung des Beweises von Satz 1.3: Jede Hauptteilverteilung in einer
   Kreisscheibe ist lösbar.

2. Konstruiere eine meromorphe Funktion f im Einheitskreis D, die einfache Pole vom Residuum 1 genau in den Punkten $1 - 1/n$, $n = 1, 2, 3, \ldots$ hat. (Aufgabe 1 ist mitzuverwenden!)

3. Gibt es in D eine meromorphe Funktion, bei der jeder Punkt des Randes von D Häufungspunkt von Polen ist?

4. Zeige: Die Funktion

   $$f(z) = \frac{1}{z} + \sum_{\nu \neq 0} \left(\frac{1}{z-\nu} + \frac{1}{\nu} \right)$$

   hat die Periode 1.

5. Übertrage Satz 1.3 auf Kreisringe.

§ 2. Produktentwicklung

Eine ganze Funktion, die in den gegebenen Punkten $a_1, \ldots, a_k$ Nullstellen der Ordnung $n_1, \ldots, n_k$ hat und sonst keine weiteren Nullstellen besitzt, ist leicht zu finden: Das Polynom

$$f(z) = \prod_{\nu=1\ldots k} (z - a_\nu)^{n_\nu}$$

leistet das Verlangte. Gibt man sich unendlich viele Nullstellen vor, wird man versuchen, eine ganze Funktion mit genau diesen Nullstellen als unendliches Produkt von Linearfaktoren darzustellen. Dazu muss erst einmal der Begriff des unendlichen Produktes geklärt werden. Wegen der Ausnahmestellung der Null bei der Multiplikation ist die Definition geringfügig komplizierter als im Falle unendlicher Summen.

Definition 2.1.

i) Es sei (a_ν) eine Zahlenfolge in $\mathbb{C} - \{0\}$. Das Produkt $\prod_{\nu=1}^{\infty} a_\nu$ existiert (konvergiert) und hat den Wert a, wenn

$$\lim_{n \to \infty} \prod_{\nu=1}^{n} a_\nu = a$$

ist und $a \neq 0$ gilt.

ii) Ist (a_ν) eine beliebige Zahlenfolge in $\mathbb{C}$, so heißt $\prod_{\nu=1}^{\infty} a_\nu$ konvergent, wenn fast alle $a_\nu \neq 0$ sind und

$$\prod_{\nu : a_\nu \neq 0} a_\nu$$

existiert. Ist mindestens ein $a_\nu = 0$, so ist der Wert eines derartigen Produktes Null.

Da bei einem konvergenten Produkt $\prod a_\nu$ offenbar $\lim_{\nu \to \infty} a_\nu = 1$ ist, schreiben wir unendliche Produkte lieber als

$$\prod_{\nu=1}^{\infty} (1 + u_\nu);$$

für die Konvergenz ist $\lim u_\nu = 0$ und $u_\nu \neq -1$ für fast alle ν notwendig. – Wir stellen einige einfache Aussagen über unendliche Produkte zusammen, beweisen davon aber nur die für später wichtigen. Gelegentlich wird stillschweigend $u_\nu \neq -1$ vorausgesetzt.

Hilfssatz 1. $\prod(1+u_\nu)$ *konvergiert sicher dann, wenn zu jedem ν ein Wert von $\log(1+u_\nu)$ so gewählt werden kann, dass*

$$\sum \log(1 + u_\nu)$$

konvergiert.

Beweis: Falls $\displaystyle\sum_{\nu=1}^{\infty} \log(1 + u_\nu)$ existiert, so auch

$$\lim_{n\to\infty} \prod_{\nu=1}^{n}(1 + u_\nu) = \lim_{n\to\infty} \prod_{\nu=1}^{n} \exp\log(1 + u_\nu) = \lim_{n\to\infty} \exp\sum_{\nu=1}^{n} \log(1 + u_\nu)$$

$$= \exp\sum_{\nu=1}^{\infty} \log(1 + u_\nu)$$

wegen der Stetigkeit der Exponentialfunktion.   □

Hilfssatz 2. $\displaystyle\sum_{\nu=1}^{\infty} \log(1 + u_\nu)$ *konvergiert genau dann absolut, wenn* $\displaystyle\sum_{\nu=1}^{\infty} u_\nu$ *absolut konvergiert.*

($1 + u_\nu$ sei nicht reell ≤ 0, und $\log$ bezeichne den Hauptwert.)

Beweis: Man prüft mittels Reihenentwicklung von $\log(1 + u)$ bzw. mit der Formel

$$\log(1 + u) = \int\limits_{[1,1+u]} \frac{dz}{z}$$

sofort die für $|u| \leq \frac{1}{4}$ gültige Ungleichung

$$\frac{2}{3}|u| \leq |\log(1 + u)| \leq \frac{4}{3}|u|$$

nach; daraus folgt die Behauptung.   □

Definition 2.2. $\displaystyle\prod_{\nu=1}^{\infty}(1 + u_\nu)$ *heißt absolut konvergent, wenn die Reihe* $\displaystyle\sum_{\nu=1}^{\infty} u_\nu$ *absolut konvergiert.*

Äquivalent hierzu ist also die Konvergenz der Ausdrücke

$$\sum |u_\nu|, \qquad \sum |\log(1 + u_\nu)|, \qquad \prod(1 + |u_\nu|).$$

Nach den Hilfssätzen 1 und 2 folgt aus der absoluten die gewöhnliche Konvergenz.

Wir gehen nun zu Produkten von Funktionen über. Es sei (f_ν) eine Folge stetiger Funktionen auf dem Bereich U.

Definition 2.3. *Das Produkt* $\prod_{\nu=1}^{\infty}(1 + f_\nu)$ *konvergiert (punktweise) gegen die Grenzfunktion* f, *wenn für jedes* $z \in U$ *das Produkt*

$$\prod_{\nu=1}^{\infty}(1 + f_\nu(z)) = f(z)$$

ist. Falls $\sum f_\nu$ *absolut (lokal) gleichmäßig auf* U *konvergiert, heißt* $\prod(1 + f_\nu)$ *absolut (lokal) gleichmäßig konvergent.*

Hilfssatz 3. *Folgende Aussagen sind äquivalent:*

i) $\prod(1 + f_\nu)$ *konvergiert absolut lokal gleichmäßig auf* U.

ii) *Zu jedem Kompaktum* $K \subset U$ *gibt es ein* ν_0, *so dass*

$$\sum_{\nu \geq \nu_0} \log(1 + f_\nu)$$

auf K *absolut gleichmäßig konvergiert.*

Die Aussage folgt wieder aus der Formel

$$\frac{2}{3}|f_\nu(z)| \leq |\log(1 + f_\nu(z))| \leq \frac{4}{3}|f_\nu(z)|$$

(für $|f_\nu(z)| \leq \frac{1}{4}$) und dem Majorantenkriterium. – Weiterhin ergibt sich für beliebiges $n \geq \nu_0$

$$\prod_{\nu=1}^{n}(1 + f_\nu(z)) = \prod_{\nu=1}^{\nu_0-1}(1 + f_\nu(z)) \prod_{\nu=\nu_0}^{n}(1 + f_\nu(z))$$

$$= \prod_{\nu=1}^{\nu_0-1}(1 + f_\nu(z)) \exp \sum_{\nu=\nu_0}^{n} \log(1 + f_\nu(z));$$

die gleichmäßige Stetigkeit der Exponentialfunktion liefert dann die gleichmäßige Existenz von

$$\lim_{n\to\infty} \exp \sum_{\nu=\nu_0}^{n} \log(1 + f_\nu(z)).$$

Wir haben somit

Hilfssatz 4. *Die Partialprodukte eines absolut lokal gleichmäßig konvergenten Produktes bilden eine lokal gleichmäßig konvergente Folge.*

Damit gilt weiter

Hilfssatz 5. *Ein absolut lokal gleichmäßig konvergentes Produkt holomorpher Funktionen konvergiert gegen eine holomorphe Grenzfunktion.*

Nun kehren wir zu unserem eigentlichen Problem zurück.

Definition 2.4. *Eine Nullstellenverteilung in $\mathbb{C}$ ist eine Menge N von Paaren (a, n_a), wobei $a \in \mathbb{C}$, n_a eine ganze Zahl ≥ 1 ist und die Punkte a eine diskrete Menge $|N|$ bilden.*

Jede ganze Funktion $f \not\equiv 0$ liefert eine – mit div f bezeichnete – Nullstellenverteilung N: Man wählt für $|N|$ die Menge der Nullstellen und ordnet jeder Nullstelle $a \in |N|$ ihre Vielfachheit n_a zu. Man beachte, dass Nullstellenverteilungen leer sein dürfen.

Definition 2.5. *Eine Lösung der Nullstellenverteilung $N = \{(a, n_a)\}$ ist eine ganze Funktion, die genau in den $a \in |N|$ Nullstellen der Ordnung n_a hat:* div $f = N$.

Sind f und g Lösungen derselben Nullstellenverteilung, so ist f/g eine ganze Funktion ohne Nullstellen. Jede ganze Funktion ohne Nullstellen läßt sich aber, da $\mathbb{C}$ einfach zusammenhängt, in der Form $\exp h$ schreiben, wo h wiederum ganz ist. Wir haben damit den einfachen

Satz 2.1. *Genau dann sind f und g Lösungen derselben Nullstellenverteilung, wenn es eine ganze Funktion h gibt mit*

$$f = e^h g.$$

Wir denken uns nun eine Lösung f der Verteilung $N = \{(a, n_a)\}$ gegeben. Dann ist

$$f(z) = (z - a)^{n_a} g_a(z),$$

wobei g_a eine ganze Funktion mit $g_a(a) \neq 0$ ist. Differenzieren und Division durch f liefern dann

$$\frac{f'(z)}{f(z)} = \frac{n_a}{z - a} + h_a(z),$$

wobei h_a im Punkte a holomorph und im übrigen meromorph ist. Es gilt also

Satz 2.2. *Löst f die Nullstellenverteilung $\{(a, n_a)\}$, so ist f'/f eine Lösung der Hauptteilverteilung*

$$\left\{ \frac{n_a}{z - a} : a \in |N| \right\},$$

d.h. eine meromorphe Funktion mit genau den Hauptteilen $n_a/(z-a)$.

Damit haben wir einen Ansatz zur Lösung von Nullstellenverteilungen. Zu diesem Zweck numerieren wir die Punkte $a \in |N|$ durch:

$$0 = |a_0| < |a_1| \le |a_2| \le \cdots,$$

wobei wir den Punkt $a_0 = 0$ immer in die Verteilung aufnehmen und $n_0 = 0$ zulassen, und lösen die Hauptteilverteilung

$$H = \left\{ \frac{n_\nu}{z - a_\nu}, \nu = 1, 2, \dots \right\}.$$

Nach dem vorigen Paragraphen ist

$$h(z) = \sum_{\nu=1}^{\infty} n_\nu \left[\frac{1}{z - a_\nu} + \frac{1}{a_\nu} \sum_{\mu=0}^{k_\nu} \left(\frac{z}{a_\nu} \right)^\mu \right] = \sum_{\nu=1}^{\infty} h_\nu(z)$$

eine Lösung von H; dabei sind die ganzen Zahlen k_ν so zu bestimmen, dass die Reihe lokal gleichmäßig auf $\mathbb{C}$ konvergiert. Das ist nach dem Satz von Mittag-Leffler möglich. Wir bilden nun für jedes $\nu \ge 1$

$$u_\nu(z) = \left[\left(1 - \frac{z}{a_\nu} \right) \exp \sum_{\mu=0}^{k_\nu} \frac{1}{\mu + 1} \left(\frac{z}{a_\nu} \right)^{\mu+1} \right]^{n_\nu}.$$

Es ist also $u'_\nu/u_\nu = h_\nu$; daher der Ansatz von u_ν. Falls das unendliche Produkt

$$u(z) = z^{n_0} \prod_{\nu=1}^{\infty} u_\nu(z)$$

kompakt konvergiert, löst es offenbar die Verteilung $\{(a_\nu, n_\nu)\}$. Um die Konvergenz zu zeigen, wählen wir ein beliebiges $R > 0$ und wählen ν_0 so groß, dass für $\nu \ge \nu_0$ immer $|a_\nu| > R$ ist. Die Funktion u_ν ist dann auf $D_R(0)$ nullstellenfrei (für $\nu \ge \nu_0$), und wir können

$$v_\nu(z) = \int_0^z \frac{u'_\nu(\zeta)}{u_\nu(\zeta)} \, d\zeta = \int_0^z h_\nu(\zeta) \, d\zeta$$

auf $D_R(0)$ bilden. Dabei ist die Integration längs eines beliebigen Weges von 0 nach z in $D_R(0)$ durchzuführen. Offensichtlich ist

$$e^{v_\nu(z)} = u_\nu(z).$$

Wegen der Konvergenz der Reihe $\sum h_\nu$ konvergiert

$$\sum_{\nu \geq \nu_0} v_\nu(z) = \sum_{\nu \geq \nu_0} \log u_\nu(z)$$

gleichmäßig auf $D_R(0)$. Damit konvergiert aber auch

$$\prod_{\nu \geq \nu_0} u_\nu(z)$$

dort gleichmäßig, und wir haben unseren Satz bewiesen. Genauer ergibt sich

Satz 2.3. (Weierstraßscher Produktsatz)

Es sei $N = \{(a_0, n_0), (a_1, n_1), (a_2, n_2), \ldots\}$ eine Nullstellenverteilung mit $0 = |a_0| < |a_1| \leq |a_2| \leq \ldots$. Wählt man ganze Zahlen k_ν so, dass die unendliche Reihe

$$\sum_{\nu=1}^{\infty} n_\nu \left[\frac{1}{z - a_\nu} + \frac{1}{a_\nu} \sum_{\mu=0}^{k_\nu} \left(\frac{z}{a_\nu} \right)^\mu \right]$$

lokal gleichmäßig konvergiert, so stellt das unendliche Produkt

$$f(z) = z^{n_0} \prod_{\nu=1}^{\infty} \left[\left(1 - \frac{z}{a_\nu} \right) \exp \sum_{\mu=1}^{k_\nu+1} \frac{1}{\mu} \left(\frac{z}{a_\nu} \right)^\mu \right]^{n_\nu}$$

eine ganze Funktion mit div $f = N$ *dar. (Für $k_\nu = -1$ ist die Summe $= 0$ zu setzen.)*

Die nächsten Paragraphen sind Anwendungen der bisherigen Sätze gewidmet.

§ 3. Entwicklung elementarer Funktionen

Die Funktion

$$f(z) = \pi \cot \pi z$$

hat in den Punkten $a_\nu, \nu \in \mathbb{Z}$, einfache Pole vom Residuum 1; sie läßt daher nach dem Satz über Partialbruchentwicklung eine Partialbruchzerlegung

$$f(z) = f_0(z) + \frac{1}{z} + \sum{}' \left(\frac{1}{z - \nu} - h_\nu(z) \right)$$

zu. Dabei ist f_0 eine noch zu bestimmende ganze Funktion; die Polynome $h_\nu(z)$ müssen als Anfang der Taylorentwicklung von $1/(z - \nu)$ so gewählt werden, dass die Reihe konvergiert. Das Zeichen $\sum'$ steht für Summation über alle ganzen $\nu \neq 0$. Man stellt sofort fest, dass

$$\sum' \frac{1}{z - \nu}$$

divergiert, aber

$$\sum' \left(\frac{1}{z - \nu} + \frac{1}{\nu} \right) = z \cdot \sum' \frac{1}{\nu(z - \nu)}$$

lokal gleichmäßig konvergiert. Damit können wir für h_ν also das Taylorpolynom 0-ten Grades von $1/(z - \nu)$ nehmen und erhalten:

$$\pi \cot \pi z = f_0(z) + \frac{1}{z} + \sum' \left(\frac{1}{z - \nu} + \frac{1}{\nu} \right).$$

Zur Bestimmung von f_0 differenzieren wir beide Seiten der Gleichung

$$-\left(\frac{\pi}{\sin \pi z} \right)^2 = f_0'(z) - \frac{1}{z^2} - \sum' \frac{1}{(z - \nu)^2}$$

$$= f_0'(z) - \sum_{\nu = -\infty}^{\infty} \frac{1}{(z - \nu)^2} = f_0'(z) - f_1(z).$$

Betrachten wir f_1! Die Funktion hat die Periode 1 und Pole zweiter Ordnung in $\nu \in \mathbb{Z}$. Ist ferner

$$S = \{ z = x + iy : 0 \leq x \leq 1, \quad |y| \geq 1 \}$$

so gilt für $z \in S$

$$\left| \frac{1}{z - \nu} \right|^2 \leq \max \left(\frac{1}{\nu^2}, \frac{1}{(\nu - 1)^2} \right) \qquad \text{(für } \nu \neq 0, 1).$$

Damit konvergiert die Reihe absolut gleichmäßig auf S gegen die Grenzfunktion f_1. Es sei nun $\epsilon > 0$ beliebig vorgegeben. Wir können ν_0 so groß wählen, dass

$$\left| f_1(z) - \sum_{-\nu_0}^{\nu_0} \frac{1}{(z - \nu)^2} \right| < \frac{\epsilon}{2}$$

auf ganz S wird; ferner läßt sich R so bestimmen, dass für alle $z \in S$ mit $|\operatorname{Im} z| \geq R$ die endliche Summe

$$\sum_{|\nu| < \nu_0} \left| \frac{1}{z - \nu} \right|^2 < \frac{\epsilon}{2}$$

wird. Es folgt, wenn man noch die Periodizität von f_1 berücksichtigt: Zu jedem $\epsilon > 0$ gibt es ein $R > 0$ mit $|f_1(z)| < \epsilon$ für alle $z = x + iy$ mit $|y| \geq R$. Den Eigenschaften der Sinusfunktion entnimmt man aber, dass dieselben Aussagen für $(\pi / \sin \pi z)^2$ gelten. Daher ist

$$f_0'(z) = -(\pi / \sin \pi z)^2 + f_1(z)$$

eine ganze Funktion, die für $|y| \geq R$ und $R \to \infty$ gleichmäßig in x gegen Null strebt und die Periode 1 hat: Nach dem Satz von Liouville ist $f_0'(z) \equiv 0$. Wir haben damit

Satz 3.1.

$$\left(\frac{\pi}{\sin \pi z} \right)^2 = \sum_{\nu = -\infty}^{\infty} \frac{1}{(z - \nu)^2} \, .$$

Hieraus läßt sich die Partialbruchentwicklung des Cotangens ablesen: In der Darstellung

$$\pi \cot \pi z = f_0(z) + \frac{1}{z} + {\sum}' \left(\frac{1}{z - \nu} + \frac{1}{\nu} \right)$$

muss f_0 konstant sein; da ebenso wie $\pi \cot \pi z$ auch die auftretende unendliche Summe eine ungerade Funktion von z ist, bleibt nur $f_0 \equiv 0$ als Möglichkeit. Also:

Satz 3.2.

$$\pi \cot \pi z = \frac{1}{z} + {\sum}' \left(\frac{1}{z - \nu} + \frac{1}{\nu} \right) \, .$$

Diese Formeln können als Ausgangspunkt für weitere Partialbruchentwicklungen dienen. Wegen

$$\cos \pi z = \sin \pi \left(z + \frac{1}{2} \right)$$

liefert Satz 3.1 die Beziehung

$$\left(\frac{\pi}{\cos \pi z} \right)^2 = \sum_{\nu = -\infty}^{\infty} \frac{1}{(z - a_\nu)^2}, \qquad \text{wobei} \quad a_\nu = \nu + \frac{1}{2}$$

zu setzen ist; daraus ergibt sich durch Integration die *Partialbruchentwicklung des Tangens*:

$$\pi \tan \pi z = - \sum_{\nu=-\infty}^{\infty} \left(\frac{1}{z - a_\nu} + \frac{1}{a_\nu} \right).$$

Aus der Formel

$$\cot \pi z/2 + \tan \pi z/2 = \frac{2}{\sin \pi z}$$

erhält man nun

$$
\begin{aligned}
\frac{\pi}{\sin \pi z} &= \frac{1}{z} + \sum_{-\infty}^{\infty}{}' \left(\frac{1}{z - 2\nu} + \frac{1}{2\nu} \right) - \sum_{-\infty}^{\infty} \left(\frac{1}{z - (2\nu + 1)} + \frac{1}{2\nu + 1} \right) \\
&= \frac{1}{z} + \sum_{\nu=1}^{\infty} (-1)^\nu \frac{2z}{z^2 - \nu^2};
\end{aligned}
$$

für die Funktion $\pi / \cos \pi z$ gilt eine analoge Entwicklung.

Wenden wir uns nun Produktentwicklungen zu!

Die Funktion $\sin \pi z$ hat für $a_\nu = \nu, \nu \in \mathbb{Z}$, einfache Nullstellen; nach dem Weierstraßschen Produktsatz besitzt sie also die Entwicklung

$$\sin \pi z = e^{g_0} z \prod_{\nu \neq 0} \left(1 - \frac{z}{\nu} \right) e^{z/\nu}$$

(denn $\sum' \left(\frac{1}{z-\nu} + \frac{1}{\nu} \right)$ ist eine kompakt konvergente Reihe). Zur Bestimmung von g_0 bilden wir die logarithmische Ableitung f'/f beider Seiten:

$$\pi \cot \pi z = g_0'(z) + \frac{1}{z} + \sum' \left(\frac{1}{z - \nu} + \frac{1}{\nu} \right),$$

also nach Satz 3.2:

$$g_0' \equiv 0, \qquad g_0 = \text{const.}$$

Da $\sin \pi z/z$ in 0 holomorph (ergänzbar) ist und den Wert π annimmt, muss $\exp g_0(z) \equiv \pi$ sein, und wir haben

Satz 3.3.

$$\sin \pi z = \pi z \prod_{\nu \neq 0} \left(1 - \frac{z}{\nu} \right) e^{z/\nu} = \pi z \prod_{\nu=1}^{\infty} \left(1 - \frac{z^2}{\nu^2} \right).$$

Die letzte Formel erhält man durch Zusammenfassen der Faktoren zu den Indizes ν und $-\nu$.

Dieselbe Argumentation führt zur *Produktentwicklung des Cosinus:*

$$\cos \pi z = \prod_{\nu \in \mathbb{Z}} \left(1 - \frac{z}{a_\nu} \right) e^{z/a_\nu}, \qquad a_\nu = \nu + \frac{1}{2}.$$

Aufgaben:

1. Finde die Partialbruchentwicklungen und Produktentwicklungen der hyperbolischen Funktionen.
2. Entwickle $e^{2\pi z} - 1$ in ein unendliches Produkt.

§ 4. π

Wir leiten aus den Formeln des vorigen Paragraphen eine Reihe klassicher Darstellungen der Zahl π her.

Setzt man in der Produktentwicklung von $\sin \pi z$ für z den Wert $\frac{1}{2}$, so folgt nach einfacher Umrechnung

$$\frac{\pi}{2} = \prod_{\nu=1}^{\infty} \frac{(2\nu)^2}{(2\nu - 1)(2\nu + 1)} = \frac{2 \cdot 2}{1 \cdot 3} \cdot \frac{4 \cdot 4}{3 \cdot 5} \cdot \frac{6 \cdot 6}{5 \cdot 7} \cdots,$$

die *Wallissche Produktdarstellung* für π.

Auf tiefere Zusammenhänge stößt man, wenn man Partialbruch- und Taylorentwicklungen miteinander vergleicht. Das erfordert einige Vorbereitungen.

Die Funktion

$$f(z) = \frac{z}{e^z - 1}$$

(mit $f(0) = 1$) ist um den Nullpunkt in eine Taylorreihe vom Konvergenzradius 2π entwickelbar; es ist

$$f(z) = 1 - \frac{z}{2} + \dots.$$

Nun prüft man sofort nach, dass $f(z) + \frac{z}{2}$ eine gerade Funktion von z ist; daher müssen in der Taylorreihe von f alle Koeffizienten mit ungeradem Index ≥ 3 verschwinden, und wir haben

$$\frac{z}{e^z - 1} = 1 - \frac{z}{2} + \sum_{\nu=1}^{\infty} \frac{B_{2\nu}}{(2\nu!)} z^{2\nu}.$$

Die Zahlen $B_{2\nu}$ sind durch diese Beziehungen eindeutig bestimmt und heißen *Bernoullizahlen*. Aus der Beziehung

$$(e^z - 1)\left(1 - \frac{z}{2} + \sum_{\nu=1}^{\infty} \frac{B_{2\nu}}{(2\nu!)} z^{2\nu}\right) = z$$

lassen sich die $B_{2\nu}$ rekursiv berechnen; insbesondere sieht man, dass alle $B_{2\nu}$ rational sind. Wir geben die ersten Bernoullizahlen an:

$$B_2 = \frac{1}{6}, \qquad\qquad B_4 = -\frac{1}{30}, \qquad\qquad B_6 = \frac{1}{42}$$

$$B_8 = -\frac{1}{30}, \qquad\qquad B_{10} = \frac{5}{66}, \qquad\qquad B_{12} = -\frac{691}{2730}.$$

Da der Konvergenzradius der Reihe für $z/(e^z - 1)$ endlich ist, ergibt sich aus der Cauchy-Hadamardschen Formel

$$\limsup |B_{2\nu}| = \infty;$$

die Größe der ersten Bernoullizahlen darf also nicht als Indiz für die Verteilung der Folgenglieder dienen (vgl. Aufgabe 2). Wir wollen ab jetzt die $B_{2\nu}$ als bekannt ansehen.

Wir geben mittels der Bernoullizahlen die Taylorentwicklung um 0 von $z \cot z$ an. Es ist

$$\cot z = i\frac{e^{iz} + e^{-iz}}{e^{iz} - e^{-iz}} = i\frac{e^{2iz} + 1}{e^{2iz} - 1} = i + \frac{2i}{e^{2iz} - 1},$$

also

$$\begin{aligned}
z \cot z &= iz + \frac{2iz}{e^{2iz} - 1} \\
&= iz + 1 - \frac{2iz}{2} + \sum_{\nu=1}^{\infty} \frac{B_{2\nu}}{(2\nu!)}(2iz)^{2\nu} \\
&= 1 + \sum_{\nu=1}^{\infty} (-1)^{\nu} \frac{2^{2\nu}}{(2\nu!)} B_{2\nu} z^{2\nu}.
\end{aligned}$$

Ersetzt man z durch πz, so folgt

$$\pi z \cot \pi z = 1 + \sum_{\nu=1}^{\infty} (-1)^{\nu} \frac{2^{2\nu}}{(2\nu!)} \pi^{2\nu} B_{2\nu} z^{2\nu}.$$

Andererseits entnehmen wir der Partialbruchzerlegung des Cotangens

$$\begin{aligned}
\pi z \cot \pi z &= 1 + z \sum{}' \left(\frac{1}{z - \nu} + \frac{1}{\nu}\right) \\
&= 1 + z \sum_{\nu=1}^{\infty} \frac{2z}{z^2 - \nu^2},
\end{aligned}$$

wobei die letzte Darstellung durch Zusammenfassen der Summanden vom Index ν und $-\nu$ folgt. Wir entwickeln $1/(z^2 - \nu^2)$ in eine geometrische Reihe:

$$\frac{1}{z^2 - \nu^2} = -\frac{1}{\nu^2} \sum_{\mu=0}^{\infty} \left(\frac{z^2}{\nu^2}\right)^{\mu},$$

und erhalten

$$\pi z \cot \pi z = 1 + 2z^2 \sum_{\nu=1}^{\infty} \left(-\frac{1}{\nu^2} \sum_{\mu=0}^{\infty} \left(\frac{z^2}{\nu^2}\right)^{\mu}\right).$$

Vertauscht man die Summationsreihenfolge, so ergibt sich

$$\pi z \cot \pi z = 1 - 2 \sum_{\mu=1}^{\infty} \left(\sum_{\nu=1}^{\infty} \frac{1}{\nu^{2\mu}}\right) z^{2\mu}.$$

Das muss wieder die Taylorreihe von $\pi z \cot \pi z$ sein; Vergleich mit der früheren Formel liefert die *Eulersche Relation*

Satz 4.1.

$$\sum_{\nu=1}^{\infty} \frac{1}{\nu^{2\mu}} = (-1)^{\mu+1} \frac{2^{2\mu-1}}{(2\mu)!} B_{2\mu} \pi^{2\mu}.$$

Als Folgerung notieren wir: Die Bernoullizahlen haben abwechselndes Vorzeichen. Wir geben noch die Summen für die niedrigsten Exponenten an:

$$\sum_{\nu=1}^{\infty} \frac{1}{\nu^2} = \frac{\pi^2}{6}; \qquad \sum_{\nu=1}^{\infty} \frac{1}{\nu^4} = \frac{\pi^4}{90}; \qquad \sum_{\nu=1}^{\infty} \frac{1}{\nu^6} = \frac{\pi^6}{945}.$$

Aufgaben:

1. Bestimme die Taylorentwicklungen um 0 von $\tan z$, $\tanh z$, $z \coth z$, $z/\sin z$.

2. Wir setzen noch $B_0 = 1$, $B_1 = -\frac{1}{2}$. Zeige, dass dann für $n \geq 1$ die folgende Rekursionsformel gilt

$$\sum_{\nu=0}^{n} \binom{n+1}{\nu} B_\nu = 0$$

und dass $\lim_{\nu \to \infty} |B_{2\nu}| \frac{2^{2\nu} \pi^{2\nu}}{(2\nu)!} = 2$.

3. In der Taylorentwicklung von $1/\cos z$ um 0 verschwinden alle Koeffizienten mit ungeradem Index – warum? Schreibe

$$\frac{1}{\cos z} = \sum_{\nu=0}^{\infty} (-1)^{\nu} \frac{E_{2\nu}}{(2\nu)!} z^{2\nu}.$$

Die $E_{2\nu}$ heißen *Eulersche Zahlen*. Zeige: Alle $E_{2\nu}$ sind ganz.

4. Behandle in Analogie zur Cotangensfunktion die Partialbruch- und Taylorentwicklungen von $\tan z$ und $z/\sin z$ und gewinne daraus die Reihensummen

$$\sum_{\nu=1}^{\infty} \frac{1}{(2\nu-1)^{2\mu}} \quad \text{und} \quad \sum_{\nu=1}^{\infty} (-1)^{\nu+1} \frac{1}{\nu^{2\mu}}, \qquad \mu = 1, 2, \ldots.$$

5. Durch Untersuchung der Funktion $1/\cos z$ nach dem vorigen Schema ermittle man die Reihensummen

$$\sum_{\nu=1}^{\infty} (-1)^{\nu+1} \frac{1}{(2\nu-1)^{2\mu-1}}, \qquad \mu = 1, 2, 3, \ldots,$$

insbesondere die Summe der *Leibnizschen Reihe*

$$1 - \frac{1}{3} + \frac{1}{5} - \frac{1}{7} + - \ldots.$$

§ 5. Die Γ-Funktion

Wir suchen eine möglichst einfache in der ganzen Ebene meromorphe Funktion, die die Fakultäten interpoliert:

$$f(n) = (n-1)!, \qquad n = 1, 2, 3, \ldots.$$

(Dass man nicht $f(n) = n!$ verlangt, hat zufällige, historische Gründe.) Dazu fordern wir, dass f der Funktionalgleichung

$$f(z+1) = z f(z), \qquad f(1) = 1$$

genügt. Wendet man die Funktionalgleichung auf $f(z+n)$ n-mal an, so erhält man

$$f(z+n) = z(z+1) \ldots (z+n-1) f(z).$$

Setzt man hierin $m = n - 1$ und läßt man $z \to -m$ streben, so wird

$$\lim_{z \to -m} f(z)(z+m) = \frac{(-1)^m}{m!}, \qquad m = 0, 1, 2, \ldots$$

d.h., f muss an den Stellen $-m$ mit $m = 0, 1, 2, \ldots$ einfache Pole vom Residuum $(-1)^m/m!$ haben. Wir versuchen daher für

$$g(z) = \frac{1}{f(z)}$$

nach dem Weierstraßschen Produktsatz den Ansatz

$$g(z) = e^{h(z)} z \prod_{\nu=1}^{\infty} \left(1 + \frac{z}{\nu}\right) e^{-z/\nu};$$

die ganze Funktion h ist so zu bestimmen, dass für $f = 1/g$ die Funktionalgleichung gilt, d.h., dass

$$zg(z+1) = g(z), \qquad g(1) = 1$$

ist. Nun ist

$$g(z) = \lim_{n \to \infty} g_n(z)$$

$$g_n(z) = e^{h(z)} z \prod_{\nu=1}^{n} \left(1 + \frac{z}{\nu}\right) e^{-z/\nu} = \frac{1}{n!} \exp\left\{h(z) - z \sum_{\nu=1}^{n} \frac{1}{\nu}\right\} z \prod_{\nu=1}^{n} (z + \nu).$$

Damit wird

$$
\begin{aligned}
\frac{zg(z+1)}{g(z)} &= \lim_{n \to \infty} \frac{zg_n(z+1)}{g_n(z)} \\
&= \lim_{n \to \infty} \exp\left\{h(z+1) - h(z) - \sum_{\nu=1}^{n} \frac{1}{\nu}\right\} \cdot (z + n + 1) \\
&= \lim_{n \to \infty} \exp\left\{h(z+1) - h(z) - \sum_{\nu=1}^{n} \frac{1}{\nu} + \log n\right\} \cdot \left(1 + \frac{z+1}{n}\right) \\
&= \exp\{h(z+1) - h(z) - \gamma\},
\end{aligned}
$$

wobei

$$\gamma = \lim_{n \to \infty} \left(\sum_{\nu=1}^{n} \frac{1}{\nu} - \log n\right)$$

als *Eulersche Konstante* bezeichnet wird. Die Existenz des Limes entnehmen wir der reellen Analysis (vgl. auch Aufgaben 4 und 5). Die Funktionalgleichung ist also sicher erfüllt, wenn

$$\exp\{h(z+1) - h(z) - \gamma\} = 1$$

ist, also am einfachsten, wenn $h(z) = \gamma z$ gewählt wird. Wir definieren

Definition 5.1. *Die Funktion*

$$\Gamma(z) = e^{-\gamma z} \frac{1}{z} \prod_{\nu=1}^{\infty} \left(1 + \frac{z}{\nu}\right)^{-1} e^{z/\nu}$$

heißt Gamma-Funktion.

Es ist also Γ meromorph in $\mathbb{C}$ mit einfachen Polen vom Residuum $(-1)^{\nu}/\nu!$ in den Punkten $-\nu, \nu = 0, 1, 2, \ldots$; ferner ist $\Gamma(z+1) = z\Gamma(z)$ und $\Gamma(1) = 1$.

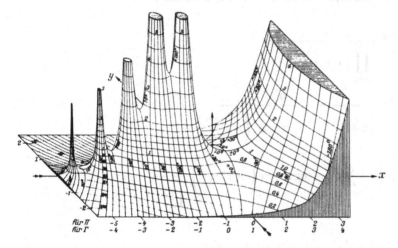

Bild 36 Graph von $|\Gamma(z)|$. (Die x-Koordinate bezieht sich auch auf $\Pi(z) = \Gamma(z+1)$)

Wir betrachten wieder die ganze Funktion $1/\Gamma(z) = g(z)$. Aus ihrer Produktentwicklung folgt

$$g(z)g(-z) = -z^2 \prod_{\nu=1}^{\infty} \left(1 - \frac{z^2}{\nu^2}\right) = -z \frac{\sin \pi z}{\pi},$$

$$\frac{g(z)}{z} g(-z) = -\frac{\sin \pi z}{\pi},$$

also wegen $g(z)/z = g(z+1)$ nach Ersetzen von z durch $-z$:

$$g(1-z)g(z) = \frac{\sin \pi z}{\pi}.$$

Wir haben damit

Satz 5.1. *Es ist* $\Gamma(z)\Gamma(1-z) = \dfrac{\pi}{\sin \pi z}$.

Für $z = \frac{1}{2}$ folgt insbesondere

$$\Gamma(\frac{1}{2}) = \sqrt{\pi}$$

und hieraus nach der Funktionalgleichung

$$\Gamma(n + \frac{1}{2}) = 2^{-n}(1 \cdot 3 \cdot 5 \ldots \cdot (2n - 1))\sqrt{\pi}.$$

Wir wollen noch die Partialprodukte für $\Gamma(z)$ etwas umformen:

$$
\begin{aligned}
\Gamma_n(z) &= e^{-\gamma z} \frac{1}{z \prod_{\nu=1}^{n} \left(1 + \dfrac{z}{\nu}\right) e^{-z/\nu}} \\[2mm]
&= e^{-\gamma z} \frac{n!}{z(z+1)\ldots(z+n) \exp\left(-z \sum_{\nu=1}^{n} \dfrac{1}{\nu}\right)} \\[2mm]
&= \exp\left(z\left(\sum_{\nu=1}^{n} \dfrac{1}{\nu} - \log n - \gamma\right) + z \log n\right) \frac{n!}{\prod_{\nu=0}^{n}(z+\nu)}.
\end{aligned}
$$

Wegen $\exp(z \log n) = n^z$ und der Definition von γ gilt

Satz 5.2.

$$\Gamma(z) = \lim_{n \to \infty} \frac{n! \, n^z}{z(z+1)\ldots(z+n)}.$$

Die in dieser Formel auftretenden Produkte lassen sich für reelle $z \geq 1$ durch Integrale ausdrücken: In der Tat liefert n-malige partielle Integration die Identität

$$\int_0^n \left(1 - \frac{t}{n}\right)^n t^{x-1} \, dt = \frac{n! \, n^x}{x(x+1)\ldots(x+n)} \qquad \text{für } x \geq 1.$$

Da weiter

$$\lim_{n \to \infty} \left(1 - \frac{t}{n}\right)^n = e^{-t}$$

ist, erscheint die im folgenden Hilfssatz ausgesprochene Beziehung plausibel:

Hilfssatz.

$$\lim_{n\to\infty} \int_0^n \left(1 - \frac{t}{n}\right)^n t^{x-1}\, dt = \int_0^\infty e^{-t} t^{x-1}\, dt \qquad \text{(für } x \geq 1\text{)}.$$

Beweis: Das rechte Integral existiert für $x > 0$, wie man sofort sieht. Setzt man

$$\chi_n(t) = \begin{cases} 1 \text{ für } 0 \leq t \leq n \\ 0 \text{ für } t > n \end{cases}$$

so ist

$$0 \leq \chi_n(t) \left(1 - \frac{t}{n}\right)^n t^{x-1} \leq e^{-t} t^{x-1}$$

$$\lim_{n\to\infty} \chi_n(t) \left(1 - \frac{t}{n}\right)^n t^{x-1} = e^{-t} t^{x-1};$$

aus dem Lebesgueschen Konvergenzsatz folgt dann

$$\lim_{n\to\infty} \int_0^\infty \chi_n(t) \left(1 - \frac{t}{n}\right)^n t^{x-1}\, dt = \int_0^\infty e^{-t} t^{x-1}\, dt;$$

das ist die Behauptung.   □

Die obigen Formeln liefern insgesamt die Integraldarstellung

$$\Gamma(x) = \int_0^\infty e^{-t} t^{x-1}\, dt \qquad \text{für } x \geq 1.$$

Nun ist die Funktion

$$e^{-t} t^{z-1} = e^{-t} t^{x-1}(\cos(y \log t) + i \sin(y \log t))$$

über die Halbgerade $t \geq 0$ integrierbar, d.h. ihr Real- und ihr Imaginärteil sind es, solange $x > 0$ ist;

$$F(z) = \int_0^\infty e^{-t} t^{z-1}\, dt$$

ist also eine in der rechten Halbebene definierte Funktion. Differentiation unter dem Integralzeichen zeigt, dass F holomorph ist. Da F weiterhin für $x \geq 1$, $y = 0$, mit der

Γ-Funktion übereinstimmt, ergibt sich aus dem Identitätssatz die *Integraldarstellung der Γ-Funktion:*

Satz 5.3. *Für* $\operatorname{Re} z > 0$ *ist*

$$\Gamma(z) = \int_0^\infty e^{-t} t^{z-1}\, dt.$$

Als letzte wichtige Identität beweisen wir die *Legendresche Verdoppelungsformel:*

Satz 5.4.

$$\Gamma(2z) = \frac{1}{\sqrt{\pi}}\, 2^{2z-1}\Gamma(z)\Gamma(z + \frac{1}{2}).$$

Beweis: Eine direkte Rechnung zeigt

$$\frac{d}{dz}\log\Gamma(z) = -\gamma - \frac{1}{z} + \sum_{\nu=1}^\infty \left(\frac{1}{\nu} - \frac{1}{z+\nu}\right)$$

und

$$\frac{d^2}{dz^2}\log\Gamma(z) = \sum_{\nu=0}^\infty \frac{1}{(z+\nu)^2}.$$

Es ist also

$$
\begin{aligned}
\frac{d^2}{dz^2}\log(\Gamma(z)\Gamma(z+\tfrac{1}{2})) &= \sum_{\nu=0}^\infty \frac{1}{(z+\nu)^2} + \sum_{\nu=0}^\infty \frac{1}{(z+\frac{1}{2}+\nu)^2} \\
&= \sum_{\nu=0}^\infty \frac{4}{(2z+2\nu)^2} + \sum_{\nu=0}^\infty \frac{4}{(2z+2\nu+1)^2} \\
&= 4\sum_{\nu=0}^\infty \frac{1}{(2z+\nu)^2} = \frac{d^2}{dz^2}\log\Gamma(2z).
\end{aligned}
$$

Daher ist

$$\log(\Gamma(z)\Gamma(z+\frac{1}{2})) - \log\Gamma(2z)$$

eine lineare Funktion, also

$$\frac{\Gamma(z)\Gamma(z+\frac{1}{2})}{\Gamma(2z)} = e^{az+b}.$$

Wir bestimmen die Konstanten a und b. Setzt man $z = 1$ und $z = \dfrac{1}{2}$ ein, so ergibt sich

$$\frac{1}{2}\sqrt{\pi} = \Gamma(\frac{3}{2}) = e^{b+a}$$

$$\sqrt{\pi} = \Gamma(\frac{1}{2}) = e^{b+a/2}$$

und daraus folgt $e^a = \frac{1}{4}$ sowie $e^b = 2\sqrt{\pi}$.   □

Aufgaben:

1. Zeige:
$$\Gamma(z+1)\Gamma(z+\frac{1}{2}) = \sqrt{\pi}4^{-z}\Gamma(2z+1).$$

2. Zeige:
$$\lim_{n\to\infty} \frac{\Gamma(z+n)}{n^z\Gamma(n)} = 1, \qquad z \neq 0,-1,-2,\dots.$$

3. Es sei F eine in $\mathbb{C} - \{0,-1,-2,\dots\}$ erklärte Funktion mit

    1. $F(1) = 1$;   2. $zF(z) = F(z+1)$;   3. $\displaystyle\lim_{n\to\infty} \frac{F(z+n)}{n^z F(n)} = 1$.

    Zeige: F ist die Gamma-Funktion.

4. Die Folge $\displaystyle\sum_{\nu=1}^{n} \frac{1}{\nu} - \log n$ ist positiv und monoton fallend. Beweis!

5. Ein anderer Beweis für die Existenz der Eulerschen Konstanten: Es sei γ so gewählt, dass die ganze Funktion

$$g(z) = e^{\gamma z} z \prod_{\nu=1}^{\infty} \left(1 + \frac{z}{\nu}\right) e^{-z/\nu}$$

in 1 den Wert 1 annimmt. Zeige:

$$\gamma = \lim_{n\to\infty} \left(\sum_{\nu=1}^{n} \frac{1}{\nu} - \log n\right).$$

§ 6. Die Stirlingsche Formel

Bei Anwendungen der Γ-Funktion ist es häufig wichtig, das Verhalten von $\Gamma(z)$ für große z zu kennen, insbesondere auch die Werte für große reelle n berechnen zu können. Die Stirlingsche Formel liefert recht genaue Resultate bei bemerkenswert geringem Aufwand.

Wir gehen aus von der im Beweis des Legendreschen Verdopplungssatzes benutzten Reihe

$$\frac{d^2}{dz^2} \log \Gamma(z) = \sum_{\nu=0}^{\infty} \frac{1}{(z+\nu)^2}$$

und der einfachen Integralformel

$$\int\limits_0^\infty te^{-(z+\nu)t}\,dt = \frac{1}{(z+\nu)^2} \qquad \text{für } \operatorname{Re} z > 0, \nu = 0,1,2,\ldots.$$

Summation und Vertauschung mit der Integration ergibt für $\operatorname{Re} z > 0$

$$
\begin{aligned}
\frac{d^2}{dz^2}\log\Gamma(z) &= \int\limits_0^\infty \left(te^{-zt}\sum_{\nu=0}^\infty e^{-\nu t}\right)dt \\
&= \int\limits_0^\infty te^{-zt}\frac{1}{1-e^{-t}}\,dt \\
&= \int\limits_0^\infty e^{-(z-1)t}\frac{t}{e^t-1}\,dt
\end{aligned}
$$

oder

$$\frac{d^2}{dz^2}\log\Gamma(z+1) = \int\limits_0^\infty e^{-zt}\frac{t}{e^t-1}\,dt \qquad \text{für } \operatorname{Re} z > -1. \tag{1}$$

Hieraus gewinnen wir eine Integralformel für $\log\Gamma(z+1)$ durch zweimalige Integration nach z. Dazu bemerken wir: Ist $f(t)$ auf $[0,+\infty[$ stetig und beschränkt, so existiert das Integral

$$F(z) = \int\limits_0^\infty e^{-zt}f(t)\,dt$$

für $\operatorname{Re} z > 0$ (Standardabschätzung!) und hat jedenfalls dann die Stammfunktion

$$\int\limits_0^\infty e^{-zt}\frac{f(t)}{-t}\,dt,$$

wenn $f(t)/t$ in $t=0$ noch stetig ergänzbar ist.

Dies veranlasst uns, in (1) einen Korrekturterm einzuführen und

$$\frac{d^2}{dz^2}\log\Gamma(z+1) - \frac{1}{z} = \int\limits_0^\infty e^{-zt}\left(\frac{t}{e^t-1}-1\right)dt$$

zu integrieren:

$$\frac{d}{dz} \log \Gamma(z+1) - \log z = \int\limits_0^\infty e^{-zt} \left(\frac{1}{1-e^t} + \frac{1}{t} \right) dt + c_1 \qquad (2)$$

für $\operatorname{Re} z > 0$ mit einer Konstanten c_1.

Hilfssatz: *Es ist $c_1 = 0$ (dabei ist in (2) der Hauptzweig des Logarithmus gewählt).*

Beweis: Wir lassen z in (2) durch ganzzahlige Werte gegen $+\infty$ gehen. Aus

$$\frac{d}{dz} \log \Gamma(z) = -\gamma - \frac{1}{z} + \sum_1^\infty \left(\frac{1}{\nu} - \frac{1}{z+\nu} \right)$$

ergibt sich

$$\frac{d \log \Gamma}{dz}(n+1) = -\gamma + \sum_1^n \frac{1}{\nu}.$$

Die linke Seite von (2) strebt also wegen der Bedeutung von γ gegen 0 für $z = n \to +\infty$. Ebenso das Integral in (2): Ist M eine Schranke für $\frac{1}{1-e^t} + \frac{1}{t}$ auf $[0, \infty[$, so ist

$$\int\limits_0^\infty e^{-zt} \left(\frac{1}{1-e^t} + \frac{1}{t} \right) dt \le M \int\limits_0^\infty e^{-t \operatorname{Re} z}\, dt = \frac{M}{\operatorname{Re} z}.$$

Daher muss auch $c_1 = 0$ gelten. $\qquad\qquad\qquad\qquad\qquad\qquad\square$

Zur Integration von (2) bedenken wir, dass

$$\frac{1}{1-e^t} + \frac{1}{t} - \frac{1}{2}$$

für $t = 0$ verschwindet (vgl. §4), und führen einen entsprechenden Korrekturterm ein:

$$\frac{d}{dz} \log \Gamma(z+1) - \log z - \frac{1}{2z} = \int\limits_0^\infty e^{-zt} \left(\frac{1}{1-e^t} + \frac{1}{t} - \frac{1}{2} \right) dt$$

ergibt durch Integration

$$\log \Gamma(z+1) - z(\log z - 1) - \frac{1}{2} \log z = \int\limits_0^\infty e^{-zt} \left(\frac{1}{e^t - 1} - \frac{1}{t} + \frac{1}{2} \right) \frac{dt}{t} + c_2, \qquad (3)$$

wobei log stets den Hauptzweig bedeutet.

Hilfssatz 2. *Es gilt* $c_2 = \dfrac{1}{2}\log 2\pi$.

Beweis: Wie im Beweis des letzten Hilfssatzes strebt das Integral in (3) gegen 0 für $\operatorname{Re} z \to +\infty$. Es ist also

$$c_2 = \lim_{\operatorname{Re} z \to \infty} \{\log\Gamma(z+1) - (z+\tfrac{1}{2})\log z + z\}.$$

Damit gilt für $c_3 = e^{c_2}$

$$c_3 = \lim\{\Gamma(z+1)z^{-z-1/2}e^z\}$$

oder auch, mit $2z$ statt z:

$$c_3 = \lim\{\Gamma(2z+1)\cdot(2z)^{-2z-1/2}e^{2z}\}.$$

Wenden wir hier die Legendresche Verdoppelungsformel in der Gestalt von §5, Aufgabe 1, an, so ergibt sich mit einfachen Umformungen

$$
\begin{aligned}
c_3 &= \lim\left\{\Gamma(z+1)z^{-z-1/2}e^z \cdot \Gamma(z+\tfrac{1}{2})\left(z-\tfrac{1}{2}\right)^{-z}e^{z-1/2}\right.\\
&\qquad\left.\cdot(2\pi)^{-1/2}e^{1/2}\left(1-\frac{1}{2z}\right)^z\right\}\\
&= c_3^2 \cdot (2\pi)^{-1/2},
\end{aligned}
$$

also $c_3 = \sqrt{2\pi}$ wegen $c_3 \neq 0$. $\qquad\qquad\qquad\qquad\qquad\qquad\square$

Damit haben wir

Satz 6.1. *Für* $\operatorname{Re} z > 0$ *ist*

$$\log\Gamma(z+1) = \left(z+\frac{1}{2}\right)\log z - z + \frac{1}{2}\log 2\pi + \int_0^\infty e^{-zt}\left(\frac{1}{e^t-1} - \frac{1}{t} + \frac{1}{2}\right)\frac{dt}{t}.$$

Für $\operatorname{Re} z \to +\infty$ *gilt gleichmäßig in* $\operatorname{Im} z$

$$\lim\{\log\Gamma(z+1) - (z+\tfrac{1}{2})\log z + z\} = \frac{1}{2}\log 2\pi.$$

Die letzte Formel ist gleichbedeutend mit

$$\lim\{\Gamma(z+1)z^{-(z+1/2)}e^z\} = \sqrt{2\pi}.$$

und wegen $\Gamma(z+1) = z\Gamma(z)$ auch mit

$$\lim\{\Gamma(z)z^{-(z-1/2)}e^z\} = \sqrt{2\pi}.$$

Dies ist die *Stirlingsche Formel*, welche die näherungsweise Berechnung von $\Gamma(z)$ für große $\operatorname{Re} z$ erlaubt. Sie wird oft als „asymptotische Gleichheit" geschrieben:

$$\Gamma(z) \approx \sqrt{2\pi} \cdot z^{z-1/2}e^{-z} \qquad \text{für } \operatorname{Re} z \to +\infty;$$

mit dieser Schreibweise ist gemeint, dass der Quotient beider Seiten gegen 1 strebt.

Beweis: Es ist nur noch die Grenzwertaussage zu zeigen. Da $\dfrac{1}{t}\left(\dfrac{1}{e^t-1} - \dfrac{1}{t} + \dfrac{1}{2}\right)$ auf $[0,\infty[$ beschränkt ist, folgt wie im Beweis von Hilfssatz 1, dass das Integral in der Formel für $\log\Gamma(z+1)$ gegen 0 geht für $\operatorname{Re} z \to +\infty$. □

Benutzt man die elementare, aber etwas mühsam zu verifizierende Abschätzung

$$0 \le \frac{1}{t}\left(\frac{1}{e^t-1} - \frac{1}{t} + \frac{1}{2}\right) \le \frac{1}{12} \qquad \text{für } t \ge 0,$$

so ergibt sich genauer

$$\left|\log\Gamma(z+1) - \left(z+\frac{1}{2}\right)\log z + z - \frac{1}{2}\log 2\pi\right| \le \frac{1}{12\operatorname{Re} z}$$

für $\operatorname{Re} z > 0$, beziehungweise für reelles $z = x > 0$

$$\sqrt{2\pi} \cdot x^{x+1/2}e^{-x} \le \Gamma(x+1) \le \sqrt{2\pi} \cdot x^{x+1/2}e^{-x}e^{1/12x}.$$

Der Wert des in Satz 6.1 auftretenden Integrals für große $\operatorname{Re} z$ wird im wesentlichen schon durch die Werte von $f(t) = \dfrac{1}{t}\left(\dfrac{1}{e^t-1} - \dfrac{1}{t} + \dfrac{1}{2}\right)$ in der Nähe von $t = 0$ bestimmt, da $|e^{-zt}|$ mit wachsendem t sehr schnell abnimmt. Eine Präzisierung liefert der folgende Hilfssatz, mit dem eine wesentliche Verbesserung der Approximation aus Satz 6.1 für große z gelingt.

Hilfssatz 3. *Es sei $f(t)$ auf $[0,\infty[$ m-mal stetig differenzierbar, $f, f', \ldots, f^{(m)}$ seien dort beschränkt. Dann gilt für $F(z) = \displaystyle\int_0^\infty e^{-zt}f(t)\,dt$ die Abschätzung*

$$\left|F(z) - \sum_{\mu=0}^{m-1} f^{(\mu)}(0)z^{-(\mu+1)}\right| \le \frac{K_m}{|z|^m \operatorname{Re} z},$$

sofern $\operatorname{Re} z > 0$. Dabei ist K_m eine Schranke für $|f^{(m)}(t)|$ auf $[0,\infty[$.

Beweis. Partielle Integration liefert für $\operatorname{Re} z > 0$

$$F(z) = \int_0^\infty e^{-zt} f(t)\, dt = \frac{1}{z} f(0) + \frac{1}{z} \int_0^\infty e^{-zt} f'(t)\, dt.$$

Nach m solchen Schritten hat man

$$F(z) - \sum_{\mu=0}^{m-1} f^{(\mu)}(0) z^{-(\mu+1)} = \frac{1}{z^m} \int_0^\infty e^{-zt} f^{(m)}(t)\, dt.$$

Daraus ergibt sich unmittelbar die Behauptung. $\square$

Betrachtet man speziell $f(t) = \dfrac{1}{t}\left(\dfrac{1}{e^t - 1} - \dfrac{1}{t} + \dfrac{1}{2}\right)$, so hat man nach §4 die Potenzreihen-Entwicklung

$$f(t) = \sum_{\nu=0}^\infty \frac{B_{2\nu+2}}{(2\nu+2)!} t^{2\nu}$$

für $|t| < 2\pi$, also

$$f^{(\mu)}(0) = \begin{cases} \dfrac{B_{2\nu+2}}{(2\nu+1)(2\nu+2)} & \text{für } \mu = 2\nu \\[3mm] 0 & \text{für ungerades } \mu. \end{cases}$$

Überdies sind alle Ableitungen von f beschränkt auf $[0, \infty[$ – vgl. Aufgabe 2. Man kann also Hilfssatz 3 mit beliebigem m anwenden und erhält:

Satz 6.2.   *Für $\operatorname{Re} z > 0$ und jedes natürliche n ist*

$$\log \Gamma(z+1) = \left(z + \frac{1}{2}\right) \log z - z + \frac{1}{2} \log 2\pi + \sum_{\nu=0}^n \frac{B_{2\nu+2}}{(2\nu+1)(2\nu+2)} \cdot \frac{1}{z^{2\nu+1}} + R_n$$

mit $R_n = \dfrac{1}{z^{2n+1}} \displaystyle\int_0^\infty e^{-zt} f^{(2n+1)}(t)\, dt$, wobei $f(t) = \dfrac{1}{t}\left(\dfrac{1}{e^t - 1} - \dfrac{1}{t} + \dfrac{1}{2}\right)$ ist.

Für das Restglied R_n gilt die Abschätzung

$$|R_n| \leq \frac{K_{2n+1}}{|z|^{2n+1} \operatorname{Re} z},$$

wenn K_{2n+1} eine Schranke für $|f^{(2n+1)}(t)|$ auf $[0,\infty[$ ist.

Die Reihe

$$\sum_{\nu=0}^{\infty} \frac{B_{2\nu+2}}{(2\nu+1)(2\nu+2)} \frac{1}{z^{2\nu+1}}$$

ist divergent. Trotzdem ist die Formel des Satzes zur Berechnung von $\Gamma(z+1)$ für große z gut geeignet: Bei passender Wahl von n zu gegebenem z wird das Restglied sehr klein. Beispielsweise liefert $n=0$ für $z=1000$ mit der Abschätzung $|f'(t)| \le 6 \cdot 10^{-3} = K_1$

$$\log(1000!) = 1000.5 \log 1000 - 1000 + \log\sqrt{2\pi} + \frac{1}{12} \cdot \frac{1}{1000} = 5912.128179\ldots$$

mit einem Fehler $\le 6 \cdot 10^{-9}$, der die hingeschriebenen Ziffern gar nicht beeinflusst.

Mit größerem Aufwand läßt sich die Formel

$$\log\Gamma(z+1) = \left(z+\frac{1}{2}\right)\log z - z + \frac{1}{2}\log 2\pi + \sum_{\nu=0}^{n} \frac{B_{2\nu+2}}{(2\nu+1)(2\nu+2)} \cdot \frac{1}{z^{2\nu+1}} + R_n$$

auch beweisen, wenn man nur $-\varphi < \arg z < \varphi$ mit einem beliebigen φ, $0 < \varphi < \pi$, voraussetzt. Für das Restglied erhält man die Abschätzung

$$|R_n| \le \frac{|B_{2n+4}|}{(2n+3)(2n+4)} \cdot \frac{1}{(\cos\frac{\varphi}{2})^{2n+3}} \cdot \frac{1}{|z|^{2n+3}}.$$

Die hier vorgestellt Beweismethode für die Stirlingsche Formel stammt aus dem Gedankenkreis der Laplace-Transformation (siehe etwa [18]). Ein Nachteil dieser Methode ist, dass die Schranken K_{2n+1} schwer zu bestimmen sind. Einen anderen Beweis, der leicht zu bestimmende Schranken liefert, findet man in [2].

Aufgaben:

1. Für $f(t) = \frac{1}{t}\left(\frac{1}{e^t-1} - \frac{1}{t} + \frac{1}{2}\right)$ zeige man $0 \le f(t) \le \frac{1}{12}$ für $t \ge 0$. *Hinweis:* Für $t \le t_0$ mit $t_0 < 2\pi$ ist die Potenzreihe für $f(t)$ eine alternierende Reihe (benutze hierfür Satz 4.1); für $t \ge 4$ ist $f'(t)$ offensichtlich negativ.

2. Für $f(t)$ wie in Aufgabe 1 zeige man: Alle Ableitungen sind beschränkt. *Hinweis:* Für $t \le t_0$ mit $t_0 < 2\pi$ ist das klar; für $t \ge 1$ kann man etwa zunächst induktiv die Beschränktheit der Ableitungen von $(e^t-1)^{-1}$ nachweisen.

3. Man zeige

$$\log\Gamma(z+1) = -\gamma + \int_0^\infty \frac{1-e^{zt}}{e^t-1}\,dt$$

Hinweis: Formel (1) des Textes.

4. Man zeige

$$\int_0^\infty \frac{t\,dt}{e^t-1} = \frac{\pi^2}{6}.$$

§ 7.   Elliptische Funktionen

Die wichtigsten bisher besprochenen elementaren Funktionen waren alle periodisch; wir werden mit den Methoden der ersten beiden Paragraphen nun Zugang zu einer ganz neuen Klasse von Funktionen gewinnen, den doppelt-periodischen meromorphen Funktionen. Wir beginnen mit einigen allgemeinen Bemerkungen über Periodizität.

Eine komplexe Zahl ω heißt eine *Periode* der (in ganz $\mathbb{C}$) meromorphen Funktion f, wenn für alle $z \in \mathbb{C}$

$$f(z + \omega) = f(z)$$

ist. Offenbar sind mit ω_1 und ω_2 auch immer

$$n_1\omega_1 + n_2\omega_2, \qquad n_1, n_2 \in \mathbb{Z}$$

Perioden von f: *Die Perioden einer gegebenen Funktion bilden eine Untergruppe der additiven Gruppe* $\mathbb{C}$. Jede Funktion besitzt die Periode 0; die konstanten Funktionen besitzen jede komplexe Zahl als Periode.

Satz 7.1.   *Die Perioden einer nichtkonstanten meromorphen Funktion bilden eine diskrete Untergruppe Ω von $\mathbb{C}$.*

Gemeint ist: die Punktmenge Ω ist diskret. Zum Beweis nehmen wir an, $\omega_\nu \in \Omega$ sei eine Folge, die gegen einen Punkt $a \in \mathbb{C}$ konvergiert, $a \neq \omega_\nu$. Ist $z_0 \in \mathbb{C}$ ein Punkt, in dem f holomorph ist, so gilt

$$f(z_0 + \omega_\nu) = f(z_0), \qquad z_0 + \omega_\nu \to z_0 + a;$$

also ist f auch in $z_0 + a$ holomorph, und nach dem Identitätssatz hat man $f \equiv f(z_0)$.

Die diskreten Untergruppen von $\mathbb{C}$ lassen sich leicht bestimmen (den Beweis wollen wir hier nicht führen):

Satz 7.2.   *Für eine diskrete Untergruppe Ω von $\mathbb{C}$ gilt eine der folgenden Aussagen:*

  i) $\Omega = \{0\}$ *(Gruppe vom Rang 0).*
  ii) Es gibt ein $\omega \neq 0$ in Ω, so dass $\Omega = \{n\omega : n \in \mathbb{Z}\}$ (Gruppe vom Rang 1).
  iii) Es gibt zwei über $\mathbb{R}$ linear unabhängige Elemente $\omega_1, \omega_2 \in \Omega$, so dass
     $\Omega = \{n_1\omega_1 + n_2\omega_2 : n_1, n_2 \in \mathbb{Z}\}$ *ist (Gruppe vom Rang 2).*

Eine meromorphe Funktion heißt *unperiodisch, (einfach) periodisch* oder *doppelt periodisch*, je nachdem für ihre Perioden die Fälle i), ii) oder iii) zutreffen. Der Fall iii) ist der für uns interessante:

Definition 7.1.   *Eine diskrete Untergruppe $\Omega \subset \mathbb{C}$ vom Rang 2 heißt ein Gitter. Eine elliptische Funktion f (zum Periodengitter Ω) ist eine meromorphe Funktion, deren Periodengruppe Ω enthält.*

Trivial ist

Satz 7.3. *Die elliptischen Funktionen zu einem gegebenen Periodengitter* Ω *bilden einen Körper* $K(\Omega)$, *der die Konstanten enthält; mit* $f \in K(\Omega)$ *ist auch* $f' \in K(\Omega)$.

Es sei jetzt Ω ein gegebenes Gitter.

Satz 7.4. *Jede holomorphe elliptische Funktion ist konstant.*

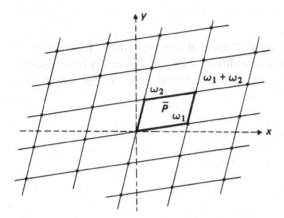

Bild 37 Gitter und Periodenparallelogramm

Beweis: Es sei ω_1, ω_2 ein Erzeugendensystem von Ω und

$$\overline{P} = \{t_1\omega_1 + t_2\omega_2 : 0 \le t_1, t_2 \le 1\}$$

das von ω_1 und ω_2 aufgespannte abgeschlossene „Periodenparallelogramm" . Die Funktion f nimmt dann jeden Wert, den sie überhaupt annimmt, schon in $\overline{P}$ an; da $\overline{P}$ kompakt ist, erreicht $|f|$ also das Maximum auf $\overline{P}$, mithin in $\mathbb{C}$, und f ist nach dem Maximumprinzip konstant. $\square$

Gibt es überhaupt nichtkonstante elliptische Funktionen? Satz 7.4 schließt holomorphe Funktionen aus; es kommt aber noch schlimmer:

Satz 7.5. *Hat eine elliptische Funktion f im halboffenen Periodenparallelogramm*

$$P = \{t_1\omega_1 + t_2\omega_2 : 0 \le t_1 < 1, 0 \le t_2 < 1\}$$

höchstens einen einfachen Pol, so ist f konstant.

Das folgt aus dem allgemeineren

Satz 7.6. *Es sei f eine elliptische Funktion, $a_1, \ldots, a_k$ seien die Pole von f in P. Dann ist*

$$\sum_{\nu=1}^{k} \mathrm{res}_{a_\nu} f = 0.$$

Beweis: Wir nehmen zunächst an, dass kein a_ν auf dem Rande von P liegt. Dann ist

$$
\sum_{\nu=1}^{k} \mathrm{res}_{a_\nu} f \;=\; \frac{1}{2\pi i} \int\limits_{\partial P} f(\zeta)\, d\zeta
$$

$$
= \frac{1}{2\pi i} \left[\int\limits_{[0,\omega_1]} f(\zeta)\, d\zeta + \int\limits_{[\omega_1,\omega_1+\omega_2]} f(\zeta)\, d\zeta - \int\limits_{[0,\omega_2]} f(\zeta)\, d\zeta - \int\limits_{[\omega_2,\omega_1+\omega_2]} f(\zeta)\, d\zeta \right]
$$

$$
= 0,
$$

da f auf gegenüberliegenden Punkten von ∂P denselben Wert annimmt. Falls einige a_ν auf ∂P liegen, verschieben wir das Periodenparallelogramm parallel in ein benachbartes Parallelogramm P', derart, dass P' alle a_ν im Inneren enthält, und wenden auf P' dasselbe Argument an. $\qquad\square$

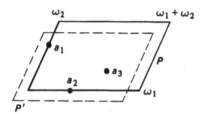

Bild 38 Zum Beweis von Satz 7.6: Verschiebung des Periodenparallelogramms

Der Satz hat eine weitere Konsequenz:

Satz 7.7. *Eine nichtkonstante ellipitische Funktion f nimmt im Periodenparallelogramm P jeden Wert aus $\hat{\mathbb{C}}$ gleich oft an (wobei Vielfachheiten zu berücksichtigen sind).*

Beweis: f'/f ist ebenfalls elliptisch, hat also in P das Gesamtresiduum Null. Andererseits ist dieses Residuum die Differenz aus Nullstellen- und Polstellenzahl von f in P. Also hat f genausoviele Nullstellen wie Polstellen in P. Anwendung dieses Ergebnisses auf $f - c$, $c \in \mathbb{C}$, liefert dann den allgemeinen Fall der Behauptung. $\qquad\square$

Wir müssen nun nichtkonstante elliptische Funktionen finden. Als einfachste Kandidaten hierfür kommen in Frage

1. Funktionen mit einem Pol der Ordnung 2 und Residuum Null in P,

2. Funktionen mit zwei einfachen Polen und Residuensumme Null in P.

Wir untersuchen nur den ersten Fall.

Satz 7.8. *Die Funktion*

$$
\wp(z) = \frac{1}{z^2} + {\sum}' \left(\frac{1}{(z-\omega)^2} - \frac{1}{\omega^2} \right)
$$

ist eine elliptische Funktion.

$\sum'$ heißt: Es ist über alle von 0 verschiedenen Gitterpunkte $\omega \in \Omega$ zu summieren. $\wp$ wird als *Weierstraßsche $\wp$-Funktion* bezeichnet.

Beweis: 1. Als erstes zeigen wir die lokal gleichmäßige Konvergenz der Partialbruchreihe. Es sei $|z| \le R$; für fast alle ω ist dann $|\omega| \ge 2R$. Für diese ω folgt

$$\left| \frac{1}{(z-\omega)^2} - \frac{1}{\omega^2} \right| = \frac{|z|\,|2\omega - z|}{|\omega|^2 |z-\omega|^2} \le \frac{R \cdot 3|\omega|}{|\omega|^2 \dfrac{|\omega|^2}{4}} \le \text{const } \frac{1}{|\omega|^3}.$$

Wir müssen also

2. $\displaystyle\sum' \frac{1}{|\omega|^3} < \infty$

nachweisen. Es seien ω_1, ω_2 Erzeugende des Gitters Ω, d.h.

$$\Omega = \{\omega : \omega = n_1\omega_1 + n_2\omega_2, n_1, n_2 \in \mathbb{Z}\},$$

P_n sei das Parallelogramm mit den Ecken $\pm n\omega_1 \pm n\omega_2$ ($n = 1, 2, 3, \ldots$). Bezeichnet δ den Abstand $\text{dist}\,(0, \partial P_1)$ des Nullpunkts zu ∂P_1, so ist $\text{dist}\,(0, \partial P_n) = n\delta$. Auf ∂P_n liegen $8n$ Punkte von Ω. Damit wird

$$S_n = \sum_{\omega \in \partial P_n} |\omega|^{-3} \le \frac{8n}{(n\delta)^3} = \frac{8}{\delta^3} \cdot \frac{1}{n^2},$$

und die Summe der S_n konvergiert:

$$\sum' |\omega|^{-3} = \sum_1^\infty S_n \le 8\delta^{-3} \sum_1^\infty n^{-2} < \infty.$$

3. Um die Periodizität von $\wp$ zu zeigen, bilden wir die Ableitung

$$\wp'(z) = -2 \sum \frac{1}{(z-\omega)^3}.$$

Für $\wp'$ gilt offensichtlich

$$\wp'(z + \omega) \equiv \wp'(z), \qquad \omega \in \Omega.$$

Ist nun $\omega_0 \in \Omega$ fest, so ist

$$\frac{d}{dz}(\wp(z + \omega_0) - \wp(z)) = \wp'(z + \omega_0) - \wp'(z) = 0,$$

d.h.

$$\wp(z + \omega_0) - \wp(z) = c.$$

Wir wählen ω_0 so, dass $\omega_0/2 \notin \Omega$, setzen $z = -\omega_0/2$ und erhalten

$$\wp\left(\frac{\omega_0}{2}\right) - \wp\left(-\frac{\omega_0}{2}\right) = c.$$

Nun ist aber $\wp$ offenbar eine gerade Funktion, d.h. $c = 0$, und $\wp$ ist damit periodisch mit Periodengitter Ω. $\qquad\qquad\qquad\qquad\qquad\qquad\qquad\qquad\qquad\qquad\qquad\quad\square$

Wir bestimmen als nächstes die Laurententwicklung der Funktionen $\wp$ und $\wp'$ um den Nullpunkt. Es ist für $\omega \neq 0$

$$\frac{1}{(z - \omega)^2} - \frac{1}{\omega^2} = \sum_{\nu=2}^{\infty} \frac{\nu z^{\nu-1}}{\omega^{\nu+1}}$$

(für $|z| < |\omega|$). Also wird

$$\wp(z) = \frac{1}{z^2} + \sum_{\omega}{}' \sum_{\nu=2}^{\infty} \frac{\nu z^{\nu-1}}{\omega^{\nu+1}} = \frac{1}{z^2} + \sum_{\nu=2}^{\infty} \nu \left(\sum_{\omega}{}' \frac{1}{\omega^{\nu+1}}\right) z^{\nu-1}.$$

Da mit ω auch immer $-\omega$ zum Gitter Ω gehört, ist

$$\sum_{\omega}{}' \frac{1}{\omega^{\nu+1}} = 0$$

für gerades ν. Nach Umbenennung des Summationsindex erhält man also als Laurent-Entwicklung von $\wp$:

$$\wp(z) = \frac{1}{z^2} + \sum_{\nu=1}^{\infty} c_{2\nu} z^{2\nu} = \frac{1}{z^2} + c_2 z^2 + c_4 z^4 + \ldots,$$

$$c_{2\nu} = (2\nu + 1) \sum{}' \frac{1}{\omega^{2\nu+2}}.$$

Es folgt

$$\wp(z)^3 = \frac{1}{z^6} + \frac{3c_2}{z^2} + 3c_4 + \ldots$$

$$\wp'(z) = -\frac{2}{z^3} + 2c_2 z + 4c_4 z^3 + \ldots$$

$$\wp'(z)^2 = \frac{4}{z^6} - \frac{8c_2}{z^2} - 16c_4 + \dots$$

Betrachten wir nun die elliptische Funktion

$$f(z) = \wp'(z)^2 - 4\wp(z)^3 + 20c_2\wp(z) + 28c_4.$$

Als einzigen möglichen Pol im Periodenparallelogramm P hat sie den Nullpunkt. Aus den Laurententwicklungen folgt aber, dass 0 eine hebbare Singularität ist und $f(0) = 0$ die holomorphe Ergänzung von f in 0. Nach Satz 7.4 ist damit $f \equiv 0$, und wir haben

Satz 7.9. (Differentialgleichung der $\wp$-Funktion) *Es ist*

$$\wp'(z)^2 = 4\wp(z)^3 - g_2\wp(z) - g_3,$$

wobei

$$g_2 = 60 \sum{}' \frac{1}{\omega^4}; \qquad g_3 = 140 \sum{}' \frac{1}{\omega^6}$$

ist.

Wir wollen diese Differentialgleichung noch in anderer Weise herleiten, um mehr Informationen über das Polynom

$$y^2 - (4x^3 - g_2 x - g_3)$$

zu gewinnen. – Da die $\wp$-Funktion im Periodenparallelogramm genau einen Pol, und zwar von der Ordnung 2, hat, nimmt sie dort jeden Wert in $\hat{\mathbb{C}}$ zweimal an. Genau dort, wo $\wp'$ verschwindet, nimmt $\wp$ einen Wert mit der Vielfachheit 2 an. Die Nullstellen von $\wp'$ sind aber leicht zu finden; da nämlich $\wp'$ ungerade und periodisch ist, sind es die Punkte

$$\rho_1 = \frac{\omega_1}{2}, \qquad \rho_2 = \frac{\omega_1 + \omega_2}{2}, \qquad \rho_3 = \frac{\omega_2}{2}.$$

$\wp'$ hat genau einen Pol dritter Ordnung in P und somit auch nur drei Nullstellen. Wir setzen

$$\wp(\rho_\nu) = e_\nu, \qquad \nu = 1, 2, 3,$$

und bemerken gleich, dass die e_ν paarweise verschieden sind. Sonst nähme nämlich $\wp$ einen Wert von mindestens der Vielfachheit 4 an. Setzen wir nun

$$f(z) = \wp'(z)^2 - 4(\wp(z) - e_1)(\wp(z) - e_2)(\wp(z) - e_3),$$

so gilt für die elliptische Funktion f: Sie hat höchstens einen Pol der Ordnung 4 in P, verschwindet aber an den drei Punkten ρ_1, ρ_2, ρ_3 mindestens von der Ordnung 2. Das geht nur, wenn $f \equiv 0$ ist. Wir haben damit die zweite Version der Differentialgleichung der $\wp$-Funktion:

Satz 7.10.

$$\wp'(z)^2 = 4(\wp(z) - e_1)(\wp(z) - e_2)(\wp(z) - e_3)$$

mit $e_\nu = \wp(\rho_\nu), \quad \nu = 1, 2, 3.$

Damit sind die e_ν die Nullstellen des Polynoms

$$4x^3 - g_2 x - g_3;$$

da sie paarweise verschieden sind, ist die Diskriminante $\Delta \neq 0$. Es gilt

$$
\begin{aligned}
e_1 + e_2 + e_3 &= 0 \\
-4(e_1 e_2 + e_1 e_3 + e_2 e_3) &= g_2 \\
4 e_1 e_2 e_3 &= g_3 \\
\Delta &= 16(e_1 - e_2)^2 (e_1 - e_3)^2 (e_2 - e_3)^2 \\
&= g_2^3 - 27 g_3^2.
\end{aligned}
$$

Wir betrachten nun eine beliebige nichtkonstante gerade elliptische Funktion f, also $f(z) = f(-z)$. Da f' nur endlich viele Nullstellen im Periodenparallelogramm P hat, gibt es ein $m \in \mathbb{Z}$, so dass f fast alle $c \in \mathbb{C}$ an genau m verschiedenen Punkten in P annimmt. c sei ein solcher Wert. Ist $f(a) = c$, so auch $f(-a)$. Wäre

$$a = -a + \omega, \qquad \omega \in \Omega,$$

so folgte

$$f(a + z) = f(-a + \omega + z) = f(-a + z) = f(a - z),$$

also

$$
\begin{aligned}
f'(a + z) &= -f'(a - z) \\
f'(a) &= 0.
\end{aligned}
$$

Das ist nach Wahl von c unmöglich. Somit sehen wir, dass der Wert c an genau $m = 2k$ Stellen in P angenommen wird, welche von ρ_1, ρ_2, ρ_3 verschieden sind:

$$a_1, \ldots, a_k, \qquad a_1', \ldots, a_k',$$

wobei gilt

$$a'_\kappa = -a_\kappa + \omega_\kappa, \quad \omega_\kappa \in \Omega.$$

Es sei d ein weiterer Wert, der an $2k$ verschiedenen Punkten

$$b_1, \ldots, b_k, \qquad b'_1, \ldots, b'_k,$$

angenommen wird. Dann ist

$$F(z) = \frac{f(z) - c}{f(z) - d}$$

eine elliptische Funktion mit einfachen Nullstellen in den a_κ, a'_κ und Polen erster Ordnung in den b_κ, b'_κ. Eine ebensolche Funktion ist aber

$$G(z) = \frac{(\wp(z) - \wp(a_1)) \ldots (\wp(z) - \wp(a_k))}{(\wp(z) - \wp(b_1)) \ldots (\wp(z) - \wp(b_k))}.$$

Demnach ist F/G eine elliptische holomorphe Funktion, also konstant. Es folgt jetzt leicht:

Satz 7.11.

  i) *Jede elliptische Funktion ist eine rationale Funktion von $\wp$ und $\wp'$.*
  ii) *Der Körper $K(\Omega)$ der elliptischen Funktionen ist isomorph zum Körper*

$$\mathbb{C}(s)[t]/(t^2 - 4s^3 + g_2 s + g_3).$$

Beweis: a) Aussage i) ist für gerade elliptische Funktionen schon bewiesen. Ist f ungerade, so ist $f/\wp'$ eine gerade Funktion. Schließlich läßt sich eine beliebige elliptische Funktion als Summe aus einer geraden und einer ungeraden elliptischen Funktion schreiben.

b) Der durch

$$t \mapsto \wp', \qquad s \mapsto \wp$$

definierte Homomorphismus von $\mathbb{C}(s)[t] \to K(\Omega)$ ist nach Aussage i) surjektiv und hat nach Satz 7.9 den angegebenen Kern. $\square$

Es sei weiterhin Ω ein festes Gitter; ω_1, ω_2 seien Erzeugende von Ω und P das dadurch bestimmte halboffene Periodenparallelogramm. Sind $a_1, \ldots, a_k$ die verschiedenen in P gelegenen Nullstellen einer nicht konstanten elliptischen Funktion f und $m_1, \ldots, m_k$ ihre

Vielfachheiten, $b_1, \ldots, b_l$ die verschiedenen in P gelegenen Pole von f mit Vielfachheiten $n_1, \ldots, n_l$, so gilt nach Satz 7.7

$$\sum_1^k m_\kappa = \sum_1^l n_\lambda. \tag{1}$$

Wir leiten nun eine notwendige Bedingung für die Lage der Nullstellen und Pole her.

Satz 7.12. *Mit den eben eingeführten Bezeichnungen gilt*

$$\sum_1^k m_\kappa a_\kappa - \sum_1^l n_\lambda b_\lambda \in \Omega. \tag{2}$$

Beweis: Wir nehmen an, dass kein a_κ oder b_λ auf dem Rand von P liegt – andernfalls können wir wie im Beweis von Satz 7.6 mit einem verschobenen Parallelogramm P' arbeiten. Die Funktion

$$g(z) = z \frac{f'(z)}{f(z)}$$

hat als einzige Singularitäten in P die Pole erster Ordnung a_κ und b_λ, jeweils mit dem Residuum $m_\kappa a_\kappa$ bzw. $-n_\lambda b_\lambda$. Man hat also

$$\sum m_\kappa a_\kappa - \sum n_\lambda b_\lambda = \frac{1}{2\pi i} \int\limits_{\partial P} g(z)\, dz$$

$$= \frac{1}{2\pi i} \left[\int\limits_{[0,\omega_1]} g(z)\, dz - \int\limits_{[\omega_2, \omega_1+\omega_2]} g(z)\, dz \right] - \frac{1}{2\pi i} \left[\int\limits_{[0,\omega_2]} g(z)\, dz - \int\limits_{[\omega_1, \omega_1+\omega_2]} g(z)\, dz \right]. \tag{3}$$

Wegen der Periodizität von f ist

$$\frac{1}{2\pi i} \left[\int\limits_{[0,\omega_1]} g(z)\, dz - \int\limits_{[\omega_2, \omega_1+\omega_2]} g(z)\, dz \right]$$

$$= \frac{1}{2\pi i} \left[\int\limits_{[0,\omega_1]} z\frac{f'(z)}{f(z)}\, dz - \int\limits_{[0,\omega_1]} (z+\omega_2)\frac{f'(z)}{f(z)}\, dz \right]$$

$$= -\omega_2 \cdot \frac{1}{2\pi i} \int\limits_{[0,\omega_1]} \frac{f'(z)}{f(z)}\, dz.$$

Das Bild von $[0, \omega_1]$ unter f ist, wieder wegen der Periodizität, ein geschlossener Weg γ_1 in $\mathbb{C}^*$, daher gilt

$$\frac{1}{2\pi i} \int\limits_{[0,\omega_1]} \frac{f'(z)}{f(z)}\, dz = \frac{1}{2\pi i} \int\limits_{\gamma_1} \frac{dw}{w} = n(\gamma_1, 0) \in \mathbb{Z}.$$

Schließt man ebenso für die beiden letzten Integrale in (3), so erhält man, dass $\sum m_\kappa a_\kappa - \sum n_\lambda b_\lambda$ eine ganzzahlige Linearkombination von ω_1 und ω_2 ist. $\qquad\square$

Der Satz zeigt erneut, dass es keine elliptische Funktion mit genau einem einfachen Pol in P geben kann. Wir wollen nun beweisen, dass die Bedingungen (1) und (2) auch hinreichen für die Existenz einer elliptischen Funktion, deren Null- und Polstellen in P genau die a_κ bzw. b_λ (mit Vielfachheiten m_κ bzw. n_λ) sind. Zu diesem Zweck konstruieren wir unten eine ganze Funktion $\sigma(z)$, die genau in den Punkten von Ω verschwindet, und zwar von erster Ordnung, und die den Transformationsformeln

$$\sigma(z + \omega_j) = \exp(\eta_j z + c_j)\sigma(z) \qquad (j = 1, 2) \tag{4}$$

mit Konstanten η_j, c_j genügt. Die Existenz einer solchen Funktion für den Augenblick voraussetzend, zeigen wir

Satz 7.13. *Es seien $a_1, \ldots, a_k$, $b_1, \ldots, b_l$ verschiedene Punkte des Periodenparallelogramms P, $m_1, \ldots, m_k$, $n_1, \ldots, n_l$ seinen natürliche Zahlen, die Bedingungen (1) und (2) seien erfüllt. Wir setzen*

$$a_1' = a_1 - \left(\sum m_\kappa a_\kappa - \sum n_\lambda b_\lambda\right).$$

Dann ist

$$f(z) = \frac{\sigma(z - a_1')\sigma(z - a_1)^{m_1 - 1} \prod_2^k \sigma(z - a_\kappa)^{m_\kappa}}{\prod_1^l \sigma(z - b_\lambda)^{n_\lambda}}$$

eine elliptische Funktion, deren in P gelegene Nullstellen und Pole gerade die Punkte $a_1, \ldots, a_k$ bzw. $b_1, \ldots, b_l$ (mit Vielfachheiten m_κ bzw. n_λ) sind.

Man erhält jede elliptische Funktion mit diesen Null- oder Polstellen, wenn man in der Formel des Satzes noch einen beliebigen konstanten Faktor $\neq 0$ einfügt.

Beweis: Die Funktion $f(z)$ ist jedenfalls meromorph und hat die gewünschten Null- und Polstellen, da wegen (2) und (4) $\sigma(z - a_1')$ die gleichen Nullstellen wie $\sigma(z - a_1)$ hat. Um die doppelte Periodizität zu zeigen, wenden wir auf $f(z + \omega_j)$ die Transformationsformeln der σ-Funktion an. Dabei heben sich die Exponentialterme weg: Wir erhalten $f(z)$ mit dem Faktor

$$\exp\Bigg[\eta_j(z - a_1') + c_j + (m_1 - 1)(\eta_j(z - a_1) + c_j) + \sum_2^k m_\kappa(\eta_j(z - a_\kappa) + c_j)$$

$$- \sum_1^l n_\lambda(\eta_j(z - b_\lambda) + c_j)\Bigg];$$

wegen (1), (2) und der Definition von a_1' steht 0 in der eckigen Klammer.

Also ist $f(z + \omega_j) = f(z)$ für $j = 1, 2$. $\square$

Eine Funktion $\sigma(z)$, die der Funktionalgleichung (4) genügt, gewinnen wir mit der folgenden Idee: Falls eine Funktion mit den Perioden ω_1, ω_2 eine Stammfunktion f besitzt, muss $f(z+\omega_j) - f(z) = \eta_j$ mit Konstanten η_j gelten. Besitzt auch f eine Stammfunktion F, so hat man $F(z + \omega_j) - F(z) = \eta_j z + c_j$ mit Konstanten c_j. Dann genügt $\exp(F(z))$ der Gleichung (4). Da aber die Existenz von globalen Stammfunktionen nicht klar ist, müssen wir sorgfältiger argumentieren. Wir gehen von der $\wp$-Funktion

$$\wp(z) = \frac{1}{z^2} + \sum{}' \left(\frac{1}{(z - \omega)^2} - \frac{1}{\omega^2} \right)$$

aus. Sie hat in den Polstellen das Residuum Null, besitzt also eine auf $\mathbb{C} - \Omega$ holomorphe Stammfunktion. Eine solche wird, bis auf den Faktor -1, gegeben durch die *Weierstraßsche ζ-Funktion*

$$\zeta(z) = \frac{1}{z} + \int_{\gamma_z} \left(-\wp(u) + \frac{1}{u^2} \right) \, du = \frac{1}{z} + \sum{}' \left(\frac{1}{z - \omega} + \frac{1}{\omega} + \frac{z}{\omega^2} \right),$$

dabei ist $z \notin \Omega$ vorausgesetzt, der Integrationsweg γ_z von 0 nach z muss die Gitterpunkte $\neq 0$ meiden.

Satz 7.14. *Die ζ-Funktion ist eine ungerade meromorphe Funktion auf $\mathbb{C}$ mit einfachen Polen in den Punkten $\omega \in \Omega$. Für $z \notin \Omega$ gilt $\zeta'(z) = -\wp(z)$ und*

$$\zeta(z + \omega_j) = \zeta(z) + \eta_j \qquad (j = 1, 2)$$

mit Konstanten η_j.

Beweis: $\zeta(z) - 1/z$ hat im Nullpunkt den Wert 0 und ist Stammfunktion der geraden Funktion $-\wp(z) + \dfrac{1}{z^2}$. Also ist $\zeta(z) - 1/z$ und damit auch $\zeta(z)$ eine ungerade Funktion. Die Ableitung von $\zeta(z + \omega_j) - \zeta(z)$ ist Null; das beweist die letzte Behauptung. $\square$

In den Gitterpunkten hat die ζ-Funktion das Residuum 1. Das Integral $\displaystyle\int_{\gamma_z} \zeta(u) \, du$ längs eines in $\mathbb{C} - \Omega$ laufenden Weges von einen festen Punkt z_0 nach z hängt also von der Wahl des Weges ab, die Integrale längs verschiedener Wege von z_0 nach z unterscheiden sich aber nur durch Addition ganzzahliger Vielfacher von $2\pi i$.

Daher ist

$$\exp\left(\int_{\gamma_z} \zeta(u) \, du \right)$$

eine auf $\mathbb{C} - \Omega$ wohldefinierte holomorphe Funktion. – Wir befreien uns von dem willkürlichen Anfangspunkt z_0, indem wir die *Weierstraßsche σ-Funktion* durch

$$\sigma(z) = z \exp\left(\int_{\gamma_z} \left(\zeta(u) - \frac{1}{u} \right) du \right)$$

definieren, dabei ist wieder γ_z ein Integrationsweg von 0 nach z, der die Gitterpunkte $\neq 0$ meidet; zunächst ist auch $z \notin \Omega$ vorauszusetzen.

Satz 7.15. *Die σ-Funktion ist eine ungerade ganze Funktion, deren Nullstellen gerade die Punkte von Ω sind; alle Nullstellen sind einfach. Die Darstellung von $\sigma(z)$ gemäß dem Weierstraßschen Produktsatz ist*

$$\sigma(z) = z \prod' \left(1 - \frac{z}{\omega} \right) \exp\left(\frac{z}{\omega} + \frac{z^2}{2\omega^2} \right),$$

wobei das Produkt $\prod'$ über alle von Null verschiedenen Gitterpunkte zu erstrecken ist. Man hat für $j = 1, 2$

$$\sigma(z + \omega_j) = -e^{\eta_j(z + \omega_j/2)} \sigma(z).$$

Beweis: Da die Reihe

$$\sum' \left(\frac{1}{z - \omega} + \frac{1}{\omega} + \frac{z}{\omega^2} \right) = \zeta(z) - \frac{1}{z}$$

auf $\mathbb{C} - \Omega$ lokal gleichmäßig konvergiert, ist nach dem Weierstraßschen Produktsatz

$$f(z) = z \prod' \left(1 - \frac{z}{\omega} \right) \exp\left(\frac{z}{\omega} + \frac{z^2}{2\omega^2} \right)$$

eine ganze Funktion, die genau an den $\omega \in \Omega$ verschwindet, jeweils von erster Ordnung. Man hat $f'(z)/f(z) = \zeta(z)$, ebenso $\sigma'(z)/\sigma(z) = \zeta(z)$, also ist $f = c\sigma$ mit einer Konstanten c. Die Funktionen $f(z)/z$ und $\sigma(z)/z$ sind in 0 holomorph und haben dort beide den Wert 1, daher ist $c = 1$ und $f = \sigma$. Ersetzt man in der Produktdarstellung z durch $-z$, so werden bei $\omega \neq 0$ die zu ω und $-\omega$ gehörenden Faktoren vertauscht, der zu $\omega = 0$ gehörende Faktor z wechselt das Vorzeichen, es folgt $\sigma(-z) = -\sigma(z)$. Schließlich ergibt sich aus $\sigma'(z)/\sigma(z) = \zeta(z)$ und $\zeta(z + \omega_j) = \zeta(z) + \eta_j$ die Beziehung

$$\sigma(z + \omega_j) = \exp(\eta_j z + c_j) \sigma(z)$$

mit einer Integrationskonstanten c_j. Setzt man $z = -\omega_j/2$ ein und nutzt $\sigma(-z) = -\sigma(z)$ aus, so erhält man

$$e^{c_j} = -e^{\eta_j \omega_j/2}. \qquad \qquad \square$$

Wir wenden uns zum Abschluss dieses Paragraphen noch einem Spezialfall zu, in dem der Zusammenhang mit Fragen der reellen Analysis deutlich wird.

Es sei ω_1 eine positive reelle Zahl, $\omega_2 = i\omega_2'$ eine rein imaginäre Zahl mit $\omega_2' > 0$ und Ω das von ω_1 und ω_2 aufgespannte Rechteckgitter. Wir betrachten die Weierstraßsche $\wp$-Funktion zu Ω. Da Ω mit jeder Zahl ω auch $\overline{\omega}$ enthält, ist

$$\wp(z) = \frac{1}{z^2} + \sideset{}{'}\sum \left(\frac{1}{(z-\omega)^2} - \frac{1}{\omega^2} \right)$$

für reelles z reellwertig. Aus demselben Grund sind g_2, g_3 reell. Es sei $\rho_1 = \omega_1/2$, $e_1 = \wp(\rho_1)$. Es ist für $0 < x < \rho_1$

$$\wp(x) = \wp(-x) = \wp(-x + \omega_1);$$

$\wp$ nimmt also den Wert $\wp(x)$ im Intervall $]0, \rho_1[$ nur an der Stelle x an (denn $-x+\omega_1 > \rho_1$). Wir sehen: $\wp$ bildet das halboffene Intervall $]0, \rho_1]$ bijektiv auf die Halbgerade $[e_1, +\infty[$ ab, und zwar ist $\wp$ dort eine monoton fallende Funktion. Die Umkehrfunktion E bildet damit $[e_1, +\infty[$ monoton fallend auf $]0, \rho_1]$ ab. E ist differenzierbar für $u \neq e_1$:

$$E'(u) = \frac{1}{\wp'(x)} \qquad \text{mit } u = \wp(x).$$

Für $\wp'$ verwenden wir die Differentialgleichung

$$\wp'(z) = -\sqrt{4\wp(z)^3 - g_2\wp(z) - g_3} = -\sqrt{4u^3 - g_2 u - g_3}$$

(beachte, dass $\wp' < 0$ in $]0, \rho_1[$ ist) und erhalten

$$E'(u) = \frac{-1}{\sqrt{4u^3 - g_2 u - g_3}}, \qquad u > e_1.$$

Also:

Satz 7.16. *Die Umkehrung der – auf $]0, \rho_1]$ beschränkten – $\wp$-Funktion ist eine Stammfunktion für die auf $[e_1, +\infty[$ erklärte Funktion*

$$\frac{-1}{\sqrt{4u^3 - g_2 u - g_3}}.$$

Das Integral

$$-\int \frac{du}{\sqrt{4u^3 - g_2 u - g_3}},$$

das nicht elementar auswertbar ist, wird also durch die Substitution $u = \wp(x)$ in das banale Integral

$$-\int \frac{\wp'(x)\,dx}{\sqrt{4\wp^3 - g_2\wp - g_3}} = +\int dx$$

überführt. – Ähnlich läßt sich das Integral $\int (1 - u^2)^{-1/2}\,du$ durch die Substitution $u = \sin x$ in $\int dx$ überführen: *Die trigonometrischen Funktionen sind Umkehrfunktionen von unbestimmten Integralen der Form*

$$\int \frac{du}{\sqrt{P(u)}},$$

wo P ein quadratisches Polynom mit getrennten Nullstellen ist.

Wir sind in dieser Überlegung von einem speziellen Gitter Ω, der zugehörigen $\wp$-Funktion und dem zugehörigen Polynom

$$4x^3 - g_2 x - g_3$$

mit

$$g_2 = 60 \sum{}' \frac{1}{\omega^4}, \qquad g_3 = 140 \sum{}' \frac{1}{\omega^6}$$

ausgegangen und haben die $\wp$-Funktion neu charakterisiert. Man kann aber folgendes zeigen: Jedes *elliptische Integral* der Gestalt

$$\int \frac{dx}{\sqrt{P(x)}},$$

wo P ein reelles Polynom 3. oder 4. Grades mit getrennten Nullstellen ist, besitzt als Umkehrfunktionen Funktionen, die sich meromorph in die ganze Ebene zu elliptischen Funktionen fortsetzen lassen. So ist die Theorie der elliptischen Funktionen zunächst – durch Gauß, Legendre, Jacobi, Weierstraß u.a. – aufgebaut worden. Die Einschränkung auf reelle Polynome $P(x)$ ist natürlich vom Standpunkt der Funktionentheorie aus ganz unnatürlich: Sie entspricht der Beschränkung auf sehr spezielle Periodengitter (vgl. Aufgabe 3).

Aufgaben:

1. Es sei $\wp$ die $\wp$-Funktion zu dem zuletzt betrachteten Rechteckgitter. Zeige: $\wp$ ist auf dem Rand des von $0, \rho_1, \rho_1 + \rho_2, \rho_2$ aufgespannten Rechteckes Q reell und bildet das abgeschlossene Rechteck bijektiv auf die abgeschlossene untere Halbebene (einschließlich ∞) ab.

2. Diskutiere das Verhalten der $\wp$-Funktion bei einem achsenparallelen Quadratgitter. Zeige insbesondere:

$$e_1 > 0 = e_2 > e_3 = -e_1.$$

3. Wie muss ein Periodengitter Ω aussehen, damit die zugehörigen Invarianten g_2 und g_3 reell sind? Zeige: falls g_2 und g_3 reell sind, haben die Laurententwicklungen von $\wp$, $\wp'$ um 0 reelle Koeffizienten.

4. Zeige: Für die Konstanten $\eta_j = \zeta(z+\omega_j)-\zeta(z)$ gilt $\eta_j/2 = \zeta(\omega_j/2)$ sowie die „Legendresche Relation" $\eta_1\omega_2 - \eta_2\omega_1 = 2\pi i$. (Hinweis: Integriere $\zeta(z)$ über den Rand eines geeigneten Periodenparallelogramms.)

5. Zeige

$$\zeta(z + u) + \zeta(z - u) - 2\zeta(z) = \frac{\wp'(z)}{\wp(z) - \wp(u)}$$

(beide Seiten sind elliptische Funktionen von z).

6. Ist f eine elliptische Funktion mit lediglich einfachen Polen $a_1,\ldots,a_k$ im Periodenparallelogramm P mit Residuen $c_1,\ldots,c_k$, so gestattet f die Darstellung

$$f(z) = c_0 + \sum_1^k c_\kappa \zeta(z - a_\kappa)$$

mit einer Konstanten c_0.

7. Zeige

$$\wp(z) - \wp(u) = -\frac{\sigma(z - u)\sigma(z + u)}{\sigma^2(z)\sigma^2(u)}$$

und leite daraus die Formel in Aufgabe 5 ab.

8. Es sei C eine Ellipse mit den Halbachsen $a > b$. Zeige, dass die Bogenlängenberechnung von C auf ein Integral

$$\int \frac{1 - k^2 x^2}{\sqrt{(1 - x^2)(1 - k^2 x^2)}}\, dx$$

führt. Welche Bedeutung hat k?

§ 8. Additionstheorem und ebene Kubiken

Die Differentialgleichung der $\wp$-Funktion liefert eine Parametrisierung der kubischen Kurve E im $\mathbb{C}^2$, die durch die Gleichung $v^2 = 4u^3 - g_2 u - g_3$ gegeben ist, und führt zu einer Gruppenstruktur auf der Kurve. Das Additionstheorem der $\wp$-Funktion ermöglicht eine geometrische Interpretation der Verknüpfung auf E. Diese Deutung läßt sich zur Erklärung einer Gruppenstruktur auf einer beliebigen singularitätenfreien Kubik benutzen. Wir beginnen mit dem Additionstheorem; Ω bezeichne ein Gitter in $\mathbb{C}$ und $\wp$ die zu Ω gehörende $\wp$-Funktion.

Satz 8.1. *Es seien z_1, $z_2 \in \mathbb{C} - \Omega$ und $\wp(z_1) \neq \wp(z_2)$. Dann gilt*

$$\wp(z_1 + z_2) = -\wp(z_1) - \wp(z_2) + \frac{1}{4}\left(\frac{\wp'(z_1) - \wp'(z_2)}{\wp(z_1) - \wp(z_2)}\right)^2.$$

Beweis: Wir betrachten die elliptische Funktion

$$f(z) = \wp'(z) - a\wp(z) - b$$

und bestimmen die Konstanten a und b so, dass f in z_1 und z_2 verschwindet, also insbesondere

$$a = \frac{\wp'(z_1) - \wp'(z_2)}{\wp(z_1) - \wp(z_2)}.$$

Nun hat f in den Gitterpunkten Pole dritter Ordnung und ist sonst holomorph. Nach Satz 7.12 hat f im Periodenparallelogramm P eine dritte Nullstelle, die sich von $-(z_1 + z_2)$ nur um eine Periode unterscheidet. Es ist also $f(-z_1 - z_2) = 0$, d.h.

$$\wp'(-z_1 - z_2) = a\wp(-z_1 - z_2) + b$$

bzw.

$$-\wp'(z_1 + z_2) = a\wp(z_1 + z_2) + b.$$

Wir kürzen ab: $p_j = \wp(z_j)$, $p_j' = \wp'(z_j)$ für $j = 1, 2$ sowie $p_3 = \wp(z_1 + z_2)$, $p_3' = \wp'(z_1 + z_2)$ und haben dann

$$p_j' = ap_j + b \qquad \text{für } j = 1, 2, \qquad -p_3' = ap_3 + b \tag{1}$$

bzw.

$$(p_j')^2 = (ap_j + b)^2 \qquad \text{für } j = 1, 2, 3.$$

Nun ist nach der Differentialgleichung der $\wp$-Funktion

$$(p_j')^2 = 4p_j^3 - g_2 p_j - g_3.$$

Die Zahlen p_1, p_2, p_3 sind also Nullstellen des kubischen Polynoms

$$g(w) = 4w^3 - g_2 w - g_3 - (aw + b)^2.$$

Wir setzen $p_3 \neq p_1, p_2$ voraus, dadurch werden bei gegebenem z_1 in jedem Periodenparallelogramm nur endlich viele Werte von z_2 ausgeschlossen. Dann sind p_1, p_2, p_3 sämtliche Nullstellen von $g(w)$, mit $g(w) = 4(w - p_1)(w - p_2)(w - p_3)$ folgt

$$4(p_1 + p_2 + p_3) = a^2,$$

das ist aber die Formel des Satzes. Aus Stetigkeitsgründen kann man in dieser Formel die gerade ausgeschlossenen Werte von z_2 wieder zulassen. $\qquad\square$

Im Additionstheorem ist $z_1 = z_2$ ausgeschlossen. Lässt man aber z_2 gegen z_1 streben, so ergibt sich, sofern $2z_1 \notin \Omega$, aus dem Additionstheorem die *„Verdoppelungsformel"*

$$\wp(2z_1) = -2\wp(z_1) + \frac{1}{4}\left(\frac{\wp''(z_1)}{\wp'(z_1)}\right)^2 = -2\wp(z_1) + \frac{1}{4}\left(\frac{12\wp(z_1)^2 - g_2}{2\wp'(z_1)}\right)^2.$$

Die Gleichungen (1) zeigen, dass die Punkte des $\mathbb{C}^2$ mit den Koordinaten (p_1, p_1'), (p_2, p_2'), $(p_3, -p_3')$ auf einer komplexen Geraden liegen (wir setzen $p_1 \neq p_2$ voraus). Diese Information deuten wir jetzt geometrisch. Dazu betrachten wir die Abbildung

$$\phi : \mathbb{C} - \Omega \to \mathbb{C}^2, \qquad \phi(z) = (\wp(z), \wp'(z)).$$

Durch ϕ wird $\mathbb{C} - \Omega$ auf die Kurve dritter Ordnung

$$E = \{(u, v) \in \mathbb{C}^2 : v^2 = 4u^3 - g_2 u - g_3\}$$

abgebildet: $\phi(z) \in E$ folgt aus der Differentialgleichung der $\wp$-Funktion; und zu $(w_1, w_2) \in E$ kann man $z_1 \in \mathbb{C} - \Omega$ mit $\wp(z_1) = w_1$ finden, dann ist $\wp'(z_1) = w_2$ oder $\wp'(z_1) = -w_2$ und entsprechend $\phi(z_1) = (w_1, w_2)$ bzw. $\phi(-z_1) = (w_1, w_2)$. Es ist $\phi(z_1) = \phi(z_2)$ genau dann, wenn $z_1 - z_2 \in \Omega$. Die eine Implikation ergibt sich aus der Periodizität, die andere so: Aus $\wp(z_1) = \wp(z_2)$ folgt $z_1 + z_2 \in \Omega$ oder $z_1 - z_2 \in \Omega$, mit $\wp'(z_1) = \wp'(z_2)$ wird $z_1 + z_2 \in \Omega$ ausgeschlossen.

Um ϕ auch in den Gitterpunkten zu erklären, erweitern wir die komplexe affine Ebene $\mathbb{C}^2$ durch Hinzunahme einer „unendlich fernen" Geraden zur komplex projektiven Ebene $\mathbb{PC}^2$, wie in der projektiven Geometrie üblich. Die Punkte des $\mathbb{PC}^2$ werden durch Tripel $(w_0, w_1, w_2) \neq (0, 0, 0)$ von komplexen Zahlen beschrieben, wobei zwei Tripel genau dann denselben Punkt liefern, wenn sie sich um einen skalaren Faktor $\in \mathbb{C}^*$ unterscheiden. Wir schreiben $P = [w_0 : w_1 : w_2]$ und nennen die w_j „die" homogenen Koordinaten von P. Wir identifizieren den $\mathbb{C}^2$ mit seinem Bild unter der Einbettung $(u, v) \mapsto [1 : u : v]$ in den $\mathbb{PC}^2$; er erscheint also als Komplement der durch $\{P \in \mathbb{PC}^2 : w_0(P) = 0\}$ gegebenen „unendlich fernen" projektiven Geraden.

In einer komplexen Dimension entsteht die projektive Gerade $\mathbb{P}^1\mathbb{C}$ entsprechend aus der affinen Geraden $\mathbb{C}$ durch Hinzunahme eines unendlich-fernen Punktes; man erhält eine andere Beschreibung von $\hat{\mathbb{C}}$:

$$\begin{aligned} \mathbb{P}^1\mathbb{C} &= \{[z_0 : z_1], z_0, z_1 \in \mathbb{C}, (z_0, z_1) \neq (0, 0)\} \\ &= \left\{\frac{z_1}{z_0} : z_0 \neq 0\right\} \cup \{[0 : 1]\} = \mathbb{C} \cup \{\infty\} = \hat{\mathbb{C}}. \end{aligned}$$

Bei der Identifikation von $(u, v) \in \mathbb{C}^2$ mit $[1 : u : v] \in P\mathbb{C}^2$ ist E die Menge der Punkte mit $w_0(P) \neq 0$, deren homogene Koordinaten die homogene kubische Gleichung

$$w_0 w_2^2 = 4w_1^3 - g_2 w_0^2 w_1 - g_3 w_0^3 \qquad (2)$$

erfüllen. Diese Gleichung ist natürlich auch für $w_0 = 0$ sinnvoll und hat dann die (bis auf skalare Vielfache) einzige Lösung $w_1 = 0$, $w_2 = 1$.

Die Menge $\overline{E} \subset P\mathbb{C}^2$ der Punkte, deren homogene Koordinaten der Gleichung (2) genügen, nennen wir *vollständige* oder *projektive Kubik (in Weierstraßscher Normalform)*. $\overline{E}$ ensteht also aus E durch Hinzunahme des einen unendlich-fernen Punktes $P_0 = [0 : 0 : 1]$. Die Abbildung $\phi : \mathbb{C} - \Omega \to E$ wird durch $\phi(\omega) = P_0$ für $\omega \in \Omega$ eindeutig und stetig zu einer Abbildung von $\mathbb{C}$ auf $\overline{E}$ fortgesetzt. In der Tat kann man ϕ in der Umgebung von ω durch

$$\phi(z) = [(z - \omega)^3 : (z - \omega)^3 \wp(z) : (z - \omega)^3 \wp'(z)]$$

beschreiben, die homogenen Koordinaten von $\phi(z)$ erscheinen als holomorphe Funktionen von z.

Da $\phi(z_1) = \phi(z_2)$ genau dann gilt, wenn $z_1 - z_2$ zur Untergruppe Ω von $\mathbb{C}$ gehört, liefert ϕ eine Bijektion der Quotientengruppe $\mathbb{C}/\Omega$ auf $\overline{E}$ (sogar einen Homöomorphismus, der lokal durch holomorphe Funktionen der Koordinaten vermittelt wird). Mittels ϕ übertragen wir die additive Struktur von $\mathbb{C}/\Omega$ auf $\overline{E}$: wir setzen für $P, Q \in \overline{E}$

$$P * Q = \phi(\phi^{-1}(P) + \phi^{-1}(Q)).$$

Damit wird $\overline{E}$ eine abelsche Gruppe (mit stetigen Gruppenoperationen); Nullelement ist der unendlich-ferne Punkt P_0.

Wir kehren zum Additionstheorem der $\wp$-Funktion zurück. Für $z_1, z_2, z_3 = z_1 + z_2 \notin \Omega$ liegen die drei Punkte $P = (p_1, p_1')$, $Q = (p_2, p_2')$, $R' = (p_3, -p_3')$ mit $p_j = \wp(z_j)$, $p_j' = \wp'(z_j)$ einerseits auf der Kubik $E \subset \mathbb{C}^2$, andererseits nach (1) bzw. nach der Verdoppelungsformel auf der Geraden $G \subset \mathbb{C}^2$ mit der Gleichung $v = au + b$, wobei

$$a = \frac{p_2' - p_1'}{p_2 - p_1} \text{ für } p_2 \neq p_1, \quad a = \frac{12 p_1^2 - g_2}{2 p_1'} \text{ für } p_2 = p_1, \quad b = p_1' - a p_1. \qquad (3)$$

Im Fall $p_2 \neq p_1$ ist G die Sekante durch P und Q, bei $p_2 = p_1$ (also $P = Q$ wegen $z_1 + z_2 \notin \Omega$) ist G gerade die Tangente an E in P. In jedem Fall ist R' der dritte Schnittpunkt von G und E. (Eine Gerade in $P\mathbb{C}^2$ schneidet die vollständige Kubik $\overline{E}$ in drei Punkten, dabei zählt der Berührpunkt einer Tangente zweifach, im Fall eines Wendepunkts dreifach.)

Nun ist aber $P * Q = (p_3, p_3')$. Wir haben also die folgende geometrische Beschreibung der Addition auf $\overline{E}$ erhalten:

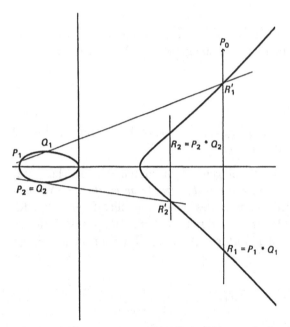

Bild 39 Addition auf einer Kubik in Weierstraßscher Normalform

Zu $P, Q \in \overline{E}$ bestimme man den dritten Schnittpunkt R' der Sekante durch P und Q; dann ist $R = P * Q$ der dritte Schnittpunkt der Sekante durch P_0 und R' (bei $P = Q$ oder $P_0 = R'$ ist „Sekante" durch „Tangente" zu ersetzen).

Die in der obigen Diskussion nicht enthaltenen Fälle, dass P, Q oder R' mit P_0 zusammenfällt, überlassen wir dem Leser (die Sekante durch P_0 und R' ist die Gerade $u = p_3$ in $\mathbb{C}^2$, ergänzt durch P_0; die Tangente in P_0 ist die unendlich-ferne Gerade im $\mathbb{PC}^2$).

Die geometrische Deutung der Verknüpfung auf $\overline{E}$ oder auch die algebraische Beschreibung durch die Formeln

$$p_3 = -p_1 - p_2 + \frac{1}{4}a^2, \qquad p_3' = -(ap_3 + b),$$ (4)

wobei a und b durch (3) gegeben sind (wir haben dabei $P, Q, R \neq P_0$ angenommen), machen keinen Gebrauch mehr von der Parametrisierung ϕ. Die Gruppenaxiome lassen sich allein aus der Geometrie oder durch Rechnung verifizieren. Daher liefert (4) für jede Kubik in Weierstraßscher Normalform (d.h. für jede Kubik, die durch eine Gleichung (2) mit $g_2^3 - 27g_3^2 \neq 0$ gegeben ist) eine abelsche Gruppenstruktur.

Die geometrische Beschreibung der Addition auf $\overline{E}$ ist sogar unabhängig von der Form der $\overline{E}$ definierenden Gleichung. In der Tat zeigt sich, dass diese Konstruktion auf einer beliebigen singularitätenfreien projektiven Kubik $\overline{E} \subset \mathbb{PC}^2$ bei beliebig gewähltem $P_0 \in \overline{E}$ eine abelsche Gruppenstruktur mit P_0 als Nullelement liefert. Für eine eingehendere Diskussion sei auf [3] verwiesen.

Wir kehren zur einfacheren Theorie der trigonometrischen Funktionen zurück. Durch

$$u^2 + v^2 = 1$$ (5)

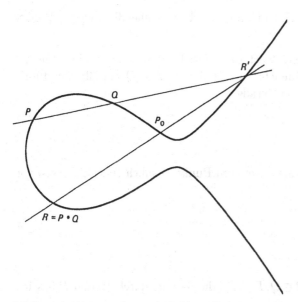

Bild 40 Addition auf einer beliebigen Kubik

wird eine singularitätenfreie Kurve zweiter Ordnung im $\mathbb{C}^2$, eine Quadrik, gegeben. Scheinbar allgemeiner: Jede Punktmenge

$$Q = \{(u,v) : v^2 = f(u)\} \subset \mathbb{C}^2, \tag{5'}$$

wobei f ein quadratisches Polynom mit getrennten Nullstellen ist, ist eine singularitätenfreie Quadrik. Sie läßt sich nach einer affinen Transformation des $\mathbb{C}^2$ durch die Gleichung (5) darstellen (Beweis als Übung!). Wir nennen (5) die Normalform einer Quadrik. Aus den Eigenschaften der trigonometrischen Funktionen folgt unmittelbar

Satz 8.2. *Es sei Q in Normalform. Durch*

$$z \mapsto h(z) = (\cos z, \sin z)$$

ist eine surjektive lokal injektive holomorphe Abbildung von $\mathbb{C}$ auf Q gegeben („transzendente" Parametrisierung).

Eine Abbildung $h : \mathbb{C} \to \mathbb{C}^2$ heißt natürlich holomorph, wenn sie durch zwei holomorphe Funktionen gegeben wird.

Im Falle von Kubiken setzte sich die transzendente Parametrisierung der affinen Kubik durch $\wp$ und $\wp'$ zu einer Parametrisierung der projektiven Kubik fort, die einen Homöomorphismus ϕ zwischen dem Torus $\mathbb{C}/\Gamma$ und der projektiven Kubik $\overline{E}$ liefert. Auch im Fall von Quadriken können wir zur vollständigen oder projektiven Quadrik $\overline{Q}$ übergehen, gegeben durch die homogene Gleichung

$$w_1^2 + w_2^2 = w_0^2.$$

$\overline{Q}$ geht aus $Q \subset \mathbb{C}^2 \subset P\mathbb{C}^2$ durch Hinzunahme der beiden unendlich-fernen Punkte $[0 : 1 : \pm i]$ hervor.

Wie läßt sich nun $\overline{Q}$ parametrisieren? h ist dazu nutzlos, wir können aber eine rationale Parametrisierung angeben. Zunächst arbeiten wir affin: Q enthält den Punkt $P_0 = (-1, 0)$. Für festes $z \neq \pm i$ geht die Gerade

$$v = z(u + 1) \tag{6}$$

durch P_0 und schneidet Q in genau einem weiteren Punkt, nämlich (nach Auflösen von (5) und (6)):

$$\left(\frac{1 - z^2}{1 + z^2}, \frac{2z}{1 + z^2} \right).$$

Umgekehrt läßt sich zu gegebenem $P \in Q, P \neq P_0$, die Sekante durch P_0 und P bestimmen, deren Gleichung die Form

$$v = z(u + 1)$$

mit $z \neq \pm i$ hat. Wir haben damit

Satz 8.3. *Die holomorphe Abbildung*

$$r(z) = \left(\frac{1 - z^2}{1 + z^2}, \frac{2z}{1 + z^2} \right)$$

bildet $\mathbb{C} - \{\pm i\}$ *auf* $Q - P_0$ *ab.*

Diese Abbildung läßt sich nun zu einer homöomorphen Abbildung $r : P^1\mathbb{C} \to \overline{Q}$ folgendermaßen fortsetzen:

Satz 8.4. *Durch*

$$r(z_0 : z_1) = [z_0^2 + z_1^2 : z_0^2 - z_1^2 : 2z_0 z_1]$$

wird $P^1\mathbb{C}$ *homöomorph auf* $\overline{Q}$ *abgebildet. Auf* $\mathbb{C} - \{\pm i\}$ *stimmt* r *mit der Abbildung aus Satz 8.3 überein.*

Man erkennt, wie r fortgesetzt wird: der unendlich-ferne Punkt von $P^1\mathbb{C} = \hat{\mathbb{C}}$ geht in P_0 über, die Punkte $\pm i$ von $\mathbb{C}$ in die beiden unendlich-fernen Punkte von $\overline{Q}$.

Die beiden Parametrisierungen von Q liegen einer Reihe von Substitutionen in der Integralrechnung zugrunde. Dort ist das Problem zu lösen, lokale Stammfunktionen für

Funktionen zu finden, die rational in der Variablen u und der Wurzel aus einem quadratischen Polynom in u sind. Anders gesagt: zu berechnen ist das unbestimmte Integral

$$J = \int R(u, v)\, du, \tag{7}$$

wobei R rational in u und v ist und zwischen u und v eine Gleichung (5') besteht. Natürlich dürfen wir sofort (5) voraussetzen:

$$u^2 + v^2 = 1.$$

Durch die Substitution

$$u = \cos z, \qquad w = \sin z, \qquad du = -\sin z\, dz \tag{8}$$

wird aus (7)

$$J = \int R_1(\cos z, \sin z)\, dz \tag{9}$$

mit einer rationalen Funktion R_1. Alternativ läßt sich Satz 8.3 anwenden: wir setzen

$$u = \frac{1 - z^2}{1 + z^2}, \qquad v = \frac{2z}{1 + z^2}, \qquad du = -\frac{4z}{(1 + z^2)^2}\, dz \tag{10}$$

und erhalten mit einer neuen rationalen Funktion

$$J = \int R_2(z)\, dz. \tag{11}$$

Schließlich kann man ein trigonometrisches Integral der Form (9) mittels Hintereinanderausführen der Substitutionen (8) und (10) in ein Integral (11) überführen:

$$\cos z = u = \frac{1 - s^2}{1 + s^2}, \qquad \sin z = v = \frac{2s}{1 + s^2}$$

$$dz = \frac{dz}{du} \frac{du}{ds}\, ds = \left(\frac{du}{dz}\right)^{-1} \frac{du}{ds}\, ds = \frac{-1}{\sin z} \cdot \frac{-4s}{(1 + s^2)^2}\, ds = \frac{2}{1 + s^2}\, ds,$$

man erhält

$$J = \int R_3(s)\, ds$$

mit einer rationalen Funktion R_3. Übrigens ist $s = \tan(z/2)$.

Abschließend formulieren wir ein Problem, dessen Lösung wir im zweiten Band ([7], Kap. VI, §8) angeben: Gibt es zu jeder singularitätenfreien Kubik E ein Gitter Ω, so dass E über Ω-elliptische Funktionen parametrisiert wird? Für Quadriken ist ja die rationale oder auch die transzendente Parametrisierung, wie oben beschrieben, stets möglich: Das liegt daran, dass die Normalform (5) keinen Parameter („Modul") enthält. Für die Weierstraßsche Normalform einer Kubik tauchen aber g_2 und g_3 als „Moduln" auf, und die Frage ist nicht einfach. Die Antwort – aus der Theorie der elliptischen Modulfunktionen – ist positiv.

Aufgaben:

1. Beweise die Verdoppelungsformel für die $\wp$-Funktion; stelle Additionstheorem und Verdoppelungsformel für $\wp'$ auf.

2. Verifiziere die Gruppenaxiome für eine ebene Kubik in Weierstraßscher Normalform mittels der Formel (4).

3.* Verifiziere die Gruppenaxiome für eine beliebige singularitätenfreie ebene Kubik auf Grund der geometrischen Konstruktion.

4. Zeige: Jede singularitätenfreie Kubik in $P\mathbb{C}^2$ läßt sich durch eine projektive Transformation (d.i. eine reguläre homogen lineare Transformation der homogenen Koordinaten) auf Weierstraßsche Normalform bringen.

   Dabei ist eine Kubik im $P\mathbb{C}^2$ als Nullstellenmenge $\overline{E}$ eines homogenen Polynoms dritten Grades $f(w_0, w_1, w_2)$ in den homogenen Koordinaten erklärt; „singularitätenfrei" heißt $df(w_0, w_1, w_2) \neq 0$ für $[w_0 : w_1 : w_2] \in \overline{E}$.

5. Jede singularitätenfreie Quadrik

$$Q = \{(u, v) : F(u, v) = 0\},$$

   wobei F ein quadratisches Polynom mit $dF \neq 0$ auf Q ist, läßt sich durch affine Transformation des $\mathbb{C}^2$ auf eine der „Normalformen" $u^2 + v^2 = 1$, $u^2 + v = 0$, $u^2 = 1$ bringen.

6. Es sei K eine „singularitätenfreie Quartik"

$$K = \{(u, v) : v^2 = f(u)\},$$

   f ein Polynom vierten Grades mit getrennten Nullstellen. Führe die (nichtlineare!) Transformation

$$u = \frac{1}{z} + l, \qquad v = \frac{w}{z^2}$$

   aus und zeige, dass bei geeigneter Wahl von l die Quartik K in eine Kubik E übergeht. Lies hieraus eine Parametrisierung von K durch elliptische Funktionen ab.

7. „Pythagoräische Zahlentripel". Die rationale Parametrisierung der Normalquadrik (5) führt rationale Parameter stets in Punkte mit rationalen Koordinaten über. Entnimm diesem Hinweis die Möglichkeit, alle ganzzahligen Lösungen der Gleichung

$$x^2 + y^2 = z^2$$

aufzuzählen.

§ 9. Die Riemannsche ζ-Funktion

Die Riemannsche ζ-Funktion ist definiert durch

$$\zeta(s) = \sum_{n=1}^{\infty} n^{-s} \tag{1}$$

für komplexes $s = \sigma + it$ (seit Riemann ist hier diese Bezeichnung für die komplexe Variable gebräuchlich). Dabei ist $n^{-s} = e^{-s \log n}$ mit dem reellen Logarithmus von n gebildet. Wegen $|n^{-s}| = n^{-\sigma}$ konvergiert die Reihe gleichmäßig für $\sigma \geq \sigma_0 > 1$, also lokal gleichmäßig auf der Halbebene $\{s = \sigma + it : \sigma > 1\}$; sie stellt dort eine holomorphe Funktion dar. Ihre Werte an den Stellen $s = 2n, n = 1, 2, 3, \ldots$, haben wir bereits in §4 berechnet.

Grundlegend für die zahlentheoretische Bedeutung dieser Funktion ist die von Euler herrührende Produktdarstellung:

Satz 9.1. *Für* $\operatorname{Re} s > 1$ *gilt*

$$\zeta(s) = \prod_{p}(1 - p^{-s})^{-1}, \tag{2}$$

wobei das Produkt über alle Primzahlen zu erstrecken ist.

Beweis: Das Produkt konvergiert absolut und lokal gleichmäßig für $\operatorname{Re} s > 1$, da $\sum p^{-s}$ eine Teilreihe von $\sum n^{-s}$ ist. – Wir ordnen die Primzahlen der Größe nach: $p_1 = 2, p_2 = 3$, $p_3 = 5, \ldots$. Entwicklung der Faktoren in geometrische Reihen und Ausmultiplikation liefert

$$\prod_{p_1,\ldots,p_k}(1 - p^{-s})^{-1} = \prod_{p_1,\ldots,p_k}\sum_{m=1}^{\infty}(p^m)^{-s} = \sum n^{-s},$$

wobei in der rechten Summe nur über diejenigen $n \geq 1$ zu summieren ist, in deren (eindeutig bestimmter !) Primfaktorzerlegung lediglich die Primzahlen $p_1, \ldots, p_k$ vorkommen; das erste fehlende n ist dann gerade p_{k+1}. Der Grenzübergang $k \to \infty$ liefert die Behauptung. $\qquad\square$

Übrigens zeigt (2), daß es unendlich viele Primzahlen gibt: Gäbe es nur endlich viele, so hätte das Produkt für $s \to 1$ einen endlichen Grenzwert, während doch die Summe für reelles $s \to 1$ gegen $+\infty$ strebt.

Für tiefere zahlentheoretische Untersuchungen ist es wichtig, daß man die ζ-Funktion, die durch (1) ja nur auf der Halbebene $\sigma > 1$ erklärt ist, als meromorphe Funktion auf eine Umgebung U von $\sigma \geq 1$ fortsetzen kann. Für $U = \{s \in \mathbb{C} : \sigma > 0\}$ läßt sich das ziemlich einfach bewerkstelligen (Aufgabe 3). Bemerkenswert ist, daß $\zeta(s)$ sogar auf die ganze s-Ebene fortgesetzt werden kann. Beim Beweis folgen wir Riemann.

Man hat nach §5 für $\sigma > 0$ und $n \geq 1$

$$\Gamma(s) = \int\limits_0^\infty e^{-x} x^{s-1} dx = \int\limits_0^\infty e^{-nx}(nx)^{s-1} d(nx)$$

$$= n^s \int\limits_0^\infty e^{-nx} x^{s-1} dx,$$

also für $\sigma > 1$

$$\sum_{n=1}^\infty n^{-s}\Gamma(s) = \sum_1^\infty \int\limits_0^\infty e^{-nx} x^{s-1} dx$$

$$= \int\limits_0^\infty (\sum_1^\infty e^{-nx}) x^{s-1} dx = \int\limits_0^\infty \frac{x^{s-1}}{e^x - 1} dx$$

und damit

$$\Gamma(s)\zeta(s) = \int\limits_0^\infty \frac{x^{s-1}}{e^x - 1} dx. \tag{3}$$

Die Vertauschung von Summation und Integral ist für $\sigma > 1$ legitim, da $\left|\sum_1^N e^{-nx} x^{s-1}\right|$ durch die über $[0, +\infty[$ integrierbare Funktion $x^{\sigma-1}(e^x - 1)^{-1}$ beschränkt ist.

Das Integral in (3) existiert nur für $\sigma > 1$ wegen der Singularität im Nullpunkt. Wir wollen durch Modifikation des Integranden und des Integrationsweges ein für alle $s \in \mathbb{C}$ brauchbares Integral gewinnen.

Wir betrachten auf der längs der positiven reellen Achse aufgeschnittenen z-Ebene $G = \mathbb{C} - \{z \in \mathbb{R} : z \geq 0\}$ die Funktion

$$f(z, s) = \frac{(-z)^{s-1}}{e^z - 1},$$

dabei ist $(-z)^{s-1} = \exp[(s-1)\log(-z)]$ mit $-\pi < \operatorname{Im} \log(-z) < \pi$ definiert. Als Funktion von z ist $f(z, s)$ meromorph auf G mit Polen in $z = 2\pi i\nu$, $\nu \in \mathbb{Z} - \{0\}$; als Funktion von s ist f überall holomorph. Man hat (mit $s = \sigma + it$) die Abschätzungen

$$|f(z, s)| \leq e^{|t|\pi} \frac{|z|^{\sigma-1}}{|e^z - 1|}, \tag{4}$$

$$\left|\frac{\partial f}{\partial s}(z, s)\right| \leq e^{|t|\pi} \frac{|z|^{\sigma-1}|\log z|}{|e^z - 1|} \tag{5}$$

und für $x > 0$ die Grenzwerte

$$\lim_{\delta \downarrow 0} f(x \pm i\delta, s) = \exp(\mp(s-1)\pi i)\frac{x^{s-1}}{e^x - 1} \tag{6}$$

wegen $\arg(-(x \pm i\delta)) \to \mp\pi$.

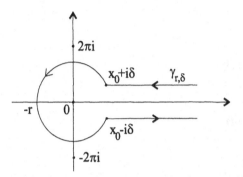

Bild 41

Wir definieren nun (vgl. Bild 41) einen „unendlichen Integrationsweg" $\gamma_{r,\delta} = \gamma_1 \gamma_2 \gamma_3$ in G, dabei sind r und δ Parameter mit $0 < 2\delta < r < 2\pi$: γ_1 ist die Halbgerade $\operatorname{Im} z = \delta$, $x_0 \le \operatorname{Re} z < +\infty$, im Sinne fallender Realteile durchlaufen ($x_0 + i\delta$ ist der in der rechten Halbebene gelegene Schnittpunkt von $\operatorname{Im} z = \delta$ mit $|z| = r$); γ_2 ist der positiv durchlaufene Bogen des Kreises $|z| = r$ von $x_0 + i\delta$ nach $x_0 - i\delta$; γ_3 ist die Halbgerade $\operatorname{Im} z = -\delta$, $x_0 \le \operatorname{Re} z < +\infty$, mit wachsendem Realteil durchlaufen. – Das Integral einer Funktion $h(z)$ über γ_1 bzw. γ_3 ist durch

$$\int_{\gamma_1} h(z)dz = -\int_{x_0}^{\infty} h(x + i\delta)dx, \quad \int_{\gamma_3} h(z)dz = \int_{x_0}^{\infty} h(x - i\delta)dx$$

erklärt.

Wegen (4) ist $z \mapsto f(z, s)$ über $\gamma_{r,\delta}$ integrierbar, wir setzen

$$I_{r,\delta}(s) = \int_{\gamma_{r,\delta}} f(z, s)dz . \tag{7}$$

Die für alle $s \in \mathbb{C}$ definierte Funktion $I_{r,\delta}(s)$ ist überall holomorph, also eine ganze Funktion von s: Nach (5) ist $\partial f/\partial s$ durch eine von s unabhängige über $\gamma_{r,\delta}$ integrierbare Funktion beschränkt, wenn s in einer kompakten Menge variiert, Differentiation unter dem Integral in (7) ist also erlaubt.

Überdies ist $I_{r,\delta}(s)$ unabhängig von der Wahl der Parameter: Hat man etwa $r' < r$ und $\delta' < \delta$, so liegen zwischen $\gamma_{r',\delta'}$ und $\gamma_{r,\delta}$ keine Singularitäten von f; da $f(z, s)$ bei festem

s für Re $z \to +\infty$ exponentiell gegen 0 strebt, liefert der Cauchysche Integralsatz (vgl. Aufgabe 1)

$$I_{r',\delta'}(s) = I_{r,\delta}(s).$$

Lassen wir nun zunächst δ, dann r gegen 0 streben, so erhalten wir mit (6) eine Beziehung zu dem Integral in (3) und damit zur ζ-Funktion: Es ist

$$
\begin{aligned}
\lim_{\delta \to 0} \int_{\gamma_1} f(z,s)dz &= -\lim_{\delta \to 0} \int_{x_0}^{\infty} f(x + i\delta, s)dx \\
&= -\int_{r}^{\infty} \lim_{\delta \to 0} f(x + i\delta, s)dx \\
&= -e^{-(s-1)\pi i} \int_{r}^{\infty} \frac{x^{s-1}}{e^x - 1}\, dx.
\end{aligned}
$$

Die Vertauschung von Grenzübergang und Integral ist legitim, da

$$|f(x \pm i\delta, s)| \le \text{const}\, \frac{x^{\sigma-1}}{e^x - 1}$$

für $x \ge r$ und $0 \le \delta \le r/2$ gilt. – Ebenso erhält man

$$\lim_{\delta \to 0} \int_{\gamma_3} f(z,s)\, dz = e^{(s-1)\pi i} \int_{r}^{\infty} \frac{x^{s-1}}{e^x - 1}\, dx,$$

also ingesamt

$$\lim_{\delta \to 0} I_{r,\delta}(s) = 2i \sin(s-1)\pi \cdot \int_{r}^{\infty} \frac{x^{s-1}}{e^x - 1}\, dx + \int_{\kappa_r(0)} \frac{(-z)^{s-1}}{e^z - 1}\, dz.$$

Der letzte Integrand ist unstetig bei $z = r$, das ist unerheblich.

Für den Grenzübergang $r \to 0$ müssen wir $\sigma = \text{Re}\, s > 1$ voraussetzen. Dann gilt nämlich

$$\int_{r}^{\infty} \frac{x^{s-1}}{e^x - 1}\, dx \to \int_{0}^{\infty} \frac{x^{s-1}}{e^x - 1}\, dx; \qquad \int_{\kappa_r(0)} \frac{(-z)^{s-1}}{e^z - 1}\, dz \to 0.$$

Das letztere ergibt sich mit der Standard-Abschätzung aus $|(-z)^{s-1}| \leq \text{const} \cdot |z|^{\sigma-1}$ und $|e^z - 1| \geq \text{const} \cdot |z|$ auf $\kappa_r(0)$.

Wir erhalten also für $\sigma > 1$ mit (3)

$$\lim_{r \to 0} \lim_{\delta \to 0} I_{r,\delta}(s) = 2i \sin(s-1)\pi \int_0^\infty \frac{x^{s-1}}{e^x - 1}\, dx$$

$$= -2i \sin(s\pi)\Gamma(s)\zeta(s)\,.$$

Setzt man hier noch $\Gamma(s)\Gamma(1-s) = \pi / \sin(s\pi)$ ein (Satz 5.1), so bekommt man schließlich

Satz 9.2. *Für* $\operatorname{Re} s > 1$ *gilt*

$$\zeta(s) = -\Gamma(1-s) \cdot \frac{1}{2\pi i} \int_{\gamma_{r,\delta}} \frac{(-z)^{s-1}}{e^z - 1}\, dz. \tag{8}$$

Das Integral auf der rechten Seite von (8) ist unabhängig von $r \in {]}0, 2\pi{[}$ *und* $\delta \in {]}0, r/2{[}$ *und ist eine ganze Funktion von* s. □

Die Γ-Funktion ist meromorph auf $\mathbb{C}$, die rechte Seite von (8) ist also meromorph auf der ganzen Ebene. Wir *definieren* $\zeta(s)$ für $\operatorname{Re} s \leq 1$ durch diese Gleichung und haben damit die ζ-Funktion als meromorphe Funktion auf ganz $\mathbb{C}$ fortgesetzt.

Die Pole von $\Gamma(s)$ liegen bei $s = 0, -1, -2, \ldots$, sie sind alle einfach. Also hat $\Gamma(1-s)$ nur Pole bei $s = 1, 2, 3, \ldots$. Andererseits ist $\zeta(s)$ für $\operatorname{Re} s > 1$ holomorph, die Pole von $\Gamma(1-s)$ in $2, 3, \ldots$ müssen sich also gegen Nullstellen des Integrals in (8) wegheben. Hingegen hat man für $s = 1$ nach dem Cauchyschen Integralsatz und dem Residuensatz

$$\frac{1}{2\pi i} \int_{\gamma_{r,\delta}} \frac{dz}{e^z - 1} = \frac{1}{2\pi i} \int_{|z|=r} \frac{dz}{e^z - 1} = 1\,.$$

Mit $\operatorname{res}_{s=1} \Gamma(1-s) = -1$ erhalten wir

Satz 9.3. *Die durch (8) auf* $\mathbb{C}$ *fortgesetzte* ζ-*Funktion ist überall holomorph mit Ausnahme eines einfachen Pols bei* $s = 1$, *dort hat* $\zeta(s)$ *das Residuum 1.*

Mit $\Gamma(n+1) = n!$ ($n = 0, 1, 2, \ldots$) kann man die Werte $\zeta(-n)$ leicht aus (8) berechnen (wir schreiben γ für $\gamma_{r,\delta}$):

$$
\begin{aligned}
\zeta(-n) &= -\Gamma(n+1) \cdot \frac{1}{2\pi i} \int_{\gamma} \frac{(-z)^{-n-1}}{e^z - 1}\, dz \\[2mm]
&= (-1)^n\, n!\, \frac{1}{2\pi i} \int_{\gamma} \frac{z^{-n-1}}{e^z - 1}\, dz \\[2mm]
&= (-1)^n\, n! \left[\frac{1}{2\pi i} \int_{|z|=r} \frac{z^{-n-1}}{e^z - 1}\, dz \right],
\end{aligned}
$$

die letzte Gleichung wieder auf Grund des Cauchyschen Integralsatzes.

Nun ist der Term in eckigen Klammern nach Kap. VI, Satz 1.2, gerade der Koeffizient von z^n in der Laurent-Entwicklung

$$
\frac{1}{e^z - 1} = \frac{1}{z} - \frac{1}{2} + \sum_{\nu=1}^{\infty} \frac{B_{2\nu}}{(2\nu)!}\, z^{2\nu-1}
$$

(siehe §4). Man liest ab:

Satz 9.4. *Es ist* $\zeta(0) = -\frac{1}{2}$, $\zeta(-n) = 0$ *für gerades* $n > 0$ *und* $\zeta(-n) = -B_{n+1}/(n+1)$ *für ungerades* $n > 0$.

Wir betrachten nun neben $\gamma = \gamma_{r,\delta}$ die Wege γ_n ($n > 1$), die entstehen, wenn man den von $(2n + 1)\pi + i\delta$ nach $(2n + 1)\pi - i\delta$ führenden Teilweg von γ ersetzt durch den Streckenzug von $(2n+1)\pi+i\delta$ über $(2n+1)\pi(1+i)$, $(2n+1)\pi(-1+i)$, $(2n+1)\pi(-1-i)$, $(2n + 1)\pi(1 - i)$ nach $(2n + 1)\pi - i\delta$ (siehe Bild 42).

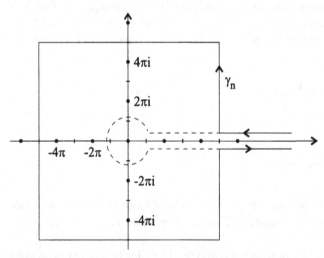

Bild 42

Der Weg γ_n umläuft die Polstellen $\pm 2\pi i\nu$, $\nu = 1, \ldots, n$, des Integranden $f(z) = (-z)^{s-1}/(e^z - 1)$. Nach dem Residuensatz hat man

$$\frac{1}{2\pi i} \int\limits_\gamma f(z)dz + \sum\limits_{\substack{-n \leq \nu \leq n \\ \nu \neq 0}} res_{2\pi i\nu} f = \frac{1}{2\pi i} \int\limits_{\gamma_n} f(z)dz \ . \tag{9}$$

Das Residuum in $2\pi i\nu$ ist $(-2\pi i\nu)^{s-1}$, für $\nu > 0$ ergibt sich mit $\arg(-i) = -\pi/2$ der Wert $(2\pi\nu)^{s-1} \exp(-i\pi(s-1)/2)$, für $\nu < 0$ hat man entsprechend den Wert $(2\pi\nu)^{s-1} \exp(i\pi(s-1)/2)$. Damit bekommt die Residuen-Summe in (9) die Form

$$\sum\limits_{\nu=1}^n (2\pi\nu)^{s-1} \cdot 2\cos\frac{\pi(s-1)}{2} = 2^s \pi^{s-1} \sin\frac{\pi s}{2} \sum\limits_{\nu=1}^n \nu^{s-1}.$$

Für $\operatorname{Re} s < 0$ existiert hier der Grenzwert bei $n \to \infty$ und ist

$$2^s \pi^{s-1} \sin\frac{\pi s}{2} \zeta(1-s).$$

Wir zeigen nun, daß die Integrale über γ_n für $\operatorname{Re} s < 0$ bei wachsendem n gegen 0 gehen und erhalten damit aus (9) eine überraschende Beziehung zwischen $\zeta(s)$ und $\zeta(1-s)$.

In der Tat ist der Nenner von $f(z) = (-z)^{s-1}/(e^z - 1)$ auf den zu γ_n gehörenden Quadratseiten von 0 weg beschränkt:

$$
\begin{aligned}
|e^z - 1| &= |-e^x - 1| \geq 1 \text{ auf den waagerechten Seiten,} \\
|e^z - 1| &\geq e^{(2n+1)\pi} - 1 \geq e^{3\pi} - 1 \text{ auf der rechten Seite,} \\
|e^z - 1| &\geq 1 - e^{-(2n+1)\pi} \geq 1 - e^{-3\pi} \text{ auf der linken Seite.}
\end{aligned}
$$

Weiter hat man auf den Quadratseiten $|z| \geq \text{const} \cdot n$, also für $\sigma < 0$

$$\left| (-z)^{s-1} \right| = |z|^{\sigma-1} e^{-t\arg(-z)} \leq \text{const} \cdot n^{\sigma-1}.$$

Die Standard-Abschätzung liefert damit

$$\left| \int f(z)\, dz \right| \leq \text{const} \cdot n^\sigma \to 0$$

für das Integral über die Quadratseiten. Die Integrale von $f(z)$ über den in $(2n+1)\pi + i\delta$ endenden bzw. den in $(2n+1)\pi - i\delta$ beginnenden Teilweg von γ_n gehen auch nach 0, da $\int\limits_{\gamma_n} f(z)dz$ existiert.

Damit haben wir für $\sigma < 0$ bewiesen:

Satz 9.5. *Die Riemannsche ζ-Funktion erfüllt für alle $s \in \mathbb{C}$ die Funktionalgleichung*

$$\zeta(s) = \Gamma(1-s)\zeta(1-s) \cdot 2^s \pi^{s-1} \sin(\pi s/2). \tag{10}$$

Die Gültigkeit der Formel für $\operatorname{Re} s \geq 0$ ergibt sich aus dem Identitätssatz.

Mit Hilfe der Beziehung

$$\Gamma(\frac{s}{2})\,\Gamma(1 - \frac{s}{2})\sin\frac{\pi s}{2} = \pi \tag{11}$$

und der Legendreschen Verdoppelungsformel (Satz 5.4)

$$\Gamma(2s) = \pi^{-1/2}2^{2s-1}\Gamma(s)\Gamma(s + \frac{1}{2}),$$

in der wir $2s$ durch $1 - s$ ersetzen – das ergibt

$$\Gamma(1 - s) = \pi^{-1/2}2^{-s}\,\Gamma(\frac{1 - s}{2})\,\Gamma(1 - \frac{s}{2}) \tag{12}$$

– können wir die Funktionalgleichung in eine symmetrische Form bringen: (11) und (12) in (10) eingesetzt liefert

$$\Gamma(\frac{s}{2})\zeta(s) = \pi^{s-1/2}\Gamma(\frac{1 - s}{2})\zeta(1 - s).$$

und damit die

Folgerung.

$$\pi^{-s/2}\Gamma(\frac{s}{2})\zeta(s) = \pi^{-(1-s)/2}\Gamma(\frac{1 - s}{2})\zeta(1 - s).$$

Im Jahre 1896 fanden Hadamard und de la Vallée-Poussin unabhängig voneinander den ersten Beweis des schon von Gauß und Legendre vermuteten *„Primzahlsatzes"*

$$\lim_{x\to\infty}\frac{\pi(x)\log x}{x} = 1,$$

dabei ist $\pi(x)$ die Anzahl der Primzahlen p mit $p \leq x$.

Der Beweis benutzt die logarithmische Ableitung $\zeta'(s)/\zeta(s)$ der ζ-Funktion; grundlegend ist dabei, daß diese Funktion, abgesehen von ihrem Pol bei $s = 1$, holomorph auf einer Umgebung der abgeschlossenen Halbebene $\operatorname{Re} s \geq 1$ ist. Dies ergibt sich aus

Satz 9.6. *Auf der Geraden $\sigma = 1$ hat die ζ-Funktion keine Nullstelle.*

Beweis: Wir nehmen an, es sei $\zeta(1 + it_0) = 0$ für eine reelle Zahl $t_0 \neq 0$, und betrachten die Funktion

$$g(s) = \zeta(s)^3\zeta(s + it_0)^4\zeta(s + 2it_0).$$

Sie ist holomorph in einer Umgebung von $s = 1$ und verschwindet in $s = 1$, denn der Pol des ersten Faktors wird von der Nullstelle des zweiten kompensiert. Es muß also $\log|g(s)| \to -\infty$ für $s \to 1$ gelten.

Nun bekommt man aus dem Euler-Produkt (Satz 9.1) für $\operatorname{Re} s > 1$

$$
\begin{aligned}
\log|\zeta(s)| &= \operatorname{Re} \sum_p \log(1 - p^{-s})^{-1} \\
&= \operatorname{Re} \sum_p \sum_{\nu=1}^{\infty} \frac{1}{\nu}(p^\nu)^{-s} \\
&= \operatorname{Re} \sum_{n=1}^{\infty} a_n n^{-s}
\end{aligned}
$$

mit $a_n = 1/\nu$, falls n die ν-te Potenz einer Primzahl ist, und $a_n = 0$ sonst. Jedenfalls ist stets $a_n \geq 0$.

Das liefert für $\sigma > 1$

$$
\begin{aligned}
\log|g(\sigma)| &= 3\log|\zeta(\sigma)| + 4\log|\zeta(\sigma + it_0)| + \log|\zeta(\sigma + 2it_0)| \\
&= \sum_{n=1}^{\infty} a_n \ \operatorname{Re}\left(3n^{-\sigma} + 4\,n^{-\sigma-it_0} + n^{-\sigma-2it_0}\right) \\
&= \sum_{n=1}^{\infty} a_n \ n^{-\sigma}[3 + 4\cos(t_0 \log n) + \cos(2t_0 \log n)] \ .
\end{aligned}
$$

Der Term in eckigen Klammern ist aber nicht negativ wegen

$$
3 + 4\cos\alpha + \cos 2\alpha = 3 + 4\cos\alpha + 2\cos^2\alpha - 1 = 2(1 + \cos\alpha)^2.
$$

Damit ist $\log|g(\sigma)| \geq 0$ im Widerspruch zu $\lim_{\sigma\downarrow 1}\log|g(\sigma)| = -\infty$. $\square$

Wir schließen mit einigen Bemerkungen über die Nullstellen der Riemannschen ζ-Funktion. Aus der Eulerschen Produktdarstellung folgt $\zeta(s) \neq 0$ für $\operatorname{Re} s > 1$; $\zeta(s) \neq 0$ für $\operatorname{Re} s = 1$ haben wir gerade bewiesen. Die Funktionalgleichung

$$
\zeta(s) = 2^s \pi^{s-1} \sin\frac{\pi s}{2}\Gamma(1 - s)\zeta(1 - s),
$$

angewandt für $\operatorname{Re} s \leq 0$, also $\operatorname{Re}(1 - s) \geq 1$, zeigt dann, daß $\zeta(s)$ in der abgeschlossenen linken Halbebene nur die uns schon bekannten „trivialen" Nullstellen $s = -2, -4, -6, \dots$ besitzt, denn alle Faktoren der rechten Seite außer $\sin(\pi s/2)$ sind für $\operatorname{Re}(1 - s) \geq 1$ nullstellenfrei.

Alle „nichttrivialen" Nullstellen von $\zeta(s)$ müssen also in dem sogenannten *kritischen Streifen*

$$\{s = \sigma + it : 0 < \sigma < 1\}$$

liegen. Man kann beweisen, daß $\zeta(s)$ dort unendlich oft verschwindet. Riemann äußerte 1859 die berühmte Vermutung, daß alle nichttrivialen Nullstellen von $\zeta(s)$ auf der Geraden $\sigma = \frac{1}{2}$ liegen. Diese Vermutung wird durch viele theoretische und numerische Untersuchungen gestützt, sie ist aber bis heute unbewiesen.

Aufgaben:

1. Es sei $f(z, s)$ wie oben, $\delta > 0$, $x_1 > 0$, $\gamma = [x_1 - i\delta, x_1 + i\delta]$. Man zeige $\int_\gamma f(z, s)dz \to 0$ für $x_1 \to \infty$ und begründe damit die Anwendungen des Cauchyschen Integralsatzes im Text dieses Paragraphen.

2. Man beweise die Divergenz von $\sum 1/p$, dabei wird über alle Primzahlen p summiert.

3. Man verifiziere für $\operatorname{Re} s > 2$ die folgende Rechnung (für $x \in \mathbb{R}$ bedeutet $[x]$ die größte ganze Zahl $\leq x$):

$$\zeta(s) = \sum_1^\infty n\left(\frac{1}{n^s} - \frac{1}{(n+1)^s}\right) = \sum_1^\infty s\, n \int_n^{n+1} x^{-s-1}\, dx = s \int_1^\infty [x] x^{-s-1}\, dx.$$

Daraus leite man die Darstellung

$$\zeta(s) - \frac{1}{s-1} = 1 + s \int_1^\infty ([x] - x) x^{-s-1}\, dx$$

ab. Da die rechte Seite dieser Gleichung sogar für $\operatorname{Re} s > 0$ holomorph ist, liefert sie die Fortsetzung von $\zeta(s)$ als meromorphe Funktion auf die rechte Halbebene.

4. Aus der letzten Formel in Aufgabe 3 leite man her

$$\lim_{s \to 1}\left(\zeta(s) - \frac{1}{s-1}\right) = \gamma;$$

dabei bezeichnet γ die Eulersche Konstante.

5. Mit den Sätzen 9.4 und 9.5 bestimme man die Werte $\zeta(2k)$ für $k = 1, 2, 3, \dots$.

6. Ist s eine nicht-reelle Nullstelle der ζ-Funktion, so sind auch $\bar{s}$, $1-s$ und $1-\bar{s}$ Nullstellen.

7. Man zeige: $\xi(s) = s(s-1)\pi^{-s/2}\Gamma(\frac{s}{2})\zeta(s)$ ist eine ganze Funktion, deren Nullstellen genau die nicht-reellen Nullstellen von $\zeta(s)$ sind. Es gilt $\xi(1-s) = \xi(s)$ und $\xi(s)$ ist reell auf der Geraden $\sigma = 1/2$.

8. Man beweise $-\zeta'(s)/\zeta(s) = \sum_1^\infty \Lambda(n) n^{-s}$ für $\operatorname{Re} s > 1$; dabei ist $\Lambda(n) = \log p$, wenn n eine Potenz einer Primzahl p ist, $\Lambda(n) = 0$ sonst.
   Bemerkung: Mit $\psi(x) = \sum_{n \leq x} \Lambda(n)$ ist der Primzahlsatz äquivalent zu $\lim_{x \to \infty} \psi(x)/x = 1$. Eine Beweis-Strategie ist daher, aus Kenntnissen über $\zeta(s)$ Informationen über $\psi(x)$ zu gewinnen.

Kapitel VIII*

Funktionentheorie auf beliebigen Bereichen

Wir übertragen in diesem Kapitel die Sätze von Mittag-Leffler und Weierstraß auf beliebige offene Mengen in der komplexen Ebene. Die Hauptschwierigkeit besteht dabei in der Konstruktion konvergenzerzeugender Summanden – im Fall der komplexen Ebene konnten wir solche Summanden sofort durch Potenzreihenentwicklung finden. Diese Schwierigkeit wird durch die Approximationssätze von §1 behoben. – Alle in diesem Kapitel betrachteten offenen oder kompakten Mengen sind Teilmengen der Zahlenebene.

Die Theorie der rationalen Approximation wurde durch C. Runge (1885) begründet; die Formulierung der Ergebnisse mittels des Begriffs der U-Konvexität stammt aus der modernen Funktionentheorie mehrerer Veränderlicher. Der Ursprung von Satz 2.1 ist schwer ausfindig zu machen; allgemein bekannt wurde der Satz durch seine Verwendung in der Funktionentheorie mehrerer Veränderlicher (Dolbeault, Grothendieck seit ca. 1950). Ebenso ist die Lösung der Mittag-Leffler- und Weierstraß-Probleme durch holomorphe Cozyklen und das Okasche Prinzip der mehrdimensionalen komplexen Analysis entnommen; diese Techniken haben sich in den 40er und 50er Jahren des letzten Jahrhunderts entwickelt (Oka, Cartan, Serre, Stein).

§ 1.   Die Rungeschen Approximationssätze

Wir wollen in diesem Kapitel eine Funktion f auf einer Menge $M \subset \mathbb{C}$ *holomorph* nennen, wenn es eine Umgebung U von M und eine auf U holomorphe Funktion F mit $F|M = f$ gibt. Grundlegend für alle weiteren Überlegungen ist ein Satz über rationale Approximation auf kompakten Mengen:

Satz 1.1. *Es sei f eine auf einer kompakten Menge K holomorphe Funktion. Dann gibt es eine Folge f_ν rationaler Funktionen ohne Pole auf K, die gleichmäßig auf K gegen f konvergiert.*

Beweis: Die Funktion f sei noch in einer offenen Umgebung U von K holomorph. Nach Kap. IV, Satz 3.3 können wir einen Zyklus Γ finden, der in U nullhomolog ist und $n(\Gamma, z) = 1$ für alle $z \in K$ erfüllt. Dann ist für $z \in K$

$$f(z) = \frac{1}{2\pi i} \int\limits_{\Gamma} \frac{f(\zeta)}{\zeta - z}\, d\zeta.$$

Wir werden zeigen, dass man das Integral durch rationale Funktionen gleichmäßig auf K approximieren kann. Es sei $\Gamma = \sum n_\rho \gamma_\rho$ eine Zerlegung von Γ in Integrationswege, und

$$I_\rho(z) = \frac{1}{2\pi i} \int\limits_{\gamma_\rho} \frac{f(\zeta)}{\zeta - z}\, d\zeta.$$

Wir dürfen annehmen (indem wir γ_ρ evtl. weiter zerlegen und umparametrisieren), dass

$$\gamma_\rho : [0, 1] \to U$$

eine stetig differenzierbare Abbildung ist. Also wird (mit $\gamma_\rho = \gamma$)

$$I_\rho(z) = \frac{1}{2\pi i} \int\limits_0^1 \frac{f(\gamma(t))}{\gamma(t) - z} \gamma'(t)\, dt.$$

Es sei nun $\delta > 0$ eine beliebige positive Zahl. Wir können eine (komplexwertige) Treppenfunktion $\varphi : [0, 1] \to \mathbb{C}$ so finden, dass

$$|f(\gamma(t)) - \varphi(t)| < \delta$$

auf $[0, 1]$ wird. Weiter sei $2r$ der Abstand zwischen $\mathrm{Sp}\,\Gamma$ und K. Wir wählen eine weitere Treppenfunktion ψ, so dass

$$|\gamma(t) - \psi(t)| < \delta$$

auf $[0, 1]$ gilt, und dürfen von vornherein $\delta \leq r$ annehmen. Dann ist immer $\psi(t) \notin K$. Schließlich sei χ eine dritte Treppenfunktion mit

$$|\gamma'(t) - \chi(t)| < \delta$$

für $t \in [0, 1]$. Dann ist für $z \in K$

$$\left| \frac{f(\gamma(t))}{\gamma(t) - z} \gamma'(t) - \frac{\varphi(t)}{\psi(t) - z} \chi(t) \right|$$
$$= \frac{|(\psi(t) - z)f(\gamma(t))\gamma'(t) - (\gamma(t) - z)\varphi(t)\chi(t)|}{|\gamma(t) - z|\,|\psi(t) - z|} \leq \frac{\mathrm{const} \cdot \delta}{2r^2} \leq \mathrm{const} \cdot \delta$$

mit einer von δ unabhängigen Konstanten. Es folgt

$$\left| I_\rho(z) - \frac{1}{2\pi i} \int_0^1 \frac{\varphi(t)}{\psi(t) - z} \chi(t)\, dt \right| \le \frac{1}{2\pi} \text{ const} \cdot \delta;$$

wählt man zu gegebenem $\epsilon > 0$ die Zahl δ passend klein, so folgt

$$\left| I_\rho(z) - \frac{1}{2\pi i} \int_0^1 \frac{\varphi(t)}{\psi(t) - z} \chi(t)\, dt \right| < \epsilon.$$

Das letzte Integral können wir aber leicht auswerten. Es sei $[t_0, t_1, \ldots, t_k]$ eine Zerlegung des Einheitsintervalls, so dass φ, ψ und χ auf den Zerlegungsintervallen $]t_{\kappa-1}, t_\kappa[$ konstant sind und dort die Werte a_κ, b_κ bzw. c_κ annehmen. Dann ist

$$\frac{1}{2\pi i} \int_0^1 \frac{\varphi(t)}{\psi(t) - z} \chi(t)\, dt = \frac{1}{2\pi i} \sum_{\kappa=1}^k (t_\kappa - t_{\kappa-1}) \frac{a_\kappa c_\kappa}{b_\kappa - z}.$$

Rechts steht nun eine rationale Funktion von z mit Polen in den b_κ, d.h. außerhalb von K. – Da γ_ρ ein beliebiger Summand von $\Gamma = \sum n_\rho \gamma_\rho$ war, ist der Satz hiermit bewiesen.

$\square$

Um aus Satz 1.1 weitere Approximationssätze herzuleiten, brauchen wir zwei Hilfssätze.

Hilfssatz 1 (Polverschiebung). *Es sei K eine kompakte Menge, $a \neq \infty$ und b zwei Punkte in $U = \hat{\mathbb{C}} - K$, die in U durch einen Weg γ verbindbar sind. Dann existiert zu jedem $\epsilon > 0$ eine Funktion h mit folgenden Eigenschaften:*

i) $\left| \dfrac{1}{z - a} - h(z) \right| < \epsilon$ *für alle $z \in K$.*

ii) h ist rational und hat nur in b einen Pol.

Bemerkung: Ist $b = \infty$, so ist h ein Polynom.

Beweis: Wir nehmen zunächst $b \neq \infty$ an. Da K und Sp γ positiven Abstand haben, gibt es ein $r > 0$ und eine Folge

$$a = a_0, a_1, \ldots, a_{k-1}, a_k = b$$

von Punkten auf γ, so dass gilt:

$$a_{\kappa-1} \in D_r(a_\kappa), \qquad D_{2r}(a_\kappa) \cap K = \emptyset.$$

Die Funktion

$$\frac{1}{z-a} = \frac{1}{z-a_0}$$

ist im Komplement von $\overline{D_r(a_1)}$ holomorph und kann daher dort um a_1 in eine Laurentreihe entwickelt werden:

$$\frac{1}{z-a_0} = \frac{1}{z-a_1} + \sum_{\nu=2}^{\infty} \frac{b_\nu^1}{(z-a_1)^\nu}.$$

Da die Reihe gleichmäßig auf K konvergiert, können wir ein n_1 so finden, dass für

$$h_1(z) = \frac{1}{z-a_1} + \sum_{\nu=2}^{n_1} \frac{b_\nu^1}{(z-a_1)^\nu}$$

gilt:

$$\left| \frac{1}{z-a_0} - h_1(z) \right| < \frac{\epsilon}{k} \text{ auf } K.$$

h_1 hat als einzigen Pol den Punkt a_1.

Als nächstes entwickeln wir h_1 auf $\mathbb{C} - \overline{D_r(a_2)}$ um a_2 und erhalten

$$h_1(z) = \frac{1}{z-a_2} + \sum_{\nu=2}^{\infty} \frac{b_\nu^2}{(z-a_2)^\nu};$$

für geeignetes n_2 gilt mit

$$h_2(z) = \frac{1}{z-a_2} + \sum_{\nu=2}^{n_2} \frac{b_\nu^2}{(z-a_2)^\nu}$$

dann auf ganz K

$$|h_1(z) - h_2(z)| < \frac{\epsilon}{k}.$$

Das Verfahren setzt man k-mal fort und erhält eine Folge $h_1, \ldots, h_k$ rationaler Funktionen mit jeweils a_κ als einzigem Pol, mit

$$|h_\kappa(z) - h_{\kappa-1}(z)| < \frac{\epsilon}{k}$$

auf K. Dann leistet offenbar h_k das Verlangte. –

Ist $b = \infty$, so wählt man zunächst einen Punkt b_0 auf γ, so dass

$$K \subset \{z : |z| < \frac{1}{2}|b_0|\}$$

und eine rationale Funktion h_0 mit b_0 als einzigem Pol, so dass

$$\left| \frac{1}{z-a} - h_0(z) \right| < \frac{\epsilon}{2}$$

auf K wird. Das ist nach Teil 1 des Beweises möglich. h_0 wird dann auf K gleichmäßig durch die Taylorentwicklung um 0 dargestellt; für ein Taylorpolynom h hinreichend hohen Grades von h_0 gilt

$$|h_0(z) - h(z)| < \frac{\epsilon}{2}$$

auf K. Damit löst h das Problem. $\square$

Hilfssatz 2 *Es sei K kompakt, U offen, $K \subset U$ und V eine Wegkomponente von $U - K$ mit $\overline{V} \not\subset U$. Ist dann a ein Punkt von V, so gibt es einen Weg γ mit Anfangspunkt a und Endpunkt auf ∂U, der mit Ausnahme seines Endpunktes ganz in V verläuft.*

Anschaulich heißt das: a ist mit ∂U „in V" verbindbar.

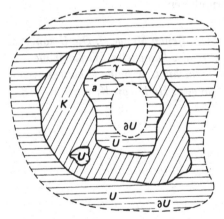

Bild 43 Verbindung von a mit ∂U

Beweis: Es sei $b_1 \in \overline{V} - U$. Da K kompakt ist, ist der Abstand δ zwischen K und ∂U positiv. Wir wählen einen Punkt $b_2 \in V$ mit

$$|b_2 - b_1| < \frac{\delta}{2}.$$

Weiter sei δ_1 die größte Zahl, für die $D_{\delta_1}(b_2) \subset V$ gilt; wegen $b_1 \notin V$ ist $\delta_1 \leq \frac{\delta}{2}$. Auf dem Rand von $D_{\delta_1}(b_2)$ liegt ein Randpunkt b von V. Es ist

$$|b - b_1| \leq |b - b_2| + |b_2 - b_1| < \delta;$$

daher gehört b nicht zu K und deshalb ist $b \in \partial U$. Wir verbinden nun a in V mit b_2 und b_2 durch den Kreisradius mit b. □

Wir können Satz 1.1 jetzt verschärfen.

Satz 1.2. (Rungescher Approximationssatz, erste Fassung) *Es sei K eine kompakte Teilmenge der offenen Menge $U \subset \mathbb{C}$. Keine Wegkomponente V von $U - K$ liege relativ kompakt in U. Dann ist jede auf K holomorphe Funktion f gleichmäßig auf K durch auf U holomorphe Funktionen approximierbar, und zwar durch rationale Funktionen mit Polen außerhalb von U.*

Beweis: Nach Satz 1.1 kann f gleichmäßig auf K durch rationale Funktionen mit Polen außerhalb von K approximiert werden. Wir müssen also nur noch solche rationale Funktionen h durch auf U holomorphe Funktionen gleichmäßig auf K approximieren. Natürlich dürfen wir annehmen, dass h genau einen Pol a hat, da jede rationale Funktion eine Summe derartiger Funktionen ist. Falls a nicht in U liegt, sind wir fertig. Liegt a in einer unbeschränkten Wegkomponente V von $U - K$, so ist a in V mit Punkten beliebig großen Betrages verbindbar. Nach Hilfssatz 1 kann $1/(z - a)$ dann gleichmäßig auf K durch Polynome approximiert werden, also h auch. Liegt a aber in einer beschränkten Wegkomponente V von $U - K$, so ist a nach Hilfssatz 2 mit einem Punkt $b \in \partial U$ „in V" verbindbar und kann nach Hilfssatz 1 daher durch rationale Funktionen mit b als einzigem Pol gleichmäßig auf K approximiert werden. □

Wir wollen dieses Ergebnis mit neuen Begriffen formulieren.

Definition 1.1. *Es sei K eine kompakte Teilmenge der offenen Menge U. Die U-konvexe Hülle von K ist die Vereinigung von K mit allen in U relativ-kompakten Wegkomponenten von $U - K$; sie wird mit $\hat{K}_U$ oder einfach mit $\hat{K}$ bezeichnet. K heißt U-konvex, wenn $K = \hat{K}_U$ ist. Ist $U = \mathbb{C}$, so heißt $\hat{K}_\mathbb{C}$ die polynomkonvexe Hülle von K; wenn $K = \hat{K}_\mathbb{C}$ ist, heißt K polynomkonvex.*

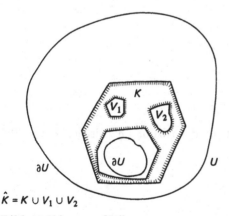

$\hat{K} = K \cup V_1 \cup V_2$

Bild 44 U-konvexe Hülle

$\hat{K}$ ist immer kompakt. Ist nämlich $K \subset D = \{z : |z| \leq R\}$, so gilt $V \subset D$ für jede in U relativ-kompakte Wegkomponente V von $U - K$, und damit ist $\hat{K}$ beschränkt. $U - \hat{K}$

besteht aus Wegkomponenten von $U - K$ und ist also offen, d.h. $\hat{K}$ ist abgeschlossen. Anschaulich entsteht $\hat{K}$ aus K durch „Auffüllen der Löcher".

$U - \hat{K}$ hat keine in U relativ-kompakten Wegkomponenten, daher ist $\hat{\hat{K}} = \hat{K}$. Ferner hat man wegen $K \subset \hat{K}$:

Hilfssatz 3. *Zu jedem Bereich U gibt es eine Folge $K_1 \subset K_2 \subset \ldots \subset U$ kompakter U-konvexer Mengen K_ν mit $\cup K_\nu = U$.*

Eine funktionentheoretische Charakterisierung von $\hat{K}$ liefert

Satz 1.3. *Es ist $z \in \hat{K}_U$ genau dann, wenn für jede auf U holomorphe Funktion f gilt:*

$$|f(z)| \leq \max_K |f|.$$

Beweis: 1. Es sei f holomorph auf U und V eine in U relativ-kompakte Wegkomponente von $U - K$. Dann ist $\partial V \subset K$. Für $z \in V$ folgt aus dem Maximumprinzip

$$|f(z)| \leq \max_{\partial V} |f| \leq \max_K |f|.$$

2. Umgekehrt sei $z_0 \notin \hat{K}$; wir konstruieren eine auf U holomorphe Funktion f mit $|f(z_0)| > \max_K |f|$. Die Funktion f_0 mit

$$f_0(z_0) = 1, \qquad f_0(z) = 0 \text{ für } z \in \hat{K}$$

ist auf $\hat{K} \cup \{z_0\}$ holomorph. Da $U - \hat{K}$ keine in U relativ kompakten Wegkomponenten hat, gilt dasselbe für $U - (\hat{K} \cup \{z_0\})$. Nach Satz 1.2 gibt es also eine auf U holomorphe Funktion f mit

$$\max_{\hat{K} \cup \{z_0\}} |f - f_0| < \frac{1}{4}$$

also

$$|f(z_0)| > \frac{3}{4} > \frac{1}{4} > \max_K |f|. \qquad \square$$

Aus den bisherigen Ergebnissen folgt nun die zweite Fassung des Rungeschen Approximationssatzes:

Satz 1.4. (Runge) *Für einen kompakten Teil K eines Bereiches U in $\mathbb{C}$ sind folgende Aussagen äquivalent:*

   i) K ist U-konvex.

   ii) Jede auf K holomorphe Funktion ist gleichmäßiger Limes auf K von auf U holomorphen Funktionen.

   iii) Jede auf K holomorphe Funktion ist gleichmäßiger Limes auf K von rationalen Funktionen, die ihre Pole außerhalb U haben.

Beweis: Wir müssen nur noch i) aus ii) herleiten. Nehmen wir an, $U - K$ habe eine in U relativ kompakte Wegkomponente V. Dann ist $\partial V \subset K$. Wir wählen ein $a \in V$ und zeigen, dass die Funktion

$$f(z) = \frac{1}{z - a}$$

nicht durch auf U holomorphe Funktionen approximiert werden kann. Strebt nämlich $f_\nu \to f$ gleichmäßig auf K, so konvergiert die Folge f_ν nach dem Maximumprinzip auch noch gleichmäßig auf $K \cup V$; die Grenzfunktion werde mit f_0 bezeichnet. Dann ist $g(z) = (z - a)f_0(z)$ holomorph auf $\overline{V}$ und stimmt auf ∂V mit der holomorphen Funktion $(z - a)f(z) = 1$ überein, also auch auf ganz $\overline{V}$. Aber es ist $g(a) = 0 \neq 1$. $\quad\square$

Die bisherigen Sätze lösen das Problem der lokal gleichmäßigen Approximation durch rationale Funktionen:

Satz 1.5. (Dritte Version des Rungeschen Satzes) *Jede auf einer offenen Menge U holomorphe Funktion f ist lokal gleichmäßiger Limes auf U von rationalen Funktionen mit Polen außerhalb U.*

Beweis: Es sei $K \subset U$ eine kompakte Menge, $\epsilon > 0$. Nach Satz 1.4 gibt es eine rationale Funktion h mit Polen außerhalb U, so dass $|f(z) - h(z)| < \epsilon$ für alle $z \in \hat{K}_U$, also erst recht für alle $z \in K$ ist. $\quad\square$

Für einfach zusammenhängende Bereiche U lässt sich rationale Approximation durch Polynomapproximation ersetzen. Wir wollen dabei einen beliebigen Bereich *einfach zusammenhängend* nennen, wenn jede seiner Wegkomponenten einfach zusammenhängt.

Satz 1.6. *Ein Bereich U hängt genau dann einfach zusammen, wenn jede auf U holomorphe Funktion lokal gleichmäßig auf U durch Polynome approximiert werden kann.*

Beweis: 1. U hänge einfach zusammen, und $K \subset U$ sei eine kompakte Menge. Wir betrachten eine beschränkte Wegkomponente von $\mathbb{C} - K$, etwa V. Da $\partial V \subset K \subset U$ sein muss, ist $U_0 = U \cup \overline{V}$ offen. Nach Kap. IV, Satz 3.3 gibt es einen in U_0 nullhomologen Zyklus Γ mit $\mathrm{Sp}\,\Gamma \subset U$ und $n(\Gamma, z) = 1$ für alle $z \in \overline{V}$. Da U einfach zusammenhängt, folgt $\overline{V} \subset U$; insgesamt:

$$\hat{K}_{\mathbb{C}} \subset U.$$

Ist nun f auf U holomorph, so lässt sich f nach Satz 1.5 gleichmäßig auf $\hat{K}_{\mathbb{C}}$ durch Polynome approximieren, also erst recht auf K.

2. Umgekehrt sei jede holomorphe Funktion f auf U lokal gleichmäßiger Limes von Polynomen. Ist $z_0 \notin U$ und Γ ein Zyklus in U, so kann insbesondere $f(z) = 1/(z - z_0)$ auf $\mathrm{Sp}\,\Gamma$ durch Polynome f_ν approximiert werden, und wir erhalten für die Umlaufszahl

$$n(\Gamma, z_0) = \frac{1}{2\pi i} \int_\Gamma f(z)\,dz = \lim_{\nu \to \infty} \frac{1}{2\pi i} \int_\Gamma f_\nu(z)\,dz = 0.$$

$\square$

Aufgaben:

1. Es sei $U_1 = \{z : |z| < 1\}$, $U_2 = \{z : 0 < |z| < 1\}$, $K = \{z : |z| = \frac{1}{2}\}$. Bestimme $\hat{K}_{U_1}$, $\hat{K}_{U_2}$, $\hat{K}_{\mathbb{C}}$.

2. Es sei $U \subset V$. Dann und nur dann, wenn $\hat{K}_U = \hat{K}_V$ für jede kompakte Menge in U gilt, kann jede auf U holomorphe Funktion lokal gleichmäßig durch auf V holomorphe Funktionen approximiert werden.

3. Zeige: Ist U einfach zusammenhängend, so ist $\hat{K}_U = \hat{K}_{\mathbb{C}}$ für alle $K \subset U$, und umgekehrt.

4. Es sei K eine beliebige kompakte Menge in $\mathbb{C}$. Zeige:

   a) $U = \mathbb{C} - K$ hat höchstens abzählbar viele Wegkomponenten und genau eine unbeschränkte.

   b) Wähle in jeder Wegkomponente von U genau einen Punkt a_i, in der unbeschränkten U_0 setze $a_0 = \infty$. Zeige: Jede auf K holomorphe Funktion ist gleichmäßiger Limes von rationalen Funktionen mit Polen in den a_i.

§ 2. Die inhomogenen Cauchy-Riemannschen Differentialgleichungen

Eine reell differenzierbare Funktion u ist genau dann holomorph, wenn sie den Cauchy-Riemannschen Differentialgleichungen

$$\frac{\partial u}{\partial \overline{z}} = 0$$

genügt. Der Wert der Ableitung nach $\overline{z}$ kann also bei einer beliebigen Funktion als ein Maß für die Abweichung von der Holomorphie angesehen werden. Wir werden in diesem Paragraphen zeigen, dass man zu beliebig vorgegebener stetig differenzierbarer Funktion f immer Funktionen u mit

$$\frac{\partial u}{\partial \overline{z}} = f$$

finden kann. Das obige System heißt System der *inhomogenen Cauchy-Riemannschen Differentialgleichungen*.

Satz 2.1. *Ist f eine auf dem Bereich U stetig differenzierbare Funktion, so gibt es eine stetig differenzierbare Funktion u auf U mit*

$$\frac{\partial u}{\partial \overline{z}} = f.$$

Dabei ist u bis auf Addition einer holomorphen Funktion eindeutig bestimmt.

Beweis: 1. Die Eindeutigkeitsaussage ist klar.

2. Wir nehmen zunächst $U \subset\subset \mathbb{C}$ als positiv berandetes Gebiet an und setzen f als stetig differenzierbar sogar in einer Umgebung von $\overline{U}$ voraus. Um einen Lösungsansatz zu gewinnen, nehmen wir an, wir hätten schon eine sogar auf $\overline{U}$ stetig differenzierbare Lösung u, und wenden auf u die inhomogene Cauchysche Integralformel (Kap. III, Satz 3.1) an:

$$u(z) = \frac{1}{2\pi i} \int\limits_{\partial U} \frac{u(\zeta)}{\zeta - z} \, d\zeta + \frac{1}{2\pi i} \int\limits_{U} \frac{\partial u/\partial \overline{\zeta}}{\zeta - z} \, d\zeta \wedge d\overline{\zeta}, \qquad z \in U.$$

Nun ist das Randintegral eine holomorphe Funktion von z; beachten wir noch $\partial u/\partial \overline{z} = f$, so erhalten wir durch Ableiten nach $\overline{z}$:

$$f(z) = \frac{\partial u}{\partial \overline{z}}(z) = \frac{\partial}{\partial \overline{z}} \left[\frac{1}{2\pi i} \int\limits_{U} \frac{f(\zeta)}{\zeta - z} \, d\zeta \wedge d\overline{\zeta} \right].$$

Mit u ist also auch das Flächenintegral rechts eine Lösung der Cauchy-Riemannschen Differentialgleichungen. Daher zeigen wir

3. Ist $U \subset\subset \mathbb{C}$, f in einer Umgebung von $\overline{U}$ stetig differenzierbar, so ist

$$u(z) = \frac{1}{2\pi i} \int\limits_{U} \frac{f(\zeta)}{\zeta - z} \, d\zeta \wedge d\overline{\zeta}, \qquad z \in U$$

eine stetig differenzierbare Lösung der Gleichung $\partial u/\partial \overline{z} = f$ auf U.

4. Zunächst muss u als stetig differenzierbar nachgewiesen werden. Dazu sei $z_0 \in U$ beliebig und $r > 0$ so klein, dass $D_{2r}(z_0) \subset\subset U$ gilt. Weiter sei $\varphi : \mathbb{C} \to \mathbb{R}$ eine beliebig oft differenzierbare Funktion mit

$$0 \leq \varphi \leq 1, \qquad \varphi \equiv 1 \text{ auf } D_r(z_0), \qquad \varphi \equiv 0 \text{ auf } \mathbb{C} - D_{2r}(z_0).$$

Dann ist

$$u(z) = \frac{1}{2\pi i} \int\limits_{U} \frac{\varphi(\zeta) f(\zeta)}{\zeta - z} \, d\zeta \wedge d\overline{\zeta} + \frac{1}{2\pi i} \int\limits_{U} \frac{(1 - \varphi(\zeta)) f(\zeta)}{\zeta - z} \, d\zeta \wedge d\overline{\zeta} = u_1(z) + u_2(z).$$

Wir wählen z nun immer in $D_{r/2}(z_0)$. Da man bei u_2 nur über $U - D_r(z_0)$ zu integrieren braucht, kann unter dem Integralzeichen nach $z, \overline{z}$ differenziert werden (Kap. II, §4): Wir sehen, dass u_2 in $D_{r/2}(z_0)$ sogar holomorph ist.

Bei u_1 würde Differentiation unter dem Integralzeichen auf eine nichtintegrierbare Funktion führen; wir müssen einen Trick anwenden. Wegen $\varphi f \equiv 0$ außerhalb $D_{2r}(z_0)$ ist

$$u_1(z) = \frac{1}{2\pi i} \int\limits_{\mathbb{C}} \frac{\varphi(\zeta) f(\zeta)}{\zeta - z} \, d\zeta \wedge d\overline{\zeta}.$$

Wir substituieren $\zeta - z = w$ und erhalten weiter

$$u_1(z) = \frac{1}{2\pi i} \int\limits_{\mathbb{C}} \frac{\varphi(z+w)f(z+w)}{w} \, dw \wedge d\overline{w}.$$

Jetzt hängt der Integrand aber stetig differenzierbar von z und $\overline{z}$ ab; alle seine Ableitungen nach z, $\overline{z}$ sind gleichmäßig durch integrierbare Funktionen von w beschränkt; damit ist auch u_1 stetig differenzierbar, und die Ableitungen ergeben sich durch Differentiation unter dem Integral.

5. In der Nähe von z_0 ist

$$\begin{aligned}
\frac{\partial u}{\partial \overline{z}}(z) &= \frac{\partial u_1}{\partial \overline{z}}(z) = \frac{\partial}{\partial \overline{z}} \left[\frac{1}{2\pi i} \int\limits_{U} \frac{(\varphi f)(\zeta)}{\zeta - z} \, d\zeta \wedge d\overline{\zeta} \right] \\
&= \frac{1}{2\pi i} \int\limits_{\mathbb{C}} \frac{\partial/\partial \overline{z}[\varphi(z+w)f(z+w)]}{w} \, dw \wedge d\overline{w}
\end{aligned}$$

nach Abschnitt 4. Wir substituieren $z + w = \zeta$ und beachten

$$\frac{\partial}{\partial \overline{z}} h(z+w) = \frac{\partial h}{\partial \overline{\zeta}}(\zeta)$$

für differenzierbare Funktionen h. Also

$$\frac{\partial u}{\partial \overline{z}} = \frac{1}{2\pi i} \int\limits_{\mathbb{C}} \frac{\partial/\partial \overline{\zeta}[\varphi(\zeta)f(\zeta)]}{\zeta - z} \, d\zeta \wedge d\overline{\zeta}.$$

Wenden wir nun noch die inhomogene Cauchysche Integralformel auf φf in einem so großen Kreis D an, dass $D_{2r}(z_0) \subset\subset D$ und daher auch $\varphi f \equiv 0$ auf ∂D ist, so folgt für $z \in D_{r/2}(z_0)$:

$$\begin{aligned}
f(z) = \varphi(z)f(z) &= \frac{1}{2\pi i} \int\limits_{D} \frac{\partial/\partial \overline{\zeta}[\varphi(\zeta)f(\zeta)]}{\zeta - z} \, d\zeta \wedge d\overline{\zeta} \\
&= \frac{1}{2\pi i} \int\limits_{\mathbb{C}} \frac{\partial/\partial \overline{\zeta}[\varphi(\zeta)f(\zeta)]}{\zeta - z} \, d\zeta \wedge d\overline{\zeta} = \frac{\partial u}{\partial \overline{z}}(z).
\end{aligned}$$

Die Behauptung in Teil 3 ist damit bewiesen.

6. Wir geben nun die an f und U in Teil 3 gemachten Zusatzvoraussetzungen auf. Dazu wird der Rungesche Satz herangezogen.

Es sei $K_1 \subset K_2 \subset \ldots \subset U$ eine Folge U-konvexer kompakter Mengen mit

$$\bigcup K_\nu = U.$$

Wir wählen offene in U relativ kompakte Umgebungen $U_\nu \subset\subset U_{\nu+1}$ von K_ν und reelle unendlich oft differenzierbare Funktionen φ_ν auf $\mathbb{C}$ mit

$$0 \leq \varphi_\nu \leq 1, \qquad \varphi_\nu \equiv 1 \text{ auf } U_\nu, \qquad \varphi_\nu \equiv 0 \text{ außerhalb } U_{\nu+1}.$$

Ferner sei $\epsilon_\nu > 0$ eine Zahlenfolge mit $\sum \epsilon_\nu < \infty$. Auf die Differentialgleichungen

$$\frac{\partial u}{\partial \bar{z}} = \varphi_\nu f \text{ auf } U_{\nu+1}$$

wenden wir das Ergebnis 3 an. Es sei also u_1 eine stetig differenzierbare Funktion auf U_2 mit

$$\frac{\partial u_1}{\partial \bar{z}} = \varphi_1 f.$$

Weiter seien stetig differenzierbare Funktionen $u_1, \ldots, u_n$ auf $U_2, \ldots, U_{n+1}$ so konstruiert, dass für $\nu = 1, \ldots, n$

$$\frac{\partial u_\nu}{\partial \bar{z}} = \varphi_\nu f \text{ auf } U_{\nu+1}$$

und

$$\max_{K_{\nu-1}} |u_\nu(z) - u_{\nu-1}(z)| \leq \epsilon_{\nu-1}$$

wird (für $\nu = 1$ entfällt die letzte Bedingung). Wir wollen ein u_{n+1} so konstruieren, dass die obigen Bedingungen auch für $\nu = n+1$ erfüllt bleiben. Dazu sei (siehe Teil 3) v eine stetig differenzierbare Lösung von

$$\frac{\partial v}{\partial \bar{z}} = \varphi_{n+1} f$$

auf U_{n+2}. Auf U_{n+1} ist u_n noch definiert, und auf U_n ist $\varphi_{n+1} \equiv \varphi_n \equiv 1$; also hat man dort

$$\frac{\partial v}{\partial \bar{z}} - \frac{\partial u_n}{\partial \bar{z}} = \varphi_{n+1} f - \varphi_n f = 0.$$

Demnach ist $v - u_n$ eine auf U_n holomorphe Funktion. Nach Satz 1.4 gibt es dann eine auf ganz U holomorphe Funktion h mit

$$\max_{K_n} |v - u_n - h| \leq \epsilon_n.$$

Setzen wir nun

$$u_{n+1} = v - h,$$

so leistet u_{n+1} das Verlangte.

Damit haben wir also eine Folge u_ν mit

$$\frac{\partial u_\nu}{\partial \overline{z}} = \varphi_\nu f \text{ auf } U_{\nu+1}$$

$$\max_{K_{\nu-1}} |u_\nu - u_{\nu-1}| \leq \epsilon_{\nu-1}$$

konstruiert; jedes u_ν ist auf $U_{\nu+1}$ stetig differenzierbar. Wir bilden nun

$$u(z) = \lim_{\nu \to \infty} u_\nu(z).$$

Die Folge konvergiert lokal gleichmäßig. Ist nämlich $K \subset U$ kompakt, etwa $K \subset K_n$, so ist für $\nu \geq \mu \geq n$

$$\max_{K} |u_\nu - u_\mu| \leq \epsilon_{\mu-1} + \ldots + \epsilon_{\nu-1}.$$

Wegen der Kovergenz von $\sum \epsilon_\nu$ ist das Cauchy-Kriterium erfüllt. Damit ist u also eine stetige Funktion auf U.

Ist $z \in U_{n-1}$, so haben wir

$$u(z) - u_n(z) = \lim_{\nu \to \infty} (u_\nu(z) - u_n(z)).$$

Alle Folgenglieder sind für $\nu \geq n$ holomorph auf U_{n-1} wegen

$$\frac{\partial u_\nu}{\partial \overline{z}} = \varphi_\nu f = \varphi_n f = \frac{\partial u_n}{\partial \overline{z}};$$

also ist $u - u_n$ holomorph und damit ist u stetig differenzierbar; es gilt (immer noch auf U_{n-1})

$$\frac{\partial u}{\partial \overline{z}} = \frac{\partial u_n}{\partial \overline{z}} + \frac{\partial}{\partial \overline{z}}(u - u_n) = f.$$

Da n beliebig war, folgt $\partial u / \partial \overline{z} = f$ auf ganz U. $\qquad\qquad \square$

Zusatz: *Die im Satz gefundene Lösung ist so oft stetig differenzierbar, wie f es ist.*

Aufgaben:

1. Beweise den Zusatz.

2. Die rechte Seite f in den inhomogenen Cauchy-Riemannschen Differentialgleichungen hänge noch (stetig, differenzierbar, holomorph) von Parametern ab. Diskutiere die Abhängigkeit der konstruierten Lösung von Parametern.

3. Durch

$$f \mapsto \frac{1}{2\pi i} \int\limits_U \frac{f(\zeta)}{\zeta - z} \, d\zeta \wedge d\bar\zeta$$

wird offensichtlich, falls U beschränkt ist, ein linearer Operator vom Raum der auf $\overline{U}$ definierten stetig differenzierbaren Funktionen in den Raum der auf U definierten stetig differenzierbaren Funktionen gegeben. Untersuche, ob die in Satz 2.1 gegebene Lösung linear von f abhängt.

§ 3. Hauptteilverteilungen

Wir beweisen in diesem Paragraphen das Analogon des Satzes von Mittag-Leffler für beliebige Bereiche. Dabei wählen wir einen Beweis, der nicht mehr auf der Methode der konvergenzerzeugenden Summanden beruht, sondern die Lösbarkeit der Cauchy-Riemannschen Differentialgleichungen benutzt (die allerdings ihrerseits auf der Konstruktion konvergenzerzeugender Korrekturglieder beruht – s. §2). Ein Beweis, der genau parallel zum Beweis des Satzes von Mittag-Leffler verläuft, wird in den Übungen besprochen.

Es sei P eine im Bereich U diskrete Punktmenge; die h_a seien Hauptteile zu $a \in P$, also

$$h_a(z) = \sum_{\nu=-n_a}^{-1} c_{a,\nu}(z-a)^\nu, \qquad c_{a,-n_a} \neq 0.$$

Gesucht wird eine meromorphe Funktion f auf U, die genau in den $a \in P$ Pole, und zwar mit den Hauptteilen h_a, hat: eine Lösung der gegebenen Verteilung.

Wir können den Bereich U offensichtlich durch abzählbar unendlich viele offene Mengen $U_i \subset\subset U$ so überdecken, dass in jedem U_i höchstens ein Punkt $a \in P$ liegt (i durchlaufe eine Indexmenge I). Außerdem lässt sich die Überdeckung $\mathcal{U} = \{U_i : i \in I\}$ lokal-endlich wählen. Definieren wir nun

$$\begin{aligned}
f_i(z) &= h_a(z), &&\text{falls } a \in U_i \\
f_i(z) &\equiv 0, &&\text{falls } U_i \cap P = \emptyset,
\end{aligned}$$

so sind die f_i meromorphe Funktionen auf U_i. Wäre auf den Durchschnitten

$$U_{ij} = U_i \cap U_j$$

immer

$$f_i(z) = f_j(z), \tag{1}$$

so könnten wir durch

$$z \mapsto f_i(z), \qquad \text{falls } z \in U_i$$

eindeutig eine meromorphe Funktion f auf U erklären, die offenbar genau die gewünschten Hauptteile hat. Aber die „lokalen Lösungen" f_i erfüllen natürlich nicht (1) und setzen sich daher nicht zu einer global (auf ganz U) erklärten meromorphen Funktion zusammen. Auf jeden Fall gilt aber:

$$f_{ij}(z) = f_i(z) - f_j(z) \tag{2}$$

ist eine holomorphe Funktion auf U_{ij}. Gehört nämlich $a \in P$ sowohl zu U_i als auch zu U_j, so ist $f_i = f_j = h_a$, also $f_i - f_j \equiv 0$; ist $P \cap U_{ij} = \emptyset$, so sind f_i und f_j auf U_{ij} holomorph. Wir beachten noch, dass nach Definition die f_{ij} den Beziehungen

$$f_{ij} = -f_{ji} \tag{3}$$

$$f_{ij} - f_{ik} + f_{jk} = 0 \text{ auf } U_{ijk} = U_i \cap U_j \cap U_k \tag{4}$$

genügen. Diese Situation beschreiben wir mit einem neuen Begriff:

Definition 3.1. *Ein (additiver) holomorpher Cozyklus zur Überdeckung $\{U_i : i \in I\}$ des Bereiches U ist eine Vorschrift, die jedem Indexpaar $(i,j) \in I \times I$, für das $U_i \cap U_j \neq \emptyset$ ist, eine auf U_{ij} erklärte holomorphe Funktion f_{ij} so zuordnet, dass die Bedingungen (3) und (4) erfüllt sind. Eine Lösung $\{f_i : i \in I\}$ eines holomorphen Cozyklus $\{f_{ij}\}$ ist ein System holomorpher Funktionen f_i auf U_i, so dass auf U_{ij} immer die Differenzdarstellung*

$$f_{ij} = f_i - f_j \tag{5}$$

gilt.

Wir sehen also, dass eine Hauptteilverteilung einen holomorphen Cozyklus mittels (2) definiert. Der Cozyklus (2) wird aber durch die f_i nicht gelöst, da die f_i auf U_i nicht holomorph sind. Nehmen wir aber an, der Cozyklus f_{ij} besitze eine Lösung g_i, so dass

$$f_{ij} = g_i - g_j \text{ auf } U_{ij} \tag{6}$$

ist; die g_i sollen auf U_i holomorphe Funktionen sein. Wir definieren dann

$$f(z) = f_i(z) - g_i(z) \text{ für alle } z \in U_i.$$

Da wegen (2) und (6) $f_i - g_i = f_j - g_j$ auf U_{ij} ist, liefert die Zuordnung $z \mapsto f(z)$ eine auf ganz U eindeutig erklärte meromorphe Funktion f; durch Addition der holomorphen Funktionen g_i hat sich an den Hauptteilen der f_i nichts geändert, und wir sehen, dass f

eine Lösung der Hauptteilverteilung $\{h_a : a \in P\}$ ist. Damit ist die Beweisstrategie für den folgenden Satz gegeben:

Satz 3.1. *Jede Hauptteilverteilung auf dem Bereich U ist lösbar; die Differenz zweier Lösungen derselben Verteilung ist eine auf U holomorphe Funktion.*

Die Eindeutigkeitsaussage ist trivial; die Existenzaussage des Satzes folgt nach unseren Vorüberlegungen aus

Satz 3.2. *Jeder holomorphe Cozyklus besitzt eine Lösung.*

Beweis: Es sei g_{ij} ein Cozyklus zur lokal endlichen Überdeckung $\mathcal{U} = \{U_i : i \in I\}$. Wir wählen eine Partition der Eins, die $\mathcal{U}$ untergeordnet ist, also reelle unendlich oft differenzierbare Funktionen

$$\varphi_i : \mathbb{C} \to \mathbb{R}, \qquad i \in I,$$

für die gilt (vgl. Anhang):

i) $\varphi_i \geq 0$,

ii) $\operatorname{Tr} \varphi_i \subset U_i$

iii) $\displaystyle\sum_{i \in I} \varphi_i(z) \equiv 1$ auf U

Die Funktion $\varphi_j g_{ij}$, die durch

$$z \mapsto \begin{cases} \varphi_j(z) g_{ij}(z) & \text{für } z \in U_{ij} \\ 0 & \text{für } z \in U_i - U_j \end{cases}$$

definiert wird, ist dann auf ganz U_i beliebig oft differenzierbar. Ist nämlich z ein Randpunkt von U_j in U_i, so ist φ_j in einer Umgebung von z identisch Null; $\varphi_j g_{ij}$ kann also durch Null über z hinaus differenzierbar fortgesetzt werden.

Wir definieren nun für jedes $i \in I$

$$h_i = \sum_{j \in I} \varphi_j g_{ij}.$$

Die Summanden sind auf U_i reell differenzierbar, und wegen Bedingung ii) verschwinden in einer passend kleinen Umgebung von $z \in U_i$ fast alle Summanden. Damit ist h_i eine auf U_i beliebig oft differenzierbare Funktion. Betrachten wir auf U_{ij} die Differenz $h_i - h_j$:

$$\begin{aligned} h_i - h_j &= \sum_{l \in I} \varphi_l (g_{il} - g_{jl}) \\ &= \sum_{l \in I} \varphi_l g_{ij} \quad \text{(wegen Bedingung (4))} \\ &= g_{ij} \quad \text{(wegen iii).} \end{aligned}$$

Das System der h_i wäre also schon eine Lösung unseres Cozyklus, wenn es holomorph wäre. Es ist jedoch i.a. $\partial h_i / \partial \bar{z} \neq 0$. Weil aber $h_i - h_j = g_{ij}$ holomorph ist, erhalten wir

$$\frac{\partial h_i}{\partial \bar{z}} - \frac{\partial h_j}{\partial \bar{z}} = \frac{\partial}{\partial \bar{z}} g_{ij} = 0 \text{ auf } U_{ij};$$

also liefert die Festsetzung

$$z \mapsto \frac{\partial h_i}{\partial \bar{z}}(z), \qquad \text{falls } z \in U_i,$$

eine wohlbestimmte differenzierbare Funktion f auf ganz U. Nach Satz 2.1 gibt es eine differenzierbare Funktion u auf U mit

$$\frac{\partial u}{\partial \bar{z}} = f.$$

Wir bilden nun

$$g_i(z) = h_i(z) - u(z), \qquad z \in U_i.$$

Dann ist

$$\frac{\partial g_i}{\partial \bar{z}} = \frac{\partial h_i}{\partial \bar{z}} - \frac{\partial u}{\partial \bar{z}} = 0,$$

g_i also holomorph, und auf U_{ij} hat man

$$\begin{aligned}
g_i(z) - g_j(z) &= (h_i(z) - u(z)) - (h_j(z) - u(z)) \\
&= h_i(z) - h_j(z) = g_{ij}(z).
\end{aligned}$$

Damit ist der Satz bewiesen. $\square$

Aufgaben:

1. Es sei $\{h_a : a \in P\}$ eine Hauptteilverteilung auf U. Man benutze den Rungeschen Approximationssatz, um für die i.a. divergente Reihe

$$\sum_{a \in P} h_a$$

„konvergenzerzeugende Summanden" P_a zu finden und damit eine Lösung

$$f = \sum (h_a - P_a)$$

der Verteilung (vgl. Kap. VII, §1).

§ 4.   Divisoren und Nullstellenverteilungen

Eine Nullstellenverteilung auf dem Bereich U ist eine Menge von Paaren (a, n_a), wobei die Punkte a eine diskrete Teilmenge $|N|$ in U bilden und die n_a natürliche Zahlen ≥ 1 sind. Die Verteilung heißt lösbar, wenn es eine auf U holomorphe Funktion gibt, die genau in den Punkten a Nullstellen der Ordnung n_a hat. Wir verallgemeinern den Begriff der Nullstellenverteilung.

Definition 4.1. *Ein Divisor D auf U ist eine Abbildung $D : U \to \mathbb{Z}$, die höchstens auf einer in U diskreten Menge $|D|$ von 0 verschiedene Werte annimmt.*

Wir schreiben Divisoren immer als formale unendliche Linearkombinationen

$$D = \sum_{z \in U} D(z) \cdot z; \tag{1}$$

dabei ist also $D(z) \neq 0$ höchstens auf einer diskreten Menge in U. Abbildungen nach $\mathbb{Z}$, d.h. Divisoren, lassen sich addieren und bilden bei dieser Addition eine abelsche Gruppe; Nullelement ist der Nulldivisor mit $D(z) = 0$ für alle $z \in U$. Ist $D_1 = \sum D_1(z) \cdot z$, $D_2 = \sum D_2(z) \cdot z$, so ist

$$D_1 + D_2 = \sum (D_1(z) + D_2(z)) \cdot z.$$

Man beachte, dass der $\cdot$ in (1) mit der Multiplikation komplexer Zahlen nichts zu tun hat! Jede Nullstellenverteilung (a, n_a), $a \in N$, lässt sich als Divisor auffassen, indem man

$$\begin{aligned} D(z) &= n_z & \text{falls } z \in N \\ D(z) &= 0, & \text{falls } z \in U - N \end{aligned}$$

setzt. Wir nennen einen Divisor *positiv*, wenn $D(z) \geq 0$ für alle $z \in U$ gilt. Nullstellenverteilungen sind also nichts weiter als positive Divisoren. Jeder beliebige Divisor D kann (auf viele verschiedene Weisen) als Differenz positiver Divisoren geschrieben werden.

Wir wollen die Gruppe der Divisoren auf U mit $\Delta(U)$ bezeichnen. Um im folgenden triviale Einschränkungen zu vermeiden, werde U jetzt immer als zusammenhängend angenommen. Dann bilden die auf U meromorphen Funktionen einen Körper $K(U)$, dessen multiplikative Gruppe $K^*(U)$ aus den von Null verschiedenen meromorphen Funktionen besteht. Es sei $f \in K^*(U)$. Wir definieren den *Divisor von f*, div $f = D$, durch

$$D(z) = \text{ Nullstellenordnung von } f \text{ in } z,$$

wobei Pole als Nullstellen negativer Ordnung zu zählen sind. Der Divisor einer holomorphen nullstellenfreien Funktion ist also der Nulldivisor, und eine Funktion f ist genau dann holomorph, wenn ihr Divisor positiv ist; dann ist div f gerade die Nullstellenverteilung von f. Die Abbildung $f \mapsto$ div f ist ein Homomorphismus

$$\text{div} : K^*(U) \to \Delta(U), \tag{2}$$

d.h. es gilt

$$\operatorname{div}(fg) = \operatorname{div} f + \operatorname{div} g$$
$$\operatorname{div} \frac{1}{f} = -\operatorname{div} f.$$

Definition 4.2. *Ein Divisor $D \in \Delta(U)$ heißt Hauptdivisor, wenn es eine meromorphe Funktion $f \in K^*(U)$ mit $\operatorname{div} f = D$ gibt.*

Hauptergebnis dieses Abschnittes ist

Satz 4.1. *Jeder Divisor ist Hauptdivisor; der Quotient zweier meromorpher Funktionen mit demselben Divisor ist eine holomorphe Funktion ohne Nullstellen.*

Wir führen den Beweis ähnlich wie im vorigen Paragraphen, indem wir die Lösbarkeit eines – diesmal multiplikativen – Cozyklus nachweisen. Es sei $D = \sum\limits_{a \in |D|} n_a \cdot a$, wobei die $n_a \neq 0$ sind und a die diskrete Menge $|D|$ durchläuft. Wir wählen eine offene Überdeckung U_i, $i \in I$, von U, so dass in jedem U_i höchstens ein Punkt $a \in |D|$ liegt und definieren auf U_i:

$$f_i(z) = (z - a)^{n_a}, \qquad \text{falls } a \in U_i,$$
$$f_i(z) \equiv 1, \qquad \text{falls } U_i \cap |D| = \emptyset.$$

Für $U_{ij} = U_i \cap U_j \neq \emptyset$ gilt dann

$$f_{ij} = \frac{f_i}{f_j} \text{ ist holomorph ohne Nullstellen.} \tag{3}$$

Falls wir holomorphe Funktionen ohne Nullstellen auf den U_i, etwa g_i, so finden können, dass

$$\frac{g_i}{g_j} = f_{ij} \text{ auf } U_{ij} \tag{4}$$

gilt, haben wir die Existenzaussage des Satzes bewiesen: Wir definieren dann nämlich eine meromorphe Funktion f auf U durch

$$z \mapsto \frac{f_i(z)}{g_i(z)}, \qquad \text{falls } z \in U_i.$$

Gehört z auch zu U_j, so ist nach (3) und (4)

$$\frac{f_i}{g_i} = \frac{f_j}{g_j}.$$

Da die Faktoren g_i keinen Einfluss auf die Null- und Polstellen haben, ist auch div $f = D$. Die Eindeutigkeitsaussage ist sowieso trivial. Damit bleiben die g_i zu finden.

Definition 4.3. *Ein multiplikativer holomorpher Cozyklus zur Überdeckung $\mathcal{U} = \{U_i : i \in I\}^1$ von U ist eine Zuordnung, die jedem Indexpaar $(i, j) \in I \times I$ mit $U_{ij} \neq \emptyset$ eine auf U_{ij} holomorphe Funktion ohne Nullstellen g_{ij} so zuordnet, dass gilt:*

$$g_{ji} = g_{ij}^{-1}, \tag{5}$$

$$g_{ij}g_{jk} = g_{ik} \ \textit{auf} \ U_{ijk} = U_i \cap U_j \cap U_k. \tag{6}$$

Eine Lösung des Cozyklus $\{g_{ij}\}$ ist ein System holomorpher Funktionen ohne Nullstellen g_i auf U_i mit

$$\frac{g_i}{g_j} = g_{ij} \ \textit{auf} \ U_{ij}. \tag{4}$$

Man beachte, dass durch (3) offenbar ein holomorpher Cozyklus definiert wird, der aber nicht durch die f_i gelöst wird: Die f_i haben nämlich Nullstellen und Pole. Wüßten wir, dass jeder multiplikative Cozyklus lösbar ist, so wäre Satz 4.1 bewiesen. Doch treten bei dieser Frage topologische Schwierigkeiten auf, die wir durch einen neuen Begriff artikulieren.

Definition 4.4. *Eine stetige Lösung des multiplikativen Cozyklus $\{g_{ij}\}$ ist ein System stetiger nullstellenfreier Funktionen s_i auf U_i, für das (4) gilt: $s_i/s_j = g_{ij}$ auf U_{ij}.*

Es gilt nun das „Okasche Prinzip":

Satz 4.2. *Ein holomorpher multiplikativer Cozyklus ist genau dann lösbar, wenn er stetig lösbar ist.*

Beweis: Eine Richtung der Behauptung ist trivial. – Es sei nun s_i, $i \in I$, eine stetige Lösung des Cozyklus g_{ij}. Wir nehmen zunächst an, dass die Überdeckung $\mathcal{U} = \{U_i : i \in I\}$, bezüglich welcher s_i und g_{ij} gegeben sind, folgende Eigenschaft hat: Auf U_i existiert eine stetige Funktion

$$t_i = \log s_i,$$

d.h. mit $\exp t_i = s_i$. Setzen wir

$$f_{ij} = t_i - t_j \ \text{auf} \ U_{ij}, \tag{7}$$

so ist

$$f_{ij} = \log s_i - \log s_j = \log \frac{s_i}{s_j} = \log g_{ij} \tag{8}$$

---

[1]Wir setzen immer $U_i \subset\subset U$, I abzählbar und $\mathcal{U}$ als lokal-endlich voraus.

eine holomorphe Funktion auf U_{ij}; die f_{ij} bilden wegen (7) offensichtlich einen additiven Cozyklus. Nach Satz 3.2 gibt es eine Lösung dieses Cozyklus, d.h. holomorphe Funktionen f_i auf U_i mit

$$f_{ij} = f_i - f_j \text{ auf } U_{ij}. \tag{9}$$

Die Funktionen

$$g_i = \exp f_i \tag{10}$$

sind dann auf U_i holomorph ohne Nullstellen, und es gilt auf U_{ij}

$$\frac{g_i}{g_j} = \exp(f_i - f_j) = \exp f_{ij} = \exp \log g_{ij} = g_{ij},$$

wegen (8). Damit ist (10) eine Lösung des Cozyklus.

Den allgemeinen Fall reduzieren wir nun auf den eben behandelten Fall. $\mathcal{U} = \{U_i : i \in I\}$ sei also eine beliebige lokal-endliche Überdeckung mit $U_i \subset\subset U$. Jedem $z \in U$ ordnen wir ein $i \in I$ mit $z \in U_i$ zu und eine Kreisscheibe $D(z) \subset\subset U_i$, die so klein ist, dass $s_i(D(z))$ in einer offenen Halbebene H mit $0 \notin H$ enthalten ist. Dann existiert sicher auf $D(z)$ eine stetige Funktion $t_i = \log s_i$. Ferner sei

$$K_1 \subset K_2 \subset \ldots \subset U$$

eine aufsteigende Folge kompakter Mengen mit $K_\nu \subset \overset{\circ}{K}_{\nu+1}$ und $\cup K_\nu = U$. Wir wählen endlich viele $D(z)$, die K_1 überdecken, und nennen sie $\tilde{U}_1, \ldots, \tilde{U}_{r_1}$. Durch Hinzunahme endlich vieler weiterer $D(z)$, etwa $\tilde{U}_{r_1+1}, \ldots, \tilde{U}_{r_2}$, wird dann K_2 überdeckt, usw. Induktiv konstruiert man eine lokal endliche Überdeckung

$$\tilde{\mathcal{U}} = \{\tilde{U}_\rho : \rho \in J\},$$

für die gilt: Zu jedem $\rho \in J$ gibt es ein $i = \varphi(\rho) \in I$ mit $\tilde{U}_\rho \subset U_i$, und s_i besitzt auf $\tilde{U}_\rho$ einen stetigen Logarithmus.

Wir definieren (wobei $\varphi : J \to I$ ein für alle mal so gewählt wird, dass die obige Bedingung erfüllt ist):

$$\tilde{s}_\rho = s_{\varphi(\rho)}|\tilde{U}_\rho, \tag{11}$$

$$\tilde{g}_{\rho\sigma} = g_{\varphi(\rho)\varphi(\sigma)}|\tilde{U}_\rho \cap \tilde{U}_\sigma. \tag{12}$$

Dann ist (11) eine stetige Lösung des holomorphen Cozyklus (12), und nach Teil 1 des Beweises gibt es eine holomorphe Lösung $\{\tilde{g}_\rho\}$ dieses Cozyklus (zur Überdeckung $\tilde{\mathcal{U}}$). Wir konstruieren aus $\{\tilde{g}_\rho\}$ jetzt eine holomorphe Lösung des Ausgangscozyklus $\{g_{ij}\}$ und sind dann fertig.

Es sei $i \in I$, $z \in U_i$. Wir bilden, falls z auch noch in $\tilde{U}_\rho$ liegt,

$$g_i(z) = \tilde{g}_\rho(z)g_{i\varphi(\rho)(z)}. \tag{13}$$

Für $z \in U_i \cap \tilde{U}_\rho \cap \tilde{U}_\sigma$ ist

$$\frac{\tilde{g}_\rho \cdot g_{i\varphi(\rho)}}{\tilde{g}_\sigma g_{i\varphi(\sigma)}} = \tilde{g}_{\rho\sigma}\frac{g_{i\varphi(\rho)}}{g_{i\varphi(\sigma)}} = g_{\varphi(\rho)\varphi(\sigma)}\frac{g_{i\varphi(\rho)}}{g_{i\varphi(\sigma)}} = 1,$$

da die g_{ij} einen Cozyklus bilden. Also ist g_i durch (13) unabhängig von der Auswahl von ρ definiert, holomorph und ohne Nullstellen auf U_i. Auf U_{ij} gilt aber

$$\frac{g_i}{g_j} = \frac{\tilde{g}_\rho g_{i\varphi(\rho)}}{\tilde{g}_\rho g_{j\varphi(\rho)}} = g_{ij}$$

d.h., (13) löst den gegebenen Cozyklus. – Der Satz ist bewiesen.   □

Bemerkung: Definiert man auf U_{ij} Funktionen

$$f_{ij} = \log g_{ij}, \tag{14}$$

wobei man irgendeinen Zweig des Logarithmus wählt, so brauchen die f_{ij} keinen additiven Cozyklus zu bilden. Die Voraussetzung der stetigen Lösbarkeit sorgte dafür, dass man die Logarithmen so wählen konnte, dass (14) einen additiven Cozyklus definiert!

Wir führen nun den Beweis von Satz 4.1 zu Ende, indem wir zeigen:

Satz 4.3.   *Es sei $D = \sum n_a \cdot a$ ein Divisor und $\{g_{ij}\}$ der nach (3) dem Divisor zugeordnete multiplikative holomorphe Cozyklus. Dann besitzt $\{g_{ij}\}$ eine stetige Lösung.*[2]

Beweis: 1. Wir erinnern an die Definition von g_{ij}: U werde durch offene Mengen U_i so überdeckt, dass in jedem U_i höchstens ein $a \in |D|$ liegt. Auf U_i ist $g_i = (z-a)^{n_a}$, falls $a \in |D| \cap U_i$; es ist $g_i \equiv 1$ auf U_i, falls $|D| \cap U_i = \emptyset$, und

$$g_{ij} = \frac{g_i}{g_j}.$$

2. Als nächstes benötigen wir den folgenden

Hilfssatz.[3] *Es sei K ein U-konvexer kompakter Teil von U, a ein Punkt in $U - K$. Dann existieren unendlich oft differenzierbare Funktionen f und F auf U, so dass gilt:*

i) $f(z) = (z - a)F(z)$.
ii) $f(z) \equiv 1$ auf K.

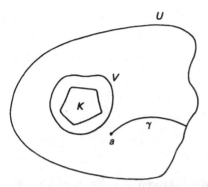

Bild 45 Zur Konstruktion von f und F

iii) F hat auf U keine Nullstellen.

Beweis des Hilfssatzes: Da K U-konvex ist, gibt es einen Weg γ mit Anfangspunkt a und Endpunkt $b \in \partial U$, der mit Ausnahme seines Endpunktes ganz in $U - K$ verläuft. (Dabei darf $b = \infty$ sein: γ ist dann ein Weg in $\hat{\mathbb{C}}$). Auf $\mathbb{C} - \mathrm{Sp}\,\gamma$ existiert ein Zweig der Funktion

$$f_1(z) = \begin{cases} \log(z - a) & \text{(falls } b = \infty) \\ \log \dfrac{z - a}{z - b} & \text{(falls } b \in \mathbb{C}). \end{cases}$$

Wir wählen eine relativ kompakte offene Menge V in $U - \mathrm{Sp}\,\gamma$ mit $K \subset V$ und eine unendlich oft differenzierbare Funktion $\varphi : \mathbb{C} \to \mathbb{R}$ mit $0 \leq \varphi \leq 1$, $\varphi \equiv 0$ auf K, $\varphi \equiv 1$ auf $\mathbb{C} - V$. Dann setzen wir

$$f(z) = \begin{cases} \dfrac{z - a}{z - b} \text{ bzw. } z - a \text{ auf } U - V, \\ \exp\{\varphi(z) f_1(z)\} \text{ auf } V, \end{cases}$$

$$F(z) = \frac{f(z)}{z - a};$$

f und F haben die gewünschten Eigenschaften.

3. Nun zum eigentlichen Beweis von Satz 4.3! Es sei

$$\emptyset = K_0 \subset K_1 \subset K_2 \subset K_3 \subset \ldots \subset U$$

eine Folge U-konvexer kompakter Mengen mit $K_\nu \subset \mathring{K}_{\nu+1}$ und $\cup K_\nu = U$. Zu $a \in |D|$ gibt es dann genau ein ν mit

$$a \in K_{\nu+1} - K_\nu.$$

Wir konstruieren zu a unendlich oft differenzierbare Funktionen f_a und F_a auf U, so dass gilt:

---

[2]Man kann mit topologischen Mitteln zeigen, dass jeder Cozyklus stetig lösbar ist.
[3]Vgl. [11], Lemma 20.5.

i) $f_a(z) = (z-a)F_a(z)$.

ii) $f_a(z) \equiv 1$ auf K_ν.

iii) F_a hat auf U keine Nullstellen.

Dann existiert das unendliche Produkt

$$f(z) = \prod_{a \in |D|} f_a(z)^{n_a},$$

denn auf jeder kompakten Menge $K \subset U$ sind fast alle Faktoren $\equiv 1$. Es sei nun U_i ein Element der Überdeckung $\{U_i : i \in I\}$. Falls $U_i \cap |D| = \emptyset$, setzen wir

$$s_i(z) = \frac{1}{f(z)}, \qquad z \in U_i.$$

Ist $U_i \cap |D| = \{a\}$, so sei

$$s_i(z) = \frac{1}{F_a(z)^{n_a} \displaystyle\prod_{\substack{b \neq a \\ b \in |D|}} f_b(z)^{n_b}}, \qquad z \in U_i,$$

also

$$s_i(z) = \frac{(z-a)^{n_a}}{f(z)}.$$

Die Funktionen s_i sind dann auf U_i stetig, ohne Nullstellen, da $f_a(z)^{n_a}$ als einzig mögliche Null- oder Unstetigkeitsstelle den Punkt a hat. Direktes Einsetzen in die Definitionen liefert

$$\frac{s_i}{s_j} = g_{ij},$$

d.h. die s_i bilden eine stetige (sogar unendlich oft differenzierbare) Lösung des Cozyklus g_{ij}. □

§ 5. Der Ring der holomorphen Funktionen auf einem Gebiet

Jede meromorphe Funktion ist lokal Quotient holomorpher Funktionen. Wir können jetzt mehr zeigen:

Satz 5.1. *Es sei f eine auf dem Gebiet G meromorphe Funktion. Dann gibt es holomorphe Funktionen g und h auf G mit f = g/h.*

Beweis: Es sei $D = \operatorname{div} f$. Wir zerlegen $D = D_+ - D_-$ in eine Differenz positiver Divisoren und wählen holomorphe Funktionen g_+ und h mit $\operatorname{div} g_+ = D_+$, $\operatorname{div} h = D_-$. Dann ist

$$\operatorname{div} \frac{g_+}{h} = \operatorname{div} f,$$

also gibt es eine holomorphe Funktion ohne Nullstellen, etwa g_0, mit

$$f = g_0 \frac{g_+}{h}.$$

Setzt man $g_0 g_+ = g$, so folgt die Behauptung. □

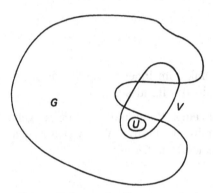

Bild 46 Holomorphe Fortsetzung über den Rand

Der folgende Satz zeigt, dass es zu jedem Gebiet G eine Funktion gibt, die genau auf G holomorph ist. Genauer wollen wir eine holomorphe Funktion $f : G \to \mathbb{C}$ *über den Rand hinaus holomorph fortsetzbar* nennen, wenn es offene Mengen $U \subset V$ und eine holomorphe Funktion $F : V \to \mathbb{C}$ so gibt, dass gilt: V hängt zusammen, $U \neq \emptyset$ und $U \subset G \cap V$, $V \not\subset G$, $F|U = f$.

Satz 5.2. *Zu jedem Gebiet G existiert eine holomorphe Funktion f auf G, die nicht über den Rand hinaus holomorph fortsetzbar ist.*

Beweis: Wir konstruieren zunächst eine abzählbare Teilmenge M von G, die in G keine Häufungspunkte hat, aber sich „von jeder Seite" gegen jeden Randpunkt von G häuft. Dazu sei für $n = 1, 2, \ldots$

$$D_n = \{z : |z| < n\}, \qquad \Gamma_n = \{2^{-n}(k + li) : k, l \in \mathbb{Z}\}.$$

Γ_n ist also ein Gitter der Maschenweite 2^{-n}; die Menge der durch Γ_n erklärten abgeschlossenen Gitterquadrate Q der Seitenlänge 2^{-n} werde mit $\mathcal{Q}_n$ bezeichnet. Wir setzen

$$K_n = \bigcup \{Q \in \mathcal{Q}_n : Q \subset G \cap D_n\}$$

und erhalten eine aufsteigende Folge

$$K_1 \subset K_2 \subset K_3 \subset \ldots \subset G$$

kompakter Mengen mit

$$\bigcup_{n \geq 1} K_n = G.$$

Jedes K_n ist Vereinigung endlich vieler Gitterquadrate aus Q_n; M wird eine Teilmenge der hierbei auftauchenden Eckpunkte sein. Genauer: Es sei

$$
\begin{aligned}
M_1 &= \Gamma_1 \cap K_1 \\
M_n &= \Gamma_n \cap (K_n - \overset{\circ}{K}_{n-1}) \\
M &= \bigcup_{n \geq 1} M_n.
\end{aligned}
$$

Offensichtlich ist M abzählbar und ohne Häufungspunkte im Inneren von G; wir untersuchen nun das Häufungsverhalten von M in der Nähe des Randes von G.

Es sei $D = D_r(z_0)$ eine Kreisscheibe vom Radius r um einen Randpunkt $z_0 \in \partial G$, es gebe eine Wegkomponente W von $D \cap G$, die z_0 als Randpunkt besitzt. Wir wollen zeigen, dass $M \cap W \neq \emptyset$ ist. Da $z_0 \in \overline{W}$ gilt, gibt es in W einen Punkt a mit

$$|a - z_0| < \frac{r}{2}.$$

Wenn wir n hinreichend groß wählen, können wir

$$a \in K_n, \qquad 2^{-n} < \frac{r}{2}$$

erreichen. Die Strecke $S = [a, z_0]$ schneidet ∂K_n; wir wählen $b \in S$ so, dass $[a, b] \subset K_n$ und $b \in \partial K_n$ gilt. Dann ist $b \in G \cap D$ und mit a in $G \cap D$ verbindbar, d.h. $b \in W$. Es gibt dann einen Punkt $c \in \Gamma_n \cap \partial K_n$, der von b einen Abstand $< 2^{-n}$ hat; es ist $[b, c] \subset \partial K_n$ und

$$|c - z_0| \leq |c - b| + |b - z_0| < 2^{-n} + \frac{r}{2} < r;$$

damit ist die Strecke $[b, c] \subset G \cap D$ und somit $c \in W$. Nach Konstruktion von M ist aber c ein Punkt von M.

Es gibt nun aufgrund von Satz 4.1 eine holomorphe Funktion f auf G, die genau die Punkte von M als Nullstellen hat. Diese Funktion kann nicht über den Rand von G hinaus holomorph fortgesetzt werden.

Nehmen wir nämlich an, es gäbe eine offene zusammenhängende Menge V, eine nicht leere offene Menge U und eine auf V erklärte holomorphe Funktion F, so dass die folgenden Beziehungen bestünden:

$$U \subset V \cap G; \quad V \not\subset G; \quad F|U = f.$$

Ist dann V_0 die Vereinigung derjenigen Wegkomponenten von $G \cap V$, die U treffen, so stimmen F und f auf V_0 überein. Es sei nun γ ein Weg, der einen Punkt $a \in U$ mit einem Punkt $b \in V - G$ innerhalb von V verbindet. γ schneidet den Rand von G in einem Punkt $z_0 \in \partial V_0 \cap V$. Da F holomorph und nicht identisch Null ist, gibt es einen Kreis $D_r(z_0)$, so dass $F(z) \neq 0$ auf $D_r(z_0) - \{z_0\}$ ist. Es sei nun W eine in V_0 enthaltene Wegkomponente von $D_r(z_0) \cap G$, die z_0 als Randpunkt besitzt. Dann ist $F \equiv f$ auf W, aber in W liegt ein $z \in M$, d.h. eine Nullstelle von f: das ist unmöglich. $\square$

Wir wollen nun die Sätze der §§3,4 zu einem Interpolationssatz kombinieren.

Satz 5.3. *Es sei $\{a_\nu\}$ eine diskrete Punktmenge in G. Zu jedem a_ν sei ein Polynom*

$$P_\nu = \sum_{\mu=0}^{n_\nu} A_\mu^\nu (z - a_\nu)^\mu$$

gegeben. Dann existiert eine holomorphe Funktion f auf G, deren Taylorentwicklung um die Punkte a_ν gerade mit P_ν beginnt.

Beweis: Nach §4 gibt es eine holomorphe Funktion g auf G, die genau in den a_ν Nullstellen der Ordnung $n_\nu + 1$ hat. Durch $\{a_\nu, h_\nu\}$, wobei h_ν der Hauptteil von P_ν/g in a_ν ist, ist dann eine Hauptteilverteilung gegeben, die nach §3 eine Lösung h besitzt. Wir setzen $f = gh$. Dann ist f holomorph außerhalb der a_ν; in a_ν ist $h - P_\nu/g = \hat{h}_\nu$ holomorph, also

$$f = gh = g\left(\frac{P_\nu}{g} + \hat{h}_\nu\right) = P_\nu + g\hat{h}_\nu.$$

Da $g\hat{h}_\nu$ in a_ν eine Nullstelle mindestens der Ordnung $n_\nu + 1$ hat, hat f also die gewünschte Taylorentwicklung. $\square$

Wir wenden uns abschließend weiteren algebraischen Eigenschaften des (nullteilerfreien) Ringes A der auf dem Gebiet G holomorphen Funktionen zu. (In Satz 5.1 hatten wir schon gezeigt, dass der Quotientenkörper von A der Körper der meromorphen Funktionen auf G ist). Zunächst sei an den Begriff der *Teilbarkeit* erinnert: Sind $f, g \in A$, so *teilt g die Funktion f,* wenn es ein $F \in A$ mit $f = Fg$ gibt. Das ist natürlich genau dann der Fall, wenn

$$\operatorname{div} f - \operatorname{div} g \geq 0$$

ist. Ein *größter gemeinsamer Teiler* (g.g.T.) von Funktionen $f_1, \ldots, f_k \in A$ ist eine Funktion g, die alle f_κ teilt, und für die weiter gilt: Falls h auch alle f_κ teilt, so teilt h

die Funktion g. Je zwei größte gemeinsame Teiler g und g_1 gehen durch Multiplikation mit einer nullstellenfreien Funktion in A auseinander hervor. Wir sprechen kurz von „dem" größten gemeinsamen Teiler: $g = $ g.g.T. $(f_1, \ldots, f_k)$. Grundlegend ist

Satz 5.4.

   i) Je endlich viele Funktionen $f_1, \ldots, f_k \in A$ haben einen g.g.T.

   ii) Ist $h = $ g.g.T.$(f_1, \ldots, f_k)$, so gibt es holomorphe Funktionen $g_1, \ldots, g_k \in A$ mit

$$\sum_{\kappa=1}^{k} g_\kappa f_\kappa = h.$$

Beweis: i) Es sei $D_\kappa = \operatorname{div} f_\kappa$, etwa

$$D_\kappa = \sum_{z \in G} n_z^\kappa \cdot z, \qquad n_z^\kappa \geq 0.$$

Wir definieren einen neuen Divisor D durch

$$D = \sum_{z \in G} n_z \cdot z, \qquad n_z = \min(n_z^1, \ldots, n_z^k).$$

Nach §4 gibt es ein $h \in A$ mit $\operatorname{div} h = D$. Dann ist immer $D_\kappa - D \geq 0$, also $f_\kappa / h \in A$. Somit ist h ein Teiler aller f_κ. Ist g ebenfalls ein Teiler aller f_κ, so muss

$$\operatorname{div}(f_\kappa / g) = D_\kappa - \operatorname{div} g \geq 0$$

und daher

$$D - \operatorname{div} g \geq 0$$

sein. Damit ist g ein Teiler von h, d.h. $h = $ g.g.T.$(f_1, \ldots, f_k)$.

ii) Es sei nun $h = $ g.g.T.$(f_1, \ldots, f_k)$. Wir nehmen zunächst $k = 2$ und $h = 1$ an. Das heißt: f_1 und f_2 haben keine gemeinsamen Nullstellen. Es sei

$$D_1 = \sum_{z_\nu \in N} n_\nu \cdot z_\nu, \qquad n_\nu > 0$$

der Divisor von f_1, wobei z_ν die Nullstellenmenge von f_1 durchläuft. Nach Voraussetzung ist

$$f_2(z_\nu) = c_\nu \neq 0.$$

Wir suchen jetzt eine Funktion $g_2 \in A$, so dass $1 - g_2 f_2$ im Punkt z_ν eine Nullstelle der Ordnung n_ν hat. Hierzu muss $g_2(z_\nu) = 1/c_\nu$ sein, und im übrigen muss man die Potenzreihenentwicklung von g_2 um z_ν bis zur Ordnung $n_\nu - 1$ vorschreiben:

$$\frac{d^\mu}{dz^\mu}(f_2 g_2)(z_\nu) = 0 \text{ für } \mu = 1, \ldots, n_\nu - 1.$$

Nach dem Interpolationssatz gibt es ein solches g_2. Die Funktion

$$g_1 = \frac{1 - g_2 f_2}{f_1}$$

ist dann holomorph, und es gilt

$$g_1 f_1 + g_2 f_2 = 1.$$

Im nächsten Schritt nehmen wir h beliebig an, aber noch $k = 2$. Dann ist $F_\kappa = f_\kappa/h$ eine holomorphe Funktion, und

$$\text{g.g.T.}(F_1, F_2) = 1.$$

Dann gibt es $g_1, g_2 \in A$ mit $g_1 F_1 + g_2 F_2 = 1$, also nach Multiplikation mit h

$$g_1 f_1 + g_2 f_2 = h.$$

Schließlich sei $k \geq 3$ beliebig, der Satz für $k - 1$ schon bewiesen. Es sei $h_1 = \text{g.g.T.}(f_1, \ldots, f_{k-1})$. Nach Induktionsvoraussetzung gibt es $\tilde{g}_1, \ldots, \tilde{g}_{k-1}$ mit

$$\sum_{\kappa=1}^{k-1} \tilde{g}_\kappa f_\kappa = h_1.$$

Offensichtlich ist $\text{g.g.T.}(h_1, f_k) = h$, also gibt es $\tilde{g}, g_k \in A$ mit

$$\tilde{g} h_1 + g_k f_k = h,$$

insgesamt (für $g_\kappa = \tilde{g} \tilde{g}_\kappa, \kappa = 1 \ldots k - 1$)

$$\sum_{\kappa=1}^{k} g_\kappa f_\kappa = h.$$

Satz 5.4 ist bewiesen. $\square$

Wir notieren als Folgerungen:

1. Jedes endlich erzeugte Ideal von A ist ein Hauptideal.

Beweis: Das Ideal $\mathfrak{a}$ werde von $f_1, \ldots, f_k$ erzeugt. Es sei $h = \text{g.g.T.}(f_1, \ldots, f_k)$. Nach Satz 5.4 ist $h \in \mathfrak{a}$, trivialerweise ist f_κ ein Vielfaches von h, also ist $\mathfrak{a} = (h)$ das von h erzeugte Hauptideal.

2. Ein endlich erzeugtes Ideal $\mathfrak{a}$ enthält genau dann die 1 (d.h. ist ganz A), wenn es kein $a \in G$ gibt, in dem alle Funktionen $f \in \mathfrak{a}$ eine Nullstelle haben.

Beweis: $\mathfrak{a}$ werde von $f_1, \ldots, f_k$ erzeugt. Haben die f_κ keine gemeinsame Nullstelle, so ist nach Satz 5.4 die Gleichung

$$\sum_{\kappa=1}^{k} g_\kappa f_\kappa = 1$$

in A lösbar, d.h. $1 \in \mathfrak{a}$. $\qquad\qquad\qquad\qquad\qquad\qquad\qquad\qquad\qquad\qquad\qquad\quad\square$

Wir bemerken abschließend, dass es nicht endlich erzeugte Ideale $\mathfrak{a} \subset A$ gibt; solche Ideale brauchen keine Nullstellen zu haben. Zum Beweis wählen wir eine unendliche diskrete Teilmenge M von G und betrachten die Menge $\mathfrak{a}$ aller Funktionen $f \in A$, die auf fast allen Punkten von M verschwinden. $\mathfrak{a}$ ist offenbar ein Ideal $\neq A$; da wir zu jedem Punkt $a \in G$ eine holomorphe Funktion f mit $f(a) = 1$ finden können, die auf fast allen $z \in M$ verschwindet, gibt es keine gemeinsame Nullstelle für die Funktionen in $\mathfrak{a}$. Demnach ist $\mathfrak{a}$ auch nicht endlich erzeugbar.

Aufgaben:

1. Verallgemeinere den Interpolationssatz, so dass auch Hauptteile mit vorgeschrieben werden.

2. (a) Es sei $\chi : A \to \mathbb{C}$ ein Homomorphismus mit $\chi(1) = 1$. Zeige: Es gibt genau einen Punkt $a \in G$, so dass für jedes $f \in A$

   $$\chi(f) = f(a)$$

   ist.

   (b) Zeige, dass es in A maximale Ideale ohne Nullstellen gibt. A ist immer der Ring der holomorphen Funktionen auf dem Gebiet G.

Anhang. Unendlich oft differenzierbare Funktionen

In den vorigen Paragraphen haben wir uns auf einige Sätze über unendlich oft differenzierbare Funktionen gestützt; wir wollen diese Sätze jetzt ohne Beweis zusammenstellen.

Definition A 1. *Es sei $f : \mathbb{C} \to \mathbb{R}$ eine stetige Funktion. Das Komplement der Menge $\{z \in \mathbb{C} : f \equiv 0$ in einer Umgebung von $z\}$ heißt der Träger von f, $\text{Tr } f$.*

$\text{Tr } f$ ist also abgeschlossen.

Bekanntlich ist die Funktion $\psi : \mathbb{R} \to \mathbb{R}$

$$\psi(t) = \begin{cases} 0 & \text{für } t \leq 0 \\ \exp\left(-\dfrac{1}{t^2}\right) & \text{für } t > 0 \end{cases}$$

unendlich oft differenzierbar. Durch einfache Konstruktion stellt man aus ψ eine unendlich oft differenzierbare Funktion $\varphi : \mathbb{R} \to \mathbb{R}$ her mit

$$0 \leq \varphi \leq 1, \qquad \varphi \equiv 0 \text{ für } t \leq 0, \qquad \varphi \equiv 1 \text{ für } t \geq 1.$$

Daraus ergibt sich leicht

Satz A 1. *Es sei K kompakt, U offen in $\mathbb{C}$ mit $K \subset U$. Dann existiert eine unendlich oft differenzierbare Funktion $f : \mathbb{C} \to \mathbb{R}$ mit*

$$0 \leq f \leq 1, \qquad f \equiv 1 \text{ auf } K, \qquad \mathrm{Tr} f \subset U.$$

Wir betrachten nun einen Bereich $U \subset \mathbb{C}$. Eine offene Überdeckung $\mathcal{U} = \{U_i : i \in I\}$ von U heißt *lokal-endlich*, wenn es zu jedem $z \in U$ eine Umgebung $V(z) \subset U$ so gibt, dass $V(z) \cap U_i = \emptyset$ für fast alle i gilt.

Satz A 2. *Es sei $\mathcal{U} = \{U_i : i \in I\}$ eine lokal-endliche offene Überdeckung des Bereiches U, es sei immer $U_i \subset\subset U$. Dann gibt es ein System $\{\varphi_i : i \in I\}$ unendlich oft differenzierbarer reeller Funktionen auf $\mathbb{C}$ mit:*

i) $0 \leq \varphi_i \leq 1$;

ii) $\mathrm{Tr}\, \varphi_i \subset U_i$;

iii) $\displaystyle\sum_{i \in I} \varphi_i \equiv 1 \text{ auf } U$.

Definition A 2. *Ein System $\{\varphi_i\}$ mit den Eigenschaften* i), ii), iii) *heißt eine der Überdeckung $\mathcal{U}$ untergeordnete Partition der Eins.*

Alle zugehörigen Beweise findet man in [10] und [13].

Kapitel IX

Biholomorphe Abbildungen

Wir wollen jetzt holomorphe Funktionen unter geometrischen Gesichtspunkten studieren. Wir wissen bereits, dass sie – sofern nicht konstant – gebietstreu sind, also offene Mengen auf offene Mengen abbilden. Weiter haben wir gesehen, dass eine holomorphe Funktion f genau dann lokal biholomorph, insbesondere lokal umkehrbar stetig ist, wenn f' keine Nullstellen hat.

Wir werden nun beweisen, dass eine Abbildung zwischen Gebieten in der Ebene genau dann lokal biholomorph ist, wenn sie winkel- und orientierungstreu ist (§1). Diese Eigenschaft liegt vielen Anwendungen der Funktionentheorie, z.B. in der Strömungslehre und Elastizitätstheorie, zugrunde.

In §2 bestimmen wir die Gruppe aller biholomorphen Abbildungen der Ebene bzw. der Zahlensphäre auf sich sowie alle biholomorphen Abbildungen einer Kreisscheibe auf eine andere. Die Suche nach Objekten, die unter linearen Transformationen des Einheitskreises auf sich invariant sind, führt zur nichteuklidischen Geometrie, von der wir die Anfangsgründe besprechen (§3).

Das Problem, wann zwei Gebiete sich biholomorph aufeinander abbilden lassen, wird für einfach zusammenhängende Gebiete durch den Riemannschen Abbildungssatz (§5) gelöst: Hat ein solches Gebiet mindestens zwei Randpunkte (bezüglich $\hat{\mathbb{C}}$), so kann es auf den Einheitskreis abgebildet werden. Für mehrfach zusammenhängende Gebiete ist die Sachlage komplizierter; wir behandeln sie in diesem Buch nicht.

Riemann veröffentlichte 1851 den Abbildungssatz und begründete ihn durch Betrachtungen über harmonische Funktionen. Heute wird er meistens – wie hier – mit Hilfe der 1912 von Montel eingeführten „normalen Funktionenfamilien" bewiesen. Das in §3 behandelte Modell der nichteuklidischen Geometrie wurde 1882 von Poincaré angegeben.

§ 1.   Konforme Abbildungen

Es sei z_0 ein Punkt in der komplexe Ebene. Wir betrachten glatte von z_0 ausgehende Wege, also stetig differenzierbare Abbildungen $\gamma : [0, \epsilon] \to \mathbb{C}$ mit $\gamma(0) = z_0$ und $\gamma'(t) \neq 0$. Die Halbtangente an γ in z_0 ist der Strahl $s \mapsto z_0 + s\gamma'(0), s \geq 0$. Der *orientierte Winkel* $\angle(\gamma_1, \gamma_2)$ zwischen zwei solchen Wegen γ_1 und γ_2 ist definiert als Winkel zwischen ihren Halbtangenten, also

$$\angle(\gamma_1, \gamma_2) = \arg \frac{\gamma_2'(0)}{\gamma_1'(0)}.$$

Orientierte Winkel sind also nur bis auf Addition von ganzzahligen Vielfachen von 2π bestimmt; auf die Wahl des Arguments kommt es nicht an.

Es sei nun f eine Abbildung, die eine Umgebung U von z_0 umkehrbar stetig differenzierbar in $\mathbb{C}$ abbildet. Ist γ ein glatter von z_0 ausgehender Weg in U, so ist der Bildweg $f \circ \gamma$ wieder glatt und hat in $w_0 = f(z_0)$ die Ableitung

$$(f \circ \gamma)'(0) = f_z(z_0) \cdot \gamma'(0) + f_{\overline{z}}(z_0) \cdot \overline{\gamma}'(0). \tag{1}$$

Ist f in z_0 sogar holomorph, so ist $f_{\overline{z}}(z_0) = 0$ und $f_z(z_0) = f'(z_0) \neq 0$ (sonst wäre f auf U nicht bijektiv), wir haben dann $(f \circ \gamma)'(0) = f'(z_0) \cdot \gamma'(0)$. In diesem Fall gilt für zwei solche Wege γ_1, γ_2

$$\angle(f \circ \gamma_1, f \circ \gamma_2) = \arg \frac{f'(z_0)\gamma_2'(0)}{f'(z_0)\gamma_1'(0)} = \arg \frac{\gamma_2'(0)}{\gamma_1'(0)} = \angle(\gamma_1, \gamma_2).$$

Wir drücken dies so aus: Eine in z_0 holomorphe Abbildung f mit $f'(z_0) \neq 0$ ist in z_0 *winkel- und orientierungstreu.*

Setzen wir umgekehrt voraus, dass f in z_0 winkel- und orientierungstreu ist, so muss insbesondere für die Wege $\gamma_s : t \to z_0 + e^{is}t$ mit $0 \leq s < 2\pi$ gelten $\angle(f \circ \gamma_s, f \circ \gamma_0) = s$. Mit (1) bedeutet das

$$\arg \frac{f_z(z_0)e^{is} + f_{\overline{z}}(z_0)e^{-is}}{f_z(z_0) + f_{\overline{z}}(z_0)} = \arg e^{is},$$

es muss also $\arg(f_z(z_0) + f_{\overline{z}}(z_0)e^{-2is})$ unabhängig von s sein. Das geht nur für $f_{\overline{z}}(z_0) = 0$. Somit ist f in z_0 komplex differenzierbar; außerdem gilt $f_z(z_0) \neq 0$, sonst wäre f nicht umkehrbar stetig differenzierbar.

Man nennt eine stetig differenzierbare Abbildung $f : G \to \mathbb{C}$ eines Gebietes $G \subset \mathbb{C}$ *lokal konform*, wenn sie glatte Wege in glatte Wege überführt (dann hat sie lokal eine stetig differenzierbare Umkehrung) und in jedem Punkt von G winkel- und orientierungstreu ist. Man nennt f *konform*, wenn f lokal konform ist und G bijektiv auf $f(G)$ abbildet. Unsere obigen Überlegungen ergeben:

Satz 1.1. *Eine Abbildung f von Gebieten in $\mathbb{C}$ ist genau dann lokal konform, wenn f lokal biholomorph ist. f ist genau dann konform, wenn f biholomorph ist.*

Hat man eine konforme Abbildung $f : G \to G^*$ und in G zwei Scharen glatter Kurven derart, dass die Kurven der einen Schar die der anderen Schar stets senkrecht schneiden, so gilt das gleiche für die Scharen der Bildkurven in G^*. Zum Beispiel bildet die Exponentialfunktion den Streifen $G = \{-\pi < \operatorname{Im} z < \pi\}$ konform auf die längs der negativen reellen Achse aufgeschnittene Ebene ab; die zur reellen Achse parallelen Geraden gehen dabei in die vom Nullpunkt ausgehenden Strahlen über, die zur imaginären Achse parallelen Geradenstücke in Kreise um den Nullpunkt.

Als weiteres Bespiel betrachten wir $g(z) = (z - 1/z)/2i$. Hierdurch wird $G = D_1(0) - \{0\}$ bijektiv, also konform, auf die längs der Strecke $[-1, 1]$ „geschlitzte" Ebene $\mathbb{C} - [-1, 1]$

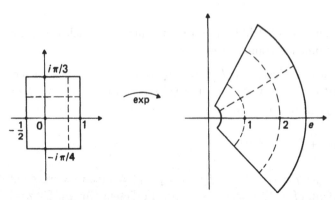

Bild 47 Konforme Abbildungen eines Rechtecks auf einen Kreisringsektor

abgebildet (vgl. Kap. V, §3); die Schar der Kreise $\kappa_r(0)$ geht in die Schar der Ellipsen mit den Brennpunkten 1 und -1 über, die Schar der Radien geht in die Schar der Hyperbeln mit den gleichen Brennpunkten ± 1 über.

Wir wollen noch untersuchen, wie eine holomorphe Abbildung $f : G \to \mathbb{C}$ mit einer k-fachen w_0-Stelle in z_0, $k > 1$, auf Winkel in z_0 wirkt. Allerdings ist jetzt das Bild eines von z_0 ausgehenden glatten Weges nicht mehr glatt. Von einem nicht notwendig glatten Weg $\beta : [0, \epsilon] \to \mathbb{C}$ mit $\beta(0) = w_0$ sagen wir, er habe in w_0 eine Tangente, wenn $\lim\limits_{t \to 0} \dfrac{\beta(t) - w_0}{|\beta(t) - w_0|}$ existiert; ist $a = e^{i\theta}$ dieser Grenzwert, so ist $s \mapsto w_0 + sa, s \geq 0$, die Halbtangente an β in w_0. Ist β glatt, so führt auch diese Definition auf den oben benutzten Tangentenbegriff. Wir betrachten nun einen glatten von z_0 ausgehenden Weg γ in G und schreiben $f(z) = w_0 + (z - z_0)^k g(z)$ mit $g(z_0) \neq 0$. Für $\beta = f \circ \gamma$ haben wir dann

$$\frac{\beta(t) - w_0}{|\beta(t) - w_0|} = \left(\frac{\gamma(t) - z_0}{|\gamma(t) - z_0|} \right)^k \cdot \frac{g(\gamma(t))}{|g(\gamma(t))|} \to \left(\frac{\gamma'(0)}{|\gamma'(0)|} \right)^k \cdot \frac{g(z_0)}{|g(z_0)|}.$$

Hieraus entnimmt man

Satz 1.2. *Die holomorphe Funktion f habe in z_0 eine k-fache w_0-Stelle. Sind γ_1 und γ_2 von z_0 ausgehende glatte Wege, so gilt*

$$\angle(f \circ \gamma_1, f \circ \gamma_2) = k \cdot \angle(\gamma_1, \gamma_2)$$

Aufgaben:

1. Es sei $f(z) = z^2$, $G = \{z : \operatorname{Re} z > 0\}$, $G_1 = \{\frac{\pi}{4} < \arg z < \frac{3\pi}{4}, 0 < |z| < 2\}$. Bestimme $f(G)$ und $f(G_1)$ und zeige, dass G und G_1 durch f konform abgebildet werden. Berechne die Bildkurven der folgenden Kurven in G: Halbkreise um den Nullpunkt, vom Nullpunkt ausgehende Strahlen; Parallelen zur reellen und zur imaginären Achse.

2. Für die folgenden Funktionen f und Gebiete G zeige man, dass G durch f konform abgebildet wird, und bestimme $f(G)$:

a) $G = D_1(0)$, $f(z) = 1 - \dfrac{4z}{(1+z)^2}$,

b) $G = \{z : -\pi < \operatorname{Im} z < \pi\}$, $f(z) = z + e^z$.

3. Man verifiziere die im Text über $g(z) = (z - 1/z)/2i$ gemachten Aussagen.

4. a) Man gebe ein konforme Abbildung von $G = \{z : \operatorname{Im} z > 0, 0 < \operatorname{Re} z < 2\pi\}$ auf
    $G^* = \mathbb{C} - ([-1,1] \cup \{it : t \le 0\})$ an.

    b) Dasselbe für $G = \{z : 0 < |z| < 1, 0 < \arg z < \pi/3\}$ und
    $G^* = \{w : \operatorname{Re} w > 0, 0 < \operatorname{Im} w < 1\}$ (*Hinweis:* Man bilde zunächst G auf einen
    Halbkreis ab.)

5. Die in z_0 holomorphe Funktion f habe dort eine w_0-Stelle der Ordnung $k \ge 2$. Ist $\varphi \in \mathbb{R}$
   und $0 < \psi < 2\pi/k$, so gibt es $r > 0$ derart, dass f den Sektor $\{0 < |z - z_0| < r,$
   $\varphi < \arg(z - z_0) < \varphi + \psi\}$ injektiv abbildet. Ist $\psi > 2\pi/k$, so kann ein solcher Sektor nicht
   injektiv abgebildet werden.

6. a) Man bilde das Innere (Äußere) eines Kreisbogenzweiecks in der Ebene konform auf
    eine Halbebene ab. (*Hinweis:* Mit einer linearen Transformation bilde man zunächst
    auf einen Winkelraum $|\arg z| < \alpha$ ab.)

    b) Dasselbe für das Gebiet zwischen zwei einander von innen berührenden Kreislinien.

§ 2. Automorphismengruppen

Zwei Gebiete G und G^* auf der Zahlensphäre $\hat{\mathbb{C}}$ sollen biholomorph äquivalent (oder
konform äquivalent) heißen, wenn es eine biholomorphe Abbildung $f : G \to G^*$ gibt.
Dadurch ist eine Äquivalenzrelation auf der Menge der Gebiete $G \subset \hat{\mathbb{C}}$ erklärt.

Da biholomorphe Abbildungen umkehrbar stetig sind, ist für die biholomorphe Äquivalenz von G und G^* notwendig, daß beide Gebiete in ihren topologischen Eigenschaften
übereinstimmen. Wir haben z.B. schon in Kap. IV, §3, für Gebiete in der Ebene gesehen,
daß das biholomorphe Bild eines einfach zusammenhängenden Gebietes wieder einfach
zusammenhängen muß.

Jedoch ist einfacher Zusammenhang zweier Gebiete G und G^* nicht hinreichend für biholomorphe Äquivalenz. Falls nämlich $G = \mathbb{C}$ und G^* beschränkt ist, ist jedes holomorphe
$f : \mathbb{C} \to G^*$ nach dem Satz von Liouville konstant, also nicht biholomorph. Wir werden
aber in §5 zeigen, dass von $\mathbb{C}$ verschiedene einfach zusammenhängende Teilgebiete von
$\mathbb{C}$ stets biholomorph äquivalent sind.

Eine konforme Abbildung eines Gebietes $G \subset \hat{\mathbb{C}}$ auf sich nennt man auch einen (holomorphen) *Automorphismus* von G. Die Automorphismen von G bilden unter der Komposition
eine Gruppe, die mit $\operatorname{Aut} G$ bezeichnet wird. Sind G und G^* biholomorph äquivalent und
ist $f : G \to G^*$ konform, so ist für $h \in \operatorname{Aut} G^*$ auch $h \circ f : G \to G^*$ konform. Sind umgekehrt f und g konforme Abbildungen von G auf G^*, so ist $g \circ f^{-1} \in \operatorname{Aut} G^*$. Man
erhält also alle konformen Abbildungen von G auf G^*, indem man eine von ihnen mit
allen Automorphismen von G^* zusammensetzt.

Wir wollen die Automorphismengruppen der Sphäre $\hat{\mathbb{C}}$, der Ebene $\mathbb{C}$ und des Einheitskreises D explizit bestimmen. Jedenfalls sind die gebrochen linearen Transformationen

Automorphismen von $\hat{\mathbb{C}}$ und die ganzen linearen Transformationen $z \mapsto az + b$ $(a \neq 0)$ sind Automorphismen von $\mathbb{C}$. Weitere gibt es nicht!

Satz 2.1. *Aut $\hat{\mathbb{C}}$ ist die Gruppe aller linearen Transformationen. Aut $\mathbb{C}$ ist die Gruppe aller ganzen linearen Transformationen.*

Beweis: Wir zeigen zunächst, daß jeder Automorphismus f von $\mathbb{C}$ von der Form $f(z) = az + b$ ist. Nun ist f eine ganze Funktion. Wäre f transzendent, so läge etwa $f(\mathbb{C} - \overline{D})$ überall dicht; andererseits ist $f(D)$ ein Gebiet, das wegen der Bijektivität von f mit $f(\mathbb{C} - \overline{D})$ leeren Durchschnitt haben muß. Also ist f ein Polynom. Wäre sein Grad größer als 1, so könnte f nicht bijektiv sein.

Es sei jetzt $f \in$ Aut $\hat{\mathbb{C}}$. Gilt $f(\infty) = \infty$, so ist $f|\mathbb{C} \in$ Aut $\mathbb{C}$, also ist f ganz linear. Gilt $f(\infty) = c \neq \infty$, so bilde man mit $g(z) = 1/(z - c)$ den Automorphismus $h = g \circ f$ von $\hat{\mathbb{C}}$. Es gilt $h(\infty) = g(c) = \infty$, also ist h linear und damit auch $f = g^{-1} \circ h$. $\qquad\square$

Wir wenden uns jetzt den Automorphismen des Einheitskreises D zu. Diejenigen unter ihnen, die den Nullpunkt als Fixpunkt haben, bilden eine Untergruppe Γ_0 von Aut D. Offenbar gehören die Drehungen $T_\lambda : z \mapsto e^{i\lambda}z$ mit $\lambda \in \mathbb{R}$ zu Γ_0. Wir wollen zeigen, dass wir damit schon alle Elemente von Γ_0 gefunden haben. Hierzu beweisen wir einen Satz über das Wachstumsverhalten beschränkter holomorpher Funktionen, der auch in anderen Zusammenhängen nützlich ist.

Satz 2.2. (Schwarzsches Lemma)   *Es sei $f : D \to D$ eine holomorphe Funktion mit $f(0) = 0$. Dann gilt $|f(z)| \leq |z|$ für $z \in D$ und $|f'(0)| \leq 1$. Besteht in einem Punkt $z_0 \neq 0$ die Gleichheit $|f(z_0)| = |z_0|$ oder gilt $|f'(0)| = 1$, so ist $f(z) = e^{i\lambda}z$ mit passendem $\lambda \in \mathbb{R}$.*

Beweis: Wir setzen $g(z) = f(z)/z$ für $z \in D - \{0\}$ und $g(0) = f'(0)$; dann ist g holomorph in D. Für $|z| \leq r < 1$ ist nach dem Maximumprinzip $|g(z)| \leq \max\limits_{|\zeta|=r} \dfrac{|f(\zeta)|}{r} \leq \dfrac{1}{r}$; dabei wurde $f(D) \subset D$ benutzt. Für $r \to 1$ ergibt sich die Ungleichung $|g(z)| \leq 1$, d.h. $|f(z)| \leq |z|$ auf ganz D und $|f'(0)| \leq 1$. Die Gleichung $|f'(0)| = 1$ oder $|f(z_0)| = |z_0|$ für ein $z_0 \neq 0$ hat $|g(0)| = 1$ bzw. $|g(z_0)| = 1$ zur Folge; also ist g nach dem Maximumprinzip eine Konstante vom Betrage 1. $\qquad\square$

Bemerkung: Man kann sich leicht von den speziellen Annahmen im Satz befreien. Ist nämlich f auf $D_r(a)$ holomorph und durch $M > 0$ beschränkt, so erfüllt $h(\zeta) = (f(r\zeta + a) - f(a))/2M$ die Voraussetzungen des Satzes; $|h(\zeta)| \leq |\zeta|$ liefert

$$|f(z) - f(a)| \leq \frac{2M}{r}|z - a|$$

(vgl. auch Aufgabe 5).

Wir wenden nun das Schwarzsche Lemma auf einen Automorphismus $f \in \Gamma_0$ und den inversen Automorphismus f^{-1} an: Man hat $|f(z)| \leq |z|$ und $|z| = |f^{-1}(f(z))| \leq |f(z)|$ für

$z \in D$, also stets $|f(z)| = |z|$. Damit ist f als Drehung erkannt: $\Gamma_0 = \{T_\lambda : \lambda \in [0, 2\pi[\}$. Wir können nun leicht die volle Gruppe Aut D bestimmen. Ist $z_0 \in D$, so ist

$$f_{z_0} : z \mapsto \frac{z - z_0}{1 - \overline{z}_0 z}$$

ein Automorphismus von D: Für $z\overline{z} = 1$ errechnet man $f_{z_0}(z) \cdot \overline{f_{z_0}(z)} = 1$, also gilt $f_{z_0}(\partial D) = \partial D$. Überdies ist $f_{z_0}(z_0) = 0$, also wird D auf sich (und nicht auf $\hat{\mathbb{C}} - \overline{D}$) abgebildet. – Es sei nun f ein beliebiger Automorphismus von D. Mit $z_0 = f^{-1}(0)$ gehört $f \circ f_{z_0}^{-1}$ zu Γ_0, wir haben $f \circ f_{z_0}^{-1} = T_\lambda$ für ein $\lambda \in [0, 2\pi[$, also

$$f(z) = T_\lambda \circ f_{z_0}(z) = e^{i\lambda}(z - z_0)/(1 - \overline{z}_0 z).$$

Damit ist bewiesen:

Satz 2.3. *Die Automorphismengruppe des Einheitskreises D besteht aus allen linearen Transformationen der Form*

$$f(z) = e^{i\lambda} \frac{z - z_0}{1 - \overline{z}_0 z} \qquad \textit{mit } \lambda \in [0, 2\pi[\textit{ und } z_0 \in D.$$

Zu zwei Punkten $z_1, z_2 \in D$ gibt es stets ein $f \in$ Aut D mit $f(z_1) = z_2$, nämlich etwa mit den obigen Bezeichnungen $f = f_{z_2}^{-1} f_{z_1}$ (man sagt, Aut D operiert *transitiv* auf D). Durch $f(z_1) = z_2$ ist f nicht eindeutig festgelegt, insbesondere unterscheiden sich zwei Automorphismen, die z_1 in 0 überführen, genau um eine Drehung. Hieraus folgt: Ist $z_1 \in D$ und t_1 ein Richtungsvektor in z_1, t_0 ein Richtungsvektor in 0, so gibt es genau ein $f \in$ Aut D mit $f(z_1) = 0$, welches Wege von z_1 in Richtung t_1 in solche von 0 in Richtung t_0 überführt.

Ist $G \subset \hat{\mathbb{C}}$ das Innere oder Äußere einer Kreislinie oder auch eine Halbebene, so gibt es eine lineare Transformation $T \in$ Aut $\hat{\mathbb{C}}$ mit $T(G) = D$. Durchläuft f die Gruppe Aut D, so durchläuft $T^{-1} \circ f \circ T$ die Gruppe Aut G. Insbesondere besteht Aut G nur aus linearen Transformationen.

Wir wollen noch die Automorphismengruppe der oberen Halbebene H explizit bestimmen. Für $T \in$ Aut $\hat{\mathbb{C}}$ ist $T(H) = H$ genau dann, wenn T den Rand $\mathbb{R} \cup \{\infty\}$ in sich überführt und $Ti \in H$ gilt. Hat man $T(\mathbb{R} \cup \{\infty\}) = \mathbb{R} \cup \{\infty\}$, so sind die Urbilder z_1, z_2, z_3 von $0, 1, \infty$ reell oder ∞; schreibt man

$$Tz = DV(z, z_1, z_2, z_3) = \frac{az + b}{cz + d},$$

so sind daher a, b, c, d reell. Umgekehrt gilt für eine lineare Transformation $Tz = (az + b)/(cz + d)$, deren Koeffizienten bis auf einen gemeinsamen Faktor reell sind, sicher $T(\mathbb{R} \cup \{\infty\}) = \mathbb{R} \cup \{\infty\}$. Schließlich ist für $Tz = (az + b)/(cz + d)$ mit reellen Koeffizienten Im $Ti = (ad - bc)/(c^2 + d^2)$, also $Ti \in H$ genau für $ad - bc > 0$. Damit haben wir

Satz 2.4. *Die Automorphismen der oberen Halbebene sind genau die linearen Transformationen, die sich in der Form $Tz = (az + b)/(cz + d)$ mit $a, b, c, d \in \mathbb{R}$ und $ad - bc > 0$ schreiben lassen.*

Durch Erweitern mit einem reellen Faktor kann man $ad - bc = 1$ erreichen; bei dieser Normierung sind die Koeffizienten von T bis auf Multiplikation mit ± 1 eindeutig durch T bestimmt: $\operatorname{Aut} H \cong SL(2, \mathbb{R})/\{\pm E\}$, wobei $SL(2, \mathbb{R}) = \{M \in GL(2, \mathbb{R}) : \det M = 1\}$ und E die Einheitsmatrix bezeichnet.

Aufgaben:

1. Es seien G und G^* biholomorph äquivalente Gebiete. Man beweise, dass die Gruppen $\operatorname{Aut} G$ und $\operatorname{Aut} G^*$ isomorph sind.

2. Es seien $S, T \in \operatorname{Aut} \hat{\mathbb{C}}$. Ist a Fixpunkt von T, so ist Sa Fixpunkt von STS^{-1}. Daher gilt: Für $a, b \in \hat{\mathbb{C}}$ sind die Untergruppen $G_a = \{T \in \operatorname{Aut} \hat{\mathbb{C}} : Ta = a\}$ und $G_b = \{T : Tb = b\}$ isomorph. Man bestimme G_a aus G_∞. Ebenso zeige man für $a \neq b$, $c \neq d$ die Isomorphie von $G_{ab} = \{T : Ta = a, Tb = b\}$ und $G_{cd} = \{T : Tc = c, Td = d\}$ und bestimme G_{ab} aus $G_{0\infty}$.

3. Es seien $p(z)$ und $q(z)$ Polynome ohne gemeinsame Nullstelle, das Maximum ihrer Grade sei 2. Zeige: Zu $f(z) = p(z)/q(z)$ gibt es $S \in \operatorname{Aut} \mathbb{C}$, $T \in \operatorname{Aut} \hat{\mathbb{C}}$ so, dass $S \circ f \circ T$ entweder die Gestalt $z \mapsto z^2$ oder die Gestalt $z \mapsto (z - 1/z)/2i$ hat.

4. G sei die Sphäre $\hat{\mathbb{C}}$, aus der $r \geq 2$ Punkte $z_1, \ldots, z_r$ entfernt sind. Man zeige: $\operatorname{Aut} G$ besteht aus linearen Transformationen, und zwar genau aus denen, die die z_ρ untereinander permutieren. Man bestimme $\operatorname{Aut} G$ explizit für $r = 2, 3, 4$. (Für $r = 4$ hängt $\operatorname{Aut} G$ von der Lage der z_ρ ab. Vorschlag: Normiere $z_1, z_2, z_3 = 0, 1, \infty$; nimm an, $\operatorname{Aut} G$ enthalte ein nichttriviales Element, leite daraus eine notwendige Bedingung für z_4 her und bestimme dann $\operatorname{Aut} G$ vollständig.)

5. Die Funktion f sei auf $D_r(a)$ holomorph und durch M beschränkt. Es sei $z_0 \in D_r(a)$ und $w_0 = f(z_0)$. Man beweise die Abschätzung

    $$\left| \frac{f(z) - w_0}{M^2 - \overline{w}_0 f(z)} \right| \leq \frac{r}{M} \frac{|z - z_0|}{|r^2 - (\overline{z}_0 - \overline{a})(z - a)|}.$$

6. Zeige: Eine lineare Transformation T gehört genau dann zu $\operatorname{Aut} D$, wenn sie sich als $Tz = (az + b)/(\overline{b}z + \overline{a})$ mit $a\overline{a} - b\overline{b} > 0$ schreiben läßt.

7. Es sei T eine lineare Transformation, die zwei gegebene konzentrische Kreislinien mit den Radien r_1, r_2 auf zwei konzentrische Kreislinien mit den Radien ρ_1, ρ_2 abbildet. Man zeige: $r_1/r_2 = \rho_1/\rho_2$ oder $r_1/r_2 = \rho_2/\rho_1$.

8. a) Man bestimme die Untergruppe $\Gamma_i = \{T \in \operatorname{Aut} H : Ti = i\}$ von $\operatorname{Aut} H$.

    b) Was läßt sich über die Fixpunkte eines beliebigen $T \in \operatorname{Aut} H$ sagen?

§ 3.   Nichteuklidische Geometrie

Zu zwei Punktepaaren z_0, z_1 und w_0, w_1 im Einheitskreis D gibt es im allgemeinen keinen Automorphismus f von D mit $f(z_0) = w_0$ und $f(z_1) = w_1$. Das ist vielmehr genau dann der Fall, wenn – mit den Bezeichnungen des vorigen Paragraphen – $f_{z_0}(z_1) = \dfrac{z_1 - z_0}{1 - \overline{z}_0 z_1}$ in

$f_{w_0}(w_1) = \dfrac{w_1 - w_0}{1 - \overline{w}_0 w_1}$ durch eine Drehung $T_\lambda : z \mapsto e^{i\lambda} z$ um den Nullpunkt übergeführt

werden kann: Dann leistet $f_{w_0}^{-1} \circ T_\lambda \circ f_{z_0}$ das Gewünschte. Unsere Bedingung schreibt

sich $|f_{w_0}(w_1)| = |f_{z_0}(z_1)|$ oder explizit

$$\left| \frac{w_1 - w_0}{1 - \overline{w}_0 w_1} \right| = \left| \frac{z_1 - z_0}{1 - \overline{z}_0 z_1} \right|. \tag{1}$$

Ein tieferes Verständnis dieser Formel gewinnt man durch Einführung eines neuen, gegenüber den Transformationen von $\operatorname{Aut} D$ invarianten Abstandsbegriffes auf D. Dazu benötigen wir eine „infinitesimale" Version von (1):

Hilfssatz. *Für $f \in \operatorname{Aut} D$ und $z \in D$ gilt* $\dfrac{|f'(z)|}{1 - |f(z)|^2} = \dfrac{1}{1 - |z|^2}$.

Beweis: Es sei z_0 ein beliebiger Punkt von D und $w_0 = f(z_0)$. Es ist mit passendem λ

$f_{w_0} \circ f(z) = T_\lambda \circ f_{z_0}(z)$, also

$$\left| \frac{f(z) - w_0}{1 - \overline{w}_0 f(z)} \right| = \left| \frac{z - z_0}{1 - \overline{z}_0 z} \right|.$$

Division durch $|z - z_0|$ und Grenzübergang $z \to z_0$ liefert die Behauptung an der Stelle $z = z_0$. $\qquad\qquad\qquad\qquad\qquad\qquad\qquad\qquad\qquad\qquad\qquad\qquad\square$

Der neue Abstandsbegriff beruht auf der folgenden

Definition 3.1. *Für einen Integrationsweg $\gamma : [\alpha, \beta] \to D$ setzen wir*

$$L_h(\gamma) = \int\limits_{\alpha}^{\beta} \frac{|\gamma'(t)|}{1 - |\gamma(t)|^2} \, dt \tag{2}$$

und nennen diese Zahl die hyperbolische oder nichteuklidsche Länge von γ.

Formel (2) schreibt man auch als $L_h(\gamma) = \displaystyle\int\limits_{\gamma} \dfrac{|dz|}{1 - |z|^2}$; mit dieser (hier nicht näher er-

klärten) Symbolik kann man die Formel des Hilfssatzes auch als $\dfrac{|dw|}{1 - |w|^2} = \dfrac{|dz|}{1 - |z|^2}$ für

$w = f(z)$ lesen.

Unmittelbar aus der Definition ergibt sich

$$L_h \geq L(\gamma) \geq 0, \tag{3}$$
$$L_h(\gamma^{-1}) = L_h(\gamma), \tag{4}$$
$$L_h(\gamma_1 \gamma_2) = L_h(\gamma_1) + L_h(\gamma_2). \tag{5}$$

Aus dem Hilfssatz und der Substitutionsregel erhält man die Invarianzaussage:

Satz 3.1. *Ist γ ein Integrationsweg in D und $f \in \operatorname{Aut} D$, so gilt $L_h(f \circ \gamma) = L_h(\gamma)$.*

Setzt man für $z_1, z_2 \in D$

$$\delta(z_1, z_2) = \inf\{L_h(\gamma) : \gamma \text{ Integrationsweg in } D \text{ von } z_1 \text{ nach } z_2\},$$

so erhält man eine Metrik auf D: Es ist $\delta(z_1, z_2) \geq 0$ und $= 0$ nur für $z_1 = z_2$ wegen (3); $\delta(z_1, z_2) = \delta(z_2, z_1)$ folgt aus (4), die Dreiecksungleichung ergibt sich aus (5). Man nennt diese Metrik die *hyperbolische* oder *nichteuklidische* (n.e.). Auf Grund von Satz 3.1 ist die n.e. Metrik invariant: Für $f \in \operatorname{Aut} D$ gilt $\delta(f(z_1), f(z_2)) = \delta(z_1, z_2)$.

Wir fragen nun, ob es einen Weg kürzester n.e. Länge gibt, der zwei verschiedene Punkte $z_1, z_2 \in D$ miteinander verbindet. Mit einem Automorphismus f bringen wir zunächst z_1 in den Nullpunkt und z_2 auf einen Punkt $s \in]0, 1[$. Ist $\gamma = \gamma_1 + i\gamma_2 : [\alpha, \beta] \to D$ ein Integrationsweg von 0 nach s, so hat man

$$L_h(\gamma) = \int_\alpha^\beta \frac{|\gamma'(t)|}{1 - |\gamma(t)|^2}\, dt \geq \int_\alpha^\beta \frac{\gamma_1'(t)}{1 - (\gamma_1(t))^2}\, dt = \int_0^s \frac{dx}{1 - x^2} = \frac{1}{2} \log \frac{1+s}{1-s}$$

nach der Substitutionsregel. Dies zeigt, dass die n.e. kürzeste Verbindung von 0 und s durch die (euklidische) Strecke von 0 nach s realisiert wird und die n.e. Länge $\frac{1}{2} \log \frac{1+s}{1-s}$ hat. Wendet man f^{-1} an, so geht der Durchmesser von D durch s in einen Kreisbogen (oder einen Durchmesser) über, der wegen der Winkeltreue von f^{-1} den Randkreis ∂D senkrecht schneidet. Wir nennen derartige Kreisbögen und auch die Durchmesser von D *Orthokreise* und drücken unser Resultat so aus:

Satz 3.2. *Die geodätischen Linien der hyperbolischen Metrik sind die Orthokreise. Die n.e. kürzeste Verbindung zweier verschiedener Punkte $z_1, z_2 \in D$ wird durch den zwischen z_1 und z_2 verlaufenden Bogen des durch z_1 und z_2 gehenden Orthokreises gegeben.*

Um eine Formel für den n.e. Abstand $\delta(z_1, z_2)$ zu gewinnen, schreiben wir $(1+s)/(1-s)$ mit Hilfe des Doppelverhältnisses (siehe Kap. I, §9) in einer unter $\operatorname{Aut} D$ invarianten Form, nämlich:

$$\frac{1+s}{1-s} = DV(0, 1, s, -1) = [DV(0, -1, s, 1)]^{-1} = [DV(s, 1, 0, -1)]^{-1}. \tag{6}$$

Bei Anwendung von f^{-1} gehen die Punkte -1 und 1 in die Schnittpunkte des Orthokreises durch z_1, z_2 mit ∂D über. Wegen der Invarianz der Metrik und des Doppelverhältnisses bekommen wir:

Satz 3.3. *Für den n.e. Abstand von $z_1 \neq z_2$ gilt*

$$\delta(z_1, z_2) = \frac{1}{2} |\log DV(z_1, a, z_2, b)|, \tag{7}$$

wenn a und b die Schnittpunkte des Orthokreises durch z_1 und z_2 mit ∂D sind.

In (7) kommt es nicht auf die Reihenfolge von z_1, z_2 und von a, b an, da bei einer Vertauschung der Logarithmus wegen (6) nur sein Vorzeichen ändert. – Eine von a und b unabhängige Formel für $\delta(z_1, z_2)$ erhalten wir, wenn wir bedenken, dass auf Grund der einleitenden Bemerkung $s = |z_2 - z_1|/|1 - \overline{z}_1 z_2|$ gilt und dass $\frac{1}{2} \log \frac{1+s}{1-s}$ gerade der hyperbolische Area-Tangens Artanh s ist:

$$\delta(z_1, z_2) = \text{Artanh} \left| \frac{z_2 - z_1}{1 - \overline{z}_1 z_2} \right|.$$

Vergleich mit der in (1) aufgestellten Transformationsbedingung zeigt nun: *Zwei Punktepaare z_1, z_2 und w_1, w_2 in D lassen sich genau dann durch einen Automorphismus von D ineinander transformieren, wenn $\delta(z_1, z_2) = \delta(w_1, w_2)$ gilt.*

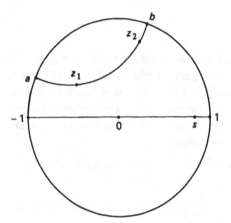

Bild 48 N.e. Gerade durch z_1, z_2; $\delta(z_1, z_2) = \delta(0, s)$.

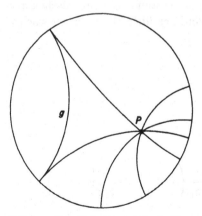

Bild 49 Parallelen zu g durch P

Wir führen weitere geometrische Sprechweisen ein: D wird die *n.e.* (oder *hyperbolische*) *Ebene* genannt, Orthokreise (Orthokreisbögen) heißen *n.e. Geraden* (Strecken), statt von Automorphismen reden wir von (eigentlichen) *n.e. Bewegungen*. Als Winkelmessung in der n.e. Ebene können wir die gewohnte euklidische benutzen, da euklidische Winkel unter n.e. Bewegungen invariant sind. – Es ist klar, was unter n.e. Dreiecken, Polygonen u.ä. zu verstehen ist.

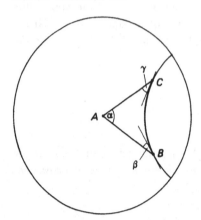

Bild 50 Nichteuklidisches Dreieck

In dieser n.e. Geometrie gelten alle vom Parallelenaxiom unabhängigen Aussagen der euklidischen Geometrie. Das Parallelenaxiom ist hingegen nicht erfüllt: Zu einer n.e. Geraden g und einem Punkt $P \notin g$ gibt es unendlich viele n.e. Geraden durch P, welche g nicht schneiden. Man erkennt auch, dass die Winkelsumme im n.e. Dreieck stets kleiner als π ist (das folgt auch – mühsam – aus der Ungültigkeit des Parallelenaxioms bei Erfülltsein der übrigen Axiome der euklidischen Geometrie).

Zum Abschluss wollen wir die beiden Abstandsbegriffe auf D miteinander vergleichen:

Satz 3.4. *Für $z, z_1 \in D$ gilt $\displaystyle\lim_{z \to z_1} \frac{\delta(z, z_1)}{|z - z_1|} = \frac{1}{1 - |z_1|^2}$. Der n.e. Abstand liefert die gleiche Topologie auf D wie der euklidische.*

In der Nähe eines Punktes z_1 unterscheidet sich der n.e. Abstand vom euklidischen also im wesentlichen um einen konstanten Faktor, der allerdings über alle Grenzen wächst, wenn z_1 gegen ∂D strebt.

Beweis: Mit der Reihenentwicklung

$$\text{Artanh } s = \frac{1}{2} \log \frac{1 + s}{1 - s} = s + \frac{s^3}{3} + \dots$$

erhält man sofort

$$\frac{\delta(z, z_1)}{|z - z_1|} = \frac{1}{|z - z_1|} \text{ Artanh } \left| \frac{z - z_1}{1 - \overline{z}_1 z} \right| = \frac{1}{|1 - \overline{z}_1 z|} \left(1 + \frac{1}{3} \left| \frac{z - z_1}{1 - \overline{z}_1 z} \right|^2 + \dots \right)$$

und damit die erste Behauptung des Satzes. Aus dieser können wir auf die Existenz eines positiven r_0 schließen, so dass für $0 < |z - z_1| < r_0$ gilt

$$\frac{1}{2(1 - |z_1|^2)} < \frac{\delta(z, z_1)}{|z - z_1|} < \frac{2}{1 - |z_1|^2}.$$

Hiermit folgt, dass für hinreichend kleine $\epsilon > 0$ die euklidische Kreisscheibe $D_\epsilon(z_1)$ in der n.e. Kreisscheibe $\{z : \delta(z, z_1) < 2\epsilon/(1 - |z_1|^2)\}$ enthalten ist und die n.e. Kreisscheibe $\{z : \delta(z, z_1) < \epsilon\}$ in dem euklidischen Kreis $\{z : |z - z_1| < 2\epsilon(1 - |z_1|^2)\}$. Dies bedeutet aber gerade die Gleichheit der zu den Metriken gehörenden Topologien. $\qquad\square$

Wir bemerken noch, dass die abgeschlossenen n.e. Kreisscheiben $\{z : \delta(z, z_1) \leq r\}$ für beliebig große r kompakte Teilmengen von D sind; D erstreckt sich also im Sinne der n.e. Metrik „ins Unendliche". Es genügt, dies für $z_1 = 0$ zu beweisen, und in diesem Fall gilt $\{z : \delta(z, 0) \leq r\} = \overline{D_s(0)}$ mit $s = \tanh r < 1$.

Es sei schließlich ein Satz angegeben, der eine Beziehung zwischen der allgemeinen Funktionentheorie und der n.e. Metrik hergestellt.

Satz 3.5. *Eine holomorphe Funktion $h : D \to D$ verkleinert n.e. Abstände, d.h. für $z_1, z_2 \in D$ ist $\delta(h(z_1), h(z_2)) \leq \delta(z_1, z_2)$. Gilt für ein Paar verschiedener Punkte das Gleichheitszeichen, so ist h ein Automorphismus von D.*

Beweis: Ist $z_1 \in D$ beliebig und $w_1 = h(z_1)$, so genügt $f_{w_1} \circ h \circ f_{z_1}^{-1}$ den Voraussetzungen des Schwarzschen Lemmas. Man hat also entweder $|f_{w_1} \circ h \circ f_{z_1}^{-1}(\zeta)| < |\zeta|$ für $\zeta \in D$, $\zeta \neq 0$, oder $f_{w_1} \circ h \circ f_{z_1}^{-1}(\zeta) = e^{i\lambda}\zeta$. Im zweiten Fall ist $h \in \text{Aut}\, D$, im ersten Fall ergibt sich durch Einsetzen von $\zeta = f_{z_1}(z)$

$$\tanh \delta(h(z), h(z_1)) = \left| \frac{h(z) - h(z_1)}{1 - \overline{h(z_1)}h(z)} \right| < \left| \frac{z - z_1}{1 - \overline{z_1}z} \right| = \tanh \delta(z, z_1) \qquad (8)$$

für $z \neq z_1$. Der Satz folgt nun aus der strengen Monotonie von $\tanh$. $\qquad\square$

Durch Grenzübergang $z \to z_1$ in der Ungleichung (8) ergibt sich eine Verallgemeinerung des Hilfssatzes:

Folgerung 3.6. (Lemma von Schwarz-Pick) *Für holomorphe Funktionen $h : D \to D$ gilt*

$$\frac{|h'(z)|}{1 - |h(z)|^2} \leq \frac{1}{1 - |z|^2}.$$

Aufgaben:

1. Unter einer uneigentlichen n.e. Bewegung versteht man das Kompositum der Spiegelung $z \mapsto \overline{z}$ mit einer eigentlichen n.e. Bewegung. Man zeige, dass Längen und Winkel auch unter uneigentlichen n.e. Bewegungen invariant sind.

2. Man zeige, dass die n.e. Kreislinie $\{z \in D : \delta(z, z_1) = r\}$ eine euklidische Kreislinie ist, und untersuche, wann der n.e. Mittelpunkt z_1 und der euklidische Mittelpunkt zusammenfallen.

3. Die lineare Transformation S bilde D auf H ab. Für Integrationswege γ in H setzen wir $L_H(\gamma) = L_h(S^{-1} \circ \gamma)$ und erhalten dadurch eine (von S unabhängige) n.e. Metrik auf H. Man stelle $L_H(\gamma)$ durch ein Integral über γ dar! – Auf diese Weise läßt sich die n.e.

Geometrie von D auf H übertragen (*Poincarésches Halbebenenmodell*)). Man bestimme in H insbesondere die n.e. Geraden und gebe Formeln für den n.e. Abstand zweier Punkte an.

4. a) Es sei g eine n.e. Gerade im Halbebenenmodell und $z \notin g$. Man zeige, dass es ein eindeutig bestimmtes Lot von z auf g gibt und dass $\delta_H(z, g) = \inf\{\delta_H(z, w) : w \in g\}$ der n.e. Abstand von z zum Fusspunkt dieses Lots ist. (*Hinweis:* Betrachte zunächst $g_0 = \{z \in H : \operatorname{Re} z = 0\}$. Vorsicht: Der Satz von Pythagoras gilt nicht!)

    b) Es sei g eine n.e. Gerade in H und $l > 0$. Man bestimme die „Abstandslinien" $\{z \in H : \delta_H(z, g) = l\}$. Man übertrage das Ergebnis nach D. (*Hinweis:* Beginne wieder mit g_0.)

§ 4. Folgen konformer Abbildungen und normale Familien

Eine konforme Abbildung mit speziellen Eigenschaften versucht man oft als Limes einer Folge konformer Abbildungen zu gewinnen. Dabei entsteht das Problem, hinreichende Bedingungen dafür anzugeben, dass eine Folge konformer Abbildungen konvergiert oder jedenfalls eine (lokal gleichmäßig) konvergente Teilfolge besitzt. Weiter erhebt sich die Frage, ob der Limes einer lokal gleichmäßig konvergenten Folge konformer Abbildungen $f_\nu : G \to f_\nu(G)$, der ja nach dem Satz von Weierstraß holomorph ist, auch wieder konform ist. Die Antwort auf diese Frage stützt sich auf

Satz 4.1. *Es sei f_ν eine lokal gleichmäßig konvergente Folge holomorpher Funktionen auf dem Gebiet $G \subset \mathbb{C}$ mit nichtkonstantem Limes f. Hat f in z_0 eine k-fache w_0-Stelle, so gibt es beliebig kleine Umgebungen $V \subset G$ von z_0, so dass jedes f_ν mit hinreichend großem ν auf V genau k w_0-Stellen hat (mit Vielfachheit gezählt).*

Beweis: Ohne Beschränkung der Allgemeinheit sei $w_0 = 0$. Wir wählen ein $\epsilon > 0$ so, dass f auf $\overline{D_\epsilon(z_0)} \subset G$ nur in z_0 verschwindet. Dann ist $\delta = \min\{|f(z)| : z \in \partial D_\epsilon(z_0)\} > 0$. Nun sei ν_0 so groß, dass für $\nu \geq \nu_0$ und $z \in \partial D_\epsilon(z_0)$ stets gilt $|f_\nu(z) - f(z)| < \delta$. Für $\nu \geq \nu_0$ läßt sich dann der Satz von Rouché (Kap. VI, §7) auf $f_\nu = f + (f_\nu - f)$ anwenden und liefert die Behauptung.   □

Folgerung: *Sind die f_ν injektiv und ist ihr Limes f nicht konstant, so ist auch f injektiv.*

Beweis: Ist f nicht injektiv, so gibt es $w_0 \in \mathbb{C}$ und $z_1 \neq z_2$ mit $f(z_1) = f(z_2) = w_0$. Nach dem Satz gibt es in G disjunkte Umgebungen V_1 und V_2 von z_1 und z_2, so dass f_ν für hinreichend großes ν in V_1 und V_2 mindestens eine w_0-Stelle hat, also auch nicht injektiv ist.   □

Wir wenden uns nun dem Problem zu, Bedingungen für die Existenz konvergenter Teilfolgen in Funktionenmengen zu finden. In der reellen Analysis leistet das der Satz von Ascoli-Arzelà. Wir erinnern an die Begriffe:

Definition 4.1. *Es sei $\mathcal{F}$ eine Menge auf $M \subset \mathbb{R}^n$ definierter Funktionen. $\mathcal{F}$ heißt gleichartig (oder gleichgradig) stetig, wenn es zu jedem $\epsilon > 0$ ein $\delta > 0$ gibt, so dass $|f(\mathfrak{x}_1) - f(\mathfrak{x}_2)| < \epsilon$ für alle $\mathfrak{x}_1, \mathfrak{x}_2 \in M$ mit $|\mathfrak{x}_1 - \mathfrak{x}_2| < \delta$ und alle $f \in \mathcal{F}$ gilt.*

Man nennt $\mathcal{F}$ beschränkt, wenn es eine Zahl $K > 0$ gibt mit $|f(x)| \leq K$ für alle $f \in \mathcal{F}$ und alle $x \in M$. Es gilt:

Satz 4.2. (Ascoli-Arzelà) *Es sei $M \subset \mathbb{R}^n$ kompakt und (f_ν) eine beschränkte und gleichartig stetige Folge auf M definierter Funktionen. Dann gibt es eine auf M gleichmäßig konvergente Teilfolge von (f_ν).*

Den Beweis findet man etwa in [13].

Eine einfache Verallgemeinerung erhält man durch Einführung der lokalen Begriffe: Eine auf einer offenen Menge $U \subset \mathbb{R}^n$ definierte Funktionenmenge $\mathcal{F}$ heißt *lokal beschränkt (lokal gleichartig stetig)* wenn jeder Punkt von U eine Umgebung $V \subset U$ besitzt, so dass die Menge der Einschränkungen $f|V$, $f \in \mathcal{F}$, beschränkt (gleichartig stetig) ist. Aus Satz 4.2 ergibt sich sofort die folgende Variante:

Satz 4.2'. *Es sei $U \subset \mathbb{R}^n$ offen und (f_ν) eine lokal beschränkte und lokal gleichartig stetige Funktionenfolge auf U. Dann gibt es eine auf U lokal gleichmäßig konvergente Teilfolge von (f_ν).*

Ist $U \subset \mathbb{C}$ und sind die f_ν holomorph, so vereinfacht sich die Situation. Es gilt nämlich:

Satz 4.3. *Eine auf einem Bereich U lokal beschränkte Menge $\mathcal{F}$ holomorpher Funktionen ist lokal gleichartig stetig.*

Beweis: Es sei $\overline{D_R(a)} \subset U$ und $|f| \leq K$ auf $\overline{D_R(a)}$ für alle $f \in \mathcal{F}$. Wir zeigen die gleichartige Stetigkeit von $\mathcal{F}$ auf $\overline{D_r(a)}$ für $0 < r < R$. Für $z_1, z_2 \in \overline{D_r(a)}$ gilt nach der Cauchyschen Integralformel

$$
\begin{aligned}
f(z_2) - f(z_1) &= \frac{1}{2\pi i} \int\limits_{|z-a|=R} f(z) \left(\frac{1}{z-z_2} - \frac{1}{z-z_1} \right) dz \\
&= \frac{1}{2\pi i} \int\limits_{|z-a|=R} f(z) \frac{z_2 - z_1}{(z-z_1)(z-z_2)} \, dz,
\end{aligned}
$$

also

$$
|f(z_2) - f(z_1)| \leq \frac{RK}{(R-r)^2} |z_2 - z_1|.
$$

Setzt man $\delta = (R-r)^2 \epsilon / RK$ für $\epsilon > 0$, so hat man $|f(z_2) - f(z_1)| < \epsilon$ für $|z_2 - z_1| < \delta$. Da δ nicht von f, sondern nur von der allen $f \in \mathcal{F}$ gemeinsamen Schranke K abhängt, ist der Satz bewiesen. $\qquad\square$

Zusammen mit Satz 4.2' erhalten wir

Satz 4.4. (Montel) *Es sei (f_ν) eine lokal beschränkte Folge von auf dem Bereich $U \subset \mathbb{C}$ holomorphen Funktionen. Dann hat (f_ν) eine lokal gleichmäßig konvergente Teilfolge.*

Die Grenzfunktion einer solchen Teilfolge ist holomorph, evtl. konstant. In den meisten Anwendungen sind Funktionenfolgen, die gegen die Konstante ∞ konvergieren, genauso gut wie Folgen mit einer anderen konstanten Grenzfunktion; man bezieht dies daher in die folgende Definition ein:

Definition 4.2. *Es sei $\mathcal{F}$ eine Menge von auf dem Bereich U holomorphen Funktionen. $\mathcal{F}$ heißt normale Familie, wenn jede Folge in $\mathcal{F}$ eine Teilfolge hat, die lokal gleichmäßig gegen eine holomorphe Funktion oder lokal gleichmäßig gegen ∞ konvergiert.*

Dabei bedeutet „lokal gleichmäßige Konvergenz von (f_ν) gegen ∞" natürlich, dass es zu jedem kompakten Teil $K \subset U$ und zu jedem $R > 0$ ein ν_0 gibt, so dass $|f_\nu(z)| \geq R$ für alle $z \in K$ und alle $\nu \geq \nu_0$ gilt. – Das Wort „Familie" wird in diesem Rahmen traditionell für Funktionenmenge benutzt. Wir formulieren den Satz von Montel mit diesen Begriffen:

Satz 4.4'. *Jede lokal beschränkte Familie holomorpher Funktionen ist normal.*

In einer normalen Familie ist jede punktweise konvergente Folge schon lokal gleichmäßig konvergent. Allgemeiner gilt sogar:

Satz 4.5. (Vitali)   *Es sei $\mathcal{F}$ eine normale Familie auf dem Gebiet G, (f_ν) sei eine Folge aus $\mathcal{F}$, die auf einer in G nichtdiskreten Menge M punktweise gegen eine Funktion $g : M \to \hat{\mathbb{C}}$ konvergiert. Dann konvergiert (f_ν) auf G lokal gleichmäßig (evtl. gegen ∞).*

Beweis: a) Es sei g nicht die Konstante ∞. (f_ν) hat eine lokal gleichmäßig konvergente Teilfolge (f_ν^*). Für ihren Limes f gilt $f|M = g$, also ist f nicht $\equiv \infty$, sondern eine holomorphe Funktion. Wir nehmen an, die ganze Folge (f_ν) konvergierte nicht lokal gleichmäßig gegen f. Dann gäbe es ein $\epsilon_0 > 0$, eine kompakte Menge $K \subset G$, eine Teilfolge (f_{ν_μ}) von (f_ν) und Punkte $z_\mu \in K$ mit $|f_{\nu_\mu}(z_\mu) - f(z_\mu)| \geq \epsilon_0$. Nach erneutem Übergang zu einer Teilfolge dürfen wir annehmen, dass (f_{ν_μ}) lokal gleichmäßig konvergiert, die holomorphe Grenzfunktion $\tilde{f}$ muss von f verschieden sein. Es gilt aber $\tilde{f}|M = g = f|M$, der Identitätssatz liefert einen Widerspruch.

b) Es sei $g \equiv \infty$. Wenn (f_ν) nicht lokal gleichmäßig gegen ∞ konvergiert, gibt es $R > 0$, ein kompaktes $K \subset G$, eine Teilfolge (f_{ν_μ}) und Punkte $z_\mu \in K$ mit $|f_{\nu_\mu}(z_\mu)| < R$. Nach erneutem Übergang zu einer Teilfolge dürfen wir lokal gleichmäßige Konvergenz von (f_{ν_μ}) gegen eine holomorphe Grenzfunktion annehmen. Da aber (f_{ν_μ}) auf M gegen ∞ konvergiert, erhalten wir einen Widerspruch. $\square$

Aufgaben:

1. Zeige: Wenn es in einer normalen Familie $\mathcal{F}$ keine lokal gleichmäßige gegen ∞ konvergente Folge gibt, so ist $\mathcal{F}$ lokal beschränkt.

§ 5.   Der Riemannsche Abbildungssatz

Wir wollen einfach zusammenhängende Gebiete in $\hat{\mathbb{C}}$ unter biholomorpher Äquivalenz klassifizieren.

Allerdings haben wir einfachen Zusammenhang bisher nur für Gebiete in $\mathbb{C}$ erklärt, und zwar mit Hilfe der Umlaufszahl; diese steht uns für $\hat{\mathbb{C}}$ nicht zur Verfügung. Wir haben aber bemerkt, dass einfacher Zusammenhang unter biholomorphen Abbildungen invariant ist und definieren daher ad hoc:

Definition 5.1. *Wir nennen ein Gebiet $G \subset \hat{\mathbb{C}}$ einfach zusammenhängend, wenn entweder $G = \hat{\mathbb{C}}$ ist oder wenn für ein $T \in$ Aut $\hat{\mathbb{C}}$ mit $\infty \notin T(G)$ gilt: $T(G)$ hängt einfach zusammen.*

$\hat{\mathbb{C}}$ ist zu keinem echten Teilgebiet biholomorph äquivalent. Bei einer konformen Abbildung $f : \hat{\mathbb{C}} \to G$ muss nämlich die offene Menge $G = f(\hat{\mathbb{C}})$ kompakt sein, das geht nur für $G = \hat{\mathbb{C}}$.

Eine „punktierte Sphäre" $G = \hat{\mathbb{C}} - \{p\}$ ist biholomorph äquivalent zu $\mathbb{C}$: Jedes $T \in$ Aut $\hat{\mathbb{C}}$ mit $Tp = \infty$ bildet G konform auf $\mathbb{C}$ ab. Hingegen ist $\mathbb{C}$ wegen des Satzes von Liouville, wie schon bemerkt, zu keinem beschränkten Gebiet biholomorph äquivalent, insbesondere nicht zum Einheitskreis.

Erstaunlicherweise sind aber alle einfach zusammenhängenden Gebiete in $\hat{\mathbb{C}}$, deren Komplement mindestens zwei Punkte enthält, zum Einheitskreis biholomorph äquivalent und damit natürlich auch untereinander. Das ist der Inhalt des folgenden Satzes. – Man hat daher nur drei Klassen biholomorph äquivalenter einfach zusammenhängender Gebiete in $\hat{\mathbb{C}}$, die von folgenden „Normalgebieten" repräsentiert werden: der Sphäre $\hat{\mathbb{C}}$, der Ebene $\mathbb{C}$ und dem Einheitskreis D.

Satz 5.1. (Riemannscher Abbildungssatz) *Es sei $G \subset \hat{\mathbb{C}}$ ein einfach zusammenhängendes Gebiet, dessen Komplement bezüglich $\hat{\mathbb{C}}$ mindestens zwei Punkte enthält. Dann gibt es eine biholomorphe Abbildung f von G auf den Einheitskreis D. Man kann vorschreiben, dass in einem Punkt $z_0 \neq \infty$ in G die Bedingungen $f(z_0) = 0$ und $f'(z_0) > 0$ gelten sollen; dadurch ist f eindeutig bestimmt.*

Beweis:

a) Die Eindeutigkeitsaussage ist leicht: Hat man zwei solche Abbildungen f und g, so ist $f \circ g^{-1} = S$ ein Automorphismus von D mit $S(0) = 0$ und $S'(0) > 0$, also die Identität.

b) Wir führen den Existenzbeweis in drei Schritten: Zuerst konstruieren wir eine konforme Abbildung f_1 von G auf ein Teilgebiet G^* des Einheitskreises derart, dass $f_1(z_0) = 0$ und $f_1'(z_0) > 0$ ist. Unter den injektiven Abbildungen f von G^* nach D mit $f(0) = 0$ und $f'(0) > 0$ suchen wir dann einen Kandidaten für eine Abbildung *auf* D. Die Idee ist, $f'(0)$ maximal zu wählen, da $f'(0)$ den „Vergrößerungsfaktor" von f jedenfalls in der Nähe des Nullpunktes beschreibt. Wir bedienen uns dabei des Satzes von Montel. Schließlich weisen wir nach, dass für die so bestimmte Abbildung f_0 wirklich $f_0(G^*) = D$ gilt. Somit leistet $f = f_0 \circ f_1$ das Verlangte.

c) Es sei also $G \subset \hat{\mathbb{C}}$ einfach zusammenhängend, a und b seien Punkte in $\hat{\mathbb{C}} - G$ und $z_0 \neq \infty$ in G. Man wählt $T_1 \in$ Aut $\hat{\mathbb{C}}$ mit $T_1 a = 0, T_1 b = \infty$. Dann ist $G_1 = T_1 G$ ein einfach zusammenhängendes Teilgebiet von $\mathbb{C}^*$. Auf G_1 existiert also ein Zweig g der Quadratwurzel. G_1 wird durch g bijektiv, also konform, auf ein Gebiet $G_2 \subset \mathbb{C}^*$ abgebildet. Wichtig für das Weitere ist, dass G_2 ganz im Äußeren einer passenden Kreisscheibe liegt. Mit $w \in G_2$ kann nämlich nicht auch $-w \in G_2$ gelten, sonst wäre g nicht

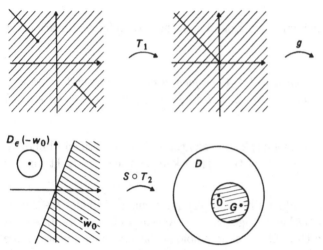

Bild 51 Zum Beweis von Satz 5.1 (Teil c)

bijektiv. Hat man also $\overline{D_\epsilon(w_0)} \subset G_2$ für geeignetes w_0 und ϵ, so ist $\overline{D_\epsilon(-w_0)} \cap G_2 = \emptyset$. Wir wählen nun weiter ein $T_2 \in \text{Aut } \hat{\mathbb{C}}$, welches $\hat{\mathbb{C}} - \overline{D_\epsilon(-w_0)}$ auf D abbildet. Dann ist $G_3 = T_2(G_2)$ in D enthalten. Schließlich können wir noch einen Automorphismus S von D so bestimmen, dass für $f_1 = S \circ T_2 \circ g \circ T_1$ gilt: $f_1(z_0) = 0$ und $f_1'(z_0) > 0$.

d) Nun sei G^* ein einfach zusammenhängendes Teilgebiet von D mit $0 \in G^*$. Die Funktionenmenge

$$\mathcal{F} = \{f : G^* \to D : f \text{ ist holomorph und injektiv}, f(0) = 0, f'(0) > 0\}$$

ist durch 1 beschränkt, also eine normale Familie. $\mathcal{F}$ ist nicht leer, denn $f(z) = z$ gehört zu $\mathcal{F}$. Wir setzen

$$\alpha = \sup\{f'(0) : f \in \mathcal{F}\} \in \mathbb{R} \cup \{+\infty\}.$$

Man hat $\alpha \geq 1$. Es gibt eine Folge (f_ν) in $\mathcal{F}$ mit $f_\nu'(0) \to \alpha$. Nach dem Satz von Montel enthält (f_ν) eine lokal gleichmäßig konvergente Teilfolge, die wir wieder mit (f_ν) bezeichnen; ihr Limes sei f_0. Nach dem Satz von Weierstraß (Kap. III, Satz 6.2) gilt $f_\nu'(0) \to f_0'(0)$, also ist $f_0'(0) = \alpha < +\infty$. Wegen $\alpha \neq 0$ ist f_0 nicht konstant. Mit $|f_\nu| < 1$ gilt $|f_0| \leq 1$ auf G^*, aus dem Maximumprinzip folgt sogar $|f_0| < 1$, also $f_0(G^*) \subset D$. Schließlich ist f_0 injektiv nach der Folgerung aus Satz 4.1. Es gilt also $f_0 \in \mathcal{F}$. Den einfachen Zusammenhang von G^* haben wir in diesem Abschnitt übrigens nicht benutzt.

e) Es seien G^* und f_0 wie eben. Wir wollen $f_0(G^*) = D$ zeigen und beweisen dazu eine Umkehrung des Schwarzschen Lemmas:

Hilfssatz: *Es sei G_0 ein einfach zusammenhängendes echtes Teilgebiet von D mit $0 \in G_0$. Dann gibt es eine injektive holomorphe Funktion $h : G_0 \to D$ mit $h(0) = 0$ und $h'(0) > 1$.*

Damit ergibt sich der Riemannsche Abbildungssatz so: Wäre $G_0 = f_0(G^*) \neq D$, so könnte man h wie im Hilfssatz wählen und erhielte in $h \circ f_0$ eine Funktion aus $\mathcal{F}$ mit $(h \circ f_0)'(0) = h'(0) \cdot \alpha > \alpha$ im Widerspruch zur Definition von α.

Beweis des Hilfssatzes: Es sei $c \in D - G_0$. Der Automorphismus $S_1 : z \mapsto (z-c)/(1-\bar{c}z)$ von D bringt c in den Nullpunkt und 0 nach $-c$. $S_1(G_0)$ ist einfach zusammenhängend und enthält den Nullpunkt nicht. Auf $S_1(G_0)$ gibt es daher einen Zweig g der Quadratwurzel, es ist g injektiv und $gS_1(G_0) \subset D$. Mit $d = g(-c)$ und noch zu bestimmendem $\lambda \in \mathbb{R}$ sei schließlich $S_2(z) = e^{i\lambda}(z - d)/(1 - \bar{d}z)$. Wir setzen nun $h = S_2 \circ g \circ S_1 : G_0 \to D$. Es gilt $h(0) = S_2g(-c) = 0$, und λ läßt sich so wählen, dass $h'(0) > 0$. Wir zeigen $h'(0) > 1$: Mit $g^*(z) = z^2$ ist $h^* = S_1^{-1}g^*S_2^{-1}$ eine holomorphe Abbildung von D in sich, deren Einschränkung auf $h(G_0)$ die Umkehrung von h ist. Es ist $h^*(0) = 0$, aber h^* keine Drehung; nach dem Schwarzschen Lemma gilt $|(h^*)'(0)| < 1$ und damit $h'(0) = 1/(h^*)'(0) > 1$. $\square$

Eine triviale Folgerung des Riemannschen Abbildungssatzes ist, dass jedes von $\hat{\mathbb{C}}$ verschiedene einfach zusammenhängende Gebiet $G \subset \hat{\mathbb{C}}$ umkehrbar stetig (oder auch umkehrbar stetig differenzierbar) auf den Einheitskreis abgebildet werden kann. Diese Aussagen lassen sich auch rein topologisch bzw. „differenzierbar" beweisen, die Beweise sind jedoch durchaus nicht trivial.

Zitierte Literatur

[1] *Ahlfors, L. V.:* Complex Analysis. McGraw-Hill, New York 1979 (3. Auflage).

[2] *Behnke, H.* und *F. Sommer:* Theorie der analytischen Funktionen einer komplexen Veränderlichen. Springer, Berlin 1965 (3. Auflage).

[3] *Brieskorn, E.* und *H. Knörrer:* Ebene algebraische Kurven. Birkhäuser, Basel 1981.

[4] *Cartan, H.:* Théorie élémentaire des fonctions analytiques d'une ou plusieurs variables complexes. Hermann, Paris 1961.

[5] *Diederich, K.* und *R. Remmert:* Funktionentheorie I. Springer, Berlin 1972.

[6] *Dixon, J. D.:* A brief proof of Cauchy's integral theorem. Proc. Am. Math. Soc. 29 (1971) 625-626.

[7] *Fischer, W.* und *I. Lieb:* Ausgewählte Kapitel aus der Funktionentheorie. Vieweg, Braunschweig 1988.

[8] *Forster, O.:* Analysis 1. Vieweg, Braunschweig 2001 (6. Auflage).

[9] *Forster, O.:* Analysis 2. Vieweg, Braunschweig 1984 (5. Auflage).

[10] *Forster, O.:* Analysis 3. Vieweg, Braunschweig 1984 (3. Auflage).

[11] *Forster, O.:* Riemannsche Flächen. Springer, Berlin 1977.

[12] *Grauert, H.* und *I. Lieb:* Differential- und Integralrechnung I. Springer, Berlin 1977 (4. Auflage).

[13] *Grauert, H.* und *W. Fischer:* Differential- und Integralrechnung II. Springer, Berlin 1978 (3. Auflage).

[14] *Grauert, H.* und *I. Lieb:* Differential- und Integralrechnung III. Springer, Berlin 1977 (2. Auflage).

[15] *Hörmander, L.:* An introduction to complex analysis in several variables. North Holland Publ. Amsterdam 1990 (3. Auflage).

[16] *Hurwitz, A.* und *R. Courant:* Funktionentheorie. Mit einem Anhang von *H. Röhrl.* Springer, Berlin 1964 (4. Auflage).

[17] *Rudin, W.:* Real and complex analysis. McGraw-Hill, New York 1974 (2. Auflage).

[18] *Schäfke, F. W.:* Einführung in die Theorie der speziellen Funktionen der mathematischen Physik. Springer, Berlin 1963.

Wir weisen noch auf folgende zu ergänzenden und weiterführenden Studien geeignete Werke hin:

Andersson, M.: Topics in complex analysis. Springer, New York 1997.

Berenstein, C. A. und R. Gay: Complex variables, an introduction. Springer, New York 1991.

Burckel, R. B.: An introduction to classical complex analysis. Birkhäuser, Basel 1979.

Carathéodory, C.: Funktionentheorie (2 Bde). Birkhäuser, Basel 1960 (2. Auflage).

Dieudonné. J. et al.: Abrégé d'histoire des mathématiques 1700-1900. Hermann, Paris 1978. – Auch deutsch: Geschichte der Mathematik. Ein Abriß. Vieweg, Braunschweig 1984.

Freitag, E. und R. Busam: Funktionentheorie. Springer, Berlin 1995 (2. Auflage).

González, M. O.: Classical complex analysis. Dekker, New York 1991.

Greene, R. E. und Krantz, S. G.: Function theory of one complex variable. Wiley, New York 1997.

Henrici, P.: Applied and computational complex analysis (3 Bde). Wiley, New York 1974/77/86.

Hille, E.: Analytic function theory (2 Bde). Blaisdell, New York, 1965/62.

Kneser, H.: Funktionentheorie. Vandenhoeck & Ruprecht, Göttingen 1966 (2. Auflage).

Lang, S.: Complex Analysis. Springer, Berlin 1999 (4. Auflage).

Markushevich, A. I.: Theory of functions of a complex variable. Chelsea, New York 1977.

Narasimham, R. und Y. Nievergelt: Complex analysis in one variable. Birkhäuser, Boston 2001 (2. Auflage).

Remmert, R.: Funktionentheorie I & II. Springer, Berlin 1984/91.

Saks, S. und A. Zygmund: Analytic functions. Monografie matematyczne, Warszawa 1952.

Sansone, G. und J. C. H. Gerretsen: Lectures on the theory of functions of a complex variable (2 Bde). Wolters Noordhoff, Groningen 1960/69.

Siegel, C. L.: Topics in complex function theory (3 Bde). Wiley Interscience, New York 1969/73.

Wichtige Bezeichnungen:

Namen- und Sachverzeichnis

So versteht man die Stochastik leicht

Gerd Fischer

Stochastik einmal anders

Parallel geschrieben mit Beispielen und Fakten,
vertieft durch Erläuterungen

2005. ca. VIII, 330 S. Br. ca. € 24,90   ISBN 3-528-03967-1

Inhalt: Beschreibende Statistik - Wahrscheinlichkeitsrechnung - Schätzen - Testen von Hypothesen - Anhang: Ergänzungen und Beweise

Eine Einführung in die Fragestellungen und Methoden der Wahrscheinlichkeitsrechnung und Statistik (kurz Stochastik) sowohl für Studierende, die solche Techniken in ihrem Fach benötigen, als auch für Lehrer, die sich für den Unterricht mit den nötigen fachlichen Grundlagen vertraut machen wollen. Der Text hat einen besonderen Aufbau - als Trilogie ist er in Beispiele, Fakten und Erläuterungen aufgeteilt.

Was überall in der Mathematik gilt, ist noch ausgeprägter in der Stochastik: Es geht nichts über markante Beispiele, die geeignet sind, die Anstrengungen in der Theorie zu rechtfertigen. Um dem Leser dabei möglichst viele Freiheiten zu geben, ist der Text durchgehend parallel geführt: links die Beispiele, rechts die Fakten. Und weil Beweise und theoretische Ergänzungen nicht von jedermann gleich geliebt sind, sind sie nicht im eigentlichen Text, sondern in einem gesonderten Anhang als Erläuterungen zu finden.

Für die Verwendung im Unterricht an Gymnasien oder anderen Stellen hat die Teilung des Textes einen besonderen Vorteil: Zu den meisten Beispielen werden Schüler und Studierende einen leichten Zugang finden. Der Lehrer hat die Möglichkeit, sich über den mathematischen Hintergrund auf den rechten Seiten kundig zu machen und den Schülern entsprechend ihrem Stand der Vorkenntnisse weniger oder mehr zu erläutern.

vieweg

Abraham-Lincoln-Straße 46
65189 Wiesbaden
Fax 0611.7878-400
www.vieweg.de

Stand 1.1.2005. Änderungen vorbehalten.
Erhältlich im Buchhandel oder im Verlag.

Die Verbindung von algebraischer Topologie und Analysis

Wolfgang Lück
Algebraische Topologie
Homologie und Mannigfaltigkeiten
2005. IX, 266 S. (vieweg studium; Aufbaukurs Mathematik, hrsg. von Aigner, Martin/Gritzmann, Peter/Wüstholz, Gisbert/Mehrmann, Volker) Br. € 29,90   ISBN 3-528-03218-9

Inhalt: Homologie - Singuläre Homologie - CW-Komplexe - Euler-Charakteristik und Lefschetz-Zahlen - Kohomologie - Homologische Algebra - Produkte - Dualität - Glatte Mannigfaltigkeiten und ihr Tangentialbündel - Ele-mentare Lineare Algebra - Parametrisierte Lineare Algebra - Differen-tialformen - Der Satz von Stokes - De Rham Kohomologie - Der Satz von de Rham

Hauptgegenstand des Buches sind Homologie-, Kohomologietheorien und Mannigfaltigkeiten. In den ersten acht Kapiteln werden Begriffe wie Homologie, CW-Komplexe, Produkte und Poincaré Dualität eingeführt und deren Anwendungen diskutiert. In den davon unabhängigen Kapiteln 9 bis 13 werden Differentialformen und der Satz von Stokes auf Mannigfaltigkeiten behandelt. Die in Kapitel 14 und 15 behandelte de Rham Kohomologie und der Satz von de Rham verbinden diese beiden Teile.

Abraham-Lincoln-Straße 46
65189 Wiesbaden
Fax 0611.7878-400
www.vieweg.de

Stand 1.1.2005. Änderungen vorbehalten.
Erhältlich im Buchhandel oder im Verlag.

vieweg